高等院校材料专业系列规划教材

宽禁带化合物半导体材料与器件

（第二版）

朱丽萍　何海平　潘新花　叶志镇◎编著

材料科学与工程
Materials Science and Engineering

WIDE BAND GAP COMPOUND SEMICONDUCTOR MATERIALS AND DEVICES

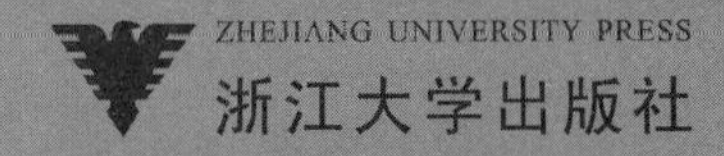

图书在版编目（CIP）数据

宽禁带化合物半导体材料与器件 / 朱丽萍等编著
. —2 版. —杭州：浙江大学出版社，2022.11
ISBN 978-7-308-22915-9

Ⅰ.①宽… Ⅱ.①朱… Ⅲ.①化合物半导体—半导体材料 ②化合物半导体—半导体器件 Ⅳ.①TN304.2

中国版本图书馆 CIP 数据核字（2022）第 149068 号

宽禁带化合物半导体材料与器件(第二版)

KUANJINDAI HUAHEWU BANDAOTI CAILIAO YU QIJIAN

朱丽萍　何海平　潘新花　叶志镇　编著

策划编辑　黄娟琴
责任编辑　徐　霞(xuxia@zju.edu.cn)
责任校对　王元新
封面设计　续设计
出版发行　浙江大学出版社
(杭州市天目山路 148 号　邮政编码 310007)
(网址:http://www.zjupress.com)
排　　版　杭州青翊图文设计有限公司
印　　刷　杭州杭新印务有限公司
开　　本　787mm×1092mm　1/16
印　　张　14
字　　数　341 千
版 印 次　2022 年 11 月第 2 版　2022 年 11 月第 1 次印刷
书　　号　ISBN 978-7-308-22915-9
定　　价　49.00 元

前　言

随着信息技术的飞速发展，半导体材料的应用逐渐从集成电路拓展到微波、功率和光电等应用领域。传统的元素半导体硅材料不再能满足这些多元化需求，化合物半导体应运而生并快速发展。本书以浙江大学材料科学与工程学院“宽禁带化合物半导体材料与器件”课程讲义为基础，参照全国各高等院校半导体材料与器件相关教材，结合课题组多年的研究成果编写而成。此书的编写目的是为高等院校学生提供一本学习和掌握化合物半导体材料与器件的参考书。

全书共10章，主要内容为：绪论；化合物半导体材料基础；化合物半导体中的缺陷；宽带隙半导体发光；化合物半导体器件基本原理，包括pn结、超晶格与量子阱；宽带隙化合物半导体材料及其器件的应用，主要介绍SiC、GaN、ZnO和Ga_2O_3的研究现状。在上一版教材的基础上，本教材的改动之处主要包括：参考相关的研究文献后，对“化合物半导体中的缺陷”这一章的理论研究进行了适当补充；更新了统计数据和案例；增加了“第10章　Ga_2O_3”。

本书在内容取材和安排上具有以下特点：

(1)简明扼要、重点突出地介绍了半导体材料与器件的基本概念和基础理论，帮助学生建立清晰的半导体材料与器件的知识体系。

(2)总结浙江大学硅材料国家重点实验室多年的研究成果，结合化合物半导体材料的最新研究进展，对几种重要的宽禁带化合物半导体材料的基础研究及器件应用做了详细的阐述。

(3)将知识传授与价值引领相结合，介绍半导体行业的新技术、新发展、新困局，激发学生的求知欲望，培养学生的专业责任感、使命感、自豪感。

本书可作为高等院校半导体材料、微电子与固体电子学及相关专业研究生和本科高年级学生学习化合物半导体材料和器件的教材,也可为从事化合物半导体材料与器件研究的科研和工程技术人员提供参考。

由于作者水平有限,书中难免存在一些错漏,殷切希望得到广大读者的批评指正。

编著者

2022年8月

目　录

第1章

绪　　论

1.1　宽带隙半导体概念

绪论

一般把室温下禁带宽度大于 2.0 eV 的半导体材料归类为宽带隙半导体。与传统的元素半导体硅相比，宽带隙半导体除了具有较大的禁带宽度外，还具有高热导率、高电子饱和漂移速度、高击穿电压、优良的物理和化学稳定性等特点(见表 1.1)，这些性质极大地拓宽了半导体材料的应用领域，如图 1.1 所示。

表 1.1　室温下(26.85 ℃)常见宽禁带化合物半导体的性质[1]

材　料	禁带宽度 /eV	电子迁移率 /($cm^2 \cdot V^{-1} \cdot s^{-1}$)	空穴迁移率 /($cm^2 \cdot V^{-1} \cdot s^{-1}$)	热导率 /($W \cdot cm^{-1} \cdot K^{-1}$)	晶格常数 a /Å
SiC(W,6H)	3.0	600	40	3.6	3.081
SiC(Z,3C)	2.3	1000	10	3.2	4.36
AlN(W)	6.28	135	14	2.0	3.11
GaN(W)	3.44	1000	30	1.5	3.189
ZnSe(Z)	2.7	600	80	0.19	5.668
ZnS(Z)	3.68	165	40	0.27	5.41
ZnO(W)	3.37	200	5～50	1.2	3.245
Ga_2O_3(M)	4.85	300	0.2	0.1～0.3	12.23

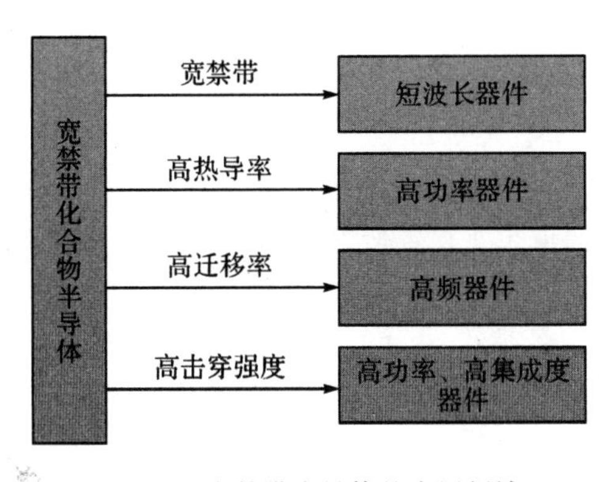

图 1.1　宽禁带半导体的应用领域

1.2 常见宽禁带化合物半导体

SiC、Ⅲ-Ⅴ族氮化物、ZnO 和 Ga_2O_3 是最常见的宽禁带化合物半导体，被研究得最为充分[1]。SiC 具有很多同质多型体，如 2H-SiC、4H-SiC、6H-SiC 和 3C-SiC。其中，3C-SiC 和 6H-SiC 由于具有相对较高的电子迁移率和较大的禁带宽度，可用于制备性能优异的电子器件。虽然 SiC 为间接禁带半导体，但是易于同时获得 n 型和 p 型导电性能，以 SiC 基 pn 结为基础可制备出高温、高功率、高频器件。例如，以 Al 掺杂 SiC 为 n 型层，以 N 掺杂 SiC 为 p 型层，可制备出 SiC 基蓝光 LED。SiC 具有较大的热导率，使高集成度 SiC 基器件成为可能。此外，相比其他宽禁带半导体，SiC 易于形成稳定的绝缘氧化层，简化了器件的制备工艺，如 SiC 经过热氧化工艺后可在表面形成 SiO 绝缘层。

Ⅲ-Ⅴ族氮化物半导体具有六方纤锌矿结构（wurtzite structure），通过将不同的氮化物合金化[如 InN(2.0 eV)、GaN(3.4 eV)、AlN(6.3 eV)]，可使其禁带宽度在可见光和紫外光范围内连续变化。缺乏合适的衬底材料是氮化物半导体材料应用推广的主要障碍。蓝宝石是最常用的衬底，但由于蓝宝石与氮化物半导体具有较大的晶格失配，不利于外延薄膜的制备。在实践中常利用缓冲层技术提高薄膜的结晶质量，如在沉积 GaN 薄膜之前先在衬底上沉积一层 AlN 作为缓冲层。Ⅲ-Ⅴ族氮化物本征为 n 型导电，通过掺入适量的 Mg，可使其导电类型转变为 p 型导电，从而实现同质 pn 结。目前，GaN 基 LED 在工艺和性能上已经较为成熟，在照明和显示等领域已具有较大的市场渗透率。相比六方纤锌矿 GaN，立方闪锌矿 GaN 有以下优势：①立方 GaN 的室温禁带宽度为 3.23 eV，比六方 GaN 小了 0.2 eV，将禁带宽度调节到可见光范围内所需掺入的 In 含量比六方 GaN 少，从而减小 In 掺杂引起的晶格畸变；②立方 GaN 的晶格对称性更高，声子散射更低，因此具有更高的载流子迁移率；③立方 GaN 与蓝宝石衬底的晶格失配更小，更易于实现外延生长。

ZnO 是一种Ⅱ-Ⅵ族直接带隙化合物半导体，具有六方纤锌矿结构，室温禁带宽度为 3.37 eV，其激子束缚能高达 60 meV，是室温下热能（$k_B T$=25 meV）的 2.4 倍。如此大的激子束缚能使激子在室温甚至更高的温度下能够稳定存在，有利于实现低激发阈值、高发光效率的激子发射，因此在短波长 LED 和激光器等光电子领域具有诱人的应用前景，有望取代 GaN 成为下一代新型发光材料[2-3]。相比 GaN，ZnO 具有以下优势：①ZnO 的激子束缚能（60 meV）是 GaN（24 meV）的 2.5 倍，理论上应具有更高的量子效率和更低的激发阈值；②ZnO单晶的制备工艺已经成熟，以其为衬底可实现 ZnO 薄膜的同质外延；③ZnO 具有更强的抗辐射能力；④在制备工艺上，ZnO 更易于实现化学刻蚀。但是 ZnO 为本征 n 型导电，且 p 型掺杂难以实现。虽然经过十几年的努力，利用不同的掺杂源，发展了不同的制备方法，在 ZnO 的 p 型掺杂方面取得了很多研究成果，但稳定性和重复性问题仍无法得到解决，成为实现 ZnO 基光电器件应用的巨大障碍。本征施主缺陷的补偿效应、受主杂质的低固溶度和高的受主激活能被认为是高效、稳定、可靠的 p 型掺杂难以实现的主要原因[4]。

Ga_2O_3 是继 GaN、SiC 之后的下一代超宽禁带半导体材料，其具有五种同分异构体，其中 β-Ga_2O_3 在常温常压下最为稳定，禁带宽度可以达到 4.8 eV，介电常数 ε 为 10，迁移率为 300 $cm^2 \cdot V^{-1} \cdot s^{-1}$，击穿电场为 8 MV $\cdot$ cm^{-1}，远大于 SiC 和 GaN 材料，且化学性质十分稳定，能以比 SiC 和 GaN 更低的成本获得大尺寸、高质量、可掺杂的块状单晶，特别适用于高温、高功率、高频率以及辐照等环境，在紫外探测、功率器件、射频器件、透明导电、气敏传感、光催化、信息存储等领域具有广阔的应用前景。Ga_2O_3 被国际普遍关注并有望成为第四代半导体中最具市场潜力的材料，我国对 Ga_2O_3 的研究多集中于高校及科研院所，产业化进程刚刚起步。Ga_2O_3 应用仍有普遍存在的问题亟待解决：一方面，Ga_2O_3 的迁移率和热导率低，可能受到自加热效应影响，从而导致设备性能下降；另一方面，和上述 ZnO 相同，实现 Ga_2O_3 的 p 型掺杂难度较大，成为实现高性能器件的主要障碍。

目前，短波长光电器件是宽禁带化合物半导体最重要的应用领域之一。传统的 Si 和 Ge 的能带结构均为间接跃迁型，在间接跃迁过程中，除了发射光子外，还需要声子的参与，跃迁的概率很小，因此 Si 和 Ge 的发光很微弱，不利于实现光电器件应用。而大部分的宽带隙半导体(AlN、GaN、ZnO、ZnS 等)为直接跃迁型半导体，直接跃迁的发光过程只涉及一个电子-空穴对和一个光子，辐射效率较高，使得它们在短波长光电器件领域具有巨大的应用潜力，目前已成为研究热点。1993 年，日本科学家中村修二研制出了第一只 GaN 基蓝色 LED，由此开启了 LED 的照明应用。随着技术的不断进步，进入 21 世纪后，白光 LED 的发展非常迅速，白光 LED 节能灯的发光效率提高得越来越快，大大超过白炽灯，向荧光灯逼近。材料技术、芯片尺寸和外形工艺的进一步发展使商用化 LED 灯的光通量提高了几十倍。在当今能源危机日益严重、低碳经济受到全世界普遍关注的情况下，由于半导体照明具有显著的节能效果，对带动经济、技术发展也有较大的潜力，世界各国纷纷从国家战略的高度加紧半导体照明产业的全球部署，如立足国家战略推动技术及产业发展，发布白炽灯等高能耗传统照明灯具的禁、限令，出台示范应用与推广的政策，重视并积极推动检测与标准化进程，抢占产业主导权等。我国照明用电占电力总消耗的 13%，约占能源消耗的 6%，且每年以 5%～10%的速度增长。据相关预测，到 2025 年，LED 照明产品的在用量渗透率将提高到 63.5%，而整体销量渗透率将超过 85%，预计“十四五”时期将累计节电 1.48 万亿度，减少碳排放 13.42 亿吨。此外，与目前大量应用的节能灯相比，半导体照明产品不含汞，废弃物少，而且制造过程几乎不存在污染，符合当今的环保理念。LED 的发展历程如图 1.2 所示。

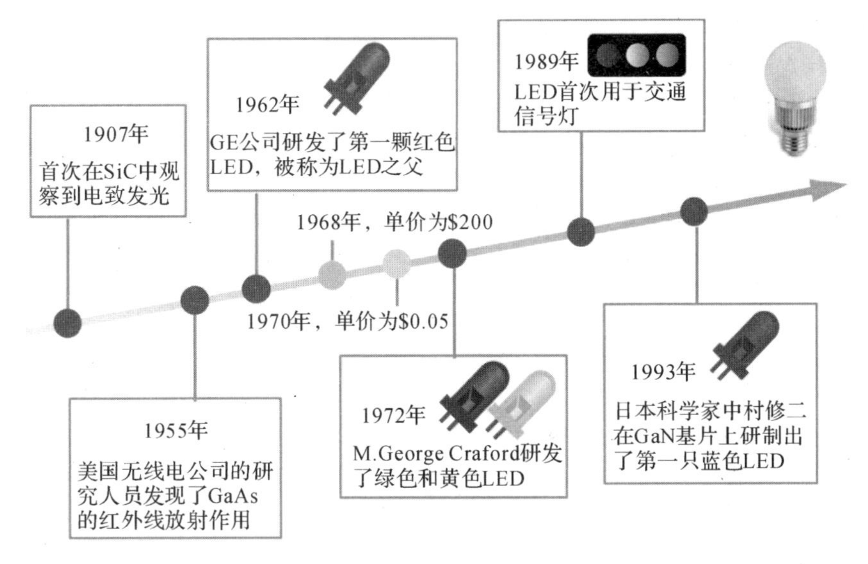

图 1.2 LED 的发展历程

化合物半导体器件的主要发展方向有三个：新功能、高性能、高集成度。新功能指已有器件所不具备的功能，如光接收（光探测器），光发射（发光二极管、半导体激光器），光电、热电、磁电、压电等各种换能功能。高性能指已有性能的高水平化，如超高速、超高频、低噪声、低功耗、高输出等。高集成度则包括高技术水平和高性价比两个方面。

我国半导体行业的发展艰难不易，一代代半导体人在为行业的发展前赴后继。前有我国半导体之母——林兰英先生冲破重重阻挠，放弃国外高薪工作回到祖国怀抱，为国家的半导体材料事业的发展鞠躬尽瘁。林兰英先生为国奉献的信仰和情怀激励着新一代年轻人。后有，在高亮度 GaN-LED 外延材料生长技术（MOCVD）中，MOCVD 生产装备从一开始的依赖高价进口，到现在我国国产 MOCVD 已占蓝光 LED 制造领域一半以上份额。我国自主研制半导体产业装备的能力有了长足的进步。尽管我国在半导体行业取得了明显的进步，但是在核心技术领域仍然和世界领先水平存在较大的差距，我国半导体行业仍然大有可为，仍然需要国家投入很大的精力去发展。这就需要半导体行业的从业人员、新一代优秀的青年学子投身半导体行业中，担当历史使命与责任，为解决攸关国家战略安全的半导体“卡脖子”技术（如半导体芯片）贡献自己的力量和智慧。

中国半导体材料科学的奠基人：林兰英院士

思考题

1. 什么是半导体的带隙？带隙的宽度跟其应用有什么样的联系？
2. 请结合 MOCVD 的发展历程阐述高端设备国产化的重要意义。

参考文献

[1] YACOBI B G. Semiconductor Materials: An Introduction to Basic Principles[M]. New York: Kluwer Academic/Plenum Publishers, 2003: 149 - 152.

[2] OZGUR U, ALIVOV Y I, LIU C, et al. A comprehensive review of ZnO materials and devices[J]. Journal of Applied Physics, 2005, 98(4): 103.

[3] CHOI Y S, KANG J W, HWANG D K, et al. Recent advances in ZnO-based light-emitting diodes[J]. IEEE Transactions on Electron Devices, 2010, 57(1): 26 - 41.

[4] PAN H L, YAO B, YANG T, et al. Electrical properties and stability of p-type ZnO film enhanced by alloying with S and heavy doping of Cu[J]. Applied Physics Letters, 2010, 97(14): 142101 - 142103.

第2章 化合物半导体材料基础

2.1 半导体[1-2]

按照导电能力的差异，固体材料可分为导体、半导体和绝缘体。半导体材料是导电能力介于导体和绝缘体之间的材料，其电导率范围为 $10^3 \sim 10^{-9}$ S·cm^{-1}。图 2.1 列出了几种典型绝缘体、半导体和导体的电阻率范围。

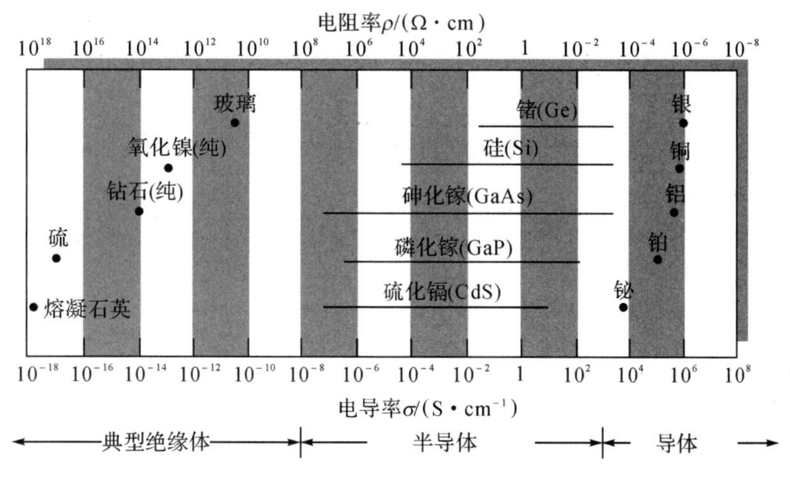

图 2.1 典型绝缘体、半导体、导体的电阻率范围

1. 杂质敏感性

对于一般的固体材料来说，当纯度高达 99.9%及以上时，含量低于 0.1%的杂质并不会影响其物质的导电性质。而半导体则不同，微量杂质就可以显著改变它的导电特性。例如，在纯净的硅单晶中，以每百万个硅原子掺入一个杂质原子的比例掺入一个磷原子，此时的纯度为 99.999 9%，但室温下的电阻率却从掺杂前的大约 214 000 Ω·cm 降低到 0.2 Ω·cm，即降低到掺杂前的百万分之一。利用半导体的杂质敏感性，通过控制杂质类别和数量，可以制备出不同类型、不同电阻率的各种半导体材料和器件。

2. 正温度系数

半导体的电导率具有正温度系数，其导电能力随温度的升高而迅速增强，而金属导体则相反，其电导率的温度系数为负值。

3. 光敏性

光的辐照可以显著改变半导体的导电能力。

4. 电场、磁场效应

半导体的导电能力随着电场、磁场的作用而发生改变，这种现象分别称为电场效应和磁场效应。

综上所述，半导体是导电率介于绝缘体和导体之间，且容易受温度、光照、电场、磁场和微量杂质等外界因素影响的固体材料。半导体这些多变的特性使其可用于制备各种二极管、晶体管、热敏器件、光敏器件、场效应器件和集成电路芯片等，已经成为信息技术的基础功能材料，在现代社会中发挥着越来越重要的作用。

2.2　半导体材料的分类[2-4]

半导体材料按其组成可分为元素半导体和化合物半导体两大类。在元素半导体与化合物半导体之间还可形成组分连续可变和性能可控的固溶体。此外，还有非晶和微晶半导体以及人工设计并制造出的半导体超晶格材料。表 2.1 列出了几类主要半导体材料。

表 2.1　主要半导体分类

晶体								非晶体	精细结构材料
元素半导体	化合物及其固溶体								
	Ⅲ-Ⅴ	Ⅱ-Ⅳ	Ⅳ-Ⅳ	Ⅳ-Ⅵ	Ⅴ-Ⅵ	氧化物	多元化合物		
金刚石	GaAs	CdS							
	GaP	CdSe				Cu_2O	$CuFeS_2$	α-Si:H	多孔硅
Ge	GaSb	CdTe	SiC	PbS	Bi_2Te_3	ZnO		⋮	
Si	GaN	ZnS	SiGe	PbSe		NiO			
α-Sn	InAs	ZnSe		PbTe		TiO_3	$CdCr_2S_4$	GeS	纳米硅
Se	InP	ZnTe		SnTe		V_2O_5	⋮	⋮	
⋮	InSb	HgS		PbSnTe		Cr_2O_3			
	InN	HgSe		⋮		Fe_2O_3			超晶格
	AlN	HgTe				EuO			
	⋮	⋮				⋮			
	GaAsP	TeCdHg							
	InGaAs	ZnSeTe							
	⋮	⋮							

2.2.1　元素半导体

半导体的种类繁多，已发现一些在元素周期表中处于ⅢA、ⅣA、ⅤA 和ⅥA 族的金属性和非金属性都不是很明显的元素具有半导体性质。这种由单一元素原子组成的半导体材料称为元素半导体(elemental semiconductor)。元素半导体在元素周期表中的位置如图 2.2 所示。

ⅡB	ⅢA	ⅣA	ⅤA	ⅥA
	B 5	C 6	N 7	O 8
	Al 13	Si 14	P 15	S 16
Zn 30	Ga 31	Ge 32	As 33	Se 34
Cd 48	In 49	Sn 50	Sb 51	Te 52
Hg 80	Tl 81	Pb 82	Bi 83	Po 84

图 2.2　元素半导体在元素周期表中的位置

半导体材料的性质与物质结构关系密切，表 2.2 列出了元素半导体及一些主要的特性参数。处于ⅢA 族的硼(B)，其熔点高(2 300 ℃)、制备单晶困难，且其载流子迁移率很低，被研究得不多，未获得实际应用。ⅣA 族中第一个是碳(C)，其同素异形体之一的金刚石具有优良的半导体性质，但制备单晶困难，是目前研究的重点；石墨是碳的另一个同素异形体，系层状结构，难以获得单晶，故作为半导体材料未获得应用。新近引起普遍关注的 C_{60} 晶体是继金刚石和石墨之后的第三种全碳组分晶体，具有半导体性质，因而也可以说是一种元素半导体，只不过其晶体结构远比一般元素半导体的晶体结构复杂。硫(S)的电阻率很高，它具有明显的光电导性。硒(Se)的半导体性质发现得很早，可用来制作整流器、光电导器件等。碲(Te)的半导体性质已有较多的研究，但因尚未找到 n 型掺杂剂等原因，未得到应用。

表 2.2　元素半导体及一些主要的特性参数

族	元素	熔点 /℃	禁带宽度 /eV	相对介电常数	迁移率/($cm^2 \cdot V^{-1} \cdot s^{-1}$)		晶体结构
					电子	空穴	
ⅢA	B	2 300	1.6	6.2	—	—	非晶态
ⅣA	C	3 727	5.47	5.67	1 800	1 200	金刚石
	Si	1 420	1.12	11.9	1 350	500	金刚石
	Ge	937.4	0.67	16.0	3 900	1 900	金刚石
	Sn	231.9	0.082	4.5	1 400	1 200	灰锡(金刚石)
ⅤA	P	44.2	2.0(白) 1.5(红)	4.1	220	350	立方/单斜
	As	817.0	1.2	—	65	60	灰砷(三方)
	Sb	630.5	0.1	5.4	3	—	非晶态
ⅥA	S	119.0	2.4	3.6～4.3	—	—	?
	Se	217.0	1.8	7.0	1.0	0.2	灰硒(三方)
	Te	449.5	0.3	5.0	900	570	六方晶系
ⅦA	I	113.7	1.3	—	—	—	?

注：? 表示不确定。

目前，同属ⅣA族的锗(Ge)和硅(Si)是人们最熟悉的元素半导体。其材料提纯、晶体制备和晶片加工工艺最为成熟，使用也最为广泛。真正成为现代半导体材料起点的是锗，它是最早实现提纯和晶体生长、最早用于制作晶体管的半导体材料(1947年)。由于其禁带宽度较窄，器件工作温度相对较低，加之资源有限，它的重要地位很快被硅取代。硅以其优越的物理性质，成熟又较易产业化的制备方法以及地球上丰富的资源成为当前应用最为广泛的半导体材料，是制造各类半导体器件、集成电路的最主要材料。

2.2.2 化合物半导体

化合物半导体种类繁多，据统计可能有4 000多种，但是目前已研究出的有1 000多种，另外2 000多种是预见性的，尚待开发。许多化合物半导体具有与硅不同的光电特性，近年来已被应用于各种器件中。其中砷化镓(GaAs)是研究得最深入、应用最广泛的化合物半导体之一。与硅相比，砷化镓的电子迁移率很高，约是硅的6倍，因此砷化镓晶体管具有较高的工作频率，可用于高速光电器件。另外，砷化镓的禁带宽度比硅稍大，使其相关器件能在较高温度下工作。

化合物半导体按其构成的元素数量可分为二元、三元、四元半导体等，按其构成元素在元素周期表中的位置可分为Ⅲ-Ⅴ族化合物半导体、Ⅱ-Ⅵ族化合物半导体等。

二元化合物半导体由元素周期表中的两种元素组成。例如，Ⅲ-Ⅴ族元素化合物半导体砷化镓(GaAs)由ⅢA族元素镓(Ga)和ⅤA族元素砷(As)组成。通常，对于一个已知的化合物半导体，根据元素周期表替换元素得到的材料也可能是化合物半导体。例如：化合物半导体材料砷化镓(GaAs)，如果用In替换Ga，就变成也是半导体的InAs；如果把As换成P或Sb，同样也是半导体。这种替换是垂直方向的，它服从元素周期表的规律，即从上往下金属性变强，最后就不是半导体了。也可以在周期表中进行横向替换，仍以GaAs为中心，Ga向左移变成Zn，As向右移变成Se，ZnSe也是半导体。这些替换都要注意原子价的平衡。

一般三元及四元化合物半导体都具有非常大的非线性光学常数，用其作为光参量振荡、放大及谐波发生器的非线性介质材料，在中、远红外波段的叛逆率转换方面具有广阔的应用前景。与二元化合物半导体相比，多元化合物半导体的制备和提纯要困难得多，直到20世纪末才取得较大进展。

黄铜矿($CuFeS_2$)是典型的三元系化合物半导体，其原子排列的基本重复单元仍是四面体，但不再像金刚石或闪锌矿结构那样具有立方对称性。分子相当于两个ZnS分子的组合，只是其中的Zn分别被一个Cu和一个Fe所取代。因此，黄铜矿结构的晶胞可以用两个相邻的闪锌矿晶胞组合而成，只是要按照上述法则将其中的全部Zn原子用Cu原子和Fe原子替换。可以将这一结构看成是两个Ⅱ-Ⅵ族化合物分子之中的ⅡB族原子被一个ⅢA族和一个ⅠB族原子取代之后的结果，例如$CuInS_2$、$AgGaS_2$等。同样，如果利用一个ⅡB族原子和一个ⅣA族原子取代两个Ⅲ-Ⅴ族化合物分子中的ⅢA族原子，也会得到一系列Ⅱ-Ⅳ-Ⅴ族三元化合物，例如$CdGeAs_2$、$ZnSnAs_2$、$CdGeP_2$、$ZnSnP_2$等。所有这些三元化合物都被统称为黄铜矿型化合物半导体。

以此类推，四元化合物Ⅰ-Ⅱ-Ⅳ-Ⅵ可以看作分别由一个ⅡB族原子和一个ⅣA族原子代替两个Ⅰ-Ⅲ-Ⅵ三元化合物分子中的ⅢA族原子而构成。例如，Cu_2FeSnS_4可以认为是

Fe 原子和 Sn 原子取代了 $CuAlS_2$ 分子中的 Al 原子，$Cu_2CdSnTe_4$ 可以认为是 Cd 原子和 Sn 原子取代了 $CuAlTe_2$ 分子中的 Al 原子。这些材料就是所谓的黄锡矿，也具有半导体性质。

2.2.3　半导体固溶体

半导体固溶体（或称混晶）是由两种或两种以上同一类型的半导体材料组成的合金，且一般都是组分连续的固溶体。固溶体与化合物半导体不同，后者是依据价键按一定化学配比构成的，固溶体组成元素的含量则可在固溶度范围内连续变化，其成分及有关性质也随之变化。固溶体增加了材料的多样性，为应用提供了更多的选择性。

为了使固溶体具有半导体性质，常常使两种半导体互溶，如 $Si_{1-x}Ge_x$ $(x<1)$；也可将化合物半导体中的一个元素或两个元素用其同族元素局部取代，如用 Al 来局部取代 GaAs 中的 Ga，即 $Al_xGa_{1-x}As$；或用 Ga 局部取代 In，用 P 局部取代 As，形成 $Ga_xIn_{1-x}As_yP_{1-y}$ 等。固溶半导体可分为二元、三元、四元、多元固溶体，也可分为同族或非同族固溶体等。表 2.3 列举了一些重要的固溶体材料。

表 2.3　一些重要固溶体材料的分类

Ⅲ-Ⅴ族固溶体材料	Ⅲ-Ⅲ′-Ⅴ型固溶体材料	AlGaN、InGaN、AlGaP、InGaP、AlInP、AlGaAs、InGaAs、AlInAs、AlGaSb、InGaSb、AlInSb、InTlSb
	Ⅲ-Ⅴ′-Ⅴ型固溶体材料	GaAsN、GaAsP、GaAsSb、InAsP、InAsSb、AlAsP、AlAsSb、GaPN、InPN
	四元固溶体材料	GaInAsN、GaInAsP、GaInAsSb、GaAlAsN、GaAlAsP、GaAlAsSb、GaAlInN、GaAlInP、GaAlInAs、GaAlInSb、InPAsSb
Ⅱ-Ⅵ族固溶体材料	Ⅱ-Ⅱ′-Ⅵ型固溶体材料	HgCdTe、ZnCdSe、ZnBeSe、CdZnTe、HgZnTe
	Ⅱ-Ⅵ′-Ⅵ型固溶体材料	ZnSeTe、ZnSSe
	四元固溶体材料	ZnMgSSe、ZnMgBeSe
Ⅳ-Ⅵ族固溶体材料	Ⅳ-Ⅳ′-Ⅵ型固溶体材料	PbSnSe、PbEuSe、PbSnTe、PbEuTe、PbSrS、PbCdS
	Ⅳ-Ⅵ′-Ⅵ型固溶体材料	PbSSe、PbSeTe
	四元固溶体材料	PbCdSSe

许多化合物半导体具有与元素半导体不同的光学和电学特性。虽然化合物半导体的技术不如硅半导体技术成熟，但近几年来化合物半导体材料生长技术取得了长足的进步，而且

硅半导体技术的快速发展也同时带动了化合物半导体技术的成长。在本书中，我们主要介绍以砷化镓、氧化锌和碳化硅为代表的化合物半导体材料及器件。

2.3　化合物半导体的特性

2.3.1　化合物半导体的晶体结构和化合键[3]

1. 闪锌矿结构

由化学元素周期表中的ⅢA族元素铝、镓、铟和ⅤA族元素磷、砷、锑合成的Ⅲ-Ⅴ族化合物绝大多数具有闪锌矿结构。闪锌矿结构的晶胞如图2.3(a)所示，可看成是由两类原子各自组成的面心立方晶格沿空间对角线彼此位移四分之一空间对角线长度套构而成。每个原子周围被4个异族原子包围。例如，如果角顶上和面心上的原子是ⅢA族原子，则晶胞内部4个原子就是ⅤA族原子，反之亦然。角顶上8个原子和面心上6个原子可以认为共有4个原子属于某个晶胞，因而每一个晶胞中有4个ⅢA族原子和4个ⅤA族原子，共有8个原子。

闪锌矿结构的特点是每个原子周围都有4个最近邻的原子，组成一个正四面体结构，如图2.3(a)所示。这4个原子分别处在正四面体的顶角上，它们与正四面体中心的原子依靠共价键结合，但有一定的离子键成分，这是因为两个原子间共有的价电子实际上并不是对等地分配在两个原子附近。以砷化镓为例，由于砷具有较强的电负性，成键的电子集中在砷原子附近，因而在共价化合物中，平均来说，电负性强的原子带有负电，电负性弱的原子带有正电，正负电荷之间的库仑作用对结合能有一定的贡献。在共价键占优势的情况下，这种化合物倾向于构成闪锌矿结构。

在垂直于[111]方向看闪锌矿结构的Ⅲ-Ⅴ族化合物时，可以发现它是由一系列ⅢA族原子层和ⅤA族原子层构成的双原子层堆积起来的，如图2.3(b)所示。每一个原子层都是一个(111)面，由于Ⅲ-Ⅴ族化合物具有离子性，因而这种双原子层是一种电偶极层。通常规定由一个ⅢA族原子到一个相邻的ⅤA族原子的方向为[111]方向，而一个ⅤA族原子到一个相邻的ⅢA族原子的方向为$[\bar{1}\bar{1}\bar{1}]$方向，并且规定ⅢA族原子层为(111)面，ⅤA族原子层为$(\bar{1}\bar{1}\bar{1})$面。因而，Ⅲ-Ⅴ族化合物的(111)面和$(\bar{1}\bar{1}\bar{1})$面的物理化学性质有所不同。

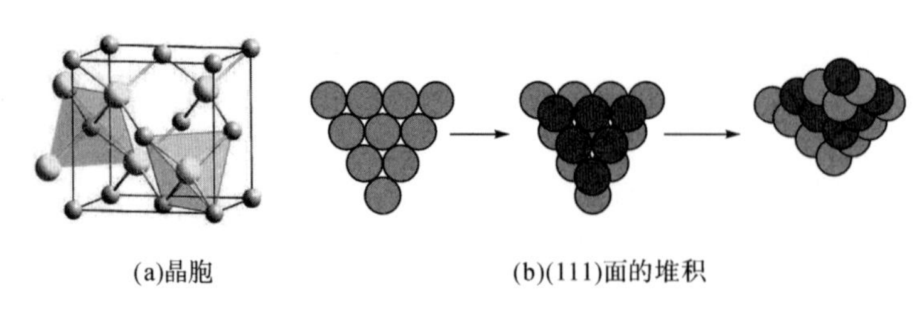

图2.3　闪锌矿结构

由化学元素周期表中的ⅡB族元素锌、镉、汞和ⅥA族元素硫、硒、碲合成的Ⅱ-Ⅵ族化合物，它们大部分都具有闪锌矿结构，但是其中有些也可具有六角晶系纤锌矿结构。

2. 纤锌矿结构

纤锌矿结构和闪锌矿结构相接近，它也是以正四面体结构为基础构成的，但是它具有六方对称性，而不是立方对称性。纤锌矿结构由两类原子各自组成的六方排列的双原子层堆积而成，但它只有两种类型的六方原子层，它的(001)面规则地按 ABABA…顺序堆积，从而构成纤锌矿结构，如图 2.4(a)所示。硫化锌、硒化锌、硫化镉、硒化镉的晶体都可以是闪锌矿结构或纤锌矿结构。

与Ⅲ-Ⅴ族化合物类似，纤锌矿结构的Ⅱ-Ⅵ族化合物是一种共价性化合物，其结合的性质也具有离子性，但这两种元素的电负性相差较大，如果离子性占优势的话，就倾向于构成纤锌矿结构。

与闪锌矿结构的Ⅲ-Ⅴ族化合物类似，纤锌矿结构的Ⅱ-Ⅵ族化合物是由一系列ⅡB族原子层和ⅥA族原子层构成的双原子层沿[001]方向堆积起来的，如图 2.4(b)所示。每一个原子层都是一个(001)面，由于它具有离子性，通常也规定由一个ⅡB族原子到相邻的ⅥA族原子的方向为[001]方向；反之，为[00$\bar{1}$]方向。ⅡB族原子层为(001)面，ⅥA族原子层为(00$\bar{1}$)面，这两种面的物理化学性质也有所不同。

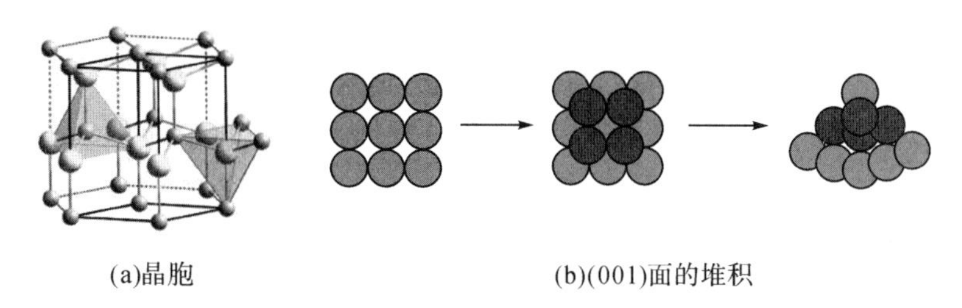

(a)晶胞　(b)(001)面的堆积

图 2.4 纤锌矿结构

2.3.2 化合物半导体的能带结构[2,5-7]

1. 能带结构

能带结构是以电子波矢量 $\boldsymbol{k}$ 表示的电子能量 $E(\boldsymbol{k})$的函数。半导体器件的性能强烈地依赖于能带结构。

对于一个自由电子，其动能可表示为：

$$E=\frac{p^2}{2m_0} \tag{2-1}$$

式中，p 为动量，m_0 表示自由电子质量。

自由电子的能量和动量与平面波频率和波矢之间的关系满足：

$$E=h\nu \tag{2-2}$$

$$p=h\boldsymbol{k} \tag{2-3}$$

$$E=\frac{h^2\boldsymbol{k}^2}{2m_0} \tag{2-4}$$

可见，自由电子的 $E(\boldsymbol{k})\sim\boldsymbol{k}$ 呈抛物线关系，如图 2.5 所示。

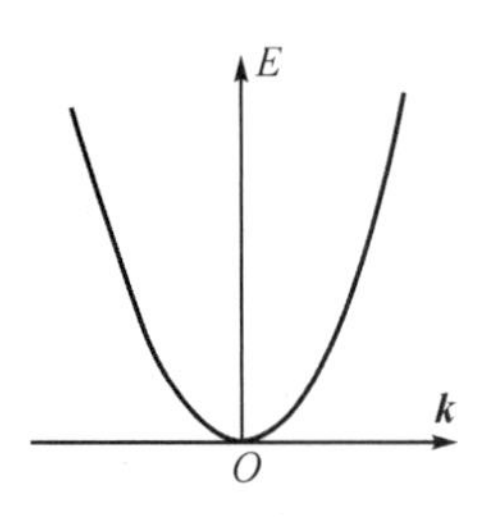

图 2.5 自由电子的 $E(\boldsymbol{k})\sim\boldsymbol{k}$ 呈抛物线关系

晶体中的电子与自由电子不同，自由电子是在一恒定为零的势场中运动，而晶体中的电子是在严格周期性重复排列的原子间运动。单电子近似认为，晶体中的某一个电子，它是在周期性排列且固定不动的原子核的势场以及其他大量电子的平均势场中运动，这个势场也是周期性变化的，而且它的周期与晶格周期相同。因此，对于半导体晶体，式(2-4)不成立。为了便于描述半导体中电子在外力作用下的运动规律，研究中引入了有效质量的概念。

电子的有效质量可表示为：

$$m_n^* = \left(\frac{1}{h^2}\ \frac{\mathrm{d}^2 E}{\mathrm{d}\boldsymbol{k}^2}\right)^{-1} \tag{2-5}$$

引进有效质量的意义在于它概括了半导体内部势场的作用，使得在探讨半导体中电子在外力作用下的运动规律时，可以不涉及半导体内部势场的作用。引进有效质量后，半导体中电子所受外力与加速度的关系和牛顿第二定律类似，即以有效质量 m_n^* 代替电子惯性质量 m_0。因此，半导体能带极值附近的 $E(\boldsymbol{k})\sim\boldsymbol{k}$ 可表示为：

$$E=\frac{h^2\boldsymbol{k}^2}{2m_n^*} \tag{2-6}$$

半导体能带结构的模型如图 2.6 所示，横轴表示电子的动量，纵轴表示电子的能量。在多数情况下，价带顶对应空穴占据 $\boldsymbol{k}=\mathbf{0}$ 状态，价带在 $\boldsymbol{k}=\mathbf{0}$ 时发生二重简并，空穴有重空穴和轻空穴两种类型。在导带的最低点，导电电子占据的状态有 $\boldsymbol{k}=\mathbf{0}$ 和 $\boldsymbol{k}\neq\mathbf{0}$ 两种情况。$\boldsymbol{k}=\mathbf{0}$的能带结构称为直接跃迁型，此时导带底和价带顶对应于同一个 $\boldsymbol{k}$ 值；$\boldsymbol{k}\neq\mathbf{0}$ 的能带结构称为间接跃迁型，此时导带底和价带顶对应于不同的 $\boldsymbol{k}$ 值。

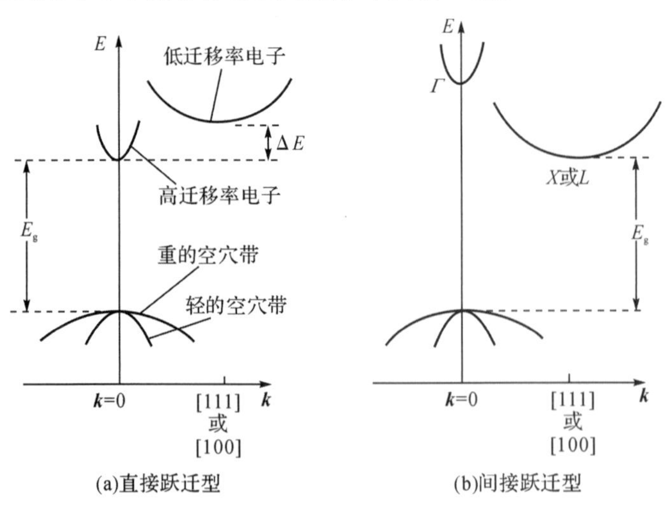

图 2.6 半导体的能带结构

由于能带的跃迁，光在吸收和释放之际，直接跃迁型半导体中电子和空穴直接进行跃迁，间接跃迁型半导体中产生声子的吸收和释放，如图 2.7 所示，图中 GaAs 是直接跃迁型半导体的代表，GaP 是间接跃迁型半导体的代表。

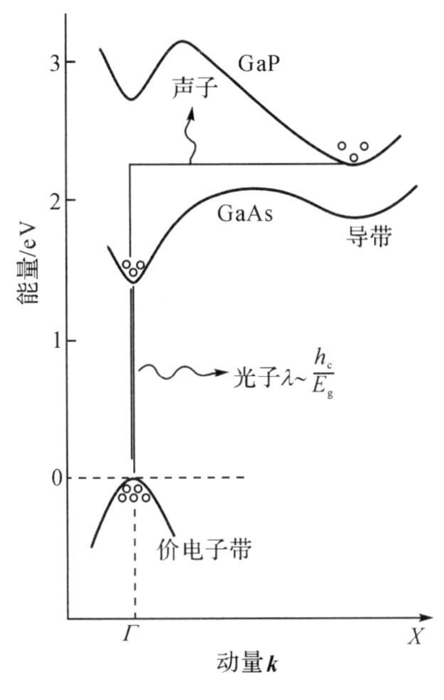

图 2.7　直接跃迁型半导体(GaAs)和间接跃迁型半导体(GaP)释放光子的机制

直接跃迁型半导体的发光性复合系数比间接跃迁型大 4～5 个数量级，因此，直接跃迁型的注入发光和光致发光的发光效率较高，所以人们常用具有直接跃迁型能带结构的材料制作发光二极管。大部分化合物半导体属于直接跃迁型，Si 和 Ge 因为其间接跃迁型的能带结构，一般不适合用于制作发光器件材料。

目前，部分化合物半导体的能带结构的主要特征已经获得，但是对于它们的详细结构的解析还没有达到像硅和锗一样的程度。严格来说，能带结构的定量关系可通过解薛定谔方程得到。但尽管采用了单电子近似，$E(\boldsymbol{k})$的求解还十分困难，它是能带理论所要专门解决的问题。但是，对于半导体来说，布里渊区(Brillouin zone)的某些特殊点或特殊方向附近的能带结构常常起着决定性作用，因此只需要知道布里渊区某些特殊点及某些对称方向附近能带结构的特点，即能带结构的对称性就足够了。能带结构的对称性是由晶体结构的对称性决定的，结构类似的晶体，其能带也是类似的。因此，闪锌矿结构和纤锌矿结构化合物半导体的能带结构可通过类比具有金刚石结构的硅和锗得到。半导体固溶体是由两种或两种以上同一类型的半导体材料组成的合金，它们的能带结构也会有原始组分的共同特点。

2. 金刚石结构半导体的能带

锗的能带结构如图 2.8 所示。由图 2.8(a)可知，不考虑电子自旋-轨道相互作用，价带由 4 个子带构成，其中 3 个在 Γ 点简并(Γ'_{25}对称类型)，构成价带顶，第 4 个子带在 Γ 点构成价带底(Γ_1 对称类型)，价带宽度为 $\Delta E(\Gamma)=E(\Gamma'_{25})-E(\Gamma_1)$。离开 Γ 点，在 Δ 方向上三重简并的 Γ'_{25}分裂成两重简并的 Δ_5 和非简并的 Δ'_2 子带。在 Λ 方向，Γ'_{25}分裂成两重简并的 Λ_3 和非简并的 Λ_1 子带。在 X_1 点，Δ'_2 和 Δ_1 子带简并。

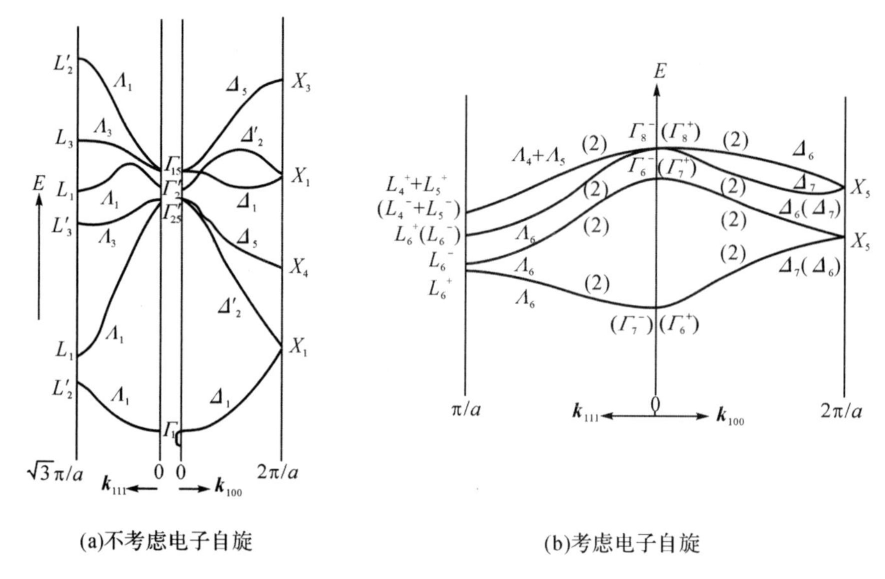

图 2.8 锗的能带结构

导带也由几个子带构成。有 L、Γ 极小值和 Δ 极小值，即导带的能谷在 L 点、Γ 点及 Δ 轴上；但导带底在何处，即这三种类型的能谷哪一个最低？单凭对称性还不能确定。实验测定锗的导带底在 L 点，硅的导带底在 Δ 轴上。

计及自旋-轨道相互作用后，金刚石结构的半导体的能带如图 2.8(b)所示。在 Γ 点的 4 个子带的情况是：Γ_8 带，二重简并，构成价带顶；Γ_7 带，非简并，比 Γ_8 带低一个自旋-轨道耦合劈裂值 Δ；Γ_6 带，非简并，构成价带底；离开 Γ 点，在 Δ 方向，二重简并的 Γ_8 带分裂成非简并的重空穴带 Δ_6 和轻空穴带 Δ_7；沿 Λ 方向，Γ_8 也分裂成重空穴带 $\Lambda_4+\Lambda_5$ 和轻空穴带 Λ_6；在 X 点，Δ_6 子带和 Δ_7 子带简并。

3. 闪锌矿结构半导体的能带

除了没有反演对称性外，闪锌矿结构和纤锌矿结构的对称性是相同的，因而它们的能带结构大同小异。两者的能带结构有两点差异：①金刚石结构的几支能带在 X 点简并，而闪锌矿结构的能带在 X 点简并消失；②金刚石结构的 3 支价带极大值都在 Γ 点，而闪锌矿结构有 1 支价带极大值偏离 Γ 点。由于这个差异很小，虽然在理论上有其重要性，但实际上往往可忽略，只是在一些特殊的实验中才能显示出来。

砷化镓(GaAs)的能带结构如图 2.9 所示，导带极小值位于布里渊区中心 $\boldsymbol{k}=\mathbf{0}$ 的 Γ 处，等能面是球面。导带底电子有效质量为 $0.067m_0$。在[111]和[100]方向布里渊区边界 L 和 X 处还各有一个极小值，电子的有效质量分别为 $0.55m_0$ 和 $0.85m_0$。室温下，Γ、L 和 X 的极小值与价带顶的能量差分别为 1.424 eV、1.708 eV 和 1.900 eV。L 极小值的能量比布里渊区中心极小值的能量约高 0.31 eV。

从图 2.9 中可看出，GaAs 的能带结构与 Si 相比有下列特点。

(1)GaAs 为直接跃迁型半导体

GaAs 的导带极小值在$\boldsymbol{k}=\mathbf{0}$处，价带极大值近似在 $\boldsymbol{k}=\mathbf{0}$ 处，为直接跃迁型半导体，电子从价带转换到导带时，不需要动量转换。而 Si 的价带极大值虽在 $\boldsymbol{k}=\mathbf{0}$ 处，但其导带极小值却不在 $\boldsymbol{k}=\mathbf{0}$ 处，即其导带极小值和价带极大值所在处的 $\boldsymbol{k}$ 值不同，为间接半导体，电子在能

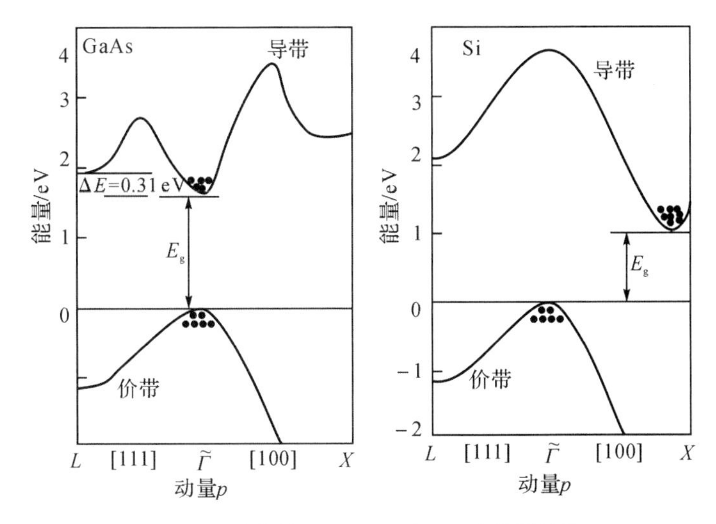

图 2.9　砷化镓(GaAs)和硅(Si)的能带结构

带间转换时，需要动量转换。直接和间接禁带结构的差异在发光二极管和激光等应用中相当重要，这些应用需要直接禁带半导体产生有效光子。GaAs 由于能带结构是直接跃迁型的，故选用 GaAs 制作光电器件比较适合。除 GaAs 外，在Ⅲ-Ⅴ族化合物半导体材料中，InN、InP、GaSb 和 InSb 等都属于直接跃迁型材料。

(2)GaAs 材料具有负阻特性

这是因为 GaAs 在[100]方向上具有双能谷能带结构，除 Γ 点 $\boldsymbol{k}=\boldsymbol{0}$ 处有极小值外，在[111]方向边缘上存在着另一个比中心极小值仅高 0.31 eV 的导带极小值。可见，电子具有主能谷(位于 Γ 处)、子能谷(位于 L 处)。在室温下，处在主能谷中的电子很难跃迁到子能谷中。因为室温时电子从晶体那里得到的能量为 $\boldsymbol{k}T=0.026$ eV。但电子在主能谷中的有效质量较小、迁移率大，而在子能谷中有效质量大、迁移率小，且子能谷中的状态密度又比主能谷大。因此，一旦外电场超过一定的阈值，电子就可能由迁移率大的主能谷转移到迁移率小的子能谷，进而出现电场增大、电流减小的负阻现象，这一特性是实现体效应微波二极管的基础。

(3)用 GaAs 材料可制作高频大功率器件

GaAs、Ge、Si 在室温下时的禁带宽度分别为 1.43 eV、0.8 eV、1.12 eV，可见 GaAs 的禁带宽度要比 Ge、Si 大得多。而晶体管工作温度的上限与材料的 E_g 成正比。因此，在不考虑其他因素的条件下，用 GaAs 材料制作的晶体管可在 450 ℃下工作，可以大大提高晶体管的功率。此外，GaAs 具有比 Si 大得多的电子迁移率，这对提高晶体管的高频性能也是有利的。

4. 纤锌矿结构半导体的能带

由于纤锌矿结构和闪锌矿结构的类似性，它们的能带结构也有许多类似的地方，但至今对纤锌矿结构的能带研究得不多，其能带细节还不太清楚，然而导带底和价带顶的特征在一定程度上是清楚的。

所有纤锌矿结构材料的能带极值都在 Γ 点，但 Γ 点附近等能面的形状与闪锌矿结构有明显的区别。在纤锌矿结构中，上面的 3 个价带在 Γ 点，由于自旋-轨道相互作用，它们彼此分开,但分开的距离很小,往往可以忽略。下面介绍纤锌矿结构半导体 ZnO 的能带结构特征。

ZnO 是一种直接带隙宽禁带半导体材料,室温下禁带宽度为 3.37 eV。由于六方纤锌矿结构的对称性较低,ZnO 的能带结构比较复杂。最早研究 ZnO 能带结构的是 Thomas[8],他通过研究 ZnO 的本征吸收特性,得到了 ZnO 简单的能带结构。导带呈 s 型,具有 Γ_7 对称性。价带呈 p 型,受自旋-轨道分裂和晶体场分裂的影响,价带顶部(VBM)分裂为 3 个二重简并的价带能级,自上至下依次称为 A、B、C 能级,对应于不同的自由激子发射态,分别具有 Γ_7、Γ_9、Γ_7 对称性。Γ_7 主要由 p_x 和 p_y 轨道组成,并具有少量 p_z 轨道特征,Γ_9 由纯 p_x 和 p_y 轨道组成。A、B 能级的间距为 6 meV,B、C 能级的间距为 38 meV。Shindo 等[9]和 Lambrecht[10]等做了进一步的研究,认为 VBM 是阴离子 p 轨道能级和阳离子 d 轨道能级的反键组合,由于较浅的 d 轨道能级的存在,会产生负的有效自旋-轨道分裂,使因激子耦合而产生的 3 个价带最高点的激子束缚能差别很小,小于价带分裂本身。因而晶体场和自旋-轨道分裂的最终效应是促使 ZnO 的 VBM 发生重整,重整后为 $\Gamma_7(A)>\Gamma_9(B)>\Gamma_7(C)$,这就是价带的重整化现象。

此后,人们对 ZnO 的能带结构进行了更加深入的研究。图 2.10 给出了由半经验紧束缚模型(实线)和赝势能带法(虚线)计算所得的 ZnO 的能带结构,其中 V 指价带,C 指导带。能级最低的价带(−20 eV 处)由 O 2s 轨道组成,能级较高的价带主要由 O 2p 与 Zn 4s、Zn 4p轨道混合组成;导带最低与最高能级分别主要由 Zn 4s、Zn 4p 轨道组成;而缺陷或其他局域微扰能级,很可能为导带最低能级(由阳离子 s 轨道组成)和价带最高能级(由阴离子 p 轨道组成)分别向下、向上推斥后在原来带隙中形成的能级。

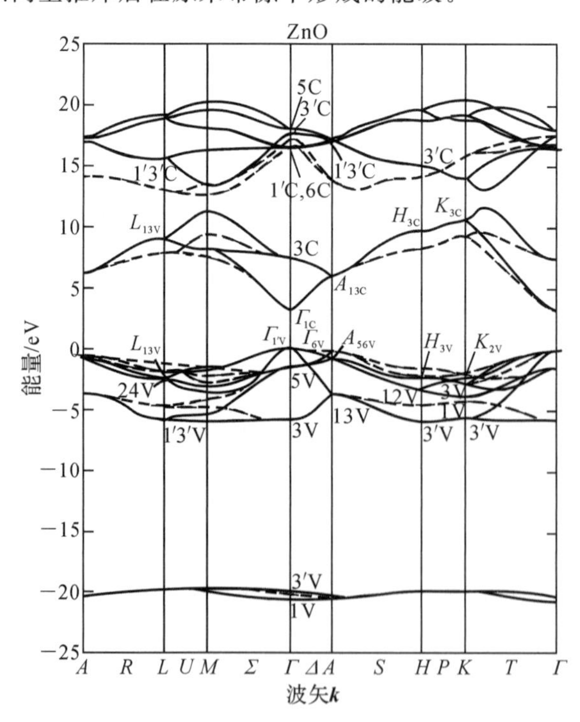

图 2.10 半经验紧束缚模型(实线)和赝势能带法(虚线)计算所得的 ZnO 能带结构

图 2.11 显示了 ZnO 中由于晶体场和自旋-轨道分裂而形成的能带，其中 A、B 能级的间距为 4.9 meV，B、C 能级的间距为 43.7 meV。A、C 亚能带具有 Γ_7 对称性，而中间的 B 亚能带具有 Γ_9 对称性。带隙 E_g 与温度 T 之间的依赖关系可以持续到室温，遵循关系式：

$$E_g(T)=E_g(T=0)\cdot\frac{5.05\times10^{-4}T^2}{900-T} \tag{2-7}$$

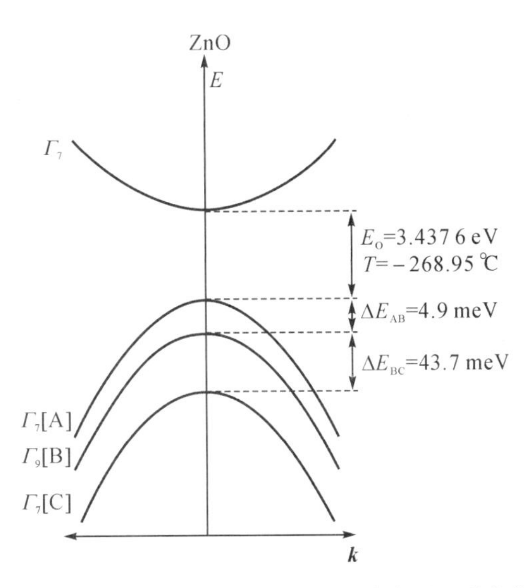

图 2.11　ZnO 中由于晶体场和自旋-轨道分裂而形成的能带

5. 固溶体的能带结构

固溶体的能带结构也是其组分比的函数。构成连续固溶体的两种原始材料的能带结构分别是直接跃迁型和间接跃迁型，其能带结构会随着材料组分的改变而逐渐从间接跃迁型变成直接跃迁型，或从直接跃迁型变成间接跃迁型。与此同时，其禁带宽度自然也要发生相应的改变。值得注意的是，半导体材料通常有多个导带能谷，每个能谷与价带顶构成一个能隙 E_g。其中，最窄的能隙才是材料的禁带宽度。当材料的直接能隙最窄时，材料为直接跃迁型半导体，否则为间接跃迁型半导体。固溶体直接能隙随组分比变化的函数关系，通常由两种方式进行定量描述。某些固溶体的直接能隙可表示为组分比 x 的线性函数：

$$E_g^{AB}=xE_g^A+(1-x)E_g^B \tag{2-8}$$

式中，E_g^A 和 E_g^B 分别是互溶材料 A 和 B 的直接能隙宽度。

但是，大多数固溶体直接能隙随组分比的变化不符合上述线性规律，但可用以下模型统一表示：

$$E_g=a+bx+cx^2 \tag{2-9}$$

式中，a，b，c 皆为常数。

由于固溶体能带结构的这种组分依赖性，我们可以通过对其组分的控制，来实现对材料能带结构的“剪裁”。可以说，对半导体固溶体的研究和应用，是半导体能带工程的开端。在半导体器件的应用领域，特别是在光电子学应用领域，半导体固溶体对于优化器件特性起着十分重要的作用。

以 ZnO 为例，往 ZnO 中掺入适量的 MgO 或 CdO 可以形成 $Zn_{1-x}Mg_xO$ 或 $Zn_{1-y}Cd_yO$ 三元合金晶体薄膜。MgO 的禁带宽度为 7.9 eV，CdO 的禁带宽度为 2.3 eV，因而可知 $Zn_{1-x}Mg_xO$ 合金晶体能使 ZnO 的带隙展宽；与之相反，$Zn_{1-y}Cd_yO$ 合金能使 ZnO 的带隙变窄。理论上，改变掺入的 Mg 和 Cd 的量，合金的禁带宽度可以从 2.3 eV 变化到 7.9 eV。然而，为了适用于 ZnO 异质结、量子阱和超晶格结构的生长，合金材料的晶体结构应与基体相同，晶格常数相近。受到 MgO 和 CdO 在 ZnO 中固溶度的限制，单一六方相合金薄膜的带隙只能实现在 2.8～4.0 eV 范围内的调节。含适量 Mg 和 Cd 的三元合金能保持与 ZnO 一致的六方纤锌矿晶体结构，且其晶格常数和热膨胀系数与 ZnO 相近。图 2.12 为 ZnO 基和 GaN 基三元合金半导体材料禁带宽度和晶格常数随合金含量的变化关系。可以看到，ZnO 基三元合金的晶格常数随 Mg 或 Cd 含量波动的变化较小，这将减小 ZnO 基多量子阱或超晶格结构的晶格失配，对器件制备十分有利。相比之下，GaN 基三元合金的晶格常数随 In 或 Al 含量波动的变化较大，这在一定程度上将影响高性能器件的制备。$Zn_{1-x}Mg_xO$ 合金的带隙与 Mg 含量 x 近似呈线性关系，但这种线性关系在 $Zn_{1-y}Cd_yO$ 合金中不成立。

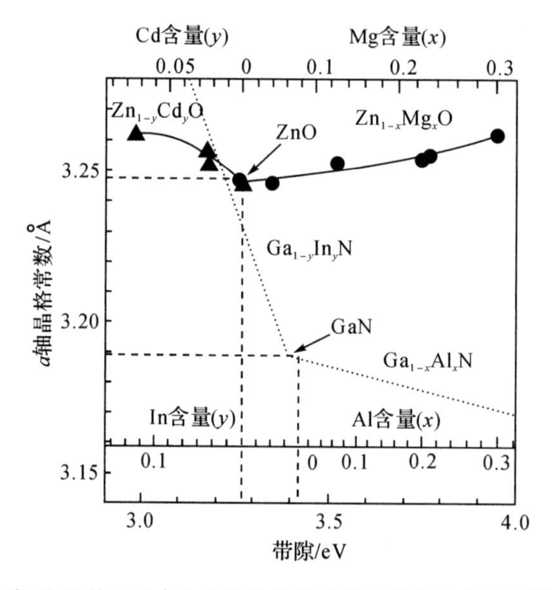

图 2.12　ZnO 基和 GaN 基三元合金半导体材料禁带宽度和晶格常数随合金含量的变化

能带工程是实现 ZnO 基光电器件应用的一个重要课题，随着 ZnO 基材料生长技术的发展，这方面的研究也取得了良好的进展。$Zn_{1-x}Mg_xO$、$Zn_{1-y}Cd_yO$ 合金是最早用于实现 ZnO 能带裁剪的合金晶体，除此之外，还有研究者提出利用能带的弯曲来实现对 ZnO 带隙的调节，如 $ZnO_{1-x}Se_x$、$ZnO_{1-x}S_x$ 合金晶体。最近，Ryu 等[11]用同为六方纤锌矿结构的 BeO 与 ZnO 形成 $Zn_{1-x}Be_xO$ 合金晶体，可以实现 ZnO 带隙在 3.3～10.6 eV 大范围内的改变，且不会出现相析。然而，这种方法由于 Be 及其化合物的毒性而削弱了其实用价值。

思考题

1. 什么是化合物半导体？跟元素半导体相比，化合物半导体具有哪些特性？

2. 在 ZnO 的能带结构上，指出平时所说的禁带宽度所在的位置。

3. 请举例说明固溶体禁带宽度随组分的变化规律，并阐述其作为“能带工程”的应用原理。

参考文献

[1] 裴素华，黄萍，刘爱华，等. 半导体物理与器件[M]. 北京：机械工业出版社，2008.

[2] 吕红亮，张玉明，张义门. 化合物半导体器件[M]. 北京：电子工业出版社，2009.

[3] 刘恩科，朱秉升，罗晋生. 半导体物理学[M]. 北京：电子工业出版社，2008.

[4] 师昌绪，李恒德，周廉. 半导体材料篇[M]//材料科学与工程手册(下卷). 北京：化学工业出版社，2004.

[5] 谢永桂，张太峰，赫跃，等. 超高速化合物半导体器件[M]. 北京：宇航出版社，1998.

[6] 徐毓龙. 氧化物与化合物半导体基础[M]. 西安：西安电子科技大学出版社，1991.

[7] 叶志镇，吕建国，张银珠，等. 氧化锌半导体材料掺杂技术与应用[M]. 杭州：浙江大学出版社，2009.

[8] THOMAS D G. The exciton spectrum of zinc oxide[J]. Journal of Physics and Chemistry of Solids, 1960, 15(1-2): 86-96.

[9] SHINDO K, MORITA A, KAMIMURA H. Spin-orbit coupling in ionic crystals with zincblende and wurtzite structures[J]. Journal of the Physical Society of Japan, 1965, 20(11): 2054-2059.

[10] LAMBRECHT W R L, RODINA A V, LIMPIJUMNONG S, et al. Valence-band ordering and magneto-optic exciton fine structure in ZnO[J]. Physical Review B, 2002, 65(7): 075207.

[11] RYU Y, WHITE H W. Zinc oxide based photonics devices[R]. Moxtronics Inc Columbia MO, 2003.

第3章

化合物半导体中的缺陷

在理想情况下，半导体材料应是高度完美的晶体，这种状况仅在绝对零度下才有可能出现，称为理想晶体。实际的半导体晶格结构并不是完美无缺的。首先，半导体材料并不是绝对纯净的，而是含有若干杂质的，即在半导体晶格中存在着与组成半导体材料的元素不同的其他化学元素的原子。其次，在任何一个实际的晶体中，原子由于所处的温度高于绝对零度，并不是静止在具有严格周期性的晶格的格点位置上，而是在其平衡位置附近振动，其排列总是或多或少地与理想点阵结构有所偏离。因此，半导体材料中总是存在着各种形式的缺陷(广义上说，晶体中的杂质也是晶体的一种缺陷)。

根据维度，一般把缺陷分为以下 4 类。

(1)点缺陷。偏离理想点阵结构的区域仅为一个或几个原子范围，在各个方向上尺度都很小，如空位、间隙原子、杂质原子等。

(2)线缺陷。偏离理想点阵结构的区域在一维方向上延伸，在其他两个方向上的尺寸比较小，如位错。

(3)面缺陷。偏离理想点阵结构的区域在二维尺度上具有较大的面积，如层错、晶界等。

(4)体缺陷。偏离理想点阵结构的区域在 3 个维度上都具有较大的尺寸，如孔洞、夹杂物等。

缺陷的存在破坏了晶体的周期性势场，影响了电子的结构、分布与运动，改变了缺陷附近的能态分布，极微量的缺陷就能够对半导体的物理性质和化学性质产生决定性的影响，严重地影响半导体器件的质量。一般半导体中的杂质和缺陷是重要而复杂的问题。对于化合物半导体而言，由于晶体是由多种元素的原子构成的，其中的杂质和缺陷就更为复杂。

3.1 缺陷理论基础[1-3]

半导体的性质与其杂质和缺陷密切相关，因此点缺陷理论是半导体基础理论的主要内容之一。许多固体物理学家如 Schottky、Frenkel 等对固体的热缺陷理论做出了杰出的贡献，因此一些缺陷曾以他们的名字来命名。20 世纪 50 年代，Kroger 和 Vink 建立了系统的缺陷理论。1956 年，他们联名在《固体物理研究和应用进展》上发表长篇论文《晶体固体中的缺陷浓度之间的关系》，奠定了固态点缺陷理论的基础。

3.1.1 点缺陷的分类

根据对理想晶格偏离的几何位置及成分，点缺陷可以分为以下 3 类。

(1)空位。正常结点没有被原子或离子所占据，从而形成空位，如图 3.1(a)所示。

(2)间隙原子。原子进入晶体中正常结点之间的间隙位置,成为间隙原子或填隙原子,如图 3.1(b)所示。

(3)杂质原子。杂质原子进入晶体中只可能以两种方式存在:一种方式是杂质原子进入位于晶格原子间的间隙位置,常称为间隙式杂质,如图 3.1(c)所示;另一种方式是杂质原子取代晶格原子而位于晶格点处,常称为替位式杂质,如图 3.1(d)所示。

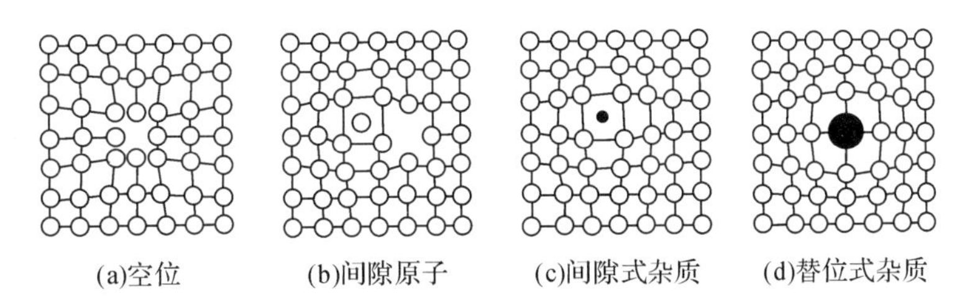

图 3.1　点缺陷的种类

杂质进入晶体后是占据晶格点位置成为替位式杂质还是进入晶格间隙位置成为间隙式杂质,取决于电负性和原子尺寸的相对大小。以金属氧化物 MO 为例,由于氧的电负性高达 3.5,几乎所有金属的电负性都比氧小得多,因而金属氧化物元素间的电负性差比较明显。杂质原子有取代与其电负性相近的原子,进而形成替位式杂质的倾向。因此金属杂质容易取代 M 原子,而非金属杂质容易取代 O 原子。当杂质原子的电负性刚好介于 M 和 O 之间时,原子尺寸的相对大小将起决定性作用,此时杂质原子有取代尺寸和它相近的原子而形成替位式杂质的趋势。当杂质原子很小时,晶体中的间隙位置对它来说已经足够大,那么杂质在晶体中往往以间隙式存在,如锂和铜在许多金属氧化物中以间隙式存在。杂质原子(或离子)和可用位置(格点位置或间隙)的相对大小在决定杂质在晶体中的位置方面往往起着重要作用。

3.1.2　点缺陷的符号表示方法

为了能进行定量处理,Kroger 和 Vink 在其理论中引进了一套完整的点缺陷符号,用一个主要符号来表示缺陷的种类,而用下标来表示这个缺陷所在的位置,用上标表示缺陷的有效电荷。例如,用 V 表示空位,M 表示金属,则 V_M 就表示金属原子空位,V_O 表示氧空位;用 i 表示间隙,则 M_i 就表示金属间隙原子,O_i 表示氧的间隙原子;用 1 个点“•”表示带 1 个单位正电荷,用 1 个撇“′”表示带 1 个单位负电荷。下面将以离子型晶体 MX 为例,说明各种基本点缺陷的符号表示,如图 3.2 所示。

空位:V_M 和 V_X 分别表示 M 原子空位和 X 原子空位,V 表示缺陷类型为空位,下标 M 和 X 表示空位所在的位置。在 MX 离子晶体中,如果取走 1 个 M^{2+} 离子,这时原有晶格中多余了 2 个负电荷。如果这 2 个负电荷被束缚在 M 空位上,用“′”表示带 1 个有效负电荷,这个空位可写成 V_M''。同样,如果取走 X^{2-} 离子,这时原有晶格中多余了 2 个带正电的空穴。如果这 2 个空穴被束缚在 X 空位上,用“•”表示带 1 个单位正电荷,这个空位可写成 $V_X^{\bullet\bullet}$。

间隙原子:M_i 和 X_i 分别表示 M 原子及 X 原子处在晶格间隙位置中,如图 3.2 所示。

杂质原子:L_M 表示 L 杂质原子处在 M 位置(替代式杂质),L_i 表示 L 杂质原子处在间隙。如 Ca 取代 MgO 晶格中的 Mg 可写作 Ca_{Mg},Ca 填隙在 MgO 晶格中写作 Ca_i。

自由电子及空穴:在强离子性材料中,通常电子局限在特定的原子位置上,这可以用离

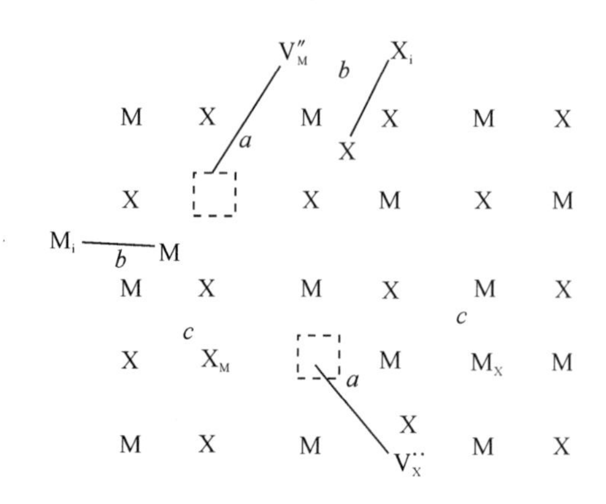

图 3.2　离子晶体中基本点缺陷类型

子价来表示。但在有些情况下，有的电子并不一定属于某个特定位置的原子，在某种光、电、热的作用下，可以在晶体中运动，这些电子用符号 e'表示。同样也可能在某些缺陷上缺少电子，这就是空穴，用符号 $h^{\cdot}$表示。自由电子及空穴都不属于某个特定的原子，也不固定在某个特定的原子位置。

带电缺陷：不同价离子之间的替代会出现另一种带电缺陷。如在 ZnO 中，Al^{3+} 代替 Zn^{2+}，由于 Al^{3+} 比 Zn^{2+} 高一价，因此与这个位置应有的电价相比，Al^{3+} 多出一个正电荷，写作 $Al_{Zn}^{\cdot}$。

缔合缺陷（或缺陷复合体）：带有异性电荷的点缺陷之间有库仑作用，因此一个带电的点缺陷可能与另一个带有相反符号的点缺陷相互缔合成一组或一群，产生一个缔合中心。发生缔合的缺陷常放在括号内表示，如 V_M''和 $V_X^{\cdot\cdot}$ 发生缔合可以写为：$(V_M''V_X^{\cdot\cdot})$。

3.1.3　点缺陷在半导体中的施主或受主作用及它们的能级位置

前面我们提到，半导体中的杂质和缺陷对其性能具有重要的影响。在半导体中，杂质和缺陷的作用机理是在禁带中引入能级，从而对半导体的性质产生影响。纯净无杂质的半导体称为本征半导体，当外场作用于晶体时，少量电子可以由价带进入空带，同时在价带中留下一个空穴。半导体被掺入杂质时，变成非本征半导体，而且禁带内被引入杂质能级。本征半导体和掺杂半导体的能带结构如图 3.3 所示。

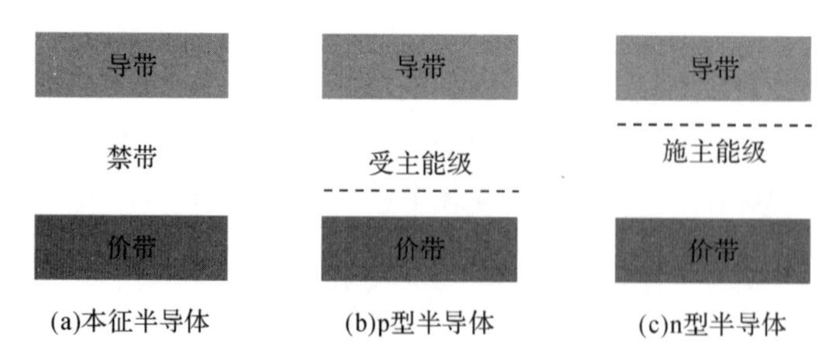

图 3.3　不同类型半导体的能带结构

下面将以氧化锌（ZnO）为例，讨论缺陷的施主和受主作用。

当氧化锌中掺入铝（Al）时，铝原子占据了锌原子的位置。铝原子有 3 个价电子，其中 2 个价电子与周围的 O 原子成键，还剩 1 个价电子，如图 3.4 所示。同时铝原子所在处也多余 1 个正电荷(锌原子去掉价电子后有 2 个正电荷,铝原子去掉价电子后有 3 个正电荷),称这个正电荷为正电中心铝离子(Al^{+})。所以铝原子取代锌原子后,其效果是形成 1 个正电中心 Al^{+} 和 1 个多余的价电子。这个多余的价电子束缚在正电中心 Al^{+} 周围。但是,这种束缚作用很弱,只需少量的能量就可以使它摆脱束缚,成为导电电子并在晶体中自由运动。这时铝原子就成为少了 1 个价电子的铝离子(Al^{+}),它是不能移动的正电中心。由于铝在氧化锌中电离时,能够释放电子而产生导电电子并形成正电中心,因此称铝为氧化锌的施主杂质或 n 型杂质。

施主杂质的电离过程如图 3.5(a)所示。当电子得到能量 ΔE_D 后,就从施主的束缚态跃迁到导带成为导电电子,所以电子被施主杂质束缚时的能量比导带底 E_C 低 ΔE_D。将被施主杂质束缚的电子的能量状态称为施主能级,记为 ΔE_D。因为 $\Delta E_D \ll E_g$,所以施主能级位于离导带底很近的禁带中。一般情况下,施主杂质是比较少的,杂质原子间的相互作用可以忽略。因此,某种杂质的施主能级是一些具有相同能量的孤立能级,在能带图中,施主能级用离导带底 E_C 为 ΔE_D 处的短线段表示,每条短线段对应 1 个施主杂质原子。在施主能级 ΔE_D 上画小黑点,表示被施主杂质束缚的电子,这时施主杂质处于束缚态。图中的箭头表示被束缚的电子得到能量 ΔE_D 后,从施主的束缚态跃迁到导带成为导电电子的电离过程。导带中的小黑点表示进入导带中的电子,施主能级处画的⊕号表示施主杂质电离以后带正电荷。

当氧化锌中掺入氮(N)时,氮原子占据了氧原子的位置。氮原子有 5 个价电子,当它与周围的锌原子成键时,还缺少 1 个价电子,必须从别处的原子中夺取 1 个价电子,于是在氧化锌中产生了 1 个空穴,如图 3.4 所示。而氮原子接受 1 个电子后,成为带负电的氮离子(N^{-}),称为负电中心。带负电的氮离子和带正电的空穴间有静电引力作用,因此这个空穴束缚在负电中心 N^{-} 周围。但是,这种束缚作用很弱,只要少量的能量就可以使它摆脱束缚,成为导电空穴并在晶体中自由运动,这时氮原子就成为多了 1 个价电子的氮离子(N^{-}),它是不能移动的负电中心。由于氮在氧化锌中电离时,能够接受电子而产生导电空穴并形成负电中心,因此称氮为氧化锌的受主杂质或 p 型杂质。

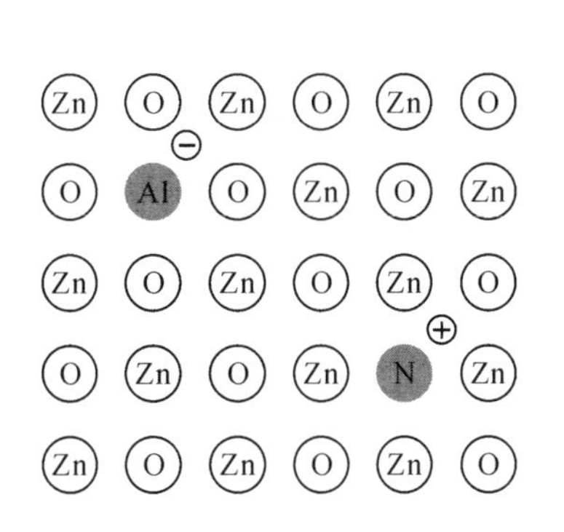

图 3.4　氧化锌中的施主杂质和受主杂质

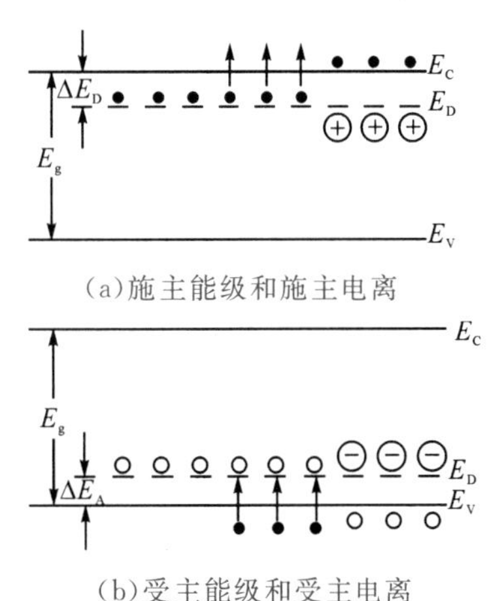

图 3.5　施主、受主能级及其电离

受主杂质的电离过程如图 3.5(b)所示。当空穴得到能量 ΔE_A 后，就从受主的束缚态跃迁到价带成为导电空穴。因为在能带图上表示空穴的能量是越往下能量越高，所以空穴被受主杂质束缚时的能量比价带顶 E_V 低 ΔE_A。将被受主杂质束缚的空穴的能量状态称为受主能级，记为 ΔE_A。因为 $\Delta E_A \ll E_g$，所以受主能级位于离价带顶很近的禁带中。一般情况下，某种杂质的受主能级也是一些具有相同能量的孤立能级，在能带图中，受主能级用离价带顶 E_V 为 ΔE_A 处的短线段表示，每条短线段对应一个受主杂质原子。在受主能级 ΔE_A 上画小圆圈来表示被受主杂质束缚的空穴，这时受主杂质处于束缚态。图中的箭头表示受主杂质的电离过程。价带中的小圆圈表示进入价带中的空穴，受主能级处画的㊀号表示受主杂质电离以后带负电荷。

黄丰等[4]强调将半导体学家认识物质的范式(能带论)和材料学家对物质的认知范式(晶体学理论)结合，寻求一种载流子调控全新的范式与理论，这一理论可以将能带论中的电子和空穴、施主和受主，与材料学中的离子簇或离子对应起来，提出了"精细化学组分完整表达式"。这些可以帮助我们更好地理解这些概念。

3.2 ZnO 中的杂质与缺陷

ZnO 是重要的Ⅱ-Ⅵ族直接带隙化合物半导体，室温下禁带宽度为 3.37 eV，激子束缚能高达 60 meV，是室温下热能($k_B T$=24 meV)的 2.5 倍[5]，大的激活能使激子在室温甚至更高的温度下存在并具有较高的稳定性，从而保证在室温低激发下激子紫外光的有效发射，因此在短波长发光二极管和激光器等光电子领域具有诱人的应用前景。本征 ZnO 为极性半导体，天然呈 n 型，施主掺杂比较容易，受主掺杂则异常困难。ZnO 中的本征点缺陷主要有间隙(Zn_i、O_i)缺陷、空位(V_{Zn}、V_O)缺陷以及反位(Zn_O、O_{Zn})缺陷等，其中 Zn_i、V_O 和 Zn_O 为施主型缺陷，O_i、V_{Zn} 和 O_{Zn} 为受主型缺陷，并且 Zn_i 和 V_O 被认为是引起本征 ZnO 的 n 型导电的主要原因。除了本征点缺陷外，还有一类杂质(包括 C 和 H)，它们是在 ZnO 的生长过程中引入的。H 在 ZnO 中以 H^+ 施主形态存在，且能级很浅(约 30 meV)，因而对本征 ZnO 的 n 型导电也有很大的贡献。因此，只有深入了解 ZnO 中的本征缺陷和非故意掺杂引入的杂质，才能有效地调控 ZnO 的电学性能。

3.2.1 ZnO 中的本征点缺陷[6-7]

从电学性能的角度划分，点缺陷可以分为施主型缺陷和受主型缺陷。如果从能级的角度划分，点缺陷可分为浅能级缺陷与深能级缺陷。对半导体掺杂而言，浅能级的施主或受主型缺陷对受主或施主杂质的补偿作用十分显著。就 ZnO 而言，非故意掺杂的 ZnO 是一种 n 型半导体，本征施主型缺陷的补偿效应使得高效、稳定、可靠的 p 型掺杂难以实现。一直以来，普遍认为，引起非故意掺杂 ZnO n 型导电的原因是本征点缺陷，如氧空位(V_O)和锌间隙(Zn_i)。但是，绝大多数持此观点的论文都缺乏确凿无疑的实验证据来支持。直到近年来，不少研究者提出 H 杂质可能是 ZnO n 型导电的真正原因。尽管如此，ZnO 中点缺陷对其电学性能的重要影响仍是不容置疑的。

除此之外，点缺陷尤其是深能级缺陷也影响着 ZnO 的光学性能。例如，ZnO 存在一个 500 nm 附近的绿色发光带，这与深能级缺陷有关。缺陷在不同波段引起光吸收，也直接影响 ZnO 晶体的外观颜色。数十年来，学术界对 ZnO 的本征点缺陷进行了大量的研究。然而，尽管随着生产技术的进步，获得的 ZnO 单晶材料或外延薄膜的质量有了很大提高，但确定某种缺陷对 ZnO 光电性能的影响仍然十分困难。

ZnO 是二元化合物半导体，其晶格中可能产生的 6 种本征点缺陷、各种缺陷的转变能级位置及缺陷形成能见图 3.6。前面已经提到，p 型 ZnO 难以实现的一个重要原因就是本征点缺陷的自补偿。下文将介绍 ZnO 中几种重要的本征点缺陷的理论和实验研究结果。

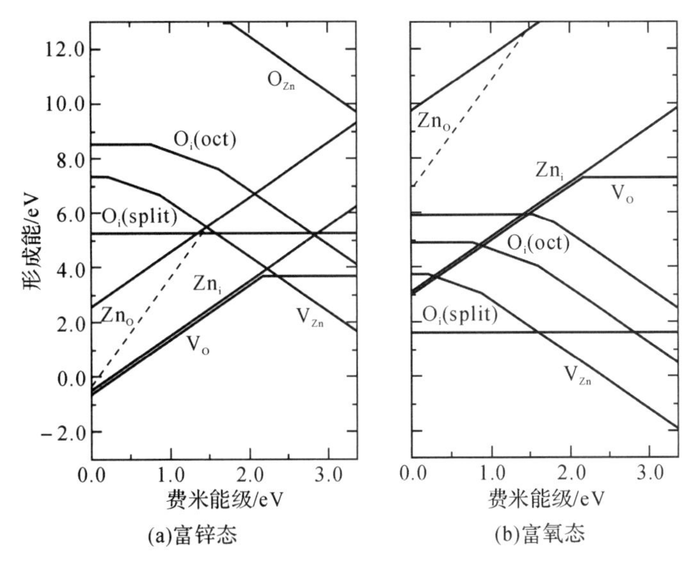

图 3.6 ZnO 中各本征点缺陷的形成能和费米能级之间的函数关系

注：图中费米能级的零点即为价带顶；曲线的斜率代表缺陷的价态，拐点处缺陷发生变价。

1. 氧空位

通常认为氧空位是 ZnO 非故意掺杂 n 型导电的原因。但对于这个观点，学术界仍存在争论。反对者的依据是：很多理论计算表明，氧空位在 n 型 ZnO 中为深能级缺陷（深施主）。理论计算中比较有代表性的是 Janotti 等[8]的研究结果，他们认为：对任何费米能级位置而言，氧空位的+1 价态都是不稳定的；尽管在所有施主缺陷中，氧空位的形成能最低，但在 n 型 ZnO 中费米能级靠近导带底，即使在极端富锌条件下其形成能也相当高，达到 3.72 eV，如图 3.6 所示；氧空位是一个深施主而不是浅施主。因此，他们认为氧空位在稳态时不可能通过热激发向导带提供电子，故而也不可能是 n 型导电的原因。但在 p 型 ZnO 中，费米能级的位置移动到价带顶附近，氧空位具有相对较低的形成能（见图 3.6），因此它在 p 型 ZnO 中可能是一种补偿源。因此，在 p 型 ZnO 的制备过程中，应保证环境处于富氧状态，或者使费米能级尽量地偏离价带顶以增大氧空位的形成能，从而尽量减弱氧空位的补偿作用。

但是有一些实验结果与上述计算结果相矛盾。例如，Halliburton 等[9]通过高温下磷蒸气中对 ZnO 进行退火，发现 ZnO 单晶的颜色变红，同时其 n 型导电性变好。ZnO 颜色变红是由产生的中性氧空位缺陷吸收蓝光所致，但若氧空位真如计算所言是深施主，则无法解释其自由电子增加的现象。因此他们认为，中性氧空位的能级很可能还是在离导带底不远处，即氧空位是浅施主。

绝大多数研究氧空位的实验手段是电子顺磁共振(EPR),其基本原理是探测氧空位中的未成对电子信号。硬球堆积模型和分子轨道理论有助于我们理解 ZnO 中的氧空位,该模型涉及 4 个 Zn 的悬挂键和 2 个电子,如图 3.7 所示。4 个 Zn 的悬挂键合并成 1 个位于禁带的全对称 a1 态和 3 个位于导带的近似简并态。当 a1 态全满,导带中的 3 个近似简并态全空时,氧空位为中性(0 价)。依此推算,ZnO 中的氧空位存在三种状态:中性、+1 价和+2 价,分别对应 a1 态全满、半满和全空状态。a1 态的填充状态与氧空位周围的晶格弛豫状态密切相关:中性状态下,氧空位"收缩",4 个 Zn 向空位内移动了Zn—O键长的 12%;+1 价状态下,氧空位稍微"膨胀"了 3%;+2 价状态下,氧空位向外"膨胀"了 23%,如图 3.7所示。不同状态下晶格弛豫的差别导致三种氧空位的形成能不同:$V_O^{2+} > V_O^0 > V_O^+$,V_O^+ 处于热力学不稳定状态。+1 价状态下存在未成对电子,使得氧空位能被 EPR 探测到。因此,只要通过光辐射等手段使氧空位转化为+1 价状态,就能利用 EPR 探测到氧空位的存在。

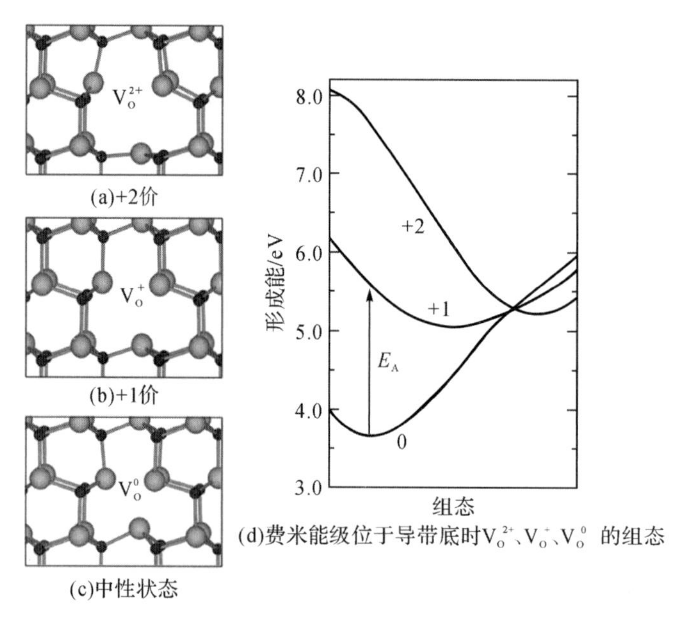

图 3.7 氧空位周边的晶格弛豫(硬球堆积模型)

有关 ZnO 中氧空位 EPR 实验的文献报道,根据 g 因子的数值大致可以将实验分成两组,一组 g 约为 1.96,另一组 g 约为 1.99。Vanheusden 等[10]曾经用 g 取 1.96 的峰作为氧空位的证据,利用其来判断 ZnO 中的绿色发光峰起源,从而使绿色发光峰源于氧空位的观点一度非常流行。但后来很多研究者认为这是一种误判。实际上,这一信号很可能与导带或施主带中的电子有关,而 g 取 1.99 的 EPR 信号才真正来自氧空位。从历史原因看,将 g 取 1.96 的 EPR 信号指认为氧空位,与一直以来猜测氧空位就是导致 ZnO 非故意掺杂 n 型导电的原因有关。

2. 锌空位

根据分子轨道理论,在 ZnO 晶格中移走一个 Zn 原子形成 Zn 空位后,Zn 空位涉及 4 个 O 的悬挂键和 6 个电子。4 个 O 的悬挂键合并成 1 个对称的 a1 态和 3 个近似简并态,a1 态位于禁带中,被电子填满(全满态);而 3 个近似简并态位于价带顶附近,被剩余的 4 个电子所填充,还能再接受 2 个电子。ZnO 中的 Zn 空位是一种受主型缺陷。

从图 3.6 可见，随着费米能级上升，受主型缺陷的形成能下降，因此在 n 型 ZnO 中 Zn 空位更容易形成。另外，富氧条件更有利于 Zn 空位的形成。图 3.6 表明，在 p 型 ZnO 中 Zn 空位具有极高的形成能，因此其浓度应该非常低。但在 n 型 ZnO 中，它在所有本征点缺陷中形成能是最低的，表明适当浓度的 V_{Zn}^{2-} 可以存在，并充当补偿中心。正电子湮没谱实验证实，在 n 型 ZnO 中确实存在 Zn 空位。计算表明，Zn 空位是一个深受主，再考虑到它在 p 型ZnO 中的形成能很高，因此 Janotti 等[8]认为它不太可能对 ZnO 的 p 型导电有贡献。最近在 p 型掺杂的研究中，Limpijunong 等[11]提出了 Ⅴ A 族元素大尺度失配原子(As，Sb)的 p 型掺杂理论。他们认为，这种掺杂不像 N 掺杂一样替代 ZnO 中 O 的位置，而是替代 Zn 的位置，并与两个 Zn 空位结合形成作为受主的$(As,Sb)_{Zn}$-$2V_{Zn}$缺陷复合体。最近的 p 型掺杂实验中，Xiu 等[12]及 Pan 等[13]通过掺 Sb 确实获得了 p 型导电，一定程度上支持了该理论。Limpijunong 等[14]对 As_{Zn}-$2V_{Zn}$缺陷复合体的 X 射线吸收近边结构(XANES)进行峰形计算，结果和实验测试所得比较一致，因此他们认为这从实验上证明了 As 确实通过取代 Zn 形成 As_{Zn}-$2V_{Zn}$缺陷复合体而作为受主。

3. 锌间隙

在纤锌矿结构中有两种不同的间隙位置，即四面体间隙和八面体间隙，八面体位置是锌间隙的稳定位置。对于锌间隙的能级，不同研究者的计算结果很不一致。有研究者认为在非平衡条件下的 n 型 ZnO 中可以观察到锌间隙。Garces 等[15]在 1 100 ℃的 Zn 蒸气中对 ZnO 单晶进行退火，观察到其自由载流子浓度增加，并认为这是锌间隙引起的。Look 等[16]用高能电子辐照实验发现一个离化能为 30 meV 的浅施主，认为这个缺陷可能是锌间隙本身或与锌间隙有关的复合体。但是另一种观点认为[8]，由于锌间隙形成能很高，因此上述实验中发现的缺陷不太可能是孤立的锌间隙。

4. 氧间隙

ZnO 晶格中过量的氧原子能以氧间隙存在，氧原子可以处于八面体或四面体间隙位。计算发现，处于四面体间隙位的氧间隙是不稳定的且是电学非活性的，而当氧间隙处于八面体间隙位时是一种受主态。计算表明，氧间隙既可在半绝缘或 p 型 ZnO 中以电学非活性构型存在，也可在 n 型 ZnO 中作为深受主存在。但是，这两种情况的形成能都非常高(除非在极端富氧条件下)，因此可以预期在平衡条件下，其浓度不会很高。

5. 反位缺陷

对于氧反位和锌反位这两种反位缺陷，迄今仅有理论计算的结果，而很少有实验方面的报道。锌反位缺陷指的是锌原子处在氧的位置，用 Zn_O 表示。氧反位是由氧原子占据锌格位而形成，用 O_{Zn}来表示。计算表明，Zn_O 是一种浅施主型缺陷，而 O_{Zn}是受主型缺陷。它们的形成能都非常高，因此在平衡态下不太可能存在。

3.2.2　ZnO 中绿色发光起源[6]

光致发光(photoluminescence，PL)是研究半导体中缺陷的重要手段。在 ZnO 的 PL 光谱中，在 500 nm(约 2.5 eV)附近有一个很宽的发光峰，它是由深能级引起的。不论半导体是用什么方法制备的，也不论它是体单晶、薄膜还是纳米结构，通常都能观察到这个峰。关于这个发光峰的起源，长期以来一直有争议，至今还不清楚。现在普遍被大家接受的观点是，该峰有不止一个起源。低温下，在 500 nm 附近，根据样品具体杂质和缺陷的存在情况，可以观察到两种不同形状的峰：一种是没有精细结构的，一种是有精细结构的。典型的谱峰如图 3.8[17] 所示。

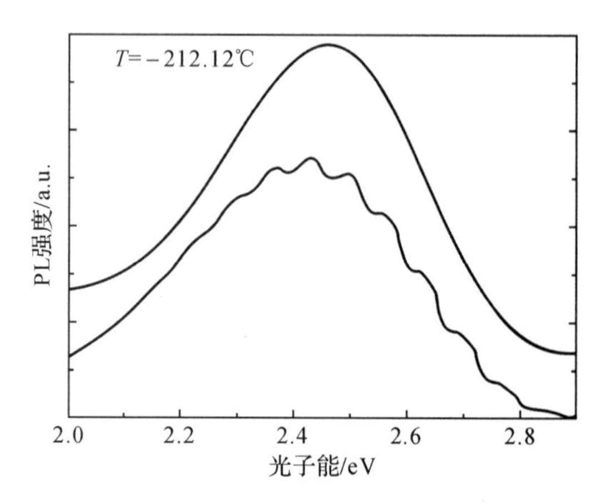

图 3.8　两种不同形状的 ZnO 绿色发光谱

对于有精细结构的发光，现在普遍认为是 Cu^{2+} 杂质引起的。而没有精细结构的发光，则来源于 ZnO 的本征点缺陷。之前最流行的观点认为，引起 ZnO 绿色发光的是氧空位。该结论最初是 Vanheusden 等[10]研究了绿色发光峰强度与氧空位浓度的关系后得出的。他们将电子顺磁共振谱中 g 取 1.96 的信号指认为氧空位，随后其他人的研究证实这是错误的，从而推翻了他们的论证。后来有许多研究者继续沿用这个观点，但都没能给出确切的实验证据。正如上文关于氧空位一节已论及，氧空位在 n 型 ZnO 中的形成能很高（ZnO 的 p 型掺杂很困难，通常得到的 ZnO 都是 n 型的），很难达到一个较高的浓度。另一种观点认为引起 ZnO 绿色发光的缺陷是锌空位。Van de Walle 的计算表明，锌空位的 ε(−/2−) 转变能级位于价带顶之上 0.9 eV 附近，从导带到锌空位的能量为 2.4～2.5 eV。另外，锌空位是一种受主型缺陷，在 n 型 ZnO 中存在的可能性更大。这与 GaN 中 Ga 空位的情形类似。在 GaN 中，通常认为 Ga 空位是引起黄色发光的原因。Sekiguchi 等[18]的实验发现，通过氢等离子体处理，绿色发光可以被显著抑制。这个实验对锌空位来说是一个有力支持，因为锌空位是受主，而氢是施主，氢原子可以通过形成 H—O 键而钝化锌空位。但是也有一些研究者的计算结果认为[19]，锌空位的能级位于价带顶以上约 0.3 eV，而将 3.1 eV 附近的发光峰指认为锌空位。另外，也有一些研究者将绿色发光峰归因于锌间隙。

3.2.3　ZnO 中的故意掺杂

前文已经提到，ZnO 在短波长光电器件领域具有广阔的应用前景。为了实现其光电器件应用，我们必须制备出高质量的 n 型和 p 型 ZnO。ZnO 天然具备 n 型导电性能，通过施主元素掺杂可使其 n 型导电性能提高几个数量级，因而 ZnO 已经发展成为一种较为成熟的透明导电氧化物（TCO）薄膜。然而，经过 20 多年的研究，ZnO 的 p 型掺杂仍是国际性难题，虽然研究者通过各种方法实现了 p 型导电，但是仍存在性能不够稳定等问题，无法满足实际应用的要求。其他宽带隙化合物半导体也存在类似的问题，如 ZnO、GaN、ZnS 和 ZnSe 容易实现 n 型导电，而难以实现 p 型导电；而 ZnTe 则相反，“单极性（unipolar doping）”掺杂是实现带隙化合物光电器件应用的主要障碍。

1. ZnO 的 n 型掺杂

通过施主掺杂可提高 ZnO 的 n 型导电性能，使其成为一种性能良好的透明导电薄膜。ZnO 可供选择的施主掺杂元素很多，包括ⅢA 族元素、ⅣA族元素、ⅤA族元素、ⅥA族元素和ⅦA 族元素，最为常用的为 Al、Ga、In 等ⅢA 族元素，特别是 Al 元素。ZnO 透明导电薄膜可以利用各种沉积技术制备，如热蒸发、溅射、离子镀、MOCVD、SSCVD、PLD、MBE、ALE、Sol-Gel、喷雾热分解等。对 ITO 而言，ZnO 具有原料丰富、价格低廉、无毒等优点，而且沉积温度相对较低，绿色环保，有望在透明导电薄膜领域取代传统的 ITO 材料[6]。

很多研究组报道了高结晶质量、高导电性能的 n 型 ZnO 薄膜，其中 Al、Ga 和 In 是被研究得最多的 n 型掺杂剂。Myong 等[20]利用光辅助 MOCVD 制备了 Al 掺杂 ZnO 薄膜，电阻率最低可达 $6.2\times10^{-4}\ \Omega\cdot cm$。Zhan 等[21]利用两步热力学过程成功制备出了理想的 Al 掺杂 ZnO 薄膜，其迁移率为 $36.8\ cm^2\cdot V^{-1}\cdot s^{-1}$，载流子浓度高达 $1.2\times10^{21}\ cm^{-3}$，电阻率为 $1.4\times10^{-4}\ \Omega\cdot cm$，是目前磁控溅射法制备 Al 掺杂 ZnO 薄膜所得最好的数据。此外，该 Al 掺杂 ZnO 薄膜在潮湿热处理(85 ℃)下表现出显著的热稳定性，其载流子浓度、迁移率和电阻率可维持数周基本保持不变。Ataev 等[22]利用 CVD 制备了 Ga 掺杂 ZnO 薄膜，电阻率达到 $1.2\times10^{-4}\ \Omega\cdot cm$。Özgür 等[5]利用等离子辅助 MBE 在 GaN 模板上成功制备了 Ga 掺杂 ZnO 薄膜。

2. ZnO 的 p 型掺杂

为了实现 ZnO 的光电器件应用，p 型掺杂是必不可少的。但是，经过 20 多年的研究，ZnO 的稳定、可重复 p 型掺杂仍是世界性难题。本征施主缺陷的补偿效应、受主杂质的低固溶度和高的激活能被认为是高效稳定可靠的 p 型掺杂难以实现的主要原因。通常来讲，实现 ZnO 的 p 型掺杂有三种途径：ⅠB 族元素取代 Zn；ⅤA 族元素取代 O；施主-受主共掺。下面分别对这三种途径的研究现状进行综述。

(1) ⅠB 族元素的掺杂

在化合物半导体中，由于阳离子受主对价带顶的扰动小于阴离子，因此阳离子受主的激活能一般小于阴离子受主。ⅠB 族元素 Li、Na 和 K 的价带主要由阴离子 p 轨道组成，阳离子 p 和 d 轨道的贡献很少，ⅠB 族元素取代 Zn 原子后，只对价带顶产生微量扰动，因此理论上ⅠB 族元素的受主能级浅于ⅤA 族元素(尤其是 P 和 As)，更有利于实现 ZnO 的 p 型导电，如表 3.1[23]所示。然而，实验上的尝试却不尽如人意，利用ⅠB 族元素成功实现 p 型掺杂的文献报道寥寥无几。这可能是由于ⅠB 族元素的原子半径较小，相比进入 Zn 的替代位，更容易进入间隙位，起到施主的作用。此外，Na 和 K 与最近邻原子的键长明显大于 Zn—O 键(1.93 Å)，容易在 ZnO 晶格中产生应变，从而诱生空位等本征缺陷，对 p 型导电起补偿作用[5]。

Zeng 等[24]利用直流磁控溅射沉积法制备了 Li 掺杂 p 型 ZnO 薄膜，电阻率为 $16.4\ \Omega\cdot cm$，空穴浓度约为 $10^{17}\ cm^{-3}$ 数量级，迁移率为 $2.65\ cm^2\cdot V^{-1}\cdot s^{-1}$。通过 PL 光谱测得 Li_{Zn} 的受主能级位于价带顶以上 150 meV 处，表明 Li_{Zn} 为浅能级受主。但是随着 Li 掺入量的提高，载流子浓度迅速下降，同时在价带顶以上 250 meV 处观测到了一个深能级受主，他们认为该深受主能级来源于 Li_{Zn}-Li_i 和 Li_{Zn}-AX 等复合缺陷。Huang 等[25]表示，尽管 Li_i 在同质外延薄膜中可以很好地发挥作用，但在单晶中很难实现对 Li_i 的踢除。出现这种情况的原因可能是一些动力因素还没有得到很好的研究。同时他们课题组制备出的 Ga 掺杂 ZnO 薄膜的均匀外延层表现出良好的效果。这些外延层通过三步热力学过程实现了 p 型相变(Li 掺杂)。在 p-ZnO 与衬底外延之间自动形成 pn 结,具有良好的整流性能。在添加金属电极后,基于这个 pn 结的每个器件都有可见的电致发光。Lin 等[26]利用脉冲激光沉积法制备了 Na 掺杂 p 型 ZnO 薄膜,电阻率最低为 12 Ω·cm,空穴载流子浓度为 $10^{17}\sim10^{18}$ cm^{-3} 数量级,且在 11 个月后仍维持稳定的 p 型导电,并测得其受主激活能为 164 meV。在此基础上,他们制备了 n-ZnO:Al/p-ZnO:Na 二极管,该二极管具有明显的整流效应,其阈值电压为 3.3 V。在 −163.15 ℃下,二极管的 EL(电致发光)光谱由 3 个发光峰组成,其峰位分别位于 2.24 eV、2.52 eV 和 3.03 eV 处,前两个峰来源于深能级发射,最后一个峰来源于带边发射,深能级发射的强度远大于带边发射,如图 3.9 所示。为了得到更高效、更稳定的 p 型导电,Lin[27]对 ZnO:Na 薄膜的微观结构进行了深入研究,认为晶界上吸附的中性氧阻碍了 ZnO:Na 薄膜的 p 型导电,利用紫外辐射消除晶界上的中性氧后可使 ZnO:Na 薄膜从 n 型导电转变为 p 型导电,其电阻率为 3.8 Ω·cm,空穴浓度为 2.1×10^{17} cm^{-3},空穴迁移率达到 7.9 $cm^2\cdot V^{-1}\cdot s^{-1}$。

表 3.1 ⅠA 族和ⅤA 族中性原子的最近邻键长(R)和形成能(E_i)[23]

元素	R/Å	E_i/eV
Li	2.03	0.09
Na	2.10	0.17
K	2.42	0.32
N	1.88	0.40
P	2.18	0.93
As	2.23	1.15

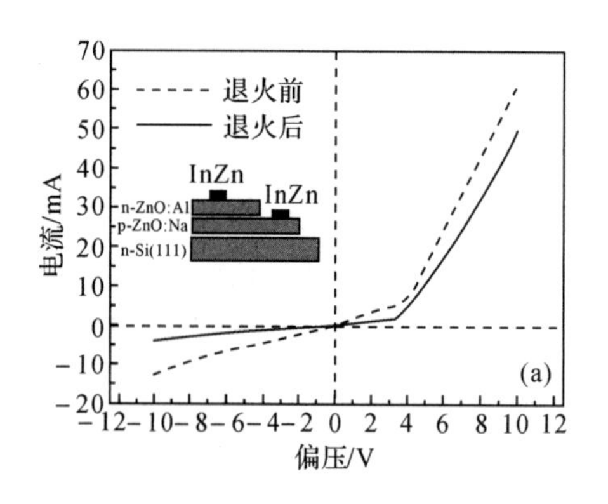

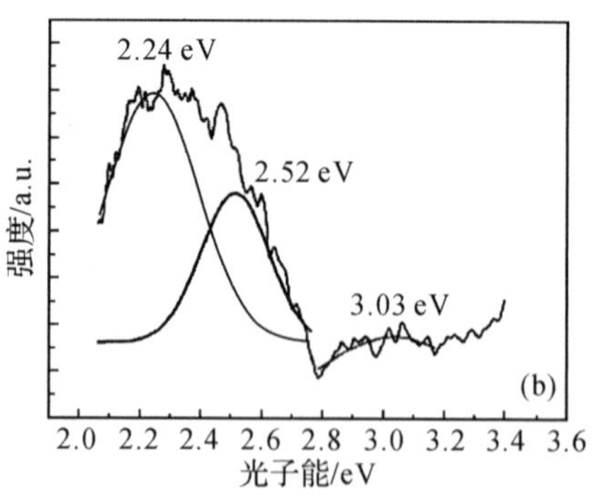

图 3.9 (a)n-ZnO:Al/p-ZnO:Na 同质结构的电流-电压曲线和(b)ZnO 同质 pn 结的 EL 光谱[26]

(2)ⅤA 族元素的掺杂

尽管理论计算表明ⅤA 族元素的受主激活能大于ⅠA 族元素,但ⅤA 族元素却是被研究得最多的 p 型掺杂剂。在ⅤA 族元素中,N 的原子半径和 2p 轨道能量均与 O 相近,是最理想的受主掺杂剂[28],因此 N 掺杂 ZnO 引起了广泛的研究兴趣,已经有大量的文献报道。

很多研究人员利用化学气相沉积法[29-31]、分子束外延法[32]、脉冲激光沉积法、磁控溅射沉积法[33]和离子注入[34]等方法制备了 N 掺杂 ZnO 薄膜并对其展开深入研究。常用的 N 源有 N_2、NO、N_2O、NH_3、Zn_3N_2 等[35]。

1997 年，Minegishi 等[29]利用化学气相沉积法，以 NH_3 为氮源，并使 Zn 源过量，在蓝宝石衬底上首次实现了 N 掺杂 p 型 ZnO 薄膜，其电阻率为 34～175 Ω·cm。二次离子质谱法证实 N 已有效掺入薄膜中。Look 等[32]利用分子束外延法，以经过 Li 扩散处理的半绝缘 ZnO 为衬底，制备了 N 掺杂 p 型 ZnO 薄膜，其电阻率为 10 Ω·cm，空穴浓度为 9×10^{16} cm^{-3}，空穴迁移率为 2 $cm^2\cdot V^{-1}\cdot s^{-1}$。二次离子质谱法测得 N 掺杂样品中的 N 浓度为 10^{19} cm^{-3}，比未掺杂样品高了两个数量级，对比空穴浓度可知，掺杂样品中有 1%的 N 被激活。他们认为 PL 光谱中位于 3.32 eV 处的发光峰可能来源于中性受主束缚激子，由此测得受主激活能为 170～200 meV。Zeng 等[30]利用等离子辅助金属有机物化学气相沉积法，以 NO 等为氮源和氧源，在蓝宝石衬底上制备了 N 掺杂 p 型 ZnO 薄膜，并测得 N 受主的激活能为180 meV。Li 等[31]使用 MOCVD 法，首先考虑使用 NO 作为氧化源，制备出掺入一定浓度 N 的 ZnO 薄膜，厚度为 3～10 nm；然后使用 O_2 为氧化源，在此薄膜上沉积未掺杂的纯 ZnO 薄膜，厚度约为 1 nm；之后反复交替沉积，再将此薄膜在 O_2 气氛中退火，去除 ZnO 晶格中的 Zn_i，最终得到掺 N 的 p 型 ZnO 薄膜。值得注意的是，虽然已经有很多关于成功实现 N 掺杂 p 型 ZnO 的报道，但其重复性问题仍未得到解决，即使采用相同的方法、相同的条件和相同的氮源，也无法保证能重复得到稳定的 p 型导电。

除了在薄膜生长过程中引入 N，研究人员还尝试利用离子注入的方法进行 N 掺杂的研究。Lin 等[34]利用射频磁控溅射沉积法，以 Si_3N_4 为缓冲层，在硅衬底上制备了 ZnO 薄膜，再将 N 通过离子注入的方式掺入 ZnO 中，得到了 p 型 ZnO 薄膜，其电阻率为 10.11～15.3 Ω·cm，空穴浓度为 5.0×10^{16}～7.3×10^{17} cm^{-3}，空穴迁移率为 2.51～6.02 $cm^2\cdot V^{-1}\cdot s^{-1}$。XPS 测试证实 N 处于 O 的替代位。Myers 等[36]利用脉冲激光沉积法在蓝宝石衬底上制备了 ZnO 薄膜，并进行氮离子注入处理。他们发现离子注入实现 p 型导电的关键是针对不同的离子注入能量和剂量选择合适的原位退火温度，并用 TEM 分析了微观结构与电学性能的联系：当原位退火温度不足时，薄膜的微观结构存在缺陷团簇，导致 n 型导电；而在合适的原位温度下，薄膜中形成了堆垛层错，此时为 p 型导电。

值得注意的是，对于 N 掺杂 ZnO 的 p 型导电机理，目前仍存在争议。实验研究表明，N 在 ZnO 中的受主激活能约为 200 meV[30,32]，为浅受主；而理论计算表明，N_O 的受主激活能为 1.3 eV，为深受主[37]。Reynolds 等[38]认为 N_O 是深受主，而 N_O 参与形成的复合缺陷是浅受主，因此实验测得的数值实际上是复合缺陷的受主激活能。他们的实验利用金属有机物化学气相沉积法，并使生长气氛在富锌和富氧两种状态下呈周期性交替变化。在前半周期，使系统处于富氧状态，形成 N_{Zn}-V_{Zn}复合缺陷；在后半周期，使系统处于富锌状态，N_{Zn}-V_{Zn}复合缺陷转变为 V_O-N_{Zn}复合缺陷，再经过退火处理后形成 V_O-N_{Zn}-H^+复合缺陷，最终形成 p 型 N 掺杂 ZnO 薄膜，其空穴浓度约 10^{18} cm^{-3}，受主激活能为 130 meV(浅受主)。二次离子质谱法、拉曼光谱和光致发光分析证实了上述缺陷的演变过程，因此他们认为导致 p 型导电的浅受主是 V_O-N_{Zn}-H^+ 复合缺陷，而不是 N_O。

（3）施主-受主共掺

虽然N被认为是ZnO理想的p型掺杂剂，但N在ZnO中的固溶度很低，限制了p型掺杂的效率。Yamamoto等[39]的理论计算结果表明，n型掺杂会使系统的马德隆能量（Madelung energy）降低，而p型则相反，因此在p型掺杂时引入施主杂质，可降低系统的马德隆能量，增大受主杂质的固溶度，这便是利用施主-受主共掺实现p型导电的理论基础。

在上述理论的指导下，很多研究团队开展了施主-受主共掺的实验研究。Joseph等[40]利用脉冲激光沉积法，将N_2O电离后作为N源，制备了Ga-N共掺p型ZnO薄膜，其电阻率为0.5 Ω·cm，空穴浓度为5×10^{19} cm^{-3}，空穴迁移率为0.07 $cm^2\cdot V^{-1}\cdot s^{-1}$。Lv等[41]采用射频磁控溅射法，以$N_2O$为氮源，制备了Al-N共掺p型ZnO薄膜，其最佳电学性能为：电阻率57.3 Ω·cm，空穴浓度2.25×10^{17} cm^{-3}，空穴迁移率0.43 $cm^2\cdot V^{-1}\cdot s^{-1}$。二次离子质谱法测试显示Al的加入明显增加了薄膜中N的含量，使得共掺样品的p型导电性能明显优于N单掺样品。值得注意的是，虽然施主-受主共掺能明显提高p型掺杂效率，但同时也降低了其空穴迁移率，且p型掺杂的稳定性和重复性问题仍无法得到解决。

思考题

1. 归纳点缺陷对化合物半导体的重要影响。
2. 若把Mg作为GaN的掺杂剂，如何获得p型电导？
3. 说明H在GaN和ZnO中掺杂的作用。

参考文献

[1] 徐毓龙. 氧化物与化合物半导体基础[M]. 西安：西安电子科技大学出版社，1991.

[2] 马爱琼，任耘，段锋. 无机非金属材料科学基础[M]. 北京：冶金工业出版社，2010.

[3] 刘恩科，朱秉升，罗晋生. 半导体物理学[M]. 北京：电子工业出版社，2008.

[4] 黄丰，郑伟，王梦晔，等. 氧化锌单晶生长、载流子调控与应用研究进展[J]. 人工晶体学报，2021，50(2)：209-243.

[5] ÖZGÜR Ü, ALIVOV Y I, LIU C, et al. A comprehensive review of ZnO materials and devices[J]. Journal of Applied Physics, 2005, 98(4): 103.

[6] 叶志镇，吕建国，张银珠，等. 氧化锌半导体材料掺杂技术与应用[M]. 杭州：浙江大学出版社，2009.

[7] JANOTTI A, VAN DE WALLE C G. Fundamentals of zinc oxide as a semiconductor[J]. Reports on Progress in Physics, 2009, 72(12): 126501.

[8] JANOTTI A, VAN DE WALLE C G. Native point defects in ZnO[J]. Physical Review B, 2007, 76(16): 165202.

[9] HALLIBURTON L E, GILES N C, GARCES N Y, et al. Production of native donors in ZnO by annealing at high temperature in Zn vapor[J]. Applied Physics Letters, 2005, 87(17): 172108.

[10] VANHEUSDEN K, WARREN W L, SEAGER C H, et al. Mechanisms behind green photoluminescence in ZnO phosphor powders[J]. Journal of Applied Physics, 1996, 79(10): 7983-7990.

[11] LIMPIJUNONG S, ZHANG S B, WEI S H, et al. Doping by large-size-mismatched impurities: The microscopic origin of arsenic-or antimony-doped p-type zinc oxide[J]. Physical Review Letters, 2004, 92(15): 155504.

[12] XIU F X, YANG Z, MANDALAPU L J, et al. High-mobility Sb-doped p-type ZnO by molecular-beam epitaxy[J]. Applied Physics Letters, 2005, 87(15): 152101.

[13] PAN X, YE Z, LI J, et al. Fabrication of Sb-doped p-type ZnO thin films by pulsed laser deposition [J]. Applied Surface Science, 2007, 253(11): 5067 - 5069.

[14] LIMPIJUNONG S, SMITH M F, ZHANG S B. Characterization of As-doped, p-type ZnO by X-ray absorption near-edge structure spectroscopy: Theory[J]. Applied Physics Letters, 2006, 89(22): 222113.

[15] GARCES N Y, GILES N C, HALLIBURTON L E, et al. Production of nitrogen acceptors in ZnO by thermal annealing[J]. Applied Physics Letters, 2002, 80(8): 1334 - 1336.

[16] LOOK D C, HEMSKY J W, SIZELOVE J R. Residual native shallow donor in ZnO[J]. Physical Review Letters, 1999, 82(12): 2552 - 2555.

[17] HE H, YE Z, LIN S, et al. Negative thermal quenching behavior and long luminescence lifetime of surface-state related green emission in ZnO nanorods[J]. The Journal of Physical Chemistry C, 2008, 112(37): 14262 - 14265.

[18] SEKIGUCHI T, OHASHI N, TERADA Y. Effect of hydrogenation on ZnO luminescence[J]. Japanese Journal of Applied Physics—Part 2 Letters, 1997, 36(3): 289 - 291.

[19] JEONG S H, KIM B S, LEE B T. Photoluminescence dependence of ZnO films grown on Si (100) by radio-frequency magnetron sputtering on the growth ambient[J]. Applied Physics Letters, 2003, 82 (16): 2625 - 2627.

[20] MYONG S Y, BAIK S J, LEE C H, et al. Extremely transparent and conductive ZnO: Al thin films prepared by photo-assisted metalorganic chemical vapor deposition (photo-MOCVD) using $AlCl_3$ ($6H_2O$) as new doping material[J]. Japanese Journal of Applied Physics, 1997, 36(8B): L1078.

[21] ZHAN Z B, ZHANG J Y, ZHENG Q H, et al. Strategy for preparing Al-doped ZnO thin film with high mobility and high stability[J]. Crystal Growth & Design, 2011, 11(1): 21 - 25.

[22] ATAEV B M, BAGAMADOVA A M, DJABRAILOV A M, et al. Highly conductive and transparent Ga-doped epitaxial ZnO films on sapphire by CVD[J]. Thin Solid Films, 1995, 260(1): 19 - 20.

[23] PARK C H, ZHANG S B, WEI S H. Origin of p-type doping difficulty in ZnO: The impurity perspective[J]. Physical Review B, 2002, 66(7): 073202.

[24] ZENG Y J, YE Z Z, LU J G, et al. Identification of acceptor states in Li-doped p-type ZnO thin films [J]. Applied Physics Letters, 2006, 89(4): 042106.

[25] HUANG F, ZHU S, WANG F, et al. Can we transform any insulators into semiconductors? Theory, strategy, and example in ZnO[J]. Matter, 2020, 2(5): 1091 - 1105.

[26] LIN S S, LU J G, YE Z Z, et al. p-Type behavior in Na-doped ZnO films and ZnO homojunction light-emitting diodes[J]. Solid State Communications, 2008, 148(1): 25 - 28.

[27] LIN S S. Robust low resistivity p-type ZnO: Na films after ultraviolet illumination: The elimination of grain boundaries[J]. Applied Physics Letters, 2012, 101(12): 122109.

[28] FAN J C, SREEKANTH K M, XIE Z, et al. p-type ZnO materials: Theory, growth, properties and devices[J]. Progress in Materials Science, 2013, 58(6): 874 - 985.

[29] MINEGISHI K, KOIWAI Y, KIKUCHI Y, et al. Growth of p-type zinc oxide films by chemical vapor deposition[J]. Japanese Journal of Applied Physics, 1997, 36(11A): L1453.

[30] ZENG Y J, YE Z Z, XU W Z, et al. Study on the Hall-effect and photoluminescence of N-doped p-type ZnO thin films[J]. Materials Letters, 2007, 61(1): 41 - 44.

[31] LI T T, ZHU Y M, JI X, et al. Experimental evidence on stability of N substitution for O in ZnO lattice

[J]. The Journal of Physical Chemistry Letters,2020,11(20):8901 - 8907.

[32] LOOK D C, REYNOLDS D C, LITTON C W, et al. Characterization of homoepitaxial p-type ZnO grown by molecular beam epitaxy[J]. Applied Physics Letters,2002,81(10):1830 - 1832.

[33] TU M L, SU Y K, MA C Y. Nitrogen-doped p-type ZnO films prepared from nitrogen gas radio-frequency magnetron sputtering[J]. Journal of Applied Physics,2006,100(5):053705.

[34] LIN C C, CHEN S Y, CHENG S Y, et al. Properties of nitrogen-implanted p-type ZnO films grown on Si_3N_4/Si by radio-frequency magnetron sputtering[J]. Applied Physics Letters, 2004, 84(24): 5040 -5042.

[35] LOOK D C, CLAFTIN B. p-Type doping and devices based on ZnO[J]. Physica Status Solidi B, 2004,241(3):624 - 630.

[36] MYERS M A, MYERS M T, GENERAL M J, et al. p-Type ZnO thin films achieved by N^+ ion implantation through dynamic annealing process[J]. Applied Physics Letters,2012,101(11):112101.

[37] LYONS J L, JANOTTI A, VAN DE WALLE C G. Why nitrogen cannot lead to p-type conductivity in ZnO[J]. Applied Physics Letters,2009,95(25):252105.

[38] REYNOLDS J G, REYNOLDS JR C L, MOHANTA A, et al. Shallow acceptor complexes in p-type ZnO[J]. Applied Physics Letters,2013,102(15):152114.

[39] YAMAMOTO T, KATAYAMA-YOSHIDA H. Solution using a codoping method to unipolarity for the fabrication of p-type ZnO[J]. Japanese Journal of Applied Physics,1999,38(2B):L166.

[40] JOSEPH M, TABATA H, KAWAI T. p-Type electrical conduction in ZnO thin films by Ga and N codoping[J]. Japanese Journal of Applied Physics,1999,38(11A):L1205.

[41] LV J G, YE Z Z, ZHUGE F, et al. p-Type conduction in N-Al co-doped ZnO thin films[J]. Applied Physics Letters,2004,85(15):3134 - 3135.

第 4 章

宽带隙半导体发光

光有两种产生方式：一种是从发热的物体（$T>526.85$ ℃）中发射出来，从热能转化为光，称为白炽光（incandescence）；另一种是电子由激发态（高能级）回到基态（低能级），其能量以光子形式释放，称为发光（luminescence）。因为不需要对发光物质进行加热，因此发光现象是一种冷光，但它需要一个激发过程，即把电子从基态泵浦到激发态的过程。发光的激发方式可以有很多种，例如，用光子激发而产生的发光称为光致发光（photoluminescence，PL），用电流注入而产生的发光称为电致发光（electroluminescence，EL）。另外，还有阴极射线发光、化学发光、热发光等激发方式。

半导体材料由于价带和导带之间存在带隙，电子从导带跃迁回到价带的过程中，可以发出光子，且光子能量等于带隙宽度。因此，具有不同带隙的半导体材料，可以发出不同能量（波长）的光。常见的半导体材料，其带隙为 0.3～6 eV，覆盖波长范围从中红外到深紫外，这一波段的光在照明、通信等许多领域都有非常重要而广泛的应用，因此一直受到很多关注。另外，半导体的一个重要特征是缺陷和杂质通常会在禁带中引入能级，这些能级也会参与电子或空穴的跃迁过程。而缺陷和掺杂是调控半导体材料光电性质的两个重要手段。因此，通过对有缺陷和杂质参与的发光过程的研究，可以深入理解缺陷和杂质的行为，为最终研制各种半导体光电器件奠定基础。

4.1 半导体中的光跃迁

光的跃迁过程实质上是光与物质的相互作用，可以从宏观与微观角度来描述。从宏观角度来看，有反射、折射、透射、吸收等过程，这些属于几何光学范畴，在此不再赘述。涉及激发和发光的跃迁过程必须从微观角度来描述。

为简单起见，我们采用图 4.1 所示的两能级原子体系代替半导体能带结构来阐述半导体中的跃迁过程，包括吸收、发光（包括受激发射和自发发射）及虚激发射过程。在这个简单模型中，每个原子有一个电子，它可以处于基态或激发态。尽管两能级体系与实际半导体能带结构相比简化很多，但其基本的作用过程是完全一样的。

在图 4.1(a)中，一个入射光子碰上一个处于基态的原子。这个光子有一定的概率会湮灭，使电子获得足够的能量跃迁到激发态。根据能量守恒定律，光子的能量必须满足 $\hbar\omega=E_{ex}-E_g$，即光子能量必须等于基态与激发态之间的能量差。这一过程称为光吸收。这个电子最终将回到基态，并以声子（即热能）或光子的形式损失能量。若以光子形式损失能量，则发射光子与入射光子是不相干的。

如果一个入射光子碰上一个处于激发态的原子，则它有一定的概率可诱使该电子从激发态回到基态。在这个过程中，将产生第二个光子，其动量、能量、偏振和相位都与入射光子完全一致。这一过程称为受激发射[见图 4.1(b)]。显然，这一过程可用来放大光场，因此它是所有激光产生的基本机制。在此，吸收和受激发射是两个紧密相关的过程。

处于激发态的电子也有一定的概率可以自发地回到基态，并通过发射光子或声子的方式损失能量。通过发射光子损失能量的过程称为自发发射或自发辐射复合[见图 4.1(c)]，而通过声子损失能量的过程称为非辐射复合。

最后还有一种过程称为虚激发射。虚激发射意味着产生一个与激发态具有同样波函数的态，但其能量与激发态的能量本征值不同[见图 4.1(d)]。这一过程发射的可能性可以从量子力学的测不准原理来理解：$\Delta E\Delta t\approx\hbar$。测不准原理表明，如果我们想在一定的精度范围 ΔE 内确定能量，则该状态必须至少能存在 Δt 的时间。换句话说，在某一时间段 Δt 内，可以违背能量守恒定律，获得 ΔE 的能量差，两者乘积必须满足上式。拉曼光谱和共振荧光等现象都是虚激发射及随后的光子发射过程引起的。有兴趣的读者可参阅相关文献，在此不做深入论述。

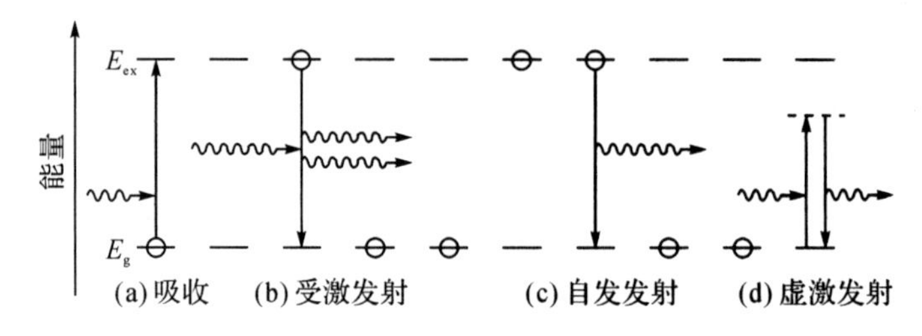

图 4.1 光与物质几种相互作用过程[1]

在实际半导体中，必须在能带论框架下讨论这些跃迁过程，但基本原理是一致的。不过有一点必须予以考虑，即半导体的直接和间接带隙。所谓直接带隙，是指价带最高点和导带最低点在 **k** 空间同一位置，这种吸收跃迁称为竖直跃迁或带间直接跃迁[见图 4.2(a)]。而间接带隙半导体，其价带最高点和导带最低点的 **k** 值不同，其跃迁称为带间间接跃迁。由于跃迁过程必须同时满足能量和动量守恒，但光子的能量很大而动量非常小，因此需要能量较小但动量较大的声子(可以是一个或多个声子)来辅助完成跃迁[见图 4.2(b)]。但这种跃迁通常概率较小，反映在吸收光谱中，其吸收系数较小。需要指出的是，声子辅助跃迁在直接带隙半导体中也很常见。

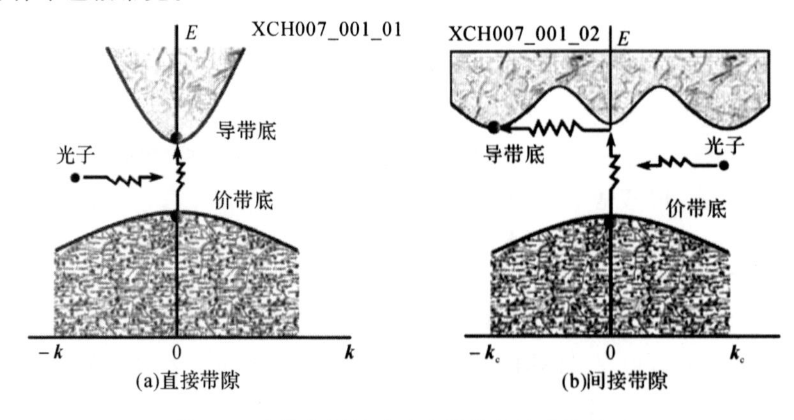

图 4.2 直接与间接带隙半导体中的吸收跃迁

4.1.1 半导体吸收跃迁

对于竖直跃迁，假设导带和价带都是抛物线且非简并情况，其吸收系数与光子能的关系可写为：

$$\alpha(\hbar\omega)=\begin{cases}A(\hbar\omega-E_g)^{1/2}, & \hbar\omega\geqslant E_g\\0, & \hbar\omega<E_g\end{cases}\tag{4-1}$$

可见在竖直跃迁情况下，吸收谱低能区存在陡峭的吸收界限，称为吸收边。吸收边以上的吸收系数与光子能的平方根成正比。吸收边以上能量的实验结果和理论吻合得很好，但在低能侧吸收系数曲线下降并不如理论预期的那么陡峭（直接下降到零），而是按指数规律下降。这个现象称为乌尔巴赫（Urbach）带尾，其吸收系数与光子能的关系可由下式表示：

$$\alpha(\hbar\omega)=\alpha_0\exp(-\sigma(T)(E_0-\hbar\omega)/k_BT),\quad \hbar\omega<E_0\tag{4-2}$$

式中，E_0 是材料参数，通常位于最低自由激子能上方几十毫电子伏。

吸收带尾是由缺陷或杂质引起的局域态吸收造成的。图4.3是ZnO薄膜在不同温度下的吸收光谱。可以看到，在低于带隙能（约3.4 eV）时，吸收边有超过0.1 eV的带尾展宽。

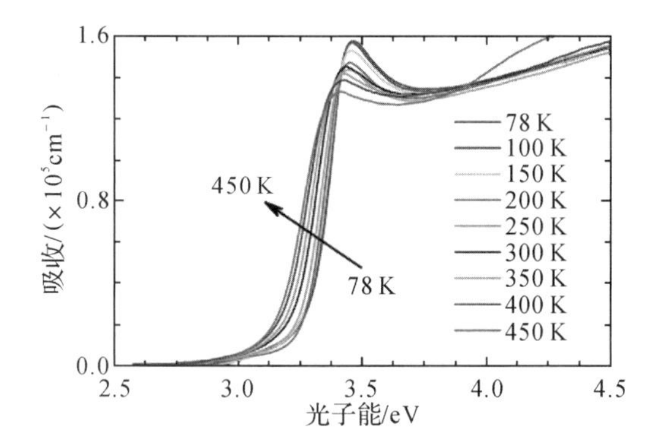

图4.3 ZnO薄膜的吸收光谱（1 K=−272.15 ℃）[2]

对于带间间接跃迁，其吸收系数与光子能的关系可写作：

$$\alpha(\hbar\omega)=\begin{cases}B\left[\dfrac{(\hbar\omega-E_g-E_p)^2}{1-\exp(-E_p/k_BT)}+\dfrac{(\hbar\omega-E_g+E_p)^2}{\exp(E_p/k_BT)-1}\right], & \hbar\omega>(E_g+E_p)\\B\,\dfrac{(\hbar\omega-E_g+E_p)^2}{\exp(E_p/k_BT)-1}, & E_g-E_p\leqslant\hbar\omega\leqslant E_g+E_p\\0, & \hbar\omega<(E_g-E_p)\end{cases}\tag{4-3}$$

式中，E_p 是声子能。

前已提及，带间间接跃迁必须有声子参与才能完成，吸收过程可以吸收（$+E_p$）也可以发射声子（$-E_p$）。由式(4-3)可见，吸收系数与入射光子能有平方关系。

4.1.2 半导体中的带间跃迁辐射复合发光

根据量子力学跃迁概率理论研究半导体带间跃迁辐射复合发光，可以计算出自发辐射复合速率 R_{sp}，其表达式为：

$$R_{sp}\propto(\hbar\omega-E_g)^{1/2}\exp\left(-\frac{\hbar\omega-E_g}{k_BT}\right)\tag{4-4}$$

R_{sp}对 $\hbar\omega$ 作图，可以获得发光的线型，如图 4.4 所示。比较 R_{sp} 和吸收系数的表达式(4-1)，我们可以发现，带间跃迁辐射复合发光多了一个权重因子 $\exp\left(-\frac{\hbar\omega-E_g}{k_B T}\right)$，它起源于对辐射复合有贡献的载流子的热分布。由图 4.4 可见，随着光子能增加，自发辐射复合速率迅速下降。

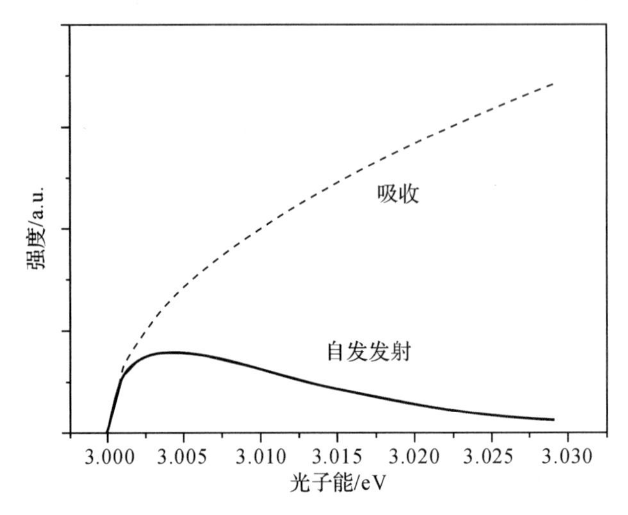

图 4.4　吸收边附近吸收光谱和自发发射光谱的比较

注：假设带隙为 3.0 eV；计算发光谱时温度取 $T=-172.15$ ℃。

4.2　激　子

上述吸收和自发发射光谱的过程，我们将光子激发后导带上的电子和价带上的空穴看作一对彼此独立的自由载流子。在此，我们忽略了光生电子-空穴对之间的库仑作用。在实际半导体材料中，自由电子和自由空穴之间仍然可以互相束缚，我们把这样的电子-空穴对称为激子(exciton)。理论上存在两种不同类型的激子，即弗伦克尔激子(Frenkel exciton)和瓦尼尔激子(Wannier exciton)，又称紧束缚激子和松束缚激子。紧束缚激子通常出现在绝缘体或分子晶体中，运动很困难；松束缚激子通常出现在半导体中，其电子-空穴间的相互作用较弱，电子-空穴间的距离远大于晶格常数，可以在晶体内自由运动。

考虑激子效应后，半导体的吸收和发光光谱将产生显著的变化，并具有鲜明的特征。激子效应对半导体发光二极管和激光器、光化学、光生物反应行为都有决定性或十分重要的影响，因而激子是固体物理和半导体物理研究的一个重要课题。下面我们简单介绍激子的一些特征。

激子是由导带中自由电子和价带中自由空穴组成的双粒子体系。如果不考虑相互作用，则自由电子-空穴对的能量应等于带隙宽度加上电子和空穴的动能。考虑到激子中电子-空穴间的库仑作用，这部分能量应减去。根据有效质量近似，电子和空穴间的相互作用相当于氢原子中的库仑势，$-e^2/(4\pi\varepsilon_0|r_e-r_h|)$。因此，激子的能量可写作：

$$E_{ex}(n_B,K)=E_g-R_y^*\frac{1}{n_B^2}+\frac{\hbar^2K^2}{2M}\tag{4-5}$$

式中，n_B 是主量子数；$R_y^* = 13.6\,\frac{\mu}{m_0}\frac{1}{\varepsilon}$，$R_y^*$ 称为等效里德堡能量，即通常所称的激子束缚能。半导体的激子束缚能一般为 1～200 meV（见图 4.5）。$M = m_e + m_h$，$\mu = \frac{m_e m_h}{m_e + m_h}$ 是约合质量。与氢原子相似，我们也可以定义激子的玻尔半径 $a_B^{ex} = a_B^H \varepsilon \frac{m_0}{\mu}$。激子的玻尔半径通常为 1～50 nm。一些常见半导体材料的激子束缚能通常随着带隙增加而增大[1]。

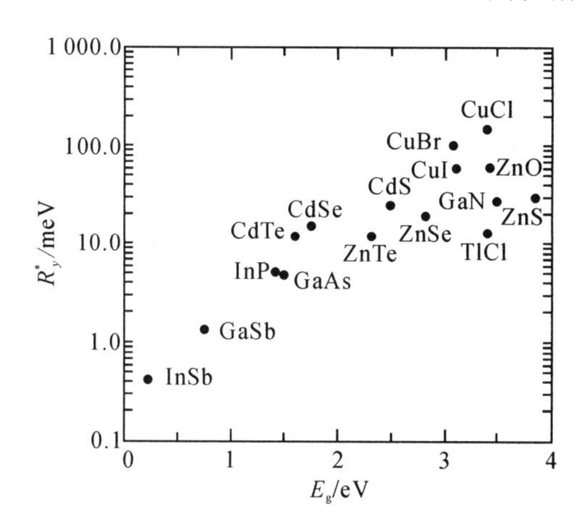

图 4.5　常见半导体材料激子束缚能

根据主量子数不同，除了 $n=1$ 的基态外，激子可以有无穷多个激发态，图 4.6 标出了激子能量、激子束缚能与带隙的关系。同时标出了不同激发态激子的能量[1]。这些激发态可以被吸收，可被发光光谱实验观测到（见图 4.7）。

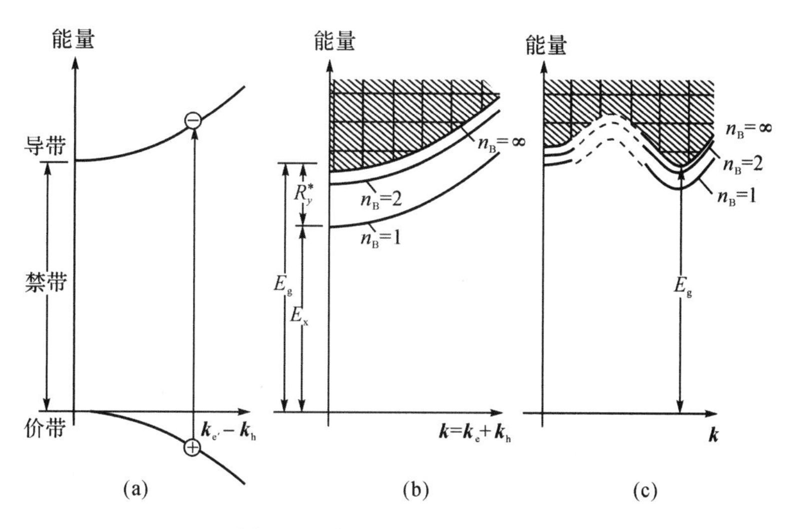

图 4.6　成对（电子和空穴）激发

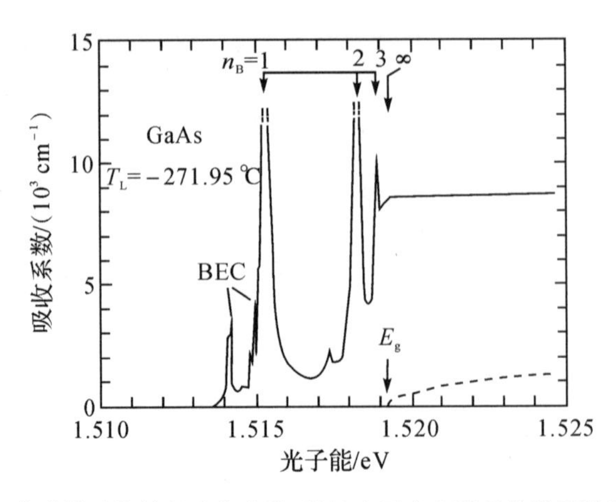

图 4.7 GaAs 薄膜样品的低温吸收光谱(显示出了多个清晰的激子激发态吸收峰)[1]

以上所讨论的激子,可以在晶格中自由运动,也称为自由激子(FX)。但在实际半导体中,总是存在各种缺陷和杂质中心。当激子运动遇到这些中心时,有可能被这些中心所束缚,从而局限在杂质缺陷中心附近,称为束缚激子(BX)。显然,由于激子被束缚,它的能量比起自由激子有所降低,减少的这部分能量称为附加束缚能,记为 E_{loc}。因此,束缚激子的能量可表示为:$E_{BX}=E_{FX}-E_{loc}$。

半导体中不同的杂质对激子的束缚能力也不同。施主杂质和受主杂质都能束缚激子。通常束缚在受主杂质上的激子,其附加束缚能要大于束缚于施主的情况。另外,杂质的荷电情况也会对束缚能产生影响。中性杂质的附加束缚能大于电离杂质。不过值得指出的是,被电离受主束缚的激子并不存在。因为激子中的空穴会被电离受主俘获形成中性受主,使激子分解。

4.3 半导体发光光谱和辐射复合

尽管发光可以有多种方式,但对于基本研究来说,最方便的是光致发光。光致发光可以分解为 3 个过程:① 光吸收产生电子-空穴对等非平衡载流子,这一过程的时间极短,在 10^{-15} s 量级;②非平衡载流子的扩散及电子-空穴对复合,这一过程的特征时间是 10^{-9}～10^{-7} s;③发光光子在样品中传播并出射。显然,受光在样品中的穿透深度及载流子的扩散长度的影响,发光只发生在样品表面一定深度范围内(通常为几微米)。

半导体中常见的几种基本复合过程见图 4.8。这些复合过程大致可分为:带间复合跃迁;带-杂质中心辐射复合跃迁;施主-受主对复合跃迁;多声子复合跃迁;俄歇复合跃迁。其中多声子复合和俄歇复合是非辐射复合跃迁过程,并不发光。须指出,此处我们未考虑激子复合。但在实际半导体发光光谱中,尤其在低温下,激子复合常占主导地位。关于激子复合,我们将在后文专门讨论。

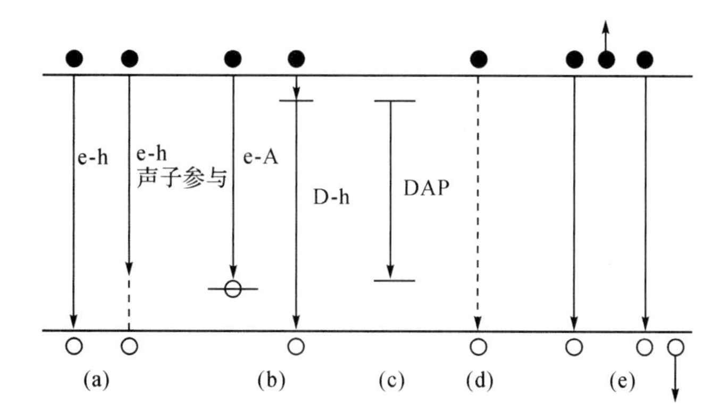

(a)带间复合跃迁;(b)带-杂质中心辐射复合跃迁;(c)施主-受主对复合跃迁;(d)多声子复合跃迁;(e)俄歇复合跃迁[3]

图4.8 半导体中各种复合过程

带间复合跃迁可看作带间吸收的逆过程,其发光光谱表达式已由前面式(4-4)给出,并与吸收谱做了比较,其中多了一个表达载流子热分布的权重项,这是本征半导体的情况。在掺杂时,尤其在重掺杂和简并情况下,由于费米能级深入导带(或价带),并且由于电子-电子散射或电子-杂质散射等过程不需要再严格遵守动量守恒定律,导带中所有电子占据态和价带中所有空态间均可发生复合跃迁,从而使发光光谱峰位和高能边都向高能量方向移动。

带-杂质中心复合跃迁分为两种:一种是自由电子与中性受主上的空穴复合,记为e-A(或 eA^0);另一种是中性施主上的电子与自由空穴复合,记为D-h(或 D^0h)。低温下,其辐射复合速率可表示为:

$$R(\hbar\omega)\propto[\hbar\omega-(E_g-E_A)]^{1/2}\exp\left(-\frac{\hbar\omega-(E_g-E_A)}{k_B T}\right) \tag{4-6}$$

由此可以推导出其发光峰值位置:

$$E=E_g-E_A+\frac{1}{2}k_B T \tag{4-7}$$

$\frac{1}{2}k_B T$ 项源于自由电子或空穴的热分布。这类复合发光的强度与掺杂浓度有关。计算表明,当掺杂浓度达到 $10^{18}\ \mathrm{cm}^{-3}$ 量级时,这类辐射复合跃迁速率可与带间复合跃迁相比拟,因此在实验中很容易观察到。根据式(4-6)和式(4-7)描述的发光谱形状和峰值能量,这类跃迁不难与带间跃迁或激子复合区分。

实际半导体中通常同时存在施主和受主杂质。此时,束缚在施主离子上的电子和束缚在受主离子上的空穴可以发生复合,称为施主-受主对复合跃迁(DAP 或 D^0A^0)。施主-受主对实际上是个四粒子体系,即施主离子、受主离子、电子、空穴,可表示为 D^+A^-eh。因为电子和空穴分别束缚在杂质离子上,它们发生辐射复合跃迁的概率取决于电子和空穴波函数的交叠。显然,如果施主离子和受主离子间距较远,则复合速率就很小。另外,DAP 复合发光的能量也与施主-受主杂质间距有关:

$$\hbar\omega(R)=E_g-(E_A+E_D)+e^2/(4\pi\varepsilon R) \tag{4-8}$$

式中,最后一项为离子间库仑排斥势的影响。由式(4-8)可见,随着施主-受主杂质间的距离增大,DAP 复合的能量减小。对于替位型杂质,只能处于确定的格点位置上,因此距离 R 只能取分立值,这样理论上可以观察到系列分立的 DAP 谱线。低温高分辨发光光谱实验确实观察到了这样的现象，在 GaP 中曾观察到多达 300 条的 DAP 分立谱线[4]。利用 DAP 复合能量与杂质间距有关的特点，可以通过改变激发强度的实验来判定发光是否源于 DAP。随着激发强度的提高，越来越多的光生电子和空穴被杂质离子所束缚，从而使 DAP 中电子和空穴的平均距离越来越小，导致发光能量增加。在低温下，由于电子和空穴一旦被俘获就很难再热电离，因此 DAP 是重要的辐射复合跃迁通道。由于施主离子对电子的束缚能通常较小，随着温度升高，电子将被热电离进入导带，因而 DAP 将向 e-A 转变。

多声子复合和俄歇复合是两种非辐射复合跃迁。在多声子复合中，电子和空穴复合的能量通过发射多个声子的方式损失掉。例如，ZnO 材料的带隙宽度约为 3.4 eV，其纵向光学声子(LO 声子)能量为 72 meV。如果自由电子和空穴发生多声子复合，则发射的声子数约为 47 个。俄歇复合是指电子-空穴复合后，多余的能量传递给另一个自由电子或空穴，而不发射光子。

4.4 激子复合

前面图 4.6 我们给出了在能带图像和能量图像下激子的形成和特征。在高纯半导体中，电子和空穴形成激子所需的时间远小于带-带跃迁辐射复合寿命，因此在发光光谱中可以看到激子复合谱线。激子复合的谱线非常狭窄，其发光峰型为洛伦兹线型（弱激子-声子耦合情形）或高斯线型（强激子-声子耦合情形）。通常情况下，即使在低温下和高质量半导体材料中，占主导的是束缚激子发光，而自由激子发光相对要弱得多。这主要是受到材料对自由激子发光的重吸收效应以及激子发光的逃逸深度影响。

激子复合的一个显著特征是其过程经常伴有声子的参与。从图 4.6 中我们可以看到，激子的波矢 $\boldsymbol{k}$ 不等于 0，这和带间复合跃迁不同，因此在复合过程中它可以将波矢传递给晶格。为了保持动量守恒，需要发射波矢为 $\boldsymbol{k}$ 或其倍数的声子，表现在光谱上就是出现一个甚至多个声子伴线，如图 4.9 所示。由于纵向光学声子引起的极化场最强，它导致的势能改变

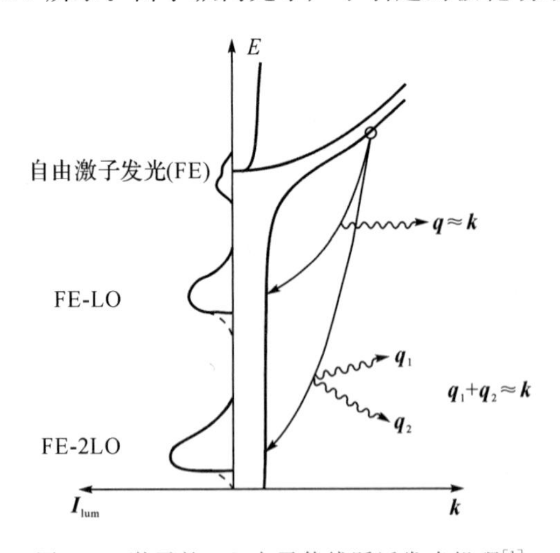

图 4.9 激子的 LO 声子伴线跃迁发光机理[1]

也最明显，所以在发光光谱中最容易观察到 LO 声子伴线。图 4.10 是 ZnO 材料在低温下的发光光谱。图中清晰地出现了自由激子的 3 级声子伴线，自由激子发光（此时也称为零声子线）由于前述原因没有观察到。

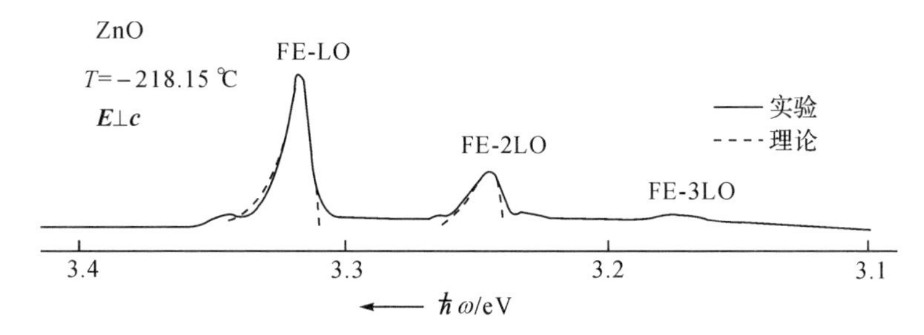

图 4.10　低温下 ZnO 中自由激子发光的 LO 声子伴线[1]

前已述及，在实际半导体中，低温发光谱中占主导的通常是一系列束缚激子复合发光。由于杂质种类繁多，且不同荷电状态的杂质中心都可以束缚激子，所以束缚激子线常常极为丰富，其发光线宽比自由激子更窄，半高宽可小至 0.1 meV。这是因为在较纯的半导体中，束缚激子波函数可看作是互不交叠的；而且束缚激子不像自由激子那样具有动能，动能项对发光光谱展宽的效应可以忽略不计。根据束缚激子发光峰与自由激子能量的差别（即附加束缚能），可由 Haynes 经验公式推导出杂质的电离能：

$$E_{\mathrm{loc}} = aE_{\mathrm{D}} \tag{4-9}$$

式中，a 是一个常数。这一方法可用于确定半导体材料中施主和受主的能级。图 4.11 和表 4.1是 ZnO 中束缚激子发光峰及其指认，在激子复合区域可分辨一系列尖锐谱线。图 4.12是 Haynes 公式在 ZnO 中的适用性。

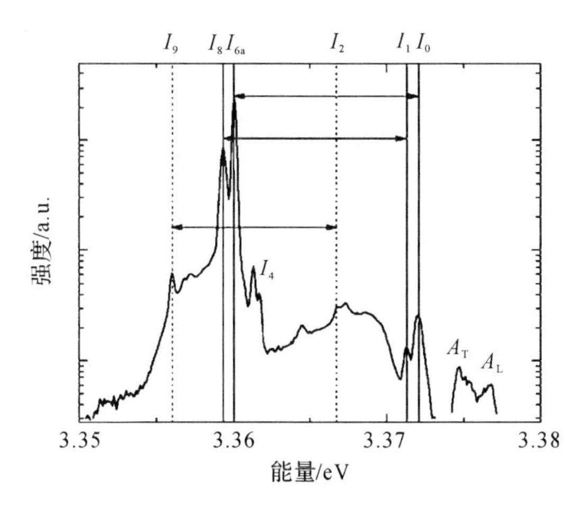

图 4.11　ZnO 典型的低温光致发光谱[5]

表 4.1 ZnO 中系列激子发光峰的位置、附加束缚能及相关杂质中心的指认[6]

位置	波长/nm	能量/eV	定域能/meV	双电子卫星激发态(2p)到基态(1s)的跃迁能($2p_{xy}-1s$)/meV	施主电离能/meV	化学元素
A_L *	367.12	3.3772				
A_T *	367.26	3.3759				
I_0	367.63	3.3725	3.4			
I_1	367.71	3.3718	4.1			
I_{1a}	368.13	3.3679	8.0			
I_2 **	368.19	3.3674	8.5			
I_3 **	368.29	3.3665	9.4			
I_{3a}	368.34	3.3660	9.9			
I_4	368.34	3.3628	13.1	34.1	46.1	H
I_5	368.86	3.3614	14.5			
I_6	368.92	3.3608	15.1	38.8	51.55	Al
I_{6a}	368.96	3.3604	15.5	40.4	53	
I_7	369.01	3.3600	15.9			
I_8	369.03	3.3598	16.1	42.1	54.6	Ga
I_{8a}	369.08	3.3593	16.6			
I_9	369.37	3.3567	19.2	50.6	63.2	In
I_{10}	369.76	3.3531	22.8	60.2	72.6	
I_{11}	370.28	3.3484	27.5			

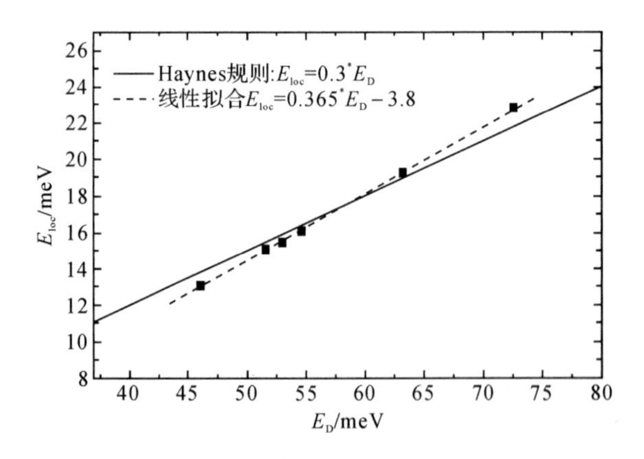

图 4.12 ZnO 中激子附加束缚能(E_{loc})与施主电离能(E_D)之间的 Haynes 规则[6]

随着温度的升高,束缚激子将离解为施主杂质和自由激子,其复合发光强度也将迅速下降。通过发光峰积分强度对温度的变化关系,可以计算出这一过程的激活能 E_a:

$$I(T)=I_0\frac{1}{1+A\exp(-E_a/k_BT)} \tag{4-10}$$

这一激活能通常对应于附加束缚能。对于电离施主束缚激子,除了上述离解方式外,还可离解为一个中性施主和一个自由空穴。从能量上来讲,后者更容易发生。

4.5　深能级中心相关的发光跃迁

在半导体材料，尤其是宽带隙半导体中，常常存在一些所谓的深能级中心（杂质或缺陷）。这种中心的杂质势是高度局域化的，仅在几个原胞范围内，因此其能级位于禁带深处。深能级中心的跃迁振子强度很弱，用吸收光谱方法研究通常比较困难，但发光光谱不受此限制。深能级中心可参与前述的 e-A 或 DAP 复合跃迁。除此之外，由于其高度局域的特性，还可以发生同一深能级中心内电子从激发态到基态的跃迁，类似原子内部能级之间的跃迁。在极性晶格中，深能级中心的局域电子态及其跃迁过程将与 LO 声子发生强烈耦合，甚至形成振动-电子耦合态（vibronic）。在这种情况下，跃迁过程可用位形坐标（configuration coordinate）来描述。由于跃迁前后杂质中心电荷分布不同，因此基态和激发态的位形坐标也不同（见图 4.13），这就是 Frank-Condon 漂移。这就导致吸收能量和发光能量产生一个明显的差别，发光能量总是小于吸收能量。这种现象在发光学研究中称为 Stokes 位移。

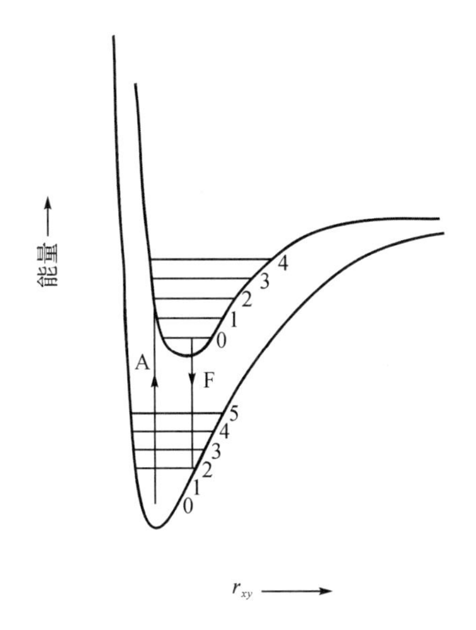

图 4.13　深能级中心内部激发态到基态跃迁的位形坐标模型（A 和 F 分别表示吸收和发射）

另外，由于振动-电子耦合态的形成（如图 4.13 中所标数字的分立能级），深能级中心参与的跃迁发光可以存在声子伴线。根据黄昆的多声子跃迁理论，整个发光谱实际上是由众多声子伴线叠加形成的包络谱，其谱带可写为：

$$I(\hbar\omega)=\sum_{m=0}^{\infty}\frac{S^m}{m\,!}e^{-S}\exp\left(-\left(\frac{E_{\mathrm{D}}-\hbar\omega-m\hbar\omega_{\mathrm{LO}}}{2\sigma^2}\right)^2\right) \tag{4-11}$$

式中，S 是黄昆因子，表征电子-声子耦合强度；σ 表征谱线宽度。

值得指出的是，在电子-声子耦合非常强的情况下，深能级发光峰是一个很宽的谱带，其峰值位置对应的是某一级声子伴线（如 $n=10$）的能量位置，而零声子线通常位于发光谱高能端刚开始的位置。也正因为此，通常观察到的深能级发光峰位置几乎不随温度发生变化。图 4.14是 ZnO 中 Cu 杂质引起的深能级发光在低温下的声子伴线，其零声子线位于 2.86 eV，其黄昆因子约为6.5。

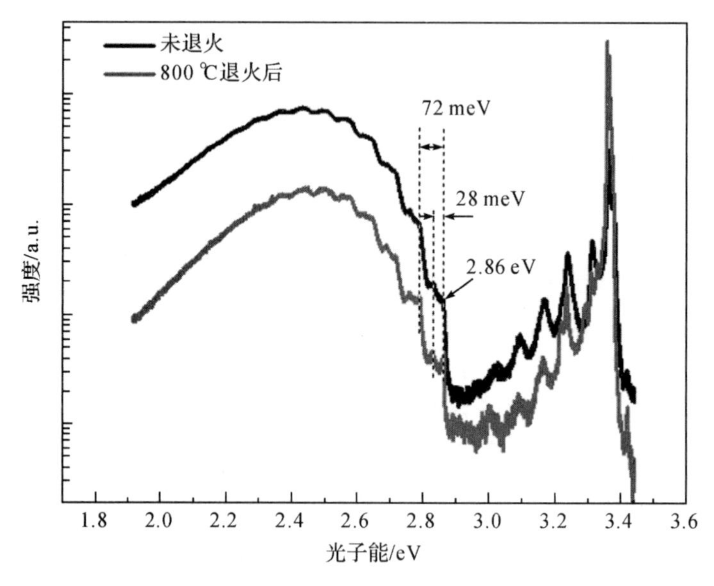

图 4.14 ZnO 中 Cu 杂质引起的深能级发光在低温下的声子伴线[7]

4.6 时间分辨发光光谱

以上讨论的发光光谱都是时间积分光谱，或称为稳态光谱，它是在一个稳定的持续光激发下达到平衡后所获得的光谱。实际上，每个跃迁过程都有其特征持续时间。前已述及，吸收过程为 10^{-15} s，而发光过程为 $10^{-9}\sim10^{-7}$ s。电子和空穴等非平衡载流子在被激发后只能存在一定的时间，随后即复合。因此，如果在某一时刻停止激发，并开始监测发光的强度，我们会发现由于电子和空穴数目因不断复合而衰减，发光强度将持续指数下降，最终变为零。在此，我们可以定义发光的寿命如下：在停止激发后，发光强度由初始强度下降到 1/e（约 0.37）时所经历的时间（见图 4.15）。显然，发光寿命取决于辐射复合速率，两者成反比关系：辐射复合速率越大，发光寿命越短。由于不同类型的跃迁具有不同的辐射复合速率特性，因此，通过对发光寿命的测量和分析，可以研究和判断发光的机理。

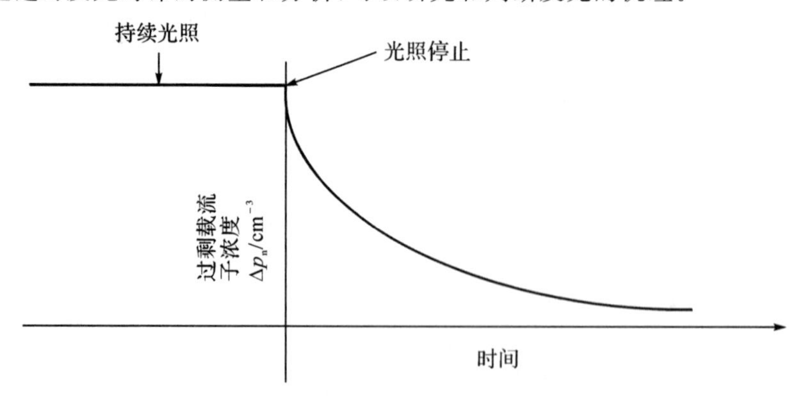

图 4.15 停止激发后，发光强度随时间呈指数衰减

辐射复合跃迁的过程总会伴随非辐射复合跃迁。在晶体质量和纯度不够高时，半导体中的非辐射复合往往占主导地位。这种情况下，实际测到的发光寿命不仅取决于辐射复合速率，还受到非辐射复合速率的影响。此时发光寿命可写为：

$$\frac{1}{\tau}=\frac{1}{\tau_r}+\frac{1}{\tau_{nr}} \tag{4-12}$$

式中，下标 r 和 nr 分别代表辐射复合和非辐射复合。或者用复合速率来表示，总的复合速率等于辐射复合与非辐射复合速率之和：

$$R=R_r+R_{nr} \tag{4-13}$$

这两者是等价的。通过式(4-12)、式(4-13)还可以推导出发光内量子效率与寿命之间的关系：

$$\eta=\frac{R_r}{R_r+R_{nr}}=\frac{\tau_{nr}}{\tau_r+\tau_{nr}} \tag{4-14}$$

实际半导体中往往存在几种复合通道同时存在的情况。由于每个复合过程的寿命以及随时间衰减的特性不同，通过测试激发停止后某个时间的瞬态光谱，可以清晰地看出不同复合跃迁过程的演变及相互转变过程，从而为发光动力学研究提供帮助。图 4.16 是 ZnO 中激子发光瞬态光谱研究的一个例子。

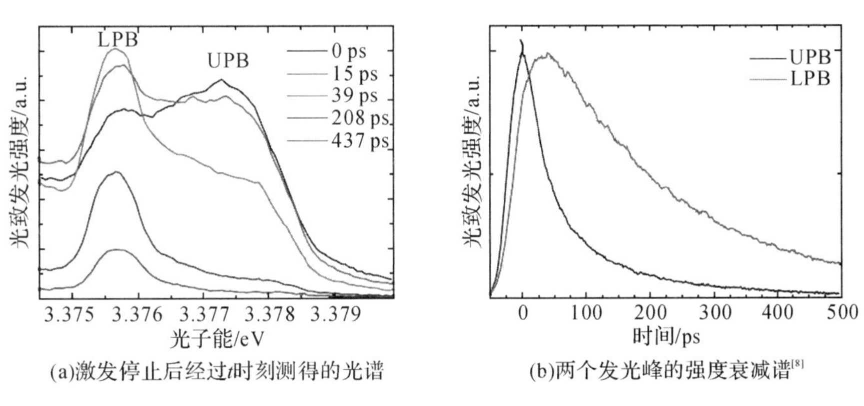

图 4.16　ZnO 中激子极化激元的时间分辨发光谱($T=-266.15$ ℃)

4.7　宽带隙半导体材料发光研究实例

最后，我们列举一个宽带隙半导体材料 ZnO 中的发光研究实例。在 ZnO 低温光致发光谱中共发现 10 多条束缚激子线(见表 4.1)，但迄今还有约一半不能确认其归属，即到底它们束缚在什么杂质或缺陷上。其中位于 3.357 eV 处的 I_9 线曾被指认为束缚在 Na 受主[9]或 In 施主上的激子复合。另外，ZnO 中的双激子复合体[10]发光峰也在这个位置。为了确认该发光峰的归属，Müller 等[11]设计了一组巧妙的实验：在 ZnO 单晶中用离子注入方法进行^{111}In 同位素掺杂。由于^{111}In 具有放射性，它将衰变为^{111}Cd，其寿命约为 97 h。如果 I_9 来源于 In，那么其发光峰强度随时间变化，且应该具有相同的寿命。实验结果证实了这一假设。从图 4.17可见，In 掺杂后低温发光以 I_9 为主，且其强度随时间而显著下降。通过测量仪得到系列数据，并对其进行指数衰减拟合(见图 4.18)，得到的寿命是 102 h，非常接近于^{111}In 的寿命 97 h。另外,通过注入稳定的^{115}In 同位素进行比较,发现掺杂^{115}In 的样品 I_9 发光比掺杂^{111}In 样品红移了 0.8 meV。这是因为施主原子的质量(原子序数)对振动能级产生影响,与理论预期一致。这些结果证明了 I_9 起源于束缚在 In 施主上的激子复合,令人信服。

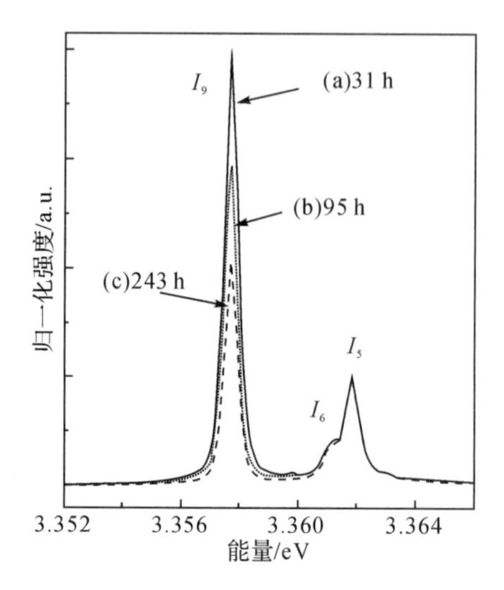

图 4.17 ZnO 中掺杂^{111}In 后经过 31 h、95 h 和 243 h 后的激子发光谱

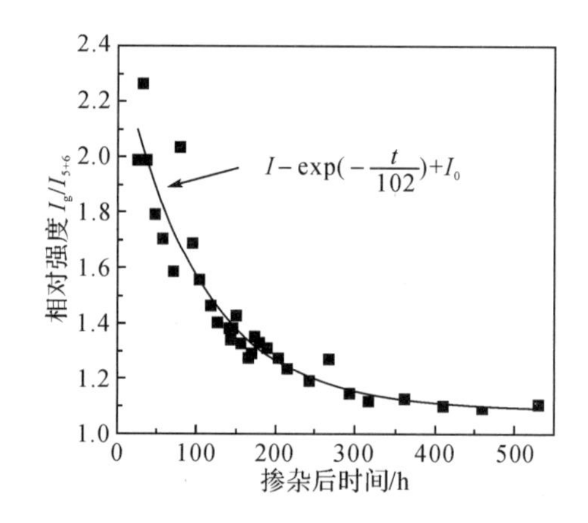

图 4.18 I_9 与 I_{5+6} 相对强度与时间的关系(实线是指数衰减拟合曲线)

思考题

1. 试估算图 4.2(b)中带间间接跃迁的动量变化,并与光子的动量相比较。假设该半导体的声子能量为 50 meV,完成该跃迁需要多少个声子参与?

2. 半导体中 eA^0 和 DAP 发光的峰位通常离得很近,试根据其发光机制,说明如何设计实验区分二者。

3. 宽禁带半导体在低温下的带边发光谱通常出现一系列很窄的束缚激子发光峰。随着温度升高,光谱将发生什么变化?

4. 如何通过光致发光测试获得半导体的辐射复合与非辐射复合速率?

参考文献

[1] KLINGSHIRN C F. Semiconductor Optics[M]. 3rd ed. Berlin: Springer-Verlag, 2007.

[2] RAI R C. Analysis of the Urbach tails in absorption spectra of undoped ZnO thin films[J]. Journal of Applied Physics, 2013, 113(15): 153508.

[3] 沈学础. 半导体光谱和光学性质[M]. 2 版. 北京: 科学出版社, 2002.

[4] THOMAS D G, GERSHENZON M, HOPFIELD J J. Bound excitons in GaP[J]. Physical Review, 1963, 131(6): 2397.

[5] MEYER B K, SANN J, LAUTENSCHLÄGER S, et al. Ionized and neutral donor-bound excitons in ZnO[J]. Physical Review B, 2007, 76(18): 184120.

[6] MEYER B K, ALVES H, HOFMANN D M, et al. Bound exciton and donor-acceptor pair recombinations in ZnO[J]. Physica Status Solidi B, 2004, 241(2): 231 - 260.

[7] HE H P, LI S L, SUN L W, et al. Hole traps and Cu-related shallow donors in ZnO nanorods revealed by temperature-dependent photoluminescence[J]. Physical Chemistry Chemical Physics, 2013, 15(20): 7484 -7487.

[8] HAUSCHILD R, PRILLER H, DECKER M, et al. The exciton polariton model and the diffusion of excitons in ZnO analyzed by time-dependent photoluminescence spectroscopy[J]. Physica Status Solidi C, 2006, 3(4): 980 - 983.

[9] TOMZIG E, HELBIG R. Band-edge emission in ZnO[J]. Journal of Luminescence, 1974, 14(5): 403 - 415.

[10] ZHANG B P, BINH N T, SEGAWA Y, et al. Photoluminescence study of ZnO nanorods epitaxially grown on sapphire (1120) substrates[J]. Applied Physics Letters, 2004, 84(4): 586 - 588.

[11] MÜLLER S, STICHTENOTH D, UHRMACHER M, et al. Unambiguous identification of the PL-I_9 line in zinc oxide[J]. Applied Physics Letters, 2007, 90(1): 012107.

第 5 章

pn 结

把一块 p 型半导体和一块 n 型半导体结合在一起，在两者的交界面上会形成 p 型和 n 型共存的界面，这就是 pn 结。通常由导电类型相反的同一种半导体单晶材料组成的结被称为同质结，而由两种不同的半导体单晶材料组成的结被称为异质结。pn 结是半导体器件的基本结构之一，几乎存在于所有的半导体器件中，且 pn 结的相关理论是半导体器件的理论基础，因此，了解和掌握 pn 结的特性是学习半导体器件的基础。

5.1 同质结[1-3]

5.1.1 热平衡状态下的 pn 结

1. 空间电荷区和内建电场

将导电类型相反的单晶半导体结合在一起即可形成最简单的同质 pn 结，如图 5.1(a) 所示。为了简化问题，我们以突变结(即导电类型和杂质分布在界面处的突变)为例进行讨论。n 型半导体中电子为多数载流子，p 型半导体中空穴为多数载流子，因此开始时在界面处电子和空穴均存在浓度梯度，我们可将浓度梯度的作用等效为“扩散力”，驱动电子从 n 型区向 p 型区扩散，空穴则从 p 型区向 n 型区扩散，如图 5.1(b)所示。在 pn 结 n 型区一侧，电子离开后留下不可移动的正电荷，形成正电荷区。在 pn 结 p 型区一侧，空穴离开后留下不可移动的负电荷，形成负电荷区。通常将正电荷区和负电荷区称为空间电荷区。该区域中没有自由移动的载流子，又被称为耗尽区。空间电荷区中的正负电荷形成的电场称为 pn 结的内建电场。内建电场的作用与扩散力相反，驱动空间电场中的电子向 n 型区移动，空穴

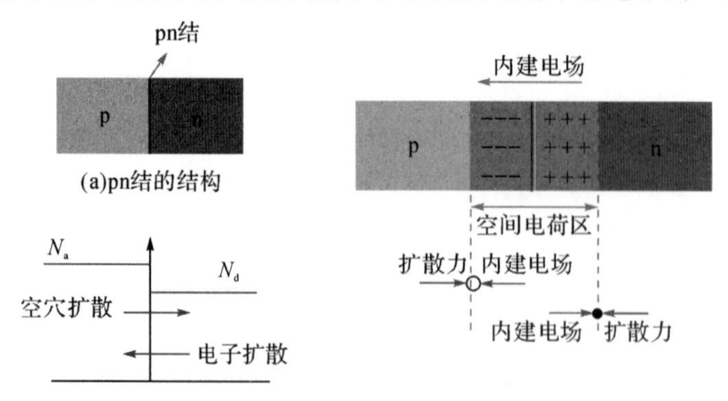

图 5.1 pn 结的结构特征

向 p 型区移动。一般把内建电场作用下载流子的运动称为漂移运动，把扩散力作用下载流子的运动称为扩散运动。如果没有外加电场的作用，漂移运动和扩散运动最终会相互平衡，pn 结处于平衡状态，如图 5.1(c)所示。

2. 平衡 pn 结的能带结构

图 5.2(a)表示空间电荷区两侧 n 型、p 型半导体的能带图，其中 E_{Fn}和 E_{Fp}分别表示 n 型和 p 型半导体的费米能级，n 型半导体的费米能级较高，p 型半导体的费米能级较低。当两块半导体结合成 pn 结时，按照费米能级的意义，电子将从费米能级高的 n 型区流向费米能级低的 p 型区，空穴则从 p 型区流向 n 型区。在载流子转移过程中，E_{Fp}随着 p 型区能带一起上升，而 E_{Fn}随着 n 型区能带一起下降，直至 $E_{Fp}=E_{Fn}$时为止。这时 pn 结中有统一的费米能级 E_F，pn 结处于平衡状态，如图 5.2(b)所示。从图中可以看出，n 型区的电子须跨越势垒 eV_{bi}才能抵达 p 型区，而 p 型区的空穴也须跨越同样大小的势垒才能抵达 n 型区。

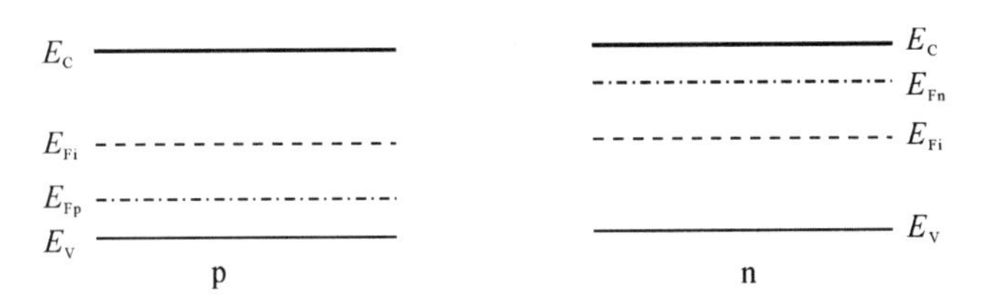

(a)p型和n型半导体的能带

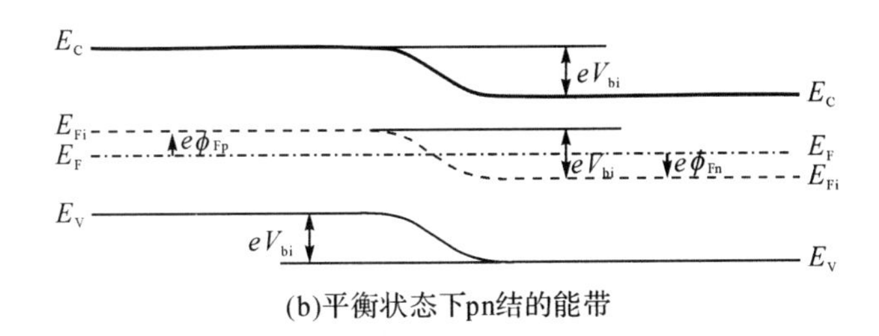

(b)平衡状态下pn结的能带

图 5.2　p 型、n 型半导体及 pn 结的能带

3. 平衡 pn 结的接触电势差

平衡 pn 结的空间电荷区两端间的电势差 V_{bi}被称为接触电势差或内建电势差。相应的电子电势能差即能带的弯曲量 qV_{bi}，称为 pn 结的势垒高度。从中可以看出，内建电势差可等效为 p 型区和 n 型区本征费米能级的差，因此：

$$V_{bi}=\phi_{Fn}+\phi_{Fp} \tag{5-1}$$

在 n 型区，导带的电子浓度可表示为：

$$n_0=n_i\exp\left(\frac{E_F-E_{Fi}}{kT}\right) \tag{5-2}$$

式中，n_i 和 E_{Fi}分别表示本征载流子浓度和本征费米能级。由于：

$$e\phi_{Fn}=E_F-E_{Fi} \tag{5-3}$$

因此，

$$n_0=n_i\exp\left(\frac{e\phi_{Fn}}{kT}\right) \tag{5-4}$$

将 $n_0=N_d$ 代入式(5-4)，可得到：

$$\phi_{Fn}=\frac{kT}{e}\ln\left(\frac{N_d}{n_i}\right) \tag{5-5}$$

同理，

$$\phi_{Fp}=\frac{-kT}{e}\ln\left(\frac{N_a}{n_i}\right) \tag{5-6}$$

将式(5-5)和式(5-6)代入式(5-1)，可得到：

$$V_{bi}=\frac{kT}{e}\ln\left(\frac{N_d N_a}{n_i^2}\right) \tag{5-7}$$

式(5-7)表明，接触电势差与 pn 结两边的掺杂浓度、温度和材料的禁带宽度有关。在一定温度下，突变结两边的掺杂浓度越高，接触电势差越大；材料的禁带宽度越大，本征载流子浓度 n_i 越小，接触电势差 V_{bi} 也越大。

5.1.2　pn 结的伏安特性

在平衡 pn 结中，存在着具有一定宽度和势垒高度的空间电荷区，空间电荷区中存在内建电场，载流子的扩散运动和漂移运动相互抵消，通过 pn 结的净电流为零。在 pn 结两端施加偏置电压时，pn 结及其两侧的半导体区域将进入非平衡状态。对 pn 结施加偏置电压时，由于空间电荷区内载流子浓度很小，电阻很大，而空间电荷区外的 p 型区和 n 型区中载流子浓度很大，电阻很小，所以外加偏压基本上都降落在空间电荷区。下面，为了简化问题，假设外加电压完全降落在空间电荷区。

1. 反向偏置电压下的 pn 结

对 pn 结施加反向偏置电压时，外加电压在空间电荷区产生与内建电场方向相同的电场，使 pn 结的势垒高度升高，空间电荷区展宽，漂移运动增强，扩散运动减弱，破坏了漂移运动和扩散运动原有的平衡，使漂移流大于扩散流。这时 n 型区边界 x_n 处的空穴被空间电荷区的强电场驱向 p 型区，而 p 型区边界 x_p 处的电子被驱向 n 型区。这些少数载流子被电场驱走后，内部的少数载流子就会来补充，从而形成反向偏置电压下的电子扩散电流和空穴扩散电流。这种情况好像少数载流子不断被抽取出来，所以称为少数载流子的抽取或吸出，如图 5.3 所示。pn 结中总的反向电流等于空间电荷区边界 x_n 和 x_p 附近的少数载流子扩

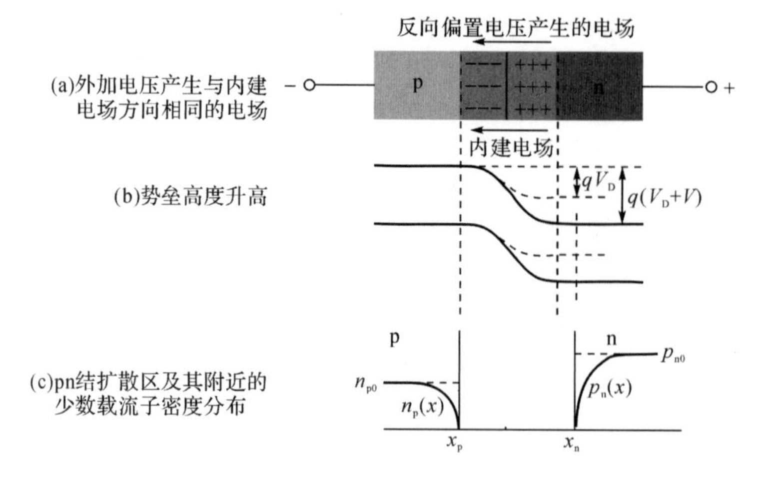

图 5.3　施加反向偏置电压后的 pn 结

散电流之和。因为少数载流子浓度很低，而扩散长度基本不变化，所以反向偏置电压时少数载流子的浓度梯度也比较小；当反向偏置电压很大时，可以认为边界处的少数载流子数为零。这时少数载流子的浓度梯度不再随电压变化，因此扩散流也不随电压变化，所以在反向偏置电压下，pn 结的电流较小并且趋于不变。

2. 正向偏置电压下的 pn 结

对 pn 结施加正向偏置电压（即 p 型区接电源正极，n 型区接电源负极）时，外加电压在空间电荷区产生与内建电场方向相反的电场，削弱了内建电场的作用，pn 结的势垒高度降低，漂移运动减弱，扩散运动增强，打破了漂移运动和扩散运动原有的平衡，使扩散流大于漂移流。因此，在外加正向电场的作用下，产生了电子从 n 型区向 p 型区以及空穴从 p 型区向 n 型区的净扩散流。电子通过空间电荷区扩散进入 p 型区，在 p 型区边界 x_p 处形成电子的积累，称为 p 型区的非平衡少数载流子，使 x_p 处电子密度比 p 型区内部高，形成从 p 型区边界 x_p 向 p 型区内部的电子扩散流，如图 5.4 所示。非平衡少数载流子边扩散边与 p 型区的空穴复合，经过比扩散长度大若干倍的距离后，全部被复合，这一段区域称为扩散区。在一定的正向偏置电压下，单位时间从 n 型区来到 x_p 处的非平衡少数载流子的浓度是一定的，并在扩散区形成稳定的分布。所以，当正向偏置电压一定时，在 p 型区边界 x_p 处就有稳定不变的向 p 型区内部流动的电子扩散流。同理，在界面 x_n 处也有不变的向 n 型区内部流动的空穴扩散流。当增大正向偏置电压时，势垒高度将降得更低，增大了流入 p 型区的电子流和流入 n 型区的空穴流。n 区的电子和 p 区的空穴都是多数载流子，分别进入 p 型区和 n 型区后成为 p 型区和 n 型区的非平衡少数载流子。这种由于外加正向偏置电压作用而使非平衡少数载流子进入半导体的过程称为非平衡少数载流子的电注入。

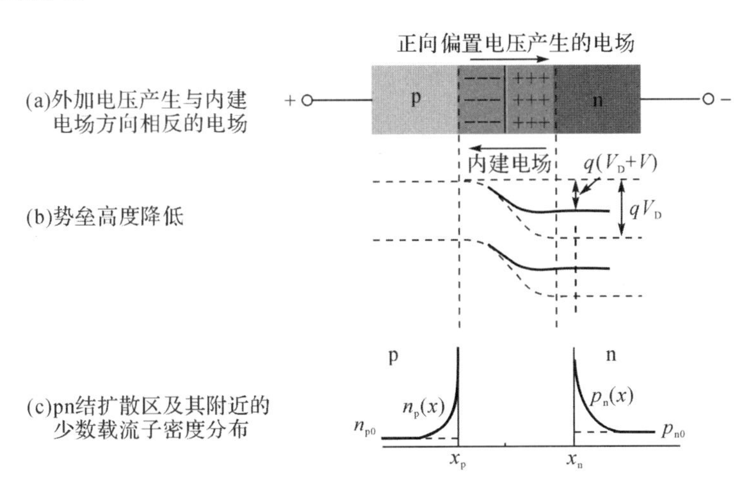

图 5.4　施加正向偏压后的 pn 结

理想 pn 结的伏安特性可用肖克莱方程表示：

$$I_D = I_s\left[\exp\left(\frac{qU}{kT}\right) - 1\right] \tag{5-8}$$

综上所述，pn 结在反向电压下电阻较大，在正向电压下电阻较小，即具有明显的单向导电性，其伏安特性曲线如图 5.5 所示。

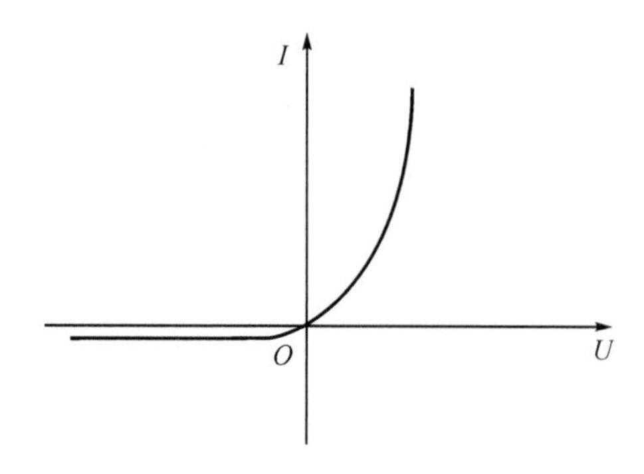

图 5.5 pn 结的伏安特性曲线

5.2 异质结[4]

由两种不同的半导体单晶材料组成的结，称为异质结。根据构成异质结的两种材料的导电类型，异质结可分为同型异质结和异型异质结。具有相同导电类型的异质结称为同型异质结，不同导电类型的异质结称为异型异质结。一般用大写的 N 和 P 表示宽带隙半导体，小写 n 和 p 表示窄带隙半导体。例如，n 型 GaAs 与 N 型 AlGaAs 构成的异质结，就是同型异质结，p 型 GaAs 与 P 型 AlGaAs 构成的异质结也是同型异质结；而 p 型 GaAs 与 N 型 AlGaAs 构成异型异质结。根据 pn 结两侧材料改变的缓急程度，异质结可分为突变异质结和缓变异质结。用两种材料直接键合而成的异质结是典型的突变异质结；用液相外延法生长的组分不同的两种同系固溶体构成的异质结一般是缓变异质结。

两种材料禁带宽度的不同以及其他特性的不同，使异质结具有一系列同质结所没有的特性。利用这些特性设计的器件将得到某些同质结不能实现的功能。譬如说，在异质结双极晶体管中用宽带隙材料做发射区会得到很高的注入比，因而可获得较高的放大倍数。还有，如果两种材料在异质结中的过渡是渐变的，则禁带宽度的渐变就相当于存在着一个等效的电场，使载流子的渡越时间减少，器件的响应速度提高。禁带宽度的渐变也能使作用在电子和空穴上的力方向相反，因而能分别控制电子和空穴的运动。另外，同型异质结是一种多数载流子器件，速度比少数载流子器件高，更适合于做成高速开关器件。

5.2.1 异质结的能带图

半导体异质结的能带图是分析异质结结构特性的重要基础，本节将以突变异质结为例，着重介绍考虑和不考虑界面态时的能带图。

1. 不考虑界面态时的能带图

禁带宽度为 E_{g1}、功函数为 W_1 的 p 型半导体和禁带宽度为 E_{g2}、功函数为 W_2 的 n 型半导体结合前后的能带图如图 5.6(a)和图 5.6(b)所示。图中，$E_{g1}<E_{g2}$，$W_1>W_2$。δ_1 为费米能级 E_{F1} 和价带顶 E_{V1} 的能量差，δ_2 为费米能级 E_{F2} 与导带底 E_{C2} 的能量差。χ_1 和 χ_2 为真空电子能级与导带底的能量差，即电子的亲和能。

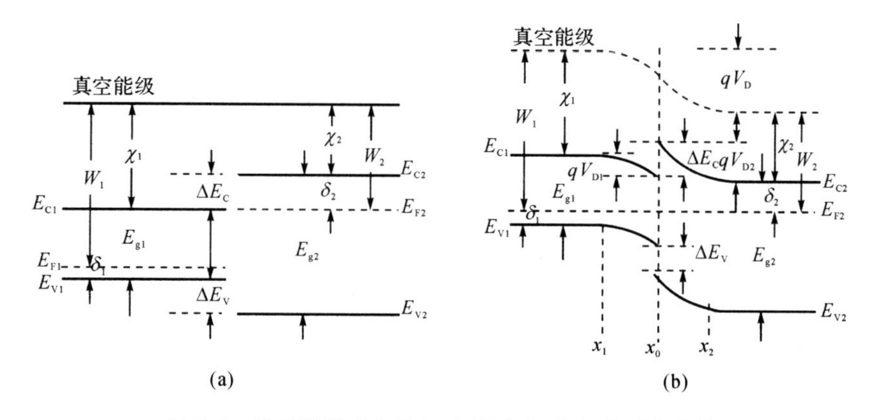

图 5.6 异质结形成之前(a)和形成之后(b)的平衡能带

在热平衡状态下,两侧的费米能级应处于同一高度,真空能级应该连续。因此,在界面处就会出现能带的弯曲,发生导带及价带的不连续。两种半导体的导带底在交界面处的突变 ΔE_C(导带断续)为:

$$\Delta E_C = \chi_1 - \chi_2 \tag{5-9}$$

而价带顶的突变为:

$$\Delta E_V = (E_{g1} - E_{g2}) - (\chi_1 - \chi_2) \tag{5-10}$$

这就是所谓的"Anderson 定则"。Anderson 定则可以定性地对异质结能带图进行分析。

2. 考虑界面态时的能带图

异质结界面的晶格失配或其他缺陷将产生界面能级。界面能级一般可分为两种类型:一种是类施主能级,电离后带正电;另一种是类受主能级,电离后带负电。界面能级对能带图的影响与界面态的大小及界面态能级的性质有关。图 5.7 为界面态对异质结能带图影响的示意图。

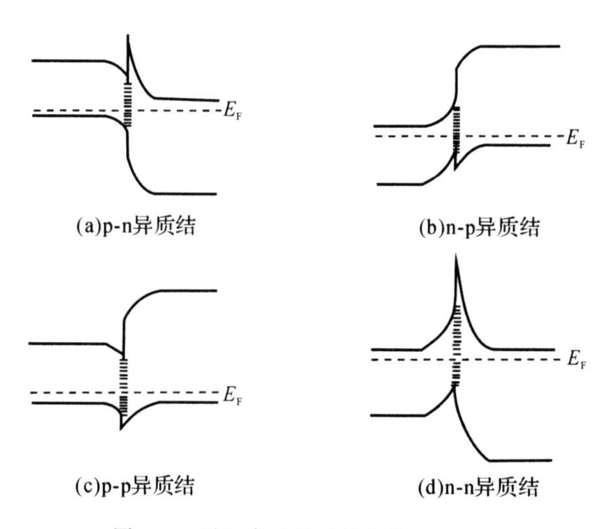

图 5.7 界面态对异质结能带图的影响

当界面态密度极小时,可以忽略它的影响,无论是类施主能级还是类受主能级都不影响异质结能带图。当界面态密度较大时,界面能级上的电荷虽然还不能影响到两边能带弯曲的方向,但已能显著地改变某一边空间电荷区的厚度和势垒的高度。与此同时,界面能级的电离将改变载流子通过结的输运方式。

当界面态密度很大时,异质结能带图将被改变。研究表明,对于金刚石结构的晶体,当界面态密度大于 10^{13} cm^{-2}时,界面处的费米能级将位于价带顶 E_V 以上的 $E_g/3$ 处。对于 n 型半导体,界面附近的能带将向上弯,这意味着界面态起着受主的作用;对于 p 型半导体,界面能带将向下弯,界面态起着施主的作用。据此,我们可以画出各种异质结的能带图,如图 5.7所示,这时界面处的费米能级将被"钉扎",界面附近的能带随之向下或向上弯曲,根本不受扩散电势的影响。

3. 渐变异质结的能带图

实际的异质结不可能像理想的那样,在界面上突然由一种材料变为另一种材料。组分的改变是逐渐过渡的,只不过这一过渡区有宽、有窄而已。渐变区的宽度可以通过离子刻蚀和 Auger 分析相结合的办法测量出来。不同工艺生长的异质结的渐变区宽度有很大不同,大约从几纳米到几十纳米不等。

从能带图的角度来看,所谓"渐变"就是指禁带宽度 E_g 和电子亲和势 χ 是坐标 x 的连续变化函数。对于 pn 异质结,可以把异质结的能带看成两部分的叠加:一个是 pn 同质结的能带部分;另一个是 E_g 随 x 变化的部分。在图 5.8 中,左边是未达到平衡时的能带图,两边费米能级之差为 qV_D。达到平衡时由于费米能级拉平,同质结的导带应比左边下降 qV_D。中间势垒区的能量随位置的变化符合一般 pn 结的理论分析,称为 ψ_{es};而另一部分只与导带边的组分渐变有关,不受空间电荷区的影响,称为 ψ_g。则有 $E_C=\psi_g-\psi_{es}$。

图 5.8 定性地表示了这种叠加的效果。图(a)中的突变异质结只是在同质结上均匀地增加了一个量,因而势垒上尖峰很明显;图(b)渐变区较小还保留了一点小尖峰;而图(c)渐变区较大,势垒上的尖峰被拉平了。在设计实际的器件时还应考虑 pn 异质渐变区导带边的形状和正向电压的关系。

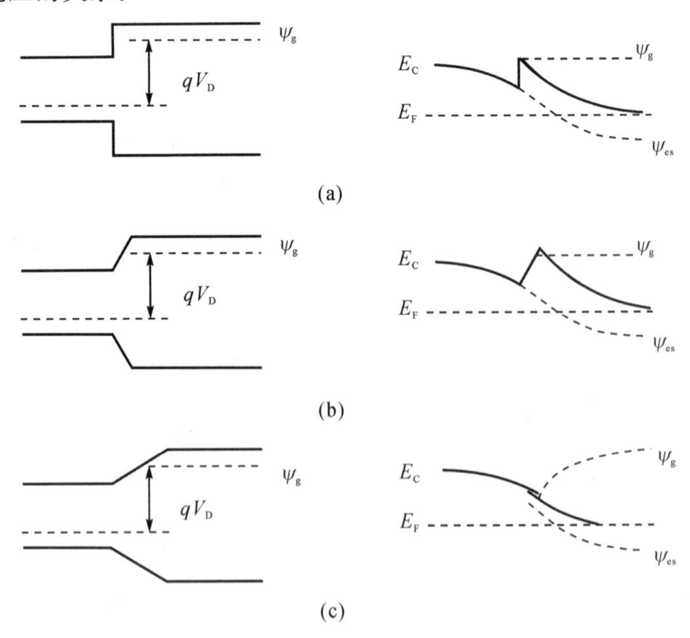

图 5.8 pn 渐变异质结能带叠加

5.2.2　异型异质结的电学特性

异质结是由两种不同的材料形成的，在交界面处能带不连续，存在势垒尖峰及势阱，而且由于两种材料的晶格常数、晶格结构不同等原因，会在界面处引入界面态及缺陷，因此半导体异质结的电流-电压关系比同质结要复杂得多。对于突变异型异质结的电流输运，已经提出了如下 5 种模型：扩散模型、发射模型、发射-复合模型、隧道模型和隧道-复合模型。我们将根据应用较广的扩散模型和发射模型来说明半导体异型异质结的电流-电压特性和注入特性。同型异质结的伏安特性比异型异质结复杂得多，研究同型异质结不能够采用耗尽层近似方法；同型异质结在一定的条件下可以用作欧姆接触，一定的条件下也具有整流特性。本书不讨论同型异质结的特性。

1. 突变异质结的伏安特性和注入特性

伏安特性由电流传输过程来决定。不同能带形式的异质结拥有不同的电流传输机理，也将产生不同形式的伏安特性。在突变异型异质结中，既有电子的势阱，又有电子的势垒，势垒高度和势阱深度的不同将导致不同的异质结导电机理。如图 5.9 所示，当交界面处禁带宽度大的半导体的势垒“尖峰”低于异质结势垒区外的禁带宽度小的半导体的导带底时，称 $-qV_B=qV_{D2}-qV_D+\Delta E_C$ 为负反向势垒；反之，则称 $qV_B=qV_{D2}-qV_D+\Delta E_C$ 为正反向势垒。下面就这两种情况展开讨论。

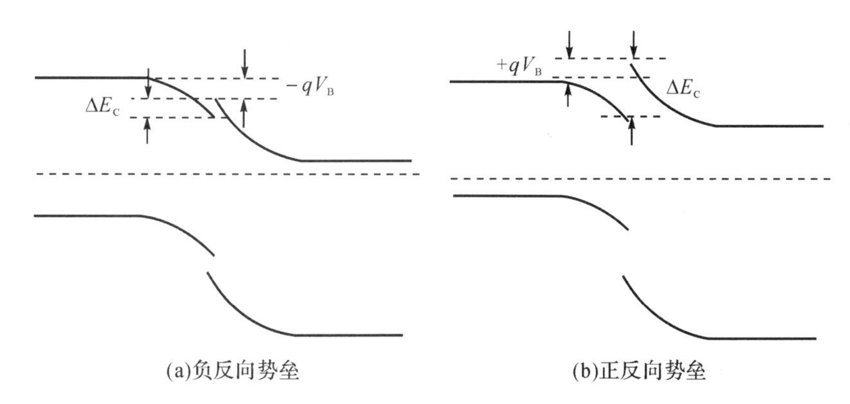

图 5.9　异型异质结的两种势垒

(1)负反向势垒异质结的伏安特性

对于负反向势垒的异质结，由 n 型区向结处扩散的电子流可以通过发射机制越过势垒尖峰进入 p 型区，因此异质结的电流主要由扩散机制决定。与同质结类似，可以先求得 p 型半导体中少数载流子的浓度 n_{10} 与 n 型半导体中多数载流子的浓度 n_{20} 的关系：

$$n_{10}=n_{20}\exp\left(\frac{-(qV_D-\Delta E_C)}{k_B T}\right) \tag{5-11}$$

式中，k_B 为玻尔兹曼常数。当异质结加正向偏压时，若忽略势垒区载流子的产生与复合，则 p 型半导体势垒区边界处的少数载流子浓度 n_1 与 n_{20} 之间的关系为：

$$n_1(-x_1)=n_{20}\exp\left(\frac{-(qV_D-qV-\Delta E_C)}{k_B T}\right)=n_{10}\exp\left(\frac{qV}{k_B T}\right) \tag{5-12}$$

根据载流子连续性方程，可以求得电子电流密度：

$$J_n=\frac{qD_{n1}n_{10}}{L_{n1}}\left[\exp\left(\frac{qV}{k_BT}\right)-1\right] \tag{5-13}$$

式中，L_{n1}为电子扩散长度，D_{n1}为电子扩散系数。

同理，在热平衡时，n型半导体中少数载流子的浓度p_{20}与p型半导体中多数载流子的浓度p_{10}的关系为：

$$p_{20}=p_{10}\exp\left(\frac{-(qV_D+\Delta E_V)}{k_BT}\right) \tag{5-14}$$

加正向电压时，空穴势垒降低，在n型区$x=x_2$处增加的空穴浓度为：

$$p_2(x_2)=p_{10}\exp\left(\frac{-q(V_D-V)+\Delta E_V}{k_BT}\right)=p_{20}\exp\left(\frac{qV}{k_BT}\right) \tag{5-15}$$

与式(5-13)相同，可以求得空穴的电流密度：

$$J_p=\frac{qD_{p2}p_{20}}{L_{p2}}\left[\exp\left(\frac{qV}{k_BT}\right)-1\right] \tag{5-16}$$

式中，L_{p2}为空穴扩散长度，D_{p2}为空穴扩散系数。

电子和空穴是向相反方向扩散的，最终造成的电流都是由p区流向n区。通过异质结的总电流为：

$$J=J_n+J_p=q\left(\frac{D_{n1}n_{10}}{L_{n1}}+\frac{D_{p2}p_{20}}{L_{p2}}\right)\left[\exp\left(\frac{qV}{k_BT}\right)-1\right] \tag{5-17}$$

可见，在正向电压下，电流与电压呈指数关系。

注入比是指pn结加正向电压时，n型区向p型区注入的电子流与p型区向n型区注入的空穴流之比。对于某些半导体器件(如晶体管、半导体激光器)，"注入比"是一个很重要的物理参数，它决定了晶体管的放大倍数、激光器的阈值电流密度和注入效率。这是因为只有注入基区(或作用区)中的少数载流子才对器件的功能发挥真正的作用。由式(5-13)和式(5-16)得到：

$$\frac{J_n}{J_p}=\frac{qD_{n1}L_{p1}n_{10}}{qD_{p2}L_{n1}p_{20}}=\frac{D_{n1}L_{p2}n_{1i}^2n_{20}}{D_{p2}L_{n1}n_{2i}^2p_{10}} \tag{5-18}$$

同质结不存在能带断续，如果杂质完全电离，其注入比可以表示为：

$$\frac{J_n}{J_p}=\frac{D_nL_pN_D}{D_pL_nN_A} \tag{5-19}$$

一般来说，D_n、D_p、L_n、L_p数量级相同，相差不大。所以，决定同质结注入比的是掺杂浓度。要得到高注入比，pn结两边的掺杂浓度差别要大，一边必须高掺杂。而对于异质结，由于两种材料的有效态密度和禁带宽度不同，即使结两边的掺杂浓度差别不是很大，也可拥有较大的注入比。下面我们从能带图入手，对这一问题进行分析。

在异质结中，两边的禁带宽度不同，能带图上存在ΔE_C和ΔE_V两个断续，势垒上的尖峰将对电子的注入有影响。虽然势垒的总高度V_D在导带和价带是一样的，但由于能带断续的存在，由左向右的空穴注入除了要克服势垒之外，还要克服一个附加台阶，因而空穴流：

$$J_p\propto\exp(-(qV_D+\Delta E_V)) \tag{5-20}$$

而由右向左的电子注入只需克服势垒：

$$J_n\propto\exp(-q(V_D-V_{D1})) \tag{5-21}$$

注入比为：

$$\frac{J_n}{J_p} \propto \exp(\Delta E_V + qV_{D1}) \approx \exp\Delta E_V \tag{5-22}$$

因而，对于突变的 pn 异质结，只要价带断续 ΔE_V 大，异质结就能产生较大的注入比。而导带断续 ΔE_C 大的异质结则适用于制作 pn 异质结器件。

如果异质结是渐变的，则能带图上的尖峰将被拉平，空穴注入所应克服的势垒总高度不会因拉平而减少，仍为 $qV_D + \Delta E_V$，而电子要克服的势垒是 $qV_D - \Delta E_C$，因而注入比为：

$$\frac{J_n}{J_p} \propto \frac{\exp(-(qV_D - \Delta E_C))}{\exp(-(qV_D + \Delta E_V))} = \exp\Delta E_g \tag{5-23}$$

因此，为了保证得到有利的注入比，最好将异质结做成渐变的。

(2)正反向势垒异质结的伏安特性

正反向势垒异质结的能带图如图 5.9(b)所示。势阱中的电子要往右边输运，需要克服高度为 $\Delta E_C - qV_{D1}$ 的势垒。而右边 n 型区导带中的电子要往左边输运，需要克服的势垒高度为 qV_{D2}。但左边的空穴要通过异质结所需越过的势垒却很高，为 $qV_{D1} + qV_{D2} - \Delta E_V$。因此，通过这种异质结的电流将主要是方向相反的两个电子流。

如果限制电子输运的主要是扩散过程，则可给出如下伏安特性关系：

$$J = qn_{20}\left(\frac{D_n}{\tau_n}\right)^{1/2}\exp\left(-\frac{qV_{D2}}{k_B T}\right)\left[\exp\left(\frac{qV_2}{k_B T}\right) - \exp\left(-\frac{qV_1}{k_B T}\right)\right] \tag{5-24}$$

式中，τ_n 是电子寿命，V_1 和 V_2 分别是加在 p 型及 n 型半导体上的外加电压。

如果限制电子输运的主要是热发射过程，则可给出如下伏安特性关系：

$$J = qn_{20}\frac{v_{th}^2}{2}\exp\left(\frac{-qV_{D2}}{k_B T}\right)\left[\exp\left(\frac{qV_2}{k_B T}\right) - \exp\left(-\frac{qV_1}{k_B T}\right)\right] \tag{5-25}$$

式中，v_{th} 是电子的热运动速度，V_1 和 V_2 分别为加在两种半导体上的外加电压。

由式(5-25)可见，正向和反向电流都随外加电压按指数函数关系增大，这种异质结几乎不存在整流特性。

2. 异质结的超注入现象

超注入现象是指在异质结中由宽带隙半导体注入窄带隙半导体中的少数载流子浓度可以超过宽带隙半导体中多数载流子浓度。参照图 5.10 可以对这一现象做如下定性分析。

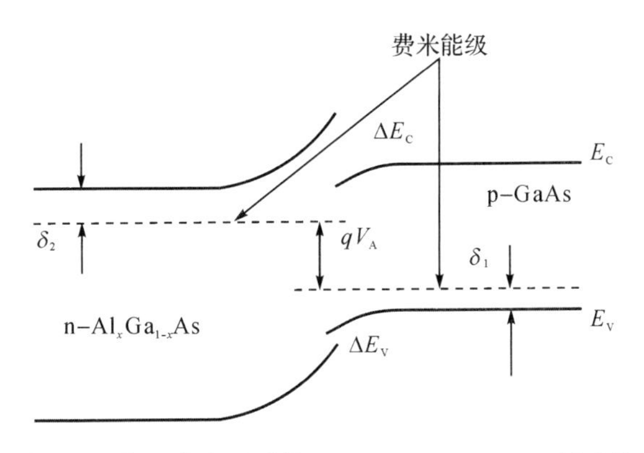

图 5.10 加正向电压后的 p-GaAs-n-$Al_xGa_{1-x}As$ 异质结

当异质结上施加的正向电压足够大时，其势垒可以拉平，由于导带断续的存在，n 型区导带底高于 p 型区导带底。因为 p 型区电子为少数载流子，其准费米能级随电子浓度的上升而很快上升,异质结两边的电子准费米能级可达一致。由于 p 型区导带底比 n 型区导带底更接近费米能级,故 p 型区导带的电子浓度高于 n 型区。以 n_1 和 n_2 分别表示 p 型区和 n 型区的电子浓度,E_{C1} 和 E_{C2} 分别表示 p 型区和 n 型区的导带底能值,根据玻尔兹曼统计可得:

$$n_1 = N_{C1}\exp\left(\frac{-(E_{C1}-E_{Fn})}{k_B T}\right) \tag{5-26}$$

$$n_2 = N_{C2}\exp\left(\frac{-(E_{C2}-E_{Fn})}{k_B T}\right) \tag{5-27}$$

式中,N_{C1} 和 N_{C2} 分别表示两种半导体导带底的有效态密度。一般两者相差不大,近似相等,由式(5-26)和式(5-27)可得:

$$\frac{n_1}{n_2} \approx \exp\left(\frac{E_{C2}-E_{C1}}{k_B T}\right) \tag{5-28}$$

由于 $E_{C1} < E_{C2}$,故 $n_1 > n_2$。

超注入现象是异质结特有的另一个重要特性,半导体异质结激光器利用此效应可以实现激光器所要求的粒子数反转。

思考题

1. 结合 pn 结能带结构图,说明扩散电势如何随掺杂浓度及温度变化而变化。

2. 具有金刚石结构的两种材料,其晶格常数分别为 a_1、a_2,当这两种材料分别在(100)、(110)及(111)面构成异质结时,求悬挂键密度。

3. 假设一个理想突变异质结内建电势为 1.4V,半导体 A 和半导体 B 的掺杂浓度为施主和受主,且介电常数分别为 10 和 11,求在热平衡时,各个材料的静电势和耗尽区宽度。

4. 请查找有关参考文献,举例说明异质结的能带结构、电流传输机理和伏安特性,以及在半导体器件中的应用。

参考文献

[1] 尼曼. 半导体器件导论[M]. 北京:清华大学出版社,2006.

[2] 刘恩科,朱秉升,罗晋生. 半导体物理学[M]. 北京:电子工业出版社,2008.

[3] 陈治明,雷天民,马剑平. 半导体物理学简明教程[M]. 北京:机械工业出版社,2011.

[4] 吕红亮,张玉明,张义门. 化合物半导体器件[M]. 北京:电子工业出版社,2009.

第6章

超晶格与量子阱

6.1 超晶格和量子阱发展概况

1969 年,美国 IBM 公司的江崎(Esaki)和朱兆祥(Tsu)在寻找负微分电阻的新器件时首先提出了超晶格的设想,即两种或两种以上不同组分或者不同导电类型超薄层材料交替堆叠形成多个周期结构。如果每层的厚度足够薄,以致厚度小于电子在该材料中的德布罗意波的波长,那么这种周期变化的超薄多层结构就称为超晶格[1-2]。1971 年,卓义和等研制出第一台分子束外延设备,并且成功得到高质量、晶格匹配的 GaAs/AlGaAs 超晶格。1973 年,Chang 等[3]在 GaAs/AlGaAs 超晶格的输运特性中观察到了负阻现象,并且在 GaAs/AlGaAs 双势垒结构中观察到了共振隧穿效应,这是第一次在单量子阱中观察到人工制造的束缚态。1974 年,Dingle 等[4]在 GaAs/AlGaAs 单量子阱的吸收光谱实验中,证实了量子阱结构存在明显的量子限制效应。

20 世纪 70 年代至 90 年代初是超晶格、量子阱材料在基础研究和应用研究方面获得迅速发展的黄金时期,新的物理效应、新的材料体系和新的器件结构层出不穷,半导体器件的设计和制造也由原先的“杂质工程”发展到了“能带工程”的新范畴。在材料生长技术方面,20 世纪 80 年代初,Neave 等首先在利用 MBE 技术生长 GaAs 的过程中观察到反射式高能电子衍射束(RHEED)的强度随生长时间而衰减振荡的现象,振荡周期等于一个 GaAs 分子单层的厚度。利用这一现象及随后开发出的锁相外延(PLE)、原子层外延(ALE)、分子层外延(MLE)、迁移增强外延(MEE)以及 δ 掺杂等新技术,使 MBE 具有了在原子尺度上精确控制生长厚度、组分、掺杂和异质界面结构的能力。20 世纪 80 年代后期,金属有机物化学气相沉积技术在精确控制外延生长方面也取得了令人瞩目的进展。1982 年,Osbourn 提出了应变异质结外延生长理论,指出在晶格适配不大的异质外延中,只要外延厚度小于临界厚度,晶格适配所产生的应力能够由外延层的弹性形变来承担,而不会在异质界面处形成失配位错或缺陷。1983 年,Ludowise 等生产出量子阱激光器。从此,晶格失配应变不仅成了调节材料能带结构的一个新的自由度,而且极大地丰富了低维结构材料的种类。

1975 年,Ziel 等制成第一台光注入量子阱激光器;1982 年,曾焕添等采用 MBE 技术和对电子与光子分别限制的渐变折射率(GRIN SCH)波导结构,使 GaAs/AlGaAs 量子阱激光器的阈值电流密度降低至 160 A $\cdot$ cm^{-2},从而使量子阱激光器开始进入实用化研究阶段。经过 20 多年的发展,量子阱激光器的工作波长已经可以覆盖从近紫外光到中红外光的范围,并成了半导体激光器的主流产品。1977 年,东京工业大学的 Iga 等提出了垂直腔面发射激光器(VCSEL)的构想;两年后他们采用液相外延技术生产出 1.2 μm InGaAsP/InP VCSEL,并实现了液氮温度脉冲激射。1988 年,他们首先用 MBE 技术制备出了在室温下连续激射的 GaAs/AlGaAs VCSEL。此后,VCSEL 的研制得到了快速发展,它所涉及的材料体系迅速扩大,并在降低阈值电流、波长可调谐、长波长器件以及 VCSEL 与其他电子、光电子器件的单片集成等方面都获得了重要突破。此外,人们还研制出了基于量子阱导带子能级间吸收的量子阱红外探测器和基于量子约束斯塔克效应的光双稳器件——自电光效应器件(SEED)和电吸收调制器等有重要应用前景的光电子器件[5]。

1978 年,Dingle 等在调制掺杂 Si 的 GaAs/AlGaAs 超晶格中观察到二维电子气(2-DEG)的迁移率在低温下显著增强,利用这一特性,Mimura 等于 1980 年研制出第一个高电子迁移率晶体管(HEMT)。现在,HEMT 器件已经在移动通信领域得到了广泛应用。1980 年,von Klitzing 等首先在实验中观察到硅 MOSFET 反型层中的 2-DEG 在强磁场(15 T)和低于液氦温度(−271.65 ℃)下呈现整数量子霍尔效应(Hall effect);随后,贝尔实验室的崔琦等在调制掺杂的 GaAs/AlGaAs 异质结构中观察到了分数量子霍尔效应。此外,在 20 世纪 80 年代中期,人们利用共振隧穿效应,还分别研制出了共振隧穿二极管(RTD)、共振隧穿三极管(RTT)、共振隧穿热电子晶体管(RHET)等具有量子效应的微电子器件。

由于 MBE、MOCVD 等外延生长技术的不断进步,基于低维半导体材料的新器件层出不穷。1994 年,贝尔实验室的 Capasso 提出了量子级联激光器的设想,这种激光器能够突破传统半导体激光器材料的带隙对器件工作波长的限制,为半导体激光器向中、远红外波段发展奠定了基础;同年,Faist 等利用 MBE 技术研制出激射波长为 4.3 μm 的量子级联激光器。2002 年初,量子级联激光器实现了室温连续激射。1992 年,美国贝尔实验室的 McCall 等采用 InGaAsP/InP 量子阱材料成功研制出了第一个回音壁模式的微盘激光器。微盘谐振腔具有很高的品质因子,因此有利于激光器实现低阈值电流密度工作。1999 年,Scherer 研究组研制出第一个以 InGaAsP/InP 量子阱材料为有源区的室温光泵浦光子晶体微腔激光器,拉开了研究无阈值半导体激光器的序幕。

1994 年,日本日亚(Nichia)公司研制出 p 型掺杂 GaN 量子阱蓝光激光器,在全球范围内掀起了研究宽带隙半导体材料和器件的热潮[6]。1995 年,Nakamura 等[7]带领日亚研究小组采用 InGaN/AlGaN 单量子结构,通过改变 InGaN 中 In 的组分含量实现了蓝紫光、蓝光、绿光和黄光 LED。两年后,在 GaN 衬底上完成了寿命达到 104 h 以上,峰值波长为 410 nm,输出功率为 5 mW 的 InGaN/GaN/AlGaN 蓝紫光多量子阱 LED。1999 年初,日亚公司宣布开始商用化生产输出功率为 5 mW、峰值波长为 400 nm 的蓝紫光 LED,并在 2001 年开始批量生产以作为下一代 DVD 光盘的光源。2005 年,Hirayama[8]通过采用 InAlGaN 四元合金多量子阱,提高了 GaN LED 深紫外发光效率。另外,近几年人们对宽带隙半导体材料 ZnO 投入了更多的精力,ZnO 以其诸多优良性能有望取代 GaN[9]。1998 年,Tang 等[10]报道了生长在蓝宝石(0001)上的 ZnO 外延层在室温下产生的激光发射,产生激光的阈值仅为 24 kW · cm^{-2}。2000 年,Ohtomo 等[11]报道了生长在晶格匹配 $ScAlMgO_4$ 衬底上的 $ZnO/Zn_{1-x}Mg_xO$ 超晶格高于室温的受激发射,所需的阈值泵浦能量极低(11 kW · cm^{-2})。2007 年,Ryu 等[12]研制出 ZnO/ZnBeO 薄膜型激光二极管,首次报道了 ZnO 多量子阱的紫外电注入激光发射。2007 年,Sadofev 等[13]报道了 ZnCdO/(Zn,Mg)O 量子阱结构在光泵浦下的室温激光行为。

6.2 量子阱

量子阱(quantum well,QW)是指由两种不同的半导体材料 A、B 相间排列形成的三层结构(A/B/A),其中间层形成具有明显量子限制效应的电子或空穴的势阱。当势阱宽度缩小到可以和电子的德布罗意波长相比较时,整个电子体系就进入量子层,这是不同于通常三维宏观体材料的受限量子体系。量子阱的最基本特征就是,量子阱宽度(只有当阱宽足够小时才能形成量子阱)的限制导致载流子波函数在一维方向上的局域化。

多量子阱(multiple quantum well,MQW)是指由两种不同半导体材料薄层交替生长形成的多层结构(A/B/A/B/A/B…)。如果势垒层足够厚,以致相邻势阱之间载流子波函数之间的耦合很小,则多层结构将形成许多分离的量子阱,称为多量子阱(见图 6.1)。

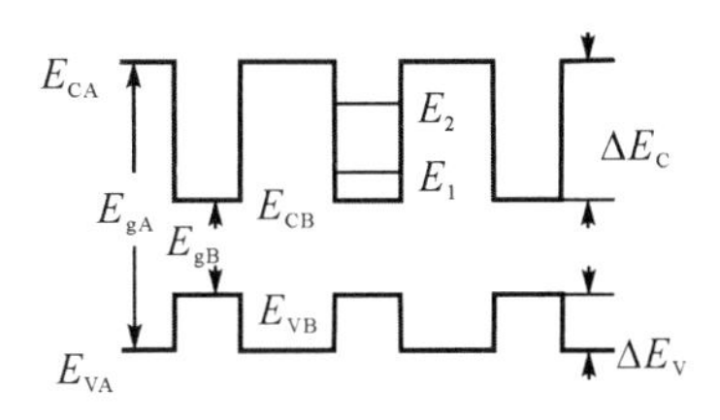

图 6.1　多量子阱能带结构

6.3 超晶格

超晶格(superlattice):如果势垒层很薄,相邻阱之间的耦合很强,原来在各量子阱中分立的能级将扩展成能带(微带),能带的宽度和位置与势阱的深度、宽度及势垒的厚度有关,这样的多层结构称为超晶格(见图 6.2)。具有超晶格特点的结构有时称为耦合的多量子阱。多量子阱和超晶格的本质差别在于势垒的宽度。当势垒很宽时,电子不能从一个量子阱隧穿到相邻的量子阱,即量子阱之间没有相互耦合,此为多量子阱的情况;当势垒足够薄时,电子能从一个量子阱隧穿到相邻的量子阱,即量子阱相互耦合,此为超晶格的情况。

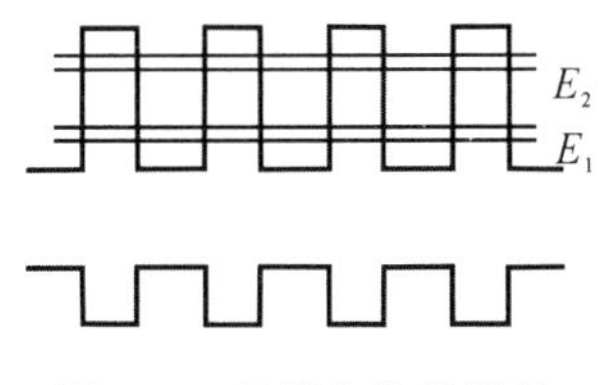

图 6.2　超晶格能带结构

为了能够在实验上明显地反映出超晶格中电子的量子约束效应和各种量子特性,应使超晶格中两组分层的厚度与电子的德布罗意波长相当(纳米量级)。要想两种材料能够紧密地交替生长在一起而形成超晶格,两种材料的晶格必须匹配。理想的情况是两种材料的晶格常数相等,但这种理想情况实际上不存在。一般认为,晶格匹配指晶格常数的失配度小于 0.5%,晶格失配指晶格常数失配度大于 0.5%。自然界中晶格匹配的材料对很少,通常通过合金的办法调整晶格常数以生长晶格匹配的超晶格。在晶格常数失配度小于7%的范围内,还可以形成一种应变超晶格,其中的一种或两种材料产生应变,以补偿晶格常数的失配。

6.3.1 复合超晶格

利用异质结构,重复单元由组分不同的半导体薄膜形成的超晶格称为复合超晶格,又称为组分超晶格。在复合超晶格中,由于构成超晶格的材料具有不同的禁带宽度,在异质界面处将发生能带的不连续。按照能带不连续的特点可将这个类型超晶格分为4类:第Ⅰ类超晶格、第Ⅱ类错开型超晶格、第Ⅱ类倒转型超晶格和第Ⅲ类超晶格。

1. 第Ⅰ类超晶格

窄带材料的禁带完全落在宽带材料的禁带中,ΔE_C 和 ΔE_V 的符号相反(见图6.3)。不论对于电子还是空穴,窄带材料都是势阱,宽带材料都是势垒,即电子和空穴被约束在同一材料中。载流子复合发生在窄带材料一侧。GaAlAs/GaAs 和 InGaAsP/InP 都属于这一种。

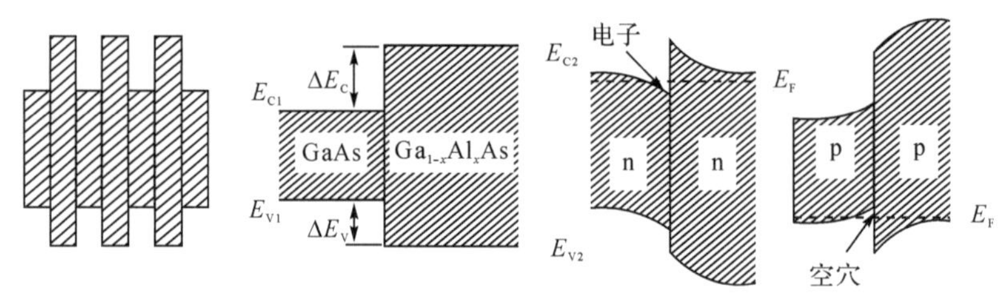

图6.3 第Ⅰ类超晶格的能带结构

2. 第Ⅱ类错开型超晶格(GaSbAs/InGaAs)

材料1的导带和价带都比材料2的低,禁带是错开的(见图6.4)。材料1是电子的势阱,材料2是空穴的势阱。电子和空穴分别约束在两种材料中。超晶格具有间接带隙的特点,跃迁概率小,如GaAs/AlAs超晶格。

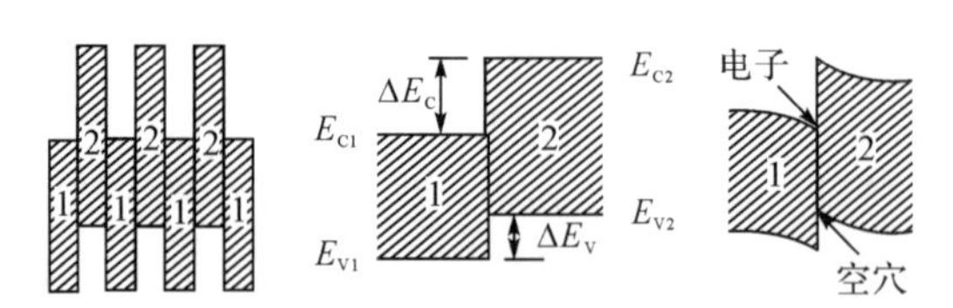

图6.4 第Ⅱ类错开型超晶格的能带结构

3. 第Ⅱ类倒转型超晶格(InAs/GaSb)

一个材料的导带底下降到另一个材料的价带底之下。电子和空穴可能并存于同一个能区中,形成电子-空穴系统,有金属化现象,如InAs/GaSb超晶格(见图6.5)。

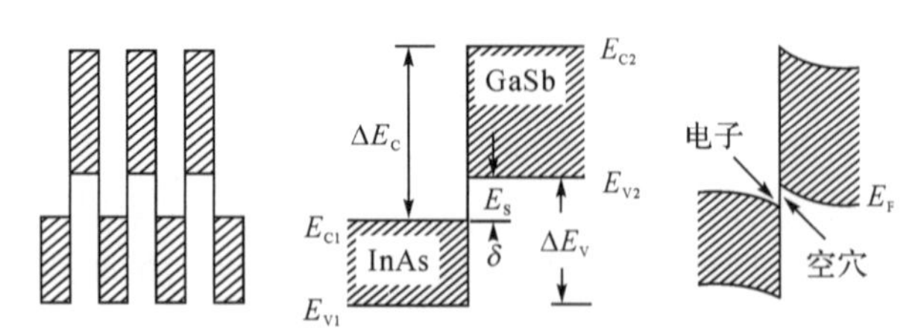

图6.5 第Ⅱ类倒转型超晶格的能带结构

E_{C1}与E_{V2}能量相差一个E_S，前者的导带与后者的价带部分重叠，从而可能发生从半导体到金属的转变。

4. 第Ⅲ类超晶格(HgTe/CdTe)

宽带隙半导体CdTe和零带隙半导体HgTe构成的超晶格的能带结构见图6.6。超晶格形成后，由于其电子有效质量为负，将形成界面态。

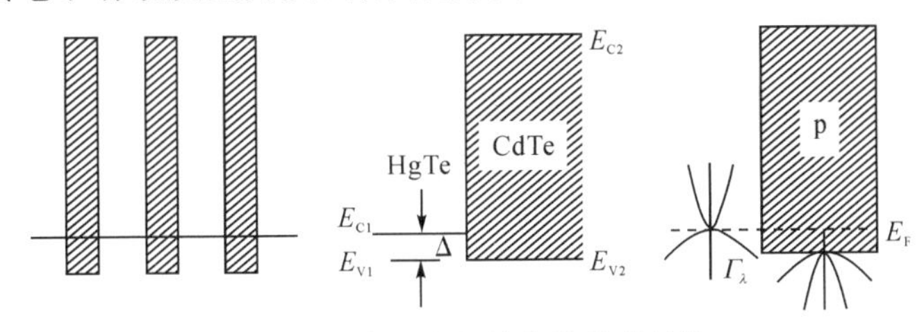

图6.6 第Ⅲ类超晶格的能带结构

只有超晶格的周期小于某一定值时，该超晶格材料才具有半导体特性，否则具有半金属特性。超晶格能隙差由最低导带子能带和价带子能带的间距决定，价带能量不连续值近似为零，导带能量不连续值近似等于两种材料能隙之差。

6.3.2 掺杂超晶格

利用超薄层材料外延技术(MBE或MOCVD)生长具有量子尺寸效应的同一种半导体材料时，交替地改变掺杂类型的方法(即一层掺入N型杂质，一层掺入P型杂质)，即可得到掺杂超晶格，又称为调制掺杂超晶格(见图6.7)。这种类型超晶格可看成是由许多超薄pn结串联构成的，因此也称为pn结超晶格。因为超晶格周期比空间电荷区的宽度小得多，故所有pn结势垒区都是耗尽的。

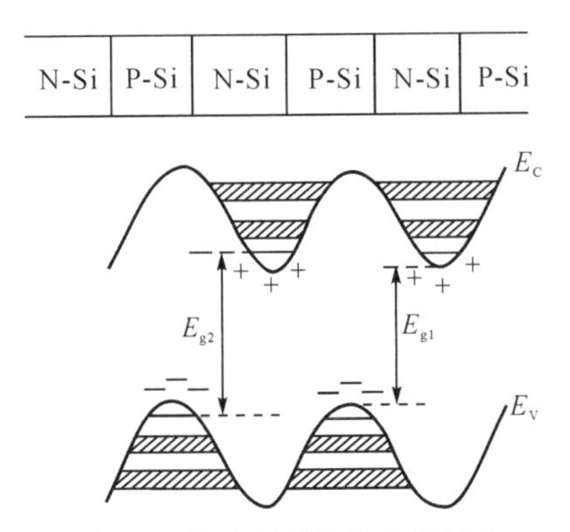

图6.7 掺杂超晶格的能带结构

带边结构近似正弦型，N型掺杂层施主原子提供电子，P型掺杂层受主原子束缚电子，这种电子电荷在空间的分布产生一系列的抛物线形势阱。在掺杂超晶格中，电离杂质的空间电荷场在层的序列上反向变化，产生周期性的能带平行调制，使得电子和空穴分别处在不同的空间，形成一种典型的真实空间的间接能隙半导体。适当选择层的厚度和掺杂浓度，可使超晶格达到电子和空穴的完全分离。因此，这种调制使材料具有特殊的电学和光学特性。

电子由费米能级高的n区流向p区，空穴由p区流向n区，p区能带相对n区能带上移，形成统一的费米能级E_F，能带弯曲量为qV_D，其中V_D为空间电荷势，有效禁带宽度：

$$E_g^* = E_g - 2qV_D + E_{C1} + |E_{V1}| \tag{6-1}$$

式中，E_{C1}、E_{V1}分别为导带和价带的基态能级，改变层厚和掺杂浓度都可改变 E_g^*。

掺杂超晶格的特点：

(1)掺杂超晶格的有效禁带宽度 E_g^* 与掺杂浓度有关，通过改变掺杂浓度可改变 E_g^*。高掺杂浓度下有可能 $E_g^*=0$，即材料将转变为半金属。

(2)掺杂超晶格中的电子和空穴处在不同导电型号的薄层内，非平衡载流子的复合寿命特别长。若要复合，只有通过热激发越过一定高度的势垒，或通过隧道效应穿透一定厚度的势垒，才能发生复合。

(3)外界作用，如光照，可以改变 E_g^* 和复合载流子的寿命。因为光照产生了电子和空穴，将在局部形成一个与 pn 结势垒电场方向相反的附加电场，使 pn 结势垒高度降低，可通过改变附加电场控制势垒高度。

掺杂超晶格的一个优点是，任何一种双极性半导体材料，只要掺杂类型能被很好地控制，都可以作为基体材料，用来制作这种超晶格。目前研究得最多的是用 MBE 制备 Si/GaAs掺杂超晶格。另一个优点是，多层结构晶体完整性非常好。由于其掺杂量一般较少(通常为 $10^{17}\sim10^{19}\ \mathrm{cm^{-3}}$)，杂质引起的晶格畸变也较小，因此它没有组分超晶格明显的异质界面。通过掺杂浓度和各层厚度的选择，掺杂超晶格的有效能隙可以在零到基体材料能隙间调制。目前，这种超晶格处在进一步研究之中，还没有做出实用化的器件。

6.3.3　应变超晶格

超晶格研究的初期，除了 GaAs/AlGaAs 体系超晶格以外，对其他体系的超晶格的研究工作开展得很少，这是因为晶格常数相差大，异质界面处产生失配位错而得不到高质量的超晶格。但是对应变效应的研究表明，当异质结构的单层厚度足够薄，且晶格失配度不大于 9%时，界面上的应力可以把两侧晶格连在一起而不产生界面失配位错，此时晶格完全处在弹性应变状态。我们巧妙地利用这种应变特性，开展了制备晶格失配度较大材料体系超晶格——应变超晶格的研究。SiGe/Si 是典型的应变超晶格材料，随着能带结构的变化，其载流子的有效质量可能变小，载流子的迁移率可能提高，可做出比一般 Si 器件更高速工作的电子器件。

应变超晶格中原组成材料的晶格常数在异质晶体生长时受到应变的影响，所以应变超晶格中的晶格常数与原组成材料是不一样的，如图 6.8 所示。

超晶格生长时形成与两种原材料界面垂直和平行的新晶格常数，其中对晶体特性起重要作用的是与界面平行的晶格常数，其值可由下式求得：

$$a_{//} = a_1\left[1 + \frac{fG_2h_2}{G_1h_1 + G_2h_2}\right] = a_2\left[1 - \frac{fG_2h_2}{G_1h_1 + G_2h_2}\right] \tag{6-2}$$

式中，a_i、G_i、$h_i(i=1,2)$分别为原材料的晶格常数、刚性系数、薄层厚度；f 为晶格失配度，由 f 值的正、负可知应变超晶格属于压缩应变或伸张应变超晶格。例如，对 $\mathrm{In}_x\mathrm{Ga}_{1-x}\mathrm{As/InP}$ 来说，这两种材料间有一个晶格匹配点 $x=0.53$。当 $x>0.53$ 时，$f>0$，产生压缩应变；当 $x<0.53$时，$f<0$，产生伸张应变。所以，利用 $\mathrm{In}_x\mathrm{Ga}_{1-x}\mathrm{As/InP}$ 体系，可以生长伸张应变、压缩应变和补偿应变超晶格。

应变量子阱的出现从根本上改变了能带的结构，只要通过调节应变的类型与应变量的大小就有可能得到我们所需要的能带结构，使半导体器件的性能出现大的飞跃，使半导体激光器在许

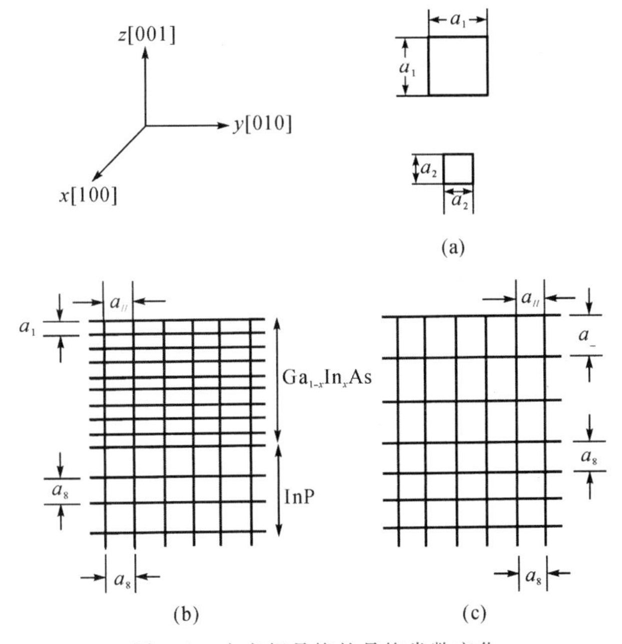

图 6.8　应变超晶格的晶格常数变化

多领域内的应用成为现实，成为半导体光电子学发展史上的一个里程碑。例如，用来泵浦掺铒光纤放大器、激射波长为 980 nm 的半导体激光器就是依靠应变量子阱来实现的。应变量子阱给正在发展中的 $Ge_{1-x}Si_x/Si$ 超晶格带来了活力。理论分析认为，通过布里渊区能带的折叠效应，就有可能实现 $Ge_{1-x}Si_x/Si$ 材料由间接带隙向直接带隙转变。如果这一目的能实现，以其作为半导体激光器的有源层材料，大规模的光电子集成将成为现实，其应用价值不言而喻。

6.3.4　多维超晶格

一维超晶格与体单晶相比具有许多不同的性质，这些特点来源于它把电子和空穴限制在二维平面内而产生量子力学效应。进一步发展这种思想，把载流子限制在低维空间中，可能会出现更多的新的光电特性(见图 6.9)。用 MBE 法生长多量子阱结构或单量子阱结构，通过光刻技术和化学腐蚀制成量子线、量子点。

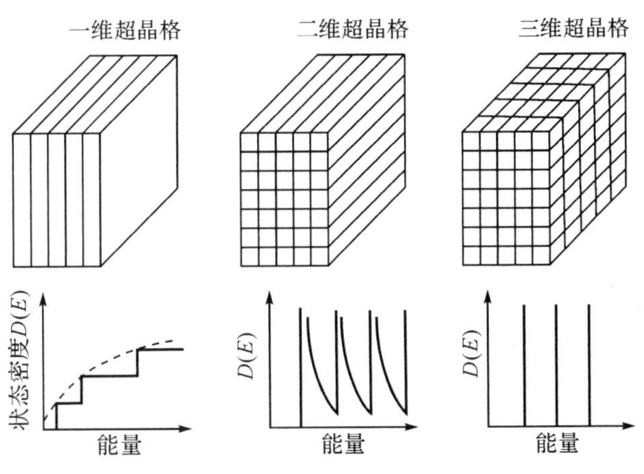

图 6.9　一维、二维和三维超晶格的状态密度与能量的关系

6.4 量子阱与超晶格的实验制备方法

超晶格的概念是美国 IBM 公司的江崎和朱兆祥于 1969 年首先提出的。他们设想如果用两种晶格匹配很好的半导体材料交替地生长周期性结构,每层材料的厚度在 100 nm 以内,则电子沿生长方向的运动将会产生振荡,可用于制造微波器件。不久,分子束外延(MBE)技术研发成功,江崎和朱兆祥的这个设想很快在分子束外延设备上得以实现。从此以后,人们对量子阱与超晶格这种新型的半导体材料进行了广泛的研究,发现了许多新的物理现象,并且制成了许多性能比由体材料制成的器件更好的器件。除了 MBE 技术外,制备量子阱与超晶格的常用方法还有化学气相沉积(CVD)、金属有机物化学气相沉积(MOCVD)等。MBE 和 MOCVD 等高质量半导体薄膜生长技术的发展,使人们对薄膜单晶生长过程的控制可以精确到一个原子层,并按照人们的意愿,根据特殊用途来剪裁材料的物理性质。在 MBE 和 MOCVD 等技术的基础上,再辅以电子束曝光、离子刻蚀等精细加工技术,不仅可以制造出量子阱和超晶格,还可制造出量子线(quantum wire)、量子点(quantum dot,又称人造原子)及它们的超晶格(低维超晶格)等多种多样的人工量子限制(量子约束)结构(人工微结构),使半导体中的载流子在二维或三维方向上都受到约束。人工量子限制结构的实现,为量子力学从抽象走向实际提供了绝好的素材和佐证。

6.5 超晶格和量子阱中的物理基础

6.5.1 半导体中的两类载流子:电子(n)与空穴(p)

本征半导体:n=p,载流子通过本征激发而产生。本征激发(热激发):价带顶部的电子由于热涨落而激发到导带中,从而在导带中产生电子,在价带中产生空穴,n=p。

n 型半导体:载流子主要是电子,n≫p,通过掺以 n 型杂质而形成。n 型杂质:能够向导带提供电子的杂质。杂质电子的能级靠近导带底部,因此杂质上的电子容易被激发到导带中,从而在导带中产生电子。

p 型半导体:载流子主要是空穴,p≫n,通过掺以 p 型杂质而形成。p 型杂质:杂质能级靠近价带顶部,因此价带顶部的电子容易被激发到杂质能级上,从而在价带中产生空穴。

6.5.2 超晶格和量子阱的能带结构

量子阱是指窄带隙超薄层被夹在两个宽带隙超薄层之间。如果窄带隙超薄层与宽带隙超薄层交替生长就能构成多量子阱(MQW)。在 MQW 中,如果各阱之间的电子波函数发生一定程度的交叠或耦合,则这样的 MQW 为超晶格,宛如在晶体中微观粒子进行周期性有序排列一样,如图 6.10 所示。

量子阱结构中有源层厚度仅在电子平均自由程内,阱壁起到很好的限制作用,使阱中载流子只在平行于阱壁的平面内有二维自由度。垂直于阱壁方向的限制作用,使导带与价带的能级分裂为子带。电子的总能量可表示为:

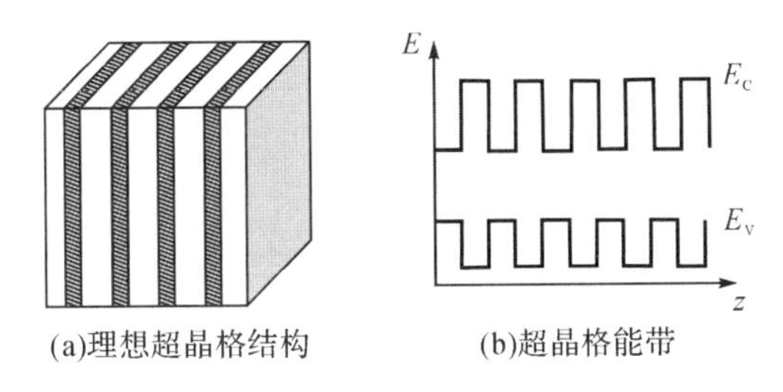

图 6.10　理想超晶格的结构及能带

$$E=\frac{\hbar^2 k_{C/\!/}^2}{2m_{C/\!/}}+E_{Cn} \tag{6-3}$$

式中，$k_{C/\!/}$ 与 $m_{C/\!/}$ 分别为平行于结平面方向的波数与有效质量。故式(6-3)等号右侧第一项为电子抛物线能量分布式；第二项指量子化能量，它在阱底为零。相应的光跃迁波长为：

$$\lambda=\frac{1.24}{E_g+E_{Cn}+E_{Vn}} \tag{6-4}$$

E_{Cn} 和 E_{Vn} 分别为导带和价带的量子化能级，并有：

$$E_{Cn}=\frac{h^2 n^2}{8L_Z^2 m_{Cn}} \tag{6-5}$$

式中，L_Z 为量子阱宽。对 E_{Vn} 亦有类似的表示式。但此时由于量子的限制作用，重、轻空穴带的兼并解除，价带情况较复杂。由半导体物理，可推导出量子阱中电子的态密度函数为：

$$\rho(E)=\frac{1}{L_Z}\sum_n \frac{m^*}{\pi\hbar^2}H(E-E_{Cn}) \tag{6-6}$$

式中，H 函数为 Heaviside 单位阶跃函数，L_Z 为量子阱宽，n 为 z 方向的量子数。

在量子阱材料中，价带子能带（HH_1，HH_2，HH_3，LH_1）的形状随 $\boldsymbol{k}$ 方向不同而不同，图 6.11所示为某些方向的能带形状。由此可以看出以下几点。

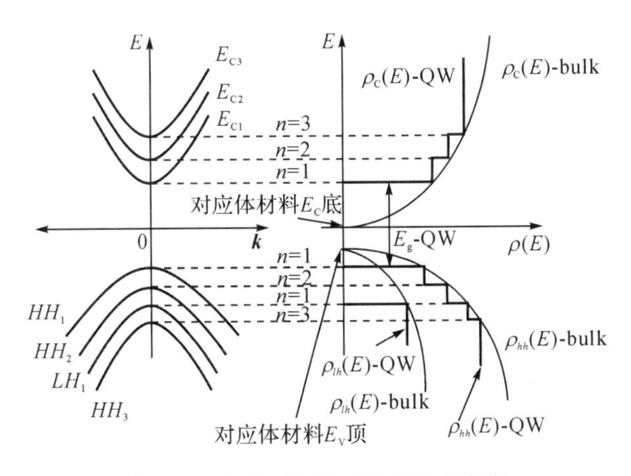

图 6.11　QW 材料能带结构及态密度

(1)由于电子被势垒所限制，其波函数在垂直方向上引起能级量子化，电子、空穴的态密度与能量的关系由抛物线状改变成台阶状，远比体材料集中。阶梯状能带允许注入的载流子逐级填充，提高了注入有源层内载流子的利用率，故量子阱激光器的微分增益远高于体材料激光器。高的微分增益带来许多好处:①降低了激光器的阈值电流;②使有源层中电子与光子的耦合时间常数变小,从而使激光器的张弛振荡频率与相同发射频率的块状有源材料激光器相比大大提高,这就相应地提高了激光器的调制带宽;③有源层内部载流子损耗的减少,提高了激光器的斜率效率;④减少了频率啁啾。

(2)QW 材料禁带宽度大于体材料,因此激射波长变短。

(3)由于量子限制效应,重、轻空穴带分裂,且子带形状发生变化,加剧了 TE 模与 TM 模的非对称性,影响了激光器性能。

对于量子阱结构,由于有源层厚度很小,光场限制因子 $\Gamma=\frac{\int_{\mathrm{d}} I_x \mathrm{d}x}{\int_{+\infty}^{-\infty} I_x \mathrm{d}x}$ 减小,有相当大一部分光的能量会渗出有源层,进而导致阈值升高等问题。现实中采用光子和载流子分别限制的结构,在有源层外加上光限制层,包括分别限制单量子阱(SCH-SQW)结构和多量子阱结构。

SCH-SQW 在阱层两侧配备低折射率的光限制层(波导层)。该层折射率有渐变和突变两种(见图 6.12)。

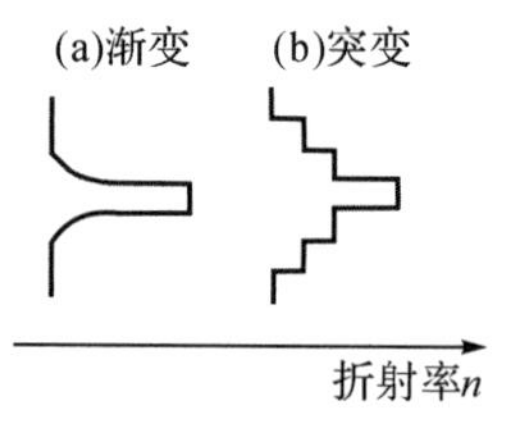

图 6.12　单量子阱(SCH-SQW)结构的折射率变化

MQW 由多个窄带隙超薄层和宽带隙超薄层交替生长而成,在两边最外层的势垒层之后再生长低折射率的波导层以限制光子,这等效于加厚了有源层,使激光器的远场特性得到大幅改善(见图 6.13)。

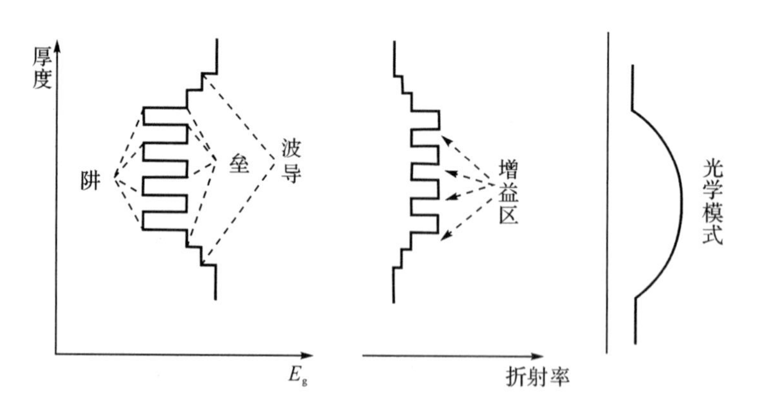

图 6.13　多量子阱禁带宽度及折射率随厚度的分布

6.5.3　量子阱与超晶格中的电子态

1. 超晶格电子状态参数特征

超晶格系中的导带电子和价带空穴的势能可近似地表示为势阱。以第Ⅰ类超晶格(见

图 6.3)为例，导带底能量较低(价带顶能量较高)的半导体成为势阱，导带底能量较高(价带顶能量较低)的半导体成为势垒。势垒的高度相当于两种半导体异质界面中导带、价带不连续的大小(ΔE_C 和 ΔE_V)。大体上说来，ΔE_C 可认为是两种半导体电子亲和势之差的近似值。另外，决定势阱形状的参数有势阱宽 L_W 和势垒宽 L_B。因此，如图 6.14 所示，由这种势阱决定的超晶格电子状态依赖于 4 个参数：L_W，L_B，ΔE_C，ΔE_V。

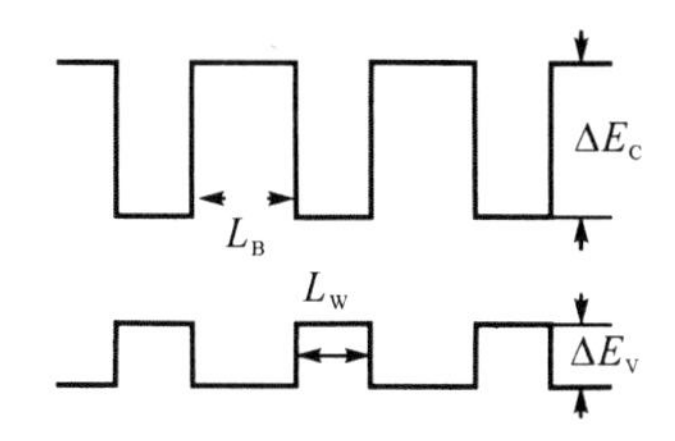

图 6.14　超晶格与量子阱能带结构

2. 单一势阱中的电子状态

首先考虑 L_B 为无限大的情况，即阱宽为 L_W、阱高为 V_0($V_0=\Delta E_C$，或 $V_0=\Delta E_V$)的单一势阱中的电子状态。如图 6.15(a)所示，势阱中的电子，在与势阱垂直的 xy 面内与自由电子一样。但是沿势阱的 z 方向，由于势垒 V_0 的存在，电子被束缚在势阱附近，而其波函数按指数函数衰减。此时，z 方向电子的薛定谔方程式为：

$$-\frac{\hbar^2}{2m^*}\frac{\mathrm{d}^2\psi}{\mathrm{d}z^2}+V_0\psi=E\psi,\quad |z|>L_W/2 \tag{6-7}$$

式中，$\psi(z)$为电子的波函数，E 为能量本征值，m^* 为电子的有效质量。边界条件是$z\to\pm\infty$时，$\psi\to\infty$。

当势阱高度 V_0 很大($V_0\to\infty$)时，式(6-7)的能量本征值为：

$$E_n=\frac{\hbar^2}{2m^*}\left(\frac{n\pi}{L_W}\right)^2 \tag{6-8}$$

式中，n 为量子数。对应于这种状态的波函数，当考虑归一化条件时，具有如下形式：

$$\psi_n(z)=\sqrt{\frac{2}{L_W}}\sin\frac{n\pi}{L_W}\left(z+\frac{1}{2}L_W\right) \tag{6-9}$$

图 6.11 示出对于 $n=1,2,3$ 的 E_n 和 $\psi(z)$。在与势阱垂直面(xy 面)中，电子的行为与自由电子一样，其总能量 E 可表示为：

$$E=E_n+\frac{\hbar^2}{2m^*}(\boldsymbol{k}_x^2+\boldsymbol{k}_y^2) \tag{6-10}$$

式中，$\boldsymbol{k}_x$ 和 $\boldsymbol{k}_y$ 为 xy 面内波矢的 x 和 y 成分。

综上所述，一般体单晶半导体中连续的电子状态为：

$$E(\boldsymbol{k})=\frac{\hbar^2}{2m^*}(\boldsymbol{k}_x^2+\boldsymbol{k}_y^2+\boldsymbol{k}_z^2)=\frac{p^2}{2m^*} \tag{6-11}$$

在单一势阱中，电子状态则变为分离状态，而且，当 $V_0\to\infty$时，可以把电子完全限制在势阱中，这种势阱称为量子阱。

另外，对应式(6-10)的电子一般称为二维自由电子或二维电子气(2-DEG)[14]。在二维

$\boldsymbol{k}$ 空间的 $(2\pi/L_W)^2$ 中就有一个电子状态，考虑自旋时为它的 2 倍，因此二维空间取值 $\boldsymbol{k}$ 时，其状态数为：

$$2\times\pi\boldsymbol{k}^2\times(L_W/2\pi)^2=L_W{}^2\boldsymbol{k}^2/2\pi \tag{6-12}$$

在能量 E 和 $E+\mathrm{d}E$ 间的状态数是 $N_2\mathrm{d}E$。利用 $E=\hbar^2\boldsymbol{k}^2/2m_{/\!/}$：

$$\boldsymbol{k}^2=2m_{/\!/}E/\hbar^2 \tag{6-13}$$

因此：

$$\frac{\mathrm{d}}{\mathrm{d}E}\left(\frac{L_W{}^2\boldsymbol{k}^2}{2\pi}\right)=N_2=\frac{L_W{}^2m_{/\!/}}{\pi\hbar^2} \tag{6-14}$$

在单位面积中($L_W=1$)，二维电子气的状态密度为：

$$N_2=m_{/\!/}/\pi\hbar^2 \tag{6-15}$$

它与能量 E 无关。式中的 $m_{/\!/}$ 为二维电子的有效质量。

图 6.15(b)所示为二维电子气的状态密度。从图中可以看出，二维电子气的状态密度为由 $E_n(n=1,2,3,\cdots)$ 开始的阶跃函数积累而变成的阶梯形状。图中虚线表示三维自由电子的状态密度，它与 $E^{1/2}$ 连续成比例地增加。

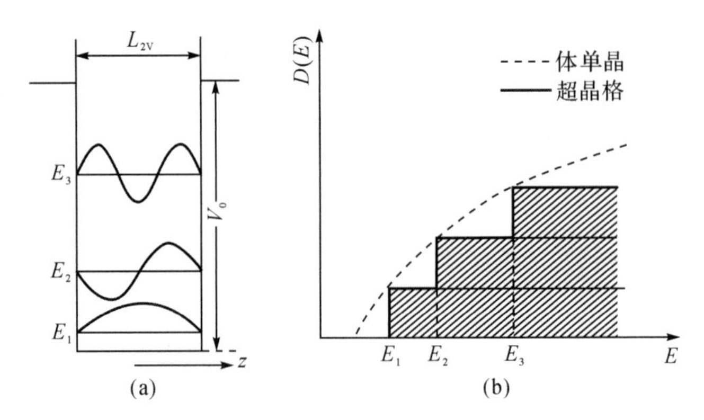

图 6.15 (a)单一势阱中的电子状态和(b)半导体体单晶和超晶格的状态态度

下面以 GaAs/$Al_xGa_{1-x}As$ 异质结超晶格为例，说明超晶格的能带结构。当 $x=0.25$ 时，由于两种半导体的电子亲和势之差，$Al_xGa_{1-x}As$ 的导带底比 GaAs 的导带底高 0.3 eV。而 $Al_xGa_{1-x}As$ 的价带顶比 GaAs 的价带顶低 0.06 eV。因此，如图 6.16 所示，形成 GaAs 为势阱、$Al_xGa_{1-x}As$ 为势垒的量子阱。随着组分比 x 的增加，势垒高度变高。

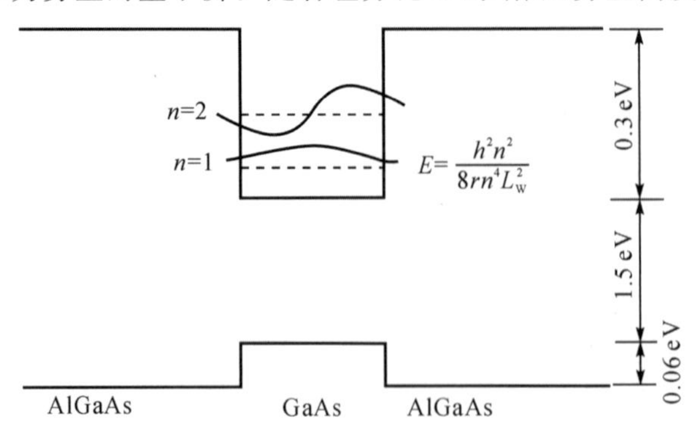

图 6.16 GaAs/AlGaAs 量子阱能带结构

图 6.16 中同时显示出导带电子的能级及其波函数。从图中可以看出，GaAs 中的电子波函数在 AlGaAs 中按指数函数衰减。因此，当 AlGaAs 层厚度 L_B 十分大时，电子完全被限制在 GaAs 层中。因此，势阱宽 L_W 和势垒宽 L_B 是决定势阱中电子状态的重要参数。

6.5.4 超晶格中的电子状态[15-17]

在 GaAs/AlGaAs 超晶格中，当 AlGaAs 层厚度 L_B 逐渐变薄时，由于隧道效应，在它两侧的 GaAs 中的电子波函数将重叠，而原来的简并能级变成能带，如图 6.17 所示，这种能带被称为子能带。

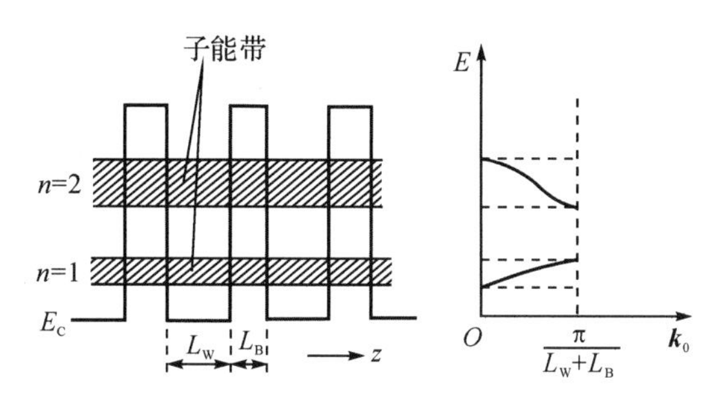

图 6.17 GaAs/AlGaAs 超晶格中的子能带

在 GaAs 和 AlGaAs 形成的超晶格中，由于 GaAs 层和 AlGaAs 层一起组成单胞，实空间中的周期长度为 L_W+L_B。该长度比体单晶的单胞 a 大很多。例如，在由 GaAs 二层和 AlGaAs 二层组成的超晶格中 L_W+L_B 是 a 的 4 倍左右。与此同时，该超晶格的布里渊区 $2\pi/(L_W+L_B)$ 则是体单晶 $2\pi/a$ 的 1/4 左右。

从图 6.18 可以看出，当 L_W+L_B 等于 $4a$ 时，超晶格的子能带宽度等于体单晶能带宽度的1/4，而且随着 L_W+L_B 的增加，能带宽度变窄。这就是子能带名称的由来。当 L_W 和 L_B 改变时，超晶格中的电子状态将发生变化。尤其是当 L_W 与电子的德布罗意波长差不多时，量子效应明显加强。当 L_B 比 L_W 大很多时，可实现单一势阱而把电子限制在所需的物质层中，电子不能进行横向运动。但是，随着 L_W 的逐渐变小，将形成子能带，电子可以在物质中做横向运动(见图 6.19)。

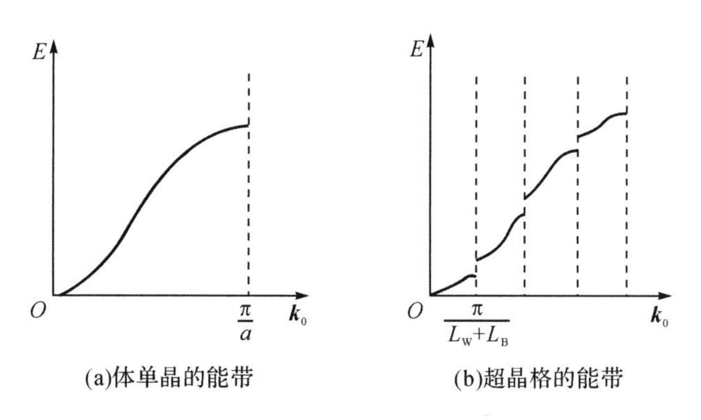

图 6.18 布里渊区中的能带

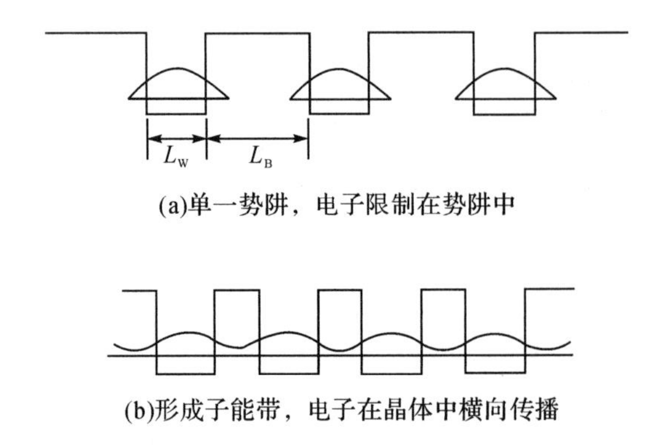

图 6.19 电子状态随 L_W 的变化

应该注意的是，超晶格和多量子阱都是周期排列的超薄层异质结构，人们有时将它们混为一谈，但由于它们的势垒高度和厚度不同，其物理特性还是有区别的。如果势垒足够厚（如 $L_B>20$ nm）和足够高（$\Delta E>0.5$ eV），相邻阱中的电子波函数不发生交叠，则这种结构材料中的电子行为如同单个阱中电子行为的简单加和，而这种材料通常称为多量子阱材料。这种材料适于制作低阈值、窄谱线的发光器件。如果势垒比较薄、高度比较低，由于隧道共振效应，势阱中的电子隧穿势垒，则分立的电子能级形成具有一定宽度的子能带，这种材料称为超晶格，它适于制备大功率的发光器件。

6.6 超晶格和量子阱中的物理效应

6.6.1 量子约束效应

超晶格的许多独特的性质，特别是量子约束效应，都是通过光学实验证实的，最著名的就是 Dingle 等[18]所做的关于 GaAs /AlGaAs 多量子阱的光吸收谱实验（见图 6.20）。从图中可以清楚地看到，量子约束效应是如何随阱宽的变小而明显地表现出来的。当阱宽为 400 nm时，吸收谱线接近一般体材料的吸收谱线，与能量的平方根成正比，即与三维电子态密度成正比。低能端的尖峰是激子吸收峰。当阱宽小于 100 nm 时，吸收谱线出现一系列的吸收峰，反映了量子阱由于在生长方向上的约束效应而产生离散的量子能级，谱线的形状也逐渐变成二维电子态密度所特有的台阶形状。

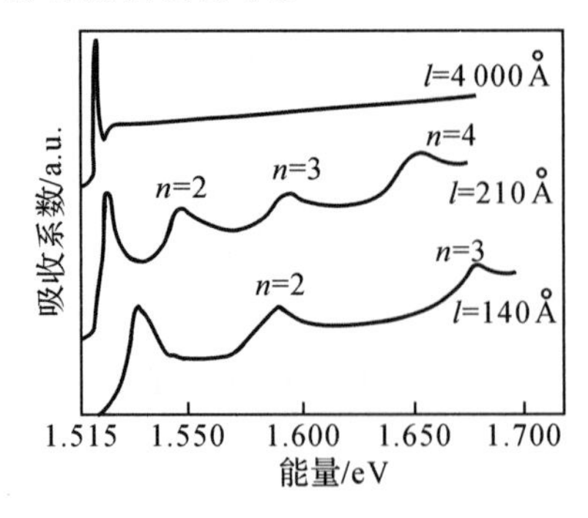

图 6.20 GaAs/AlGaAs 多量子阱的光吸收谱

6.6.2　量子阱中的激子效应

什么是激子？激子是固体中的一种基本的元激发，是由库仑力互相束缚着的电子-空穴对。形成激子所需要的能量称为激子的结合能。

激子的玻尔半径一般很大，束缚能很低，激子非常容易因热运动而离化，激子峰很难被观察到，因此激子效应不明显。在低维系统中，当电子和空穴由于量子受限而被限制在同一个空间区域内时，电子和空穴间的库仑作用得到增强，激子效应将随着系统尺寸的减小而加强。量子阱材料恰能很好地满足这个条件。理论研究表明，二维激子的结合能是三维激子的 4 倍，二维激子承受扰动的能力比三维激子强得多。实际量子阱中激子的结合能要稍小一些，但仍比三维激子的要大得多，它与量子阱的宽度、势垒高度有关。

与体材料相比，量子阱的激子光谱有明显不同的特征：①在低温下，量子阱的光谱中自由激子的吸收和荧光占主导地位；②按照简单的理论分析，轻、重空穴各自形成独立的子带；③激子的束缚能和玻尔半径将受阱宽、电子和空穴势阱深度的影响；④室温下，在量子阱吸收光谱中也能看到很强的激子吸收峰。

在低维系统中，激子效应往往主导了像 GaAs/AlGaAs 单量子阱和多量子阱材料的吸收光谱和光致发光光谱，即使在室温下也能探测到 GaAs/AlGaAs 多量子阱样品的吸收光谱中强烈尖锐的激子峰，这在 GaAs 的体材料中是不可能的。在量子化的低维电子结构中，激子束缚能要大得多，激子效应增强，也更稳定。这对制作利用激子效应的光电子器件非常有利。近年来，量子阱、量子点等低维结构研究获得飞速的进展，已大大促进了激子效应在新型半导体光源和半导体非线性光电子器件领域的应用。

6.6.3　量子受限的斯塔克效应(QCSE)

当沿多量子阱的轴向加电场(通常通过把量子阱做在 PIN 结构中的 I 区来实现)时，激子峰向低能方向移动，在零电场时允许的激子跃迁概率减弱，而一些禁戒跃迁的跃迁概率随电场变化经历由弱至强、再变弱的变化，激子荧光峰移动量可达到零场时激子束缚能的若干倍，直到电场达到 10^5 V·cm^{-1}左右时，激子荧光峰才淬灭。QCSE 与一般的斯塔克效应在本质上是不同的。当电场沿着 z 方向达到 10^4 V·cm^{-1}左右时，若无势垒，激子早已电离。量子阱中激子之所以能在较高纵向电场下存在并非是由于库仑束缚作用，而是势垒的阻挡所致。激子荧光峰红移的道理很简单：在电场下，阱中电子和空穴分别沿相反方向朝各自的低能部分移动，尽管纵向电场会使阱中激子的束缚能略微减小，但是远小于最低子能带的“红移”量(即向低能的移动量)，因而造成了荧光峰红移。利用量子阱的垂直电场效应可以制备出光调制器、光学双稳器件等。利用 QCSE 设计的自电光效应器件(SEED)更具有触发能量低的优点。

6.6.4　电场下超晶格中的 Wannier-Stark 局域态

在超晶格中，相邻量子阱之间的能级耦合形成带宽几到几十毫电子伏特的微带(miniband)，在理想情况下微带内的电子态应当可扩展到整个超晶格。外加电场以后，使得各相邻量子阱中的量子能级发生相对移动，各电子态之间的耦合随之减小，原来扩展的电子态演变成以各个量子阱为中心、在前后若干个量子阱范围内的局域态，这就是超晶格中的 Wannier-Stark 局域态。

6.6.5 二维电子气

1. 二维电子气的概念

半导体表面反型层中的电子如同被封闭于势箱中的自由电子一样，其德布罗意波长与势阱的宽度相当，发生“量子尺寸效应”，即在垂直方向的运动丧失了自由度，只存在表面内两个方向的自由度。它的散射概率比三维电子气小得多，因此迁移率高。典型的二维电子气(2-DEG)存在于以下结构中：半导体表面反型层、异质结的势阱、超薄层异质结(量子阱结构)。

(1)半导体表面反型层：p型半导体外加一个与半导体纵深相同的电场，表面处能带进一步向下弯曲。越接近表面，表面处费米能级越可能高于禁带中央能量，即费米能级离导带底比离价带顶更近一些，表面电子浓度超过空穴浓度，形成了与原来半导体导电类型相反的一层。

(2)异质结势阱中的2-DEG：当窄禁带材料GaAs和宽禁带材料AlGaAs接触形成异质结时，接触面的能带形成三角形势阱。

(3)量子阱结构中的2-DEG：如果量子阱材料中阱层厚度小于20 nm，而势垒层较厚，则电子基本上被封闭在GaAs内而成为2-DEG。

2. 二维电子气的能量状态

对于半导体表面反型层中2-DEG，耗尽层引起的电势分布呈线性变化，构成三角形势阱。其德布罗意波在z方向将形成驻波状态(见图6.21)。若德布罗意波长为λ_z，则：

$$Z_n = n \times \frac{\lambda_z}{2}, \qquad n = 0, 1, 2, \cdots \tag{6-16}$$

以驻波状态存在的自由电子在z方向的能量为：

$$E_{zn} = \frac{p_z^2}{2m_\perp^*} = q\varepsilon_z Z_n \tag{6-17}$$

在势阱内平行于表面的xy方向上，电子运动是自由的，可用平面波描述：

$$E_{x,y} = \frac{1}{2m_{//}^*}(p_x^2 + p_y^2) \tag{6-18}$$

则2-DEG的全部允许态的能级为：$E_n = E_{x,y} + E_{zn}$。

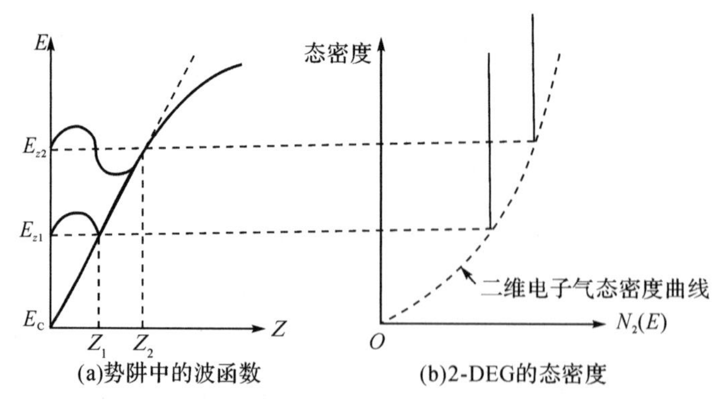

图6.21 二维电子气能量状态

在量子阱结构中，2-DEG 量子能级如图 6.22 所示，对应能量为：

$$E_{zn}=\frac{h^2}{8m_{\perp}^{*}L_Z^2}n^2 \tag{6-19}$$

式中，$n=0,1,2,\cdots$；L_Z 为有效厚度。

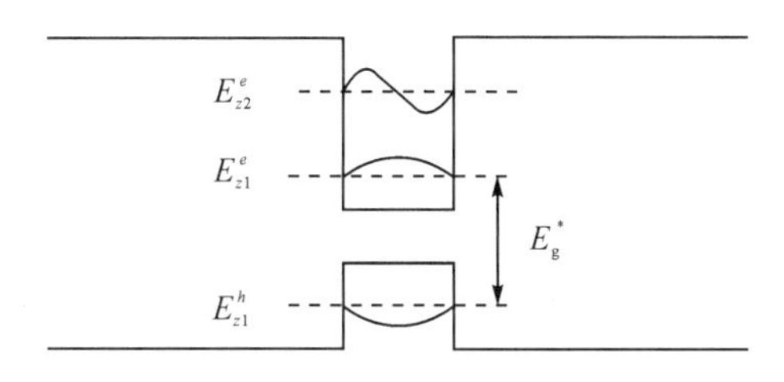

图 6.22　GaAs/AlGaAs 系超晶格中 2-DEG 的量子能级

每一个量子数(n)对应 2-DEG 的一个能带，称为子能带，2-DEG 就处于各个子能带中。随着 z 方向电场的加强，量子能级的能量本征值 E_n 也将增大。基本上，2-DEG 都分布在量子化能带能量最低的两个能带 E_1 和 E_2 上，更高能级上电子只占总电子数的千分之几至万分之几。

6.7　超晶格和量子阱器件

6.7.1　量子阱激光器发展历程

从 20 世纪 70 年代中后期开始，由于吸取了半导体物理在量子阱、超晶格结构研究方面的新成果，以及超薄层材料外延生长技术的进步，量子阱激光器的研制得到了迅速发展。1975 年，Ziel[19] 利用 MBE 技术成功研制出第一个在液氮温度下工作的光泵浦 GaAs/AlGaAs 量子阱激光器；1978 年，单量子阱和多量子阱激光器实现了室温连续激射，阈值电流密度为 1 660 A・cm^{-2}；1981 年，曾焕添等[20]采用 MBE 技术和折射率渐变分别限制波导结构，将 GaAs/AlGaAs 量子阱激光器的阈值电流密度降低至 1 600 A・cm^{-2}，内量子效率接近 95%，内损耗降低到 3 cm^{-1}。自此，量子阱激光器进入了实用化研究的新阶段。量子阱有源区所具有的准二维特性及量子尺寸效应使量子阱激光器具有许多优异的性能，如阈值电流密度明显减小、温度特性大为改善、微分增益和调制频率明显提高、激光器的工作波长可调(通过改变量子阱宽度)、线宽极窄，这使量子阱激光器很快就成了半导体激光器的主流产品。在晶格匹配量子阱激光器发展的同时，人们发现引入应变可以使量子阱激光器的性能得到进一步的提高。1984 年，Laidig 等[21]采用 MBE 技术研制成功了最早的 GaAs/InGaAs 应变量子阱激光器，工作波长为1.0 μm，阈值电流密度为 1 200 A・cm^{-2}。1986 年，Osbourn 等[22]从理论上分析了应变量子阱激光器的优越性，如压应变使重空穴在平面内的有效质量减小、激光器的阈值电流密度减小、俄歇复合速率降低、微分增益提高，而且其效率、温度特性、调制和线宽特性也得到改善，从而在该领域掀起了研究热潮，直到现在，已经得到广泛应用的应变量子阱激光器仍然在不断发展中。

目前，AlGaAs/GaAs、AlGaInP/GaAs、InGaAs/GaAs、InGaAsP/InP 等材料体系的量子阱激光器的研制已经达到了很高的水平。AlGaAs/GaAs 量子阱激光器的阈值电流密度最低达到 40 A·cm^{-2},相应的阈值电流为亚毫安量级[10];工作波长为 808 nm 的单管激光器输出功率高达 10 W,线阵超过 100 W。可见光 GaInP 和 AlGaInP 量子阱激光器的工作波长已经可以覆盖 670～570 nm 波段,工作寿命可达到 25 万小时,并已经广泛应用于 DVD 光盘存储领域。作为掺铒光纤放大器泵浦源的 980 nm InGaAs/GaAs 量子阱激光器,它的室温阈值电流密度可以低至 58 A·cm^{-2},单管输出功率已达数十瓦。工作波长覆盖 1.3～1.55 μm 范围的 InGaAsP/InP DFB 激光器已经成为光纤通信系统的重要光源,3 dB 调制带宽已经达到 40 GHz。目前的研究重点在于研制 1.55 μm DFB 激光器与电吸收调制器的单片集成,以便使光线通信带传输速度达到每秒太比特量级[23]。

另外,人们也在积极探索新的材料体系,以便使半导体激光器的工作波长不断地向短波和长波两个方向扩展。1994 年,由于 GaN 材料的 p 型掺杂问题得到了解决,蓝绿激光器的研制取得了突破性进展,日本日亚公司研制成功第一只电注入 InGaN/GaN 蓝光量子阱激光器。1999 年,他们采用横向外延过生长技术使 GaN 基蓝、绿光量子阱激光器实现了商品化,并积极向紫外波段扩展。可应用于光纤通信的长波长 GaAs 基 GaInNAs(Sb)量子阱激光器也被众多专家研究。自 1996 年 Kondow 等[24]研制出室温脉冲工作的 GaInNAs/GaAs 量子阱激光器(激射波长为 1.2 μm)以来,这种激光器的工作波长已经可以覆盖 1.2～1.6 μm 范围,其中 1.3 μm 激光器在室温下连续工作的阈值电流密度已经降至 211 A·cm^{-2},特征温度达到 −93.15 ℃,远高于 InGaAsP/InP 量子阱激光器。此外,工作波长在中红外波段的锑化物量子阱激光器的研究也取得了很大进展:Ⅰ型 InGaAsSb/AlGaAsSb 量子阱激光器已经实现室温连续工作,波长可以覆盖 1.9～3.0 μm 范围,激射波长为 3.0 μm 时,阈值电流密度已降至 172 A·cm^{-2},特征温度 T_0 达到 −133.15 ℃;激射波长为 3.0 μm 时,阈值电流密度为 947 A·cm^{-2},脉冲工作时为 343 A·cm^{-2},T_0 只有 −243.15 ℃。对于波长超过 3 μm 的波段,Ⅱ型 InGaSb/InAs 量子阱在光泵浦下已经实现了室温脉冲激射。

6.7.2 垂直腔面发射激光器

垂直腔面发射激光器(vertical cavity surface emitting laser, VCSEL)在量子阱结构出现以后才成为可能。根据光输出方向与结平面的关系,激光器可分为以下几种。

1. 边发射激光器

边发射激光器(edge emitting laser)的特点是光平行于异质结界面输出。普通激光器都属于这一类型。

2. 垂直腔面发射激光器

垂直腔面发射激光器(VCSEL)的特点是光的输出方向垂直于结平面。VCSEL 由 Iga 提出,但只有在量子阱结构出现以后才成为可能。垂直腔是指激光腔的方向,即光子振动方向垂直于半导体芯片的衬底,光在有源层厚度方向得到增强。由于有源层厚度很小,要想实现低阈值的激光振荡,除要求有高增益系数的有源层介质之外,还需要有高的腔面反射率。所以,有源层采用量子阱材料。提高腔面反射率的一种方法是在腔面镀高反膜,难度较大;另一种方法是采用 DBR 结构(SCH)。典型结构如图 6.23 所示,光反馈由材料解理面形成的反射镜提供,光在有源层厚度方向得到增强,平行于异质结界面输出。

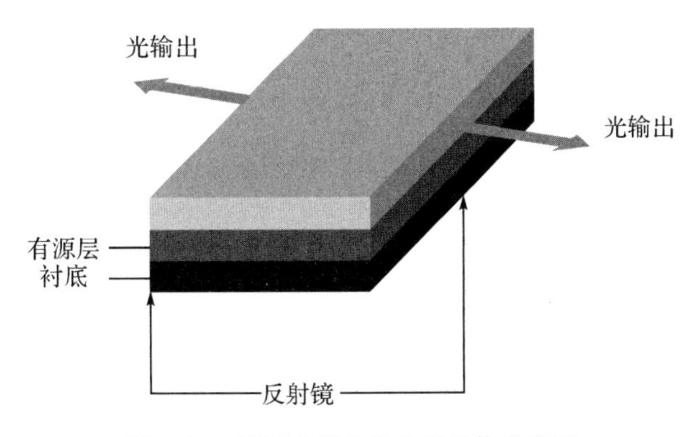

图 6.23　端面发射的常规半导体激光器

(1)DBR 设计

发光区夹在两组 DBR 之间,DBR 由交替生长的不同 x 和 y 组分的半导体薄层组成,相邻层之间的折射率差使每组叠层的布拉格光栅附近的反射率达到极高的水平,每一组 DBR 相当于一个高反射镜(见图 6.24)。然而,由 DBR 各薄层的带隙周期性地交替变化构成的一系列势垒必然会增加 VCSEL 的工作电压和串联电阻,这等效于在有源介质两边生成了加热体,因此必须采取措施以降低串联电阻。一种方法是有源区采用量子阱结构,以减小阈值电流;高掺杂 DBR 各层,以降低串联电阻。另一种方法是在 DBR 中每一高折射率层和低折射率层之间生长占空比可变的超晶格渐变区。采用这些措施后,串联电阻已从 20 世纪 80 年代中期的数千欧姆降至低于 40 Ω。

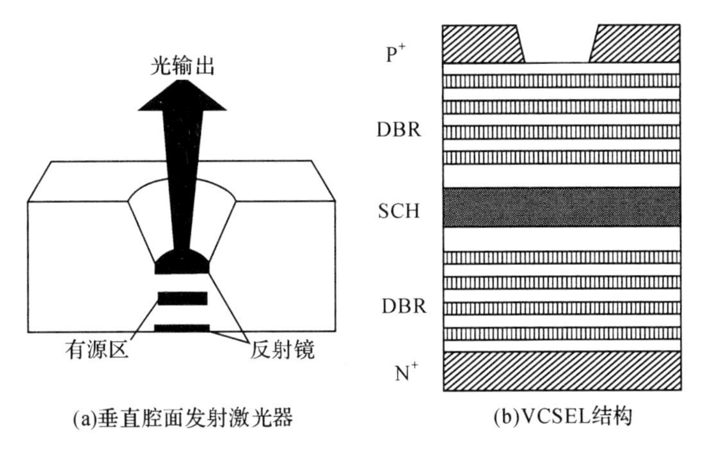

图 6.24　DBR 设计的 VCSEL

(2)腔结构

激光器工作时,腔内形成稳定的驻波场,须使有源区与腔内驻波场有最大限度的重叠,同时适当增加腔长有利于增加基模直径,从而提高输出功率。因此,有源层应与驻波场中心峰值强度对应的 $\lambda/4n$ 范围有最大限度的重叠,在此范围内生长多量子阱结构有利于获得高的功率输出。另外,要有高的输出功率、高的功率效率,即要有高的微分量子效率、远大于阈值的工作电流。降低串联电阻最重要,特别是要采取措施降低 P 型 DBR 的电阻。例如,可以通过生长各层非突变的 DBR 间的界面来实现低的 R_s。只要有高的功率效率,就可以减轻对器件冷却的压力，就可通过增加内部光强和增加基模截面来提高输出功率。例如，若能使内部光强达到 $10^7\ \mathrm{W\cdot cm^{-2}}$，基模面积为 200 $\mu\mathrm{m}^2$，输出 DBR 透过率为 1%，则输出功率可达 200 mW。

(3)微腔 VCSEL

若腔长为波长 λ 量级，则 VCSEL 将出现由自发辐射所控制的新效应。自发辐射因子的增加，将产生更多的受激发射“种子”，从而导致阈值电流下降。在阈值以上，给定注入速率下的载流子寿命依阈值电流的降低而减少，从而使调制带宽增加。特别是，自发辐射因子为 1 的微腔激光器，即使在阈值以下，也能达到 100% 的量子效率，这就有可能实现无阈值、功率-电流曲线无扭折的理想激光器。

VCSEL 的特殊结构，使得它与边发射激光器相比有很多优点：

①谐振腔是通过单片生长多层介质膜形成的，从而避免了边发射激光器解理腔由于解理本身的机械损伤、表面氧化和沾污等引起的性能退化。因为谐振腔是由多层介质膜组成的，可望具有高的光损伤阈值。

②可以做成二维面阵，能够大规模集成，适宜用于信息处理。

③其纵膜间距 $\delta\lambda\propto\frac{1}{L}$，腔长很短，即纵膜间距很宽，可以动态单纵膜工作。

④可以在极低阈值电流下工作。

6.7.3　新型的量子阱激光器

1. 低维超晶格

量子线、量子点激光器。在量子阱结构中，电子只受到一维的限制，在结平面内仍维持二维的自由运动。如果对电子进行二维或三维的限制，就得到一维量子线和零维量子点结构。随着运动维数的减小，态密度更加集中。这种更窄的态密度分布带来更高的微分增益，将使得半导体激光器的特性进一步提高，如阈值电流降低，光谱线宽、调制频率、温度特性等可得到进一步改善。量子阱、量子线、量子点的态密度分布如图 6.25 所示。

一维量子线：$\rho(E)=\sum\limits_{q,p}\frac{\sqrt{2m_e}}{\pi\hbar}(E-E_q-E_p)^{-1/2}$　锯齿状分布

零维量子点：$\rho(E)=\sum\limits_{q,p,m}2\delta(E-E_q-E_p-E_m)$　δ 函数分布

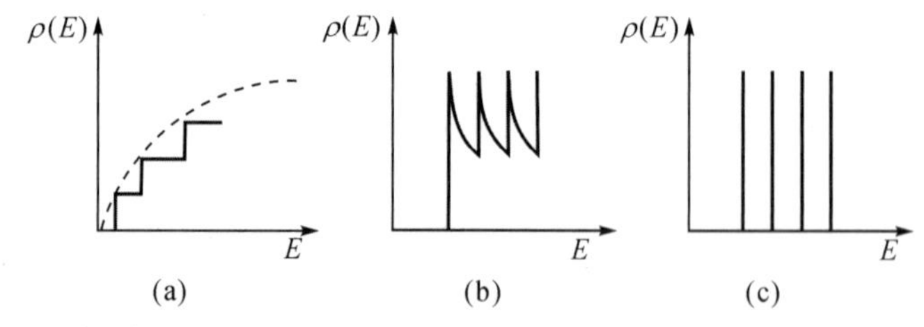

图 6.25　量子阱、量子线、量子点的态密度分布

2. 量子级联激光器

量子级联激光器(quantum cascade laser)是由数组量子阱结构串联在一起构成的新型量子阱激光器。量子限制效应引起导带中的分离子能带之间的电子从高能态向低能态跃

迁，从而引起光辐射(为 TM 波)。跃迁态的联合态密度和相应的增益谱半宽都很窄，而且对称，因此可以得到低阈值电流和单纵膜工作。而且，该激光器可以通过调整有源区量子阱的厚度来调节激射波长，因此，其光谱范围很宽。量子级联激光器根据电子跃迁的方式可分为斜跃迁和垂直跃迁两种(见图 6.26)。

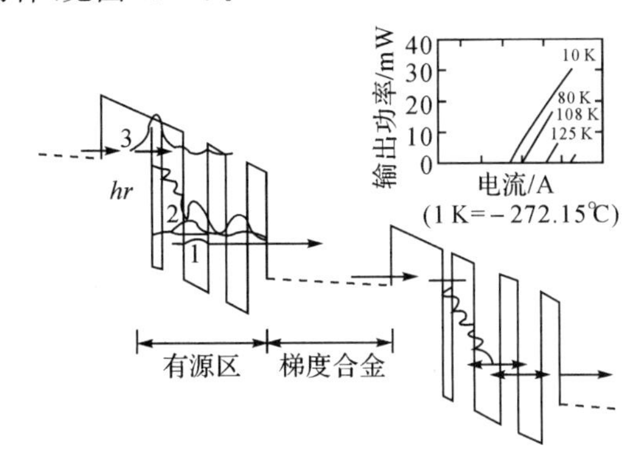

(a)斜跃迁量子级联激光器能带结构及功率-电流特性

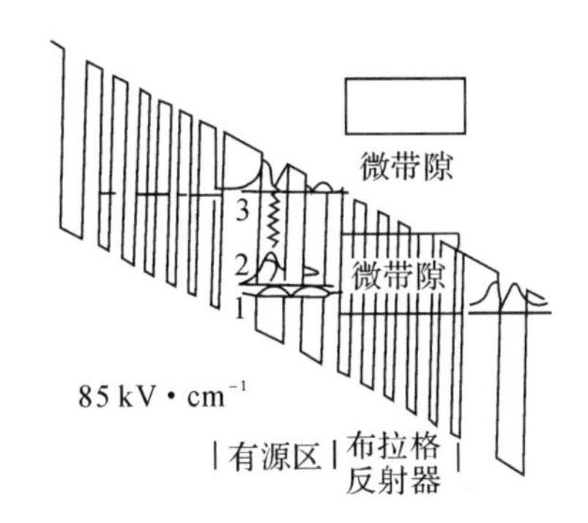

(b)垂直跃迁量子级联激光器部分导带图

图 6.26　量子级联激光器

3. 微带超晶格红外激光器

微带超晶格红外激光器：掺杂的超晶格有源区和掺杂的载流子注入区交替构成级联，在超晶格的第一激发态与能带和基态子能带之间产生受激辐射，即光跃迁发生在强烈耦合的超晶格的微能带之间。优点是宽的微能带具有高的电流运载能力和注入效率，可以获得大的功率输出。

6.7.4　主要应用

量子阱半导体激光器凭借其突出的优点在许多领域得到广泛应用。

1. VCSEL

VCSEL 能够大面积集成为线性或二维阵列(图 6.27 给出了 8×8 的 VCSEL 阵列[25])，因此可以用于并行数据传输系统，被认为是光纤入户(Fiber to the Home，FTTH)装置的合适光源。

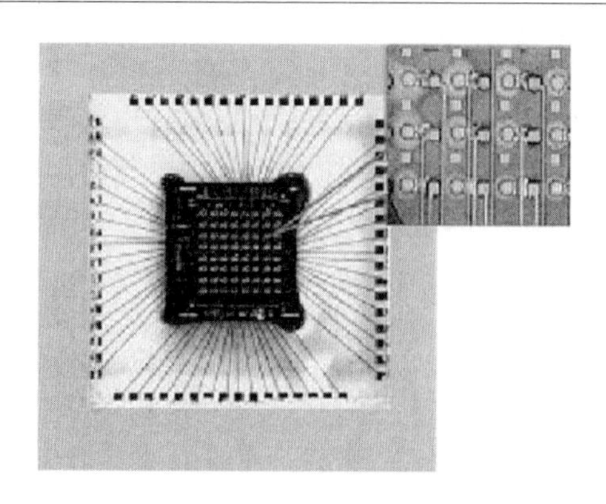

图 6.27　8×8 的 VCSEL 阵列

可见光 VCSEL 可用于光信号存储系统，以提高存储密度。Hudgings 等[26]演示了一种采用带有内腔量子阱吸收器的 VCSEL 的新型集成光盘读头(见图 6.28)。

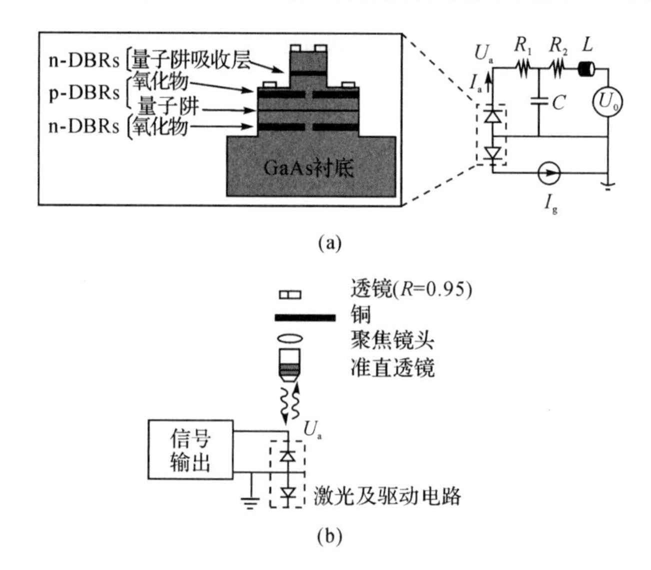

图 6.28　一种采用带有内腔量子阱吸收器的 VCSEL 的新型集成光盘读头

另外，VCSEL 在未来的光互联领域有巨大的发展潜力。

目前，0.85～0.95 μm 波段的 VCSEL 较为成熟，已实现了高性能、低成本和大批量生产，并已上市出售。虽然德国 Philipps 大学已实现了近 1.3 μm 波长的 VCSEL[27]，实现了 −243.15～114.85 ℃极宽的工作温度，但制作 1.3 μm 或 1.55 μm VCSEL 的困难仍有待解决。

2. 可见光半导体激光器

红光半导体激光器主要应用于光信息存储、条形码识别、激光打印及医学方面，而蓝绿光激光器在海洋探测中发挥作用。另外，RGB 半导体光源对图像及信息处理会产生重大影响。

红光半导体激光器已逐渐取代传统的气体激光器，InGaAlP 材料的红光应变量子阱激光器已经实现了产品化。随着其性能的不断提高，有望在一定程度上取代 He-Ne 激光器。

蓝绿光激光器经过了一个相当困难的阶段才进入市场，主要是需解决材料与衬底的匹配以及制作工艺等问题。目前研究得较多并取得初步成效的蓝光激光器材料有：① Ⅱ-Ⅶ族化合物半导体 ZnSe。Sony 公司在 1998 年研究出长波段 514 nm，室温下连续工作400 h的材料。②ⅢA 族氮化物(GaN,AlN,InN),有可能在 370～420 nm 波段内成为实用化激光器材料。日本日亚公司于 1997 年研制了在 410 nm 波段连续工作 10 000 h 的 GaN 基蓝光激光器[28]。其实,GaN 基材料的电子器件 MESFET、HBT 和 MODFET(HEMT)等也具有重要应用,高频 MISFET 器件已被制成,并且一种电子级的 AlN/Si 界面已被证实可行,这表明了ⅢA 族氮化物和 Si 复合集成的可行性。2002 年研制成功的 Fabry-perot nitride 激光器,其输出功率可达 420 mW,阈值电流密度为 1.7 kA · cm^{-2}[29]。InGaN 多量子阱激光器的结构如图 6.29 所示。

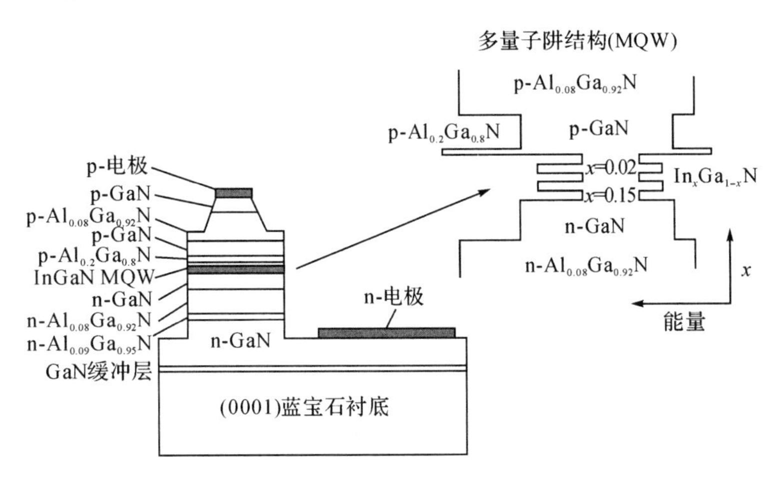

图 6.29　InGaN 多量子阱激光器的结构

目前制约 GaN 发展的主要问题是结构材料的面积太小、有源层缺陷太多和匹配衬底的价格太贵等,且有机注入绿光半导体激光器的出现对 GaN 材料也是一个挑战。

3. 光纤通信中半导体激光器及大功率半导体激光器

作为光源,量子阱(特别是应变量子阱)半导体激光器除具备半导体激光器的体积小、价格低、可以直接调制等优点外,还有好的动态特性和低的阈值电流,引入光栅进行分布反馈后成为目前高速通信中最为理想的光源。

作为掺铒光纤放大器(EDFA)的泵浦源,980 nm 低阈值大功率 AlGaAs/InGaAs[30]、InGaAlP/InGaAs 等应变量子阱激光器相继研制成功,且可以获得比 1 480 nm 波段泵浦更高的耦合效率。

应变量子阱材料半导体放大器(SLA)具有宽且平的增益谱,具有易集成、低损耗、体积小、价格便宜等优点。它最重要的应用是波长转换器,可实现灵活的波长路由。此外,还可将其用作光传输系统中 1 310 nm 窗口的功率放大器,利用线路放大器和前置放大器以及 SLA 中的非线性来做啁啾补偿和色散补偿。

大功率半导体激光器主要用于泵浦固体激光器(DPSSL)、泵浦光纤放大器,也可用于生物学、医学等领域。

目前,量子阱激光器的许多研究还处于发展阶段,许多问题值得我们继续思考,如:半导体激光器对温度尺寸阈值、波长、效率的依赖能否消除,如何突破微型器件尺寸对输出功率的限制,如何实现完全控制自发辐射,如何进一步提高材料的制作工艺等。

从异质结到量子阱、应变量子阱,半导体激光器的性能出现了飞跃,以其转换效率高、体积小、重量轻、可靠性高、能直接调制及与其他半导体器件集成的能力强等特点成为信息技术的关键器件，在材料加工、精密测量、军事、生物、医学等领域显示出巨大潜力。量子阱半导体激光器也将是光子集成电路(PIC)和光电子集成电路(OEIC)的核心器件。

随着新的有源层材料、新的器件结构、更好的制作工艺的不断涌现，量子阱半导体激光器的性能将得到不断提高、波长范围将不断拓宽，其发展前景更加光明。

4. 量子阱红外探测器

红外探测器是一种把红外辐射转变为电信号或其他信号的探测器，广泛应用于目标探测、遥感、医疗、数据接收、化学分析、温度测量等方面，是半导体应用中很重要的一个方向。由于国防以及民用对红外光(尤其是与大气红外窗口对应的波段：2～2.6 μm、3～5 μm 及 8～12 μm)探测的需求，红外探测器一直都是半导体器件研究中的热点之一。目前，商用红外探测器主要采用 HgCdTe 材料，它们具有非常好的探测率和响应率。但是，因为 HgCdTe 材料存在不易加工、晶片的均匀性很差、对红外成像很不利等问题，人们一直在寻求可替代它的材料。近年来，随着外延生长技术的进步，相继出现了基于子带间吸收(见图 6.30)来探测红外光的量子阱红外探测器、量子线红外探测器及量子点红外探测器等新型红外探测器。

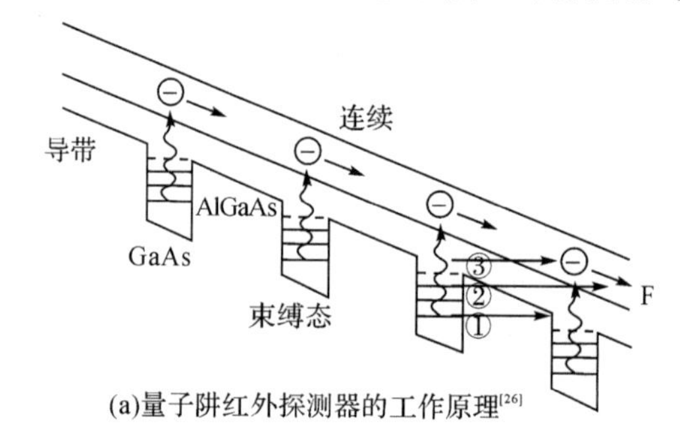

(a)量子阱红外探测器的工作原理[26]

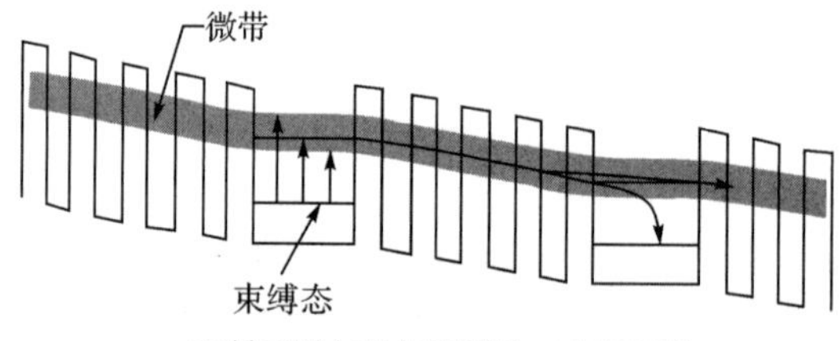

(b)量子阱红外探测器的工作原理[26]

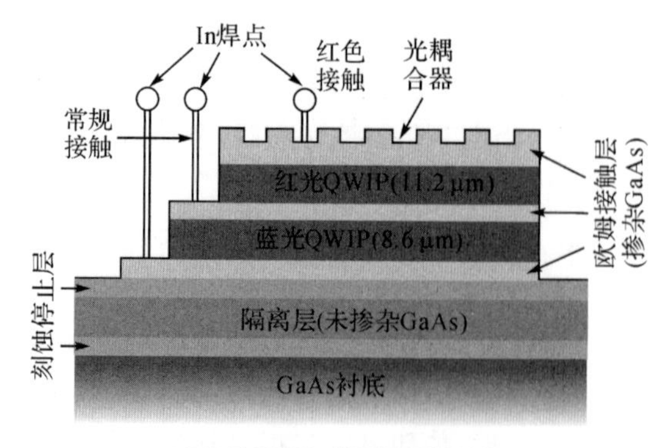

(c)双色量子阱红外探测器的结构

图 6.30　量子阱红外探测器

1985 年，West 等在接近布儒斯特角斜入射的情况下，观察到 n 型掺杂 GaAs/AlGaAs 多量子阱样品在对应于导带子能级 $E_1 \rightarrow E_2$ 跃迁的能量位置上有很强的红外吸收峰；随后，Levine 等研制出响应速度快、探测率与 HgCdTe 探测器相当的 GaAs/AlGaAs 量子阱红外探测器(QWIP)，掀起了人们利用量子阱子带间跃迁原理研究红外探测器的热潮。因为 MBE 生长的 GaAs、InP 基材料具有大面积均匀性，对于研制红外探测器阵列非常有利，并且还可以通过调节组分来剪裁 QWIP 的光谱响应范围，因此 QWIP 得到了长足的发展，并成为一种主流的红外探测技术。在各种 QWIP 中，GaAs/AlGaAs 多量子阱探测器的研究最为成熟，探测率已经达到非常高的水平，单个探测波长在 8～10 μm 范围的 GaAs/AlGaAs QWIP 在－193.15 ℃温度下的探测率已经可以和 HgCdTe 探测器相比拟(1.8×10^{10} cm·$Hz^{1/2}$·W^{-1})；所研制的 640 像素×480 像素量子阱红外焦平面探测器(QWIP FPA)已经可以与 HgCdTe FPA 媲美，甚至超过 HgCdTe FPA。此外，已有多种方法可用于制作多色探测器(见图 6.30)。2005 年，美国加州理工大学喷气推进实验室研制出工作波长分别为 5 μm 和 9 μm 的 1024 像素×1024 像素 QWIP FPA，并成功将其应用在红外照相机上；他们还制作出了 640 像素×512 像素多色 QWIP FPA，可以同时探测 4～4.5 μm、8.5～10 μm、10～12 μm 和 13～15.5 μm 波长范围的红外光[32]。相对 HgCdTe 探测器，GaAs/AlGaAs QWIP 具有一系列优势，包括成熟的 GaAs 外延生长和加工标准技术，15.24 cm(6 in)衬底上 MBE 生长的高均匀性和可控性，成品率高(成本低)，更好的热稳定性和抗辐照特性。这类量子阱探测器也有缺点：由于受量子阱子带间跃迁选择定则的制约，它不能吸收正入射的光，要求光必须以 45°角或布儒斯特角入射，或者使用光栅耦合来达到跃迁选择定则的要求，这造成了光吸收截面的有限；量子阱子带间的寿命很短(10^{-11} s)，导致相对较低的量子效率；在较高温度下，热激发载流子浓度超过光激发载流子的浓度，使信噪比下降。对于大多数成像应用而言，QWIP 的信噪比已经满足使用条件。

思考题

1. 如何从能带角度区分量子阱和超晶格？

2. 什么是超晶格的微带效应？在超晶格的微带效应中，导带底电子的有效质量是如何变化的？

3. 如何设计 VCSEL？其优点有哪些？

参考文献

[1] ESAKI L, TSU R. Superlattice and negative conductivity in semiconductors[R]. IBM Research Note, RC-2418, 1969.

[2] ESAKI L, TSU R. Superlattice and negative differential conductivity in semiconductors[J]. IBM Journal of Research and Development, 1970, 14(1): 61 - 65.

[3] CHANG L L, ESAKI L, HOWARD W E, et al. The growth of a GaAs-GaAlAs superlattice[J]. Journal of Vacuum Science and Technology, 1973, 10(1): 11 - 16.

[4] DINGLE R, WIEGMANN W, HENRY C H. Quantum states of confined carriers in very thin

$Al_xGa_{1-x}As$-GaAs-$Al_xGa_{1-x}As$ heterostructures[J]. Physical Review Letters,1974,33(14):827.
[5] 江剑平. 半导体激光器[M]. 北京:电子工业出版社,2000.
[6] TANAKA T, WATANABE A, AMANO H, et al. p-Type conduction in Mg-doped GaN and $Al_{0.08}Ga_{0.92}N$ grown by metal organic vapor phase epitaxy[J]. Applied Physics Letters, 1994, 65(5): 593 -594.
[7] NAKAMURA S, SENOH M, IWASA N, et al. High-power InGaN single-quantum-well-structure blue and violet light-emitting diodes[J]. Applied Physics Letters,1995,67(13):1868 - 1870.
[8] HIRAYAMA H. Quaternary InAlGaN-based high-efficiency ultraviolet light-emitting diodes[J]. Journal of applied physics,2005,97(9):091101.
[9] LOOK D C. Recent advances in ZnO materials and devices[J]. Materials Science and Engineering: B, 2001,80(1):383 - 387.
[10] TANG Z K, WONG G K, YU P, et al. Room-temperature ultraviolet laser emission from self-assembled ZnO microcrystallite thin films[J]. Applied Physics Letters,1998,72(25):3270 - 3272.
[11] OHTOMO A, TAMURA K, KAWASAKI M, et al. Room-temperature stimulated emission of excitons in ZnO/(Mg, Zn) O superlattices[J]. Applied Physics Letters,2000,77(14):2204 - 2206.
[12] RYU Y R, LUBGUBAN J A, LEE T S, et al. Excitonic ultraviolet lasing in ZnO-based light emitting devices[J]. Applied physics letters,2007,90(13):131115.
[13] SADOFEV S, KALUSNIAK S, PULS J, et al. Visible-wavelength laser action of ZnCdO/(Zn, Mg)O multiple quantum well structures[J]. Applied Physics Letters,2007,91(23):1103.
[14] LAUGHLIN R B. Quantized Hall conductivity in two dimensions[J]. Physical Review B,1981, 23(10):5632.
[15] MUKHERJI D, NAG B R. Band structure of semiconductor superlattices[J]. Physical Review B, 1975,12(10):4338.
[16] BASTARD G. Superlattice band structure in the envelope-function approximation[J]. Physical Review B,1981,24(10):5693.
[17] NINNO D, WONG K B, GELL M A, et al. Optical transitions at confined resonances in (001) GaAs-$Ga_{1-x}Al_xAs$ superlattices[J]. Physical Review B,1985,32(4):2700.
[18] DINGLE R, GOSSARD A C, WIEGMANN W. Direct observation of superlattice formation in a semiconductor heterostructure[J]. Physical Review Letters,1975,34(21):1327.
[19] VAN DER ZIEL J P, DINGLE R, MILLER R C, et al. Laser oscillation from quantum states in very thin GaAs- $Al_{0.2}Ga_{0.8}As$ multilayer structures[J]. Applied Physics Letters, 1975, 26(8): 463 - 465.
[20] TSANG W T. Extremely low threshold (AlGa) As graded-index waveguide separate-confinement heterostructure lasers grown by molecular beam epitaxy[J]. Applied Physics Letters, 1982, 40(3): 217 - 219.
[21] ANDERSON N G, LAIDIG W D, LIN Y F. Photoluminescence of $In_xGa_{1-x}As$-GaAs strained-layer superlattices[J]. Journal of Electronic Materials, 1985, 14(2): 187 - 202.
[22] OSBOURN G C. Strained-layer superlattices: A brief review[J]. IEEE Journal of Quantum Electronics, 1986, 22: 1677 - 1681.
[23] 王占国. 低维半导体结构和量子器件//朱静,等. 纳米材料和器件[M]. 北京:清华大学出版社, 2003:164.
[24] KONDOW M, NAKATSUKA S, KITATANI T, et al. Room-temperature pulsed operation of GaInNAs laser diodes with excellent high-temperature performance[J]. Japanese Journal of Applied Physics, 1996, 35(11R): 5711.

[25] LIU J J, RIELY B, SHEN P H, et al. Ultralow-threshold sapphire substrate-bonded top-emitting 850 nm VCSEL array[J]. Photonics Technology Letters, IEEE,2002,14(9):1234 - 1236.

[26] HUDGINGS J A, LIM S F, LI G S, et al. Compact, integrated optical disk readout head using a novel bistable vertical-cavity surface-emitting laser[J]. Photonics Technology Letters, IEEE,1999,11(2):245 - 247.

[27] WAGNER A, ELLMERS C, HÖHNSDORF F, et al. (GaIn)(NAs)/GaAs vertical-cavity surface-emitting laser with ultrabroad temperature operation range[J]. Applied Physics Letters,2000,76(3):271 - 272.

[28] NAKAMURA S. InGaN-based blue laser diodes[J]. Selected Topics in Quantum Electronics, IEEE Journal of,1997,3(3),712 - 718.

[29] PIPREK J, NAKAMURA S. Physics of high-power InGaN/GaN lasers[J]. Optoelectronics, IEE Proceedings,2002,149(4):145 - 151.

[30] CHEN Y K, WU M C, HOBSON W S, et al. High-power 980 nm AlGaAs/InGaAs strained quantum-well laser grown by OMVPE[J]. Photonics Technology Letters, IEEE, 1991, 3(5): 406 -408.

[31] ROGALSKI A. Quantum well photoconductors in infrared detector technology[J]. Journal of Applied Physics, 2003,93(8):4355 - 4391.

[32] GUNAPALA S D, BANDARA S V, LIU J K, et al. 1024×1024 pixel mid-wavelength and long-wavelength infrared QWIP focal plane arrays for imaging applications[J]. Semiconductor Science and Technology,2005,20(5):473.

第7章

SiC

碳化硅(SiC)是典型的实用宽禁带半导体材料之一,与硅和砷化镓一样具有典型的半导体特性,被人们称为继硅和砷化镓之后的"第三代半导体"。SiC具有很多同质多型体,其中研究得最多是的3C-SiC、4H-SiC和6H-SiC。SiC材料的各种多型都具有良好的性能,如抗辐射、耐化学腐蚀、热导率高于Cu、高硬度和弹性模量,其中一些多型(尤其是4H-SiC和6H-SiC)还具有很高的临界电场。这些优良的力学和电学性能,使得SiC基电子器件和传感器在高温、极端环境下有着广阔的应用前景。20世纪以来,SiC得到了广泛深入的研究,SiC晶体生长技术、关键器件工艺、光电器件开发、集成电路制造等方面已经取得了很多突破性进展,为短波发光器件和光电器件、pn结晶体管、场效应晶体管等功率器件提供了新型的材料。但是,生长得到符合电子器件要求的高质量SiC材料仍并非易事,SiC材料从基础研究到大规模商业化应用还有很长的路要走。

SiC材料的应用

7.1 SiC的基本性质

7.1.1 物理性质和化学性质

SiC是Ⅳ-Ⅳ族二元化合物半导体,是Si和C的唯一稳定化合物。SiC晶体是目前所知的最硬的物质之一,在20 ℃时其莫氏硬度高达9.2~9.3,介于金刚石(10)和黄玉(8)之间,杨氏弹性模量为4×10^4 kg·mm^{-2}。SiC具有很高的热稳定性,其德拜温度达到1 200~1 430 K(926.85~1 156.85 ℃),在常压下不熔化,加热至2 300 ℃左右即升华分解为碳和含硅的SiC蒸气。SiC具有良好的抗辐射性(>10^5 W·cm^{-2}),其器件的抗辐射能力是Si的10~100倍[1]。

SiC的化学性质十分稳定,处于氧化性气氛中,SiC表面能生成SiO_2层,能防止SiC被进一步氧化,使其在1 500 ℃下几乎不受一般溶剂的刻蚀;在高于1 700 ℃的温度下,SiO_2层熔化,SiC发生进一步的氧化反应[2]。SiC能溶解于熔融的氧化剂中,如Na_2O_2或者Na_2CO_3-KNO_3混合物。在900~1 200 ℃,SiC与氯迅速发生化合反应,也能与CCl_4迅速发生反应,这两种反应都会产生石墨,而SiC与氟在300 ℃时反应不产生任何残留物[3]。因此晶体研究和器件加工时,可以以熔融氧化剂或氟作为表面腐蚀剂。

7.1.2 晶体结构

SiC是典型的共价键化合物,Si的电负性为1.8,C的电负性为2.6,由此确定共价性对键合的贡献约为 88%[4]。SiC 材料具有同质多型特性，在它的任何一种多型中，每一个 C 原子周围有 4 个最近邻的 Si 原子，每一个 Si 原子周围也有 4 个最近邻的 C 原子，每个原子与其 4 个最近邻原子通过 sp^3 共价键结合成一个正四面体。两个最近邻原子之间的中心距为0.189 nm，如图 7.1 所示。所有已知的 SiC 多型结构都服从这个基本规则，并以密堆积方式堆垛。

不同多型结构均由 Si 原子和 C 原子六角密堆积组成的双原子基本结构层堆叠构成，相邻的基本层之间有不同的排列方式，不同多型的单个晶胞内所包含的基本层数目和排序不尽相同。图 7.2 是 SiC 晶体中六角密堆积里原子占据位置的示意图。分别用 A、B 和 C 来标识三种具有不同位置关系的原子层面，若第一个基本层的原子在位置 A，则第二层的原子可能出现在 B 或 C 位置上；若第二层原子占据了 B 位置，则第三层的原子可能出现的位置为 A 或 C。以此类推，晶胞内基本层的排列顺序决定了多型的结构，多型的结构可以用基本层的排序 AB、ABC、ABCB 来表示。3C-SiC(ABCABC)和 2H-SiC(ABABAB)是两种结构最简单的 SiC 多型。

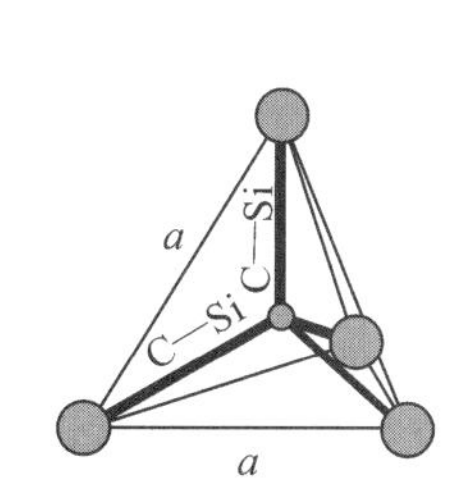

图 7.1　SiC 正四面体结构

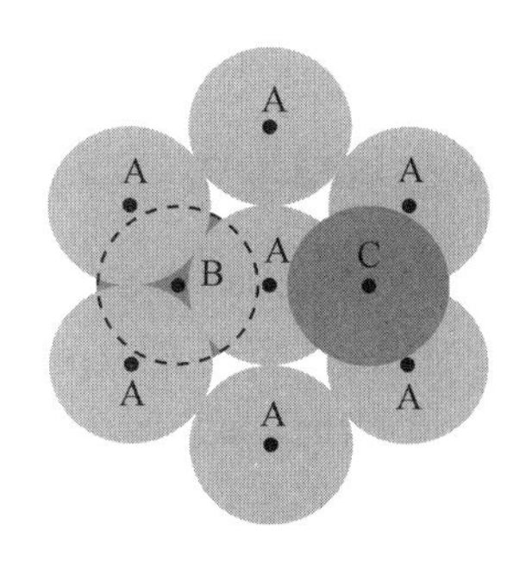

图 7.2　六角密堆积中的原子位置

理论上，SiC 有无穷多种不同的结晶形态，迄今为止已观察到的同质异晶形态就有 150～200 种[5]。3C-SiC、6H-SiC、4H-SiC 是这种材料族中比较成熟的宽带隙半导体。其中 3C-SiC 多型是 SiC 晶体家族中唯一一个属于立方晶系的多型，具有闪锌矿结构，一般把闪锌矿结构的 SiC 称为 β-SiC。其他同质多型体皆为六方晶系，如 6H-SiC、15R-SiC 等，统称 α-SiC。几种常见 SiC 多型的晶体结构参数见表 7.1。

表 7.1　几种 SiC 多型的空间群和晶格参数

多　型	空间群	堆叠顺序	a/Å	c/Å
3C-SiC	T_d^2-F43m	ABC	4.439	4.439
2H-SiC	$C_{6v}^4-P6_3mc$	AB	3.076	5.058
4H-SiC	$C_{6v}^4-P6_3mc$	ABCB	3.081	10.084
6H-SiC	$C_{6v}^4-P6_3mc$	ABCACB	3.081	15.119
15R-SiC	C_{3v}^5-R3m	ABCACBCABACABCB	3.080	37.801

最常见的 SiC 多型有立方结构的 3C-SiC、六方结构的 4H-SiC 和 6H-SiC(见图 7.3)。2H-SiC在低于 400 ℃的温度下将转化为其他同质多型体，其余同质多型体非常稳定，最稳定的为 6H-SiC。它们之间有相同的化学性质，但是在物理性质，特别是半导体特性方面表现出不同的特性。

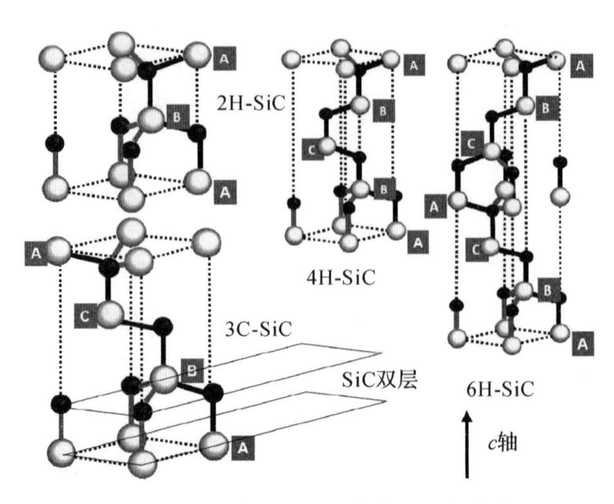

图 7.3 几种常见的 SiC 结构的堆垛方式

7.1.3 电学性能和能带结构

SiC 的电学特性与晶体的取向及同质多型体的结构有着很密切的关系。SiC 所有同质多型体都是间接跃迁型,其价带能量极大值都位于布里渊区的中心波矢量 $\boldsymbol{k}=0$ 的位置(Γ 点),而导带极小值则位于布里渊区边缘。同质多型体的禁带宽度各不相同,但其变化趋势与其晶体结构中六方结构所占比例的变化趋势基本一致:随着六方结构的增加,禁带宽度从 3C-SiC 的 2.40 eV 增加到 6H-SiC 的 3.03 eV,直至 4H-SiC 的 3.26 eV,激子束缚能分别是 13.5 mV、78 mV 和 20 mV。和大多数半导体一样,SiC 的禁带宽度也会随温度升高而变窄,其规律可用经验公式表示:

3C-SiC: $$E_g=E_g(0)-6.0\times10^{-4}\times\frac{T^2}{T+1\,200}$$

4H-SiC: $$E_g=E_g(0)-6.5\times10^{-4}\times\frac{T^2}{T+1\,300}$$

6H-SiC: $$E_g=E_g(0)-6.5\times10^{-4}\times\frac{T^2}{T+1\,200}$$

式中,$E_g(0)$为外推至绝对零度时的禁带宽度,T 为绝对温度。

SiC 的三种主要同质多型体 3C-SiC、4H-SiC、6H-SiC,以及 Si 的基本电学性质见表 7.2。

表 7.2 SiC 材料的常见同质多型体性质比较[6]

对比项	3C-SiC	4H-SiC	6H-SiC	Si
E_g/eV,$T<-268.15$ ℃	2.40	3.26	3.03	1.12
E_b/(MV·cm^{-1})	2.12	2.2	2.5	0.25
θ_K/(W·cm^{-1}·K^{-1}),26.85 ℃*	3.2	4.9	4.9	1.5
n_i/cm^{-3},26.85 ℃	1.5×10^{-1}	5.0×10^{-9}	1.6×10^{-6}	1.0×10^{10}
v_{sat}/(cm·s^{-1}),// c 轴	2.5	2.0	2.0	1.0×10^{7}

续表

对比项	3C-SiC	4H-SiC	6H-SiC	Si
$\mu_e/(cm^2 \cdot V^{-1} \cdot s^{-1})$，⊥$c$ 轴	800	800	400	1 430
$\mu_e/(cm^2 \cdot V^{-1} \cdot s^{-1})$，//$c$ 轴	800	900	60	1 430
$\mu_p/(cm^2 \cdot V^{-1} \cdot s^{-1})$	40	115	101	471
ε_r	9.72	9.70	9.66	11.70

注：* 掺杂浓度约为 10^{17} cm^{-3}。

半导体中电子和空穴的传输特性常用载流子迁移率和饱和漂移速度来描述，它们是决定器件性能的重要参数，影响到器件的微波器件跨导、FET 的输出增益、功率 FET 的导通电阻和其他参数。SiC 中载流子迁移率不仅因材料的制备方式和制备条件而异，还取决于不同的多型体。由表 7.2 中数据可以看出，6H-SiC 载流子迁移率较低，各向异性较强；4H-SiC 的载流子迁移率较高，各向异性较弱。一般来说，当载流子达到饱和漂移速度时，器件达到最大频率。常温下，SiC 中载流子迁移率较低，载流子寿命也较短。随着温度的升高，载流子的寿命和扩散长度也相应增大。

电子和空穴的传输特性是重要的材料参数，它们由载流子速度-电场特征描述，而速度-电场特征常用载流子迁移率及饱和漂移速度 v_{sat} 描述。一般来说，载流子达到饱和漂移速度时，器件达到最大频率。材料的临界击穿电场 E_b 及热导率 θ_K 决定器件的最大功率传输能力。击穿电场对直流偏压转换为射频功率给出一个基本的界限，而热导率决定了器件获得恒定直流功率的难易程度。介电常数和带隙也是很重要的材料特征，前者与器件的阻抗有关，后者关系着器件安全工作的温度上限，宽的带隙有助于提高器件的抗辐射特性。当设计如晶体管和二极管这样的双极器件时，如果要求从传导状态到非传导状态有高的转换速度，少数载流子寿命就显得很重要。

从表 7.2 中的数据可以看出，SiC 在高温下工作的热导率、击穿电场强度和带隙要优于 Si 和 GaAs。在 26.85 ℃(300 K)时，SiC 的热导率较 GaAs 高 8～10 倍[7]，4H-SiC 和6H-SiC的带隙大约是 GaAs 的 2 倍，是 Si 的 3 倍，击穿电场高出 Si 大约 1 个数量级。SiC 的电子饱和漂移速度在$(1\sim2)\times10^7$ $cm \cdot s^{-1}$范围内，空穴饱和漂移速度约为 1×10^7 $cm \cdot s^{-1}$。

7.2　SiC 材料生长、掺杂与缺陷

在当今的半导体工艺中，获得高质量的半导体材料是制作高品质器件的一个至关重要的条件。因此，研究材料生长机理并通过控制生长参数来改进材料的晶体质量有非常重要的意义。SiC 器件的商业化应用在很大程度上取决于如何获得高质量的 SiC 多型体，比如，制备微波功率器件就需要用到高质量的 4H-SiC 多型体。自 1991 年获得商品化的 6H-SiC，1994 年获得商品化的 4H-SiC 以来，SiC 材料的制备工艺获得了长足的发展。根据相关文献[8]，目前商品化 4H-SiC 体单晶的微管缺陷密度已经降至 0.7 cm^{-2}，外延生长的 4H-SiC 薄膜位错密度低于 10 cm^{-2}。除了体单晶和薄膜外，近年来关于 SiC 纳米结构的报道也有很多，下面将根据材料的不同形貌分别介绍相关的生长方法。

7.2.1　SiC 体单晶生长

SiC 二元系统的相图如图 7.4 所示，SiC 在 2 500 ℃左右分解，但并不是按化学计量比熔化的。在原理上可以从液相中生长 SiC，但是在 Si 的熔点温度（1 408 ℃）时，C 在 Si 中的溶解度仅为 5×10^{-3}%（原子数量百分比），到 2 000 ℃也仅为 0.5 atom%。而 SiC 在常压下，2 300 ℃时即升华为气体，很难如 Ge、Si、GaAs 一样以籽晶形式从溶体中生长，同样不容易用区熔法进行提纯。

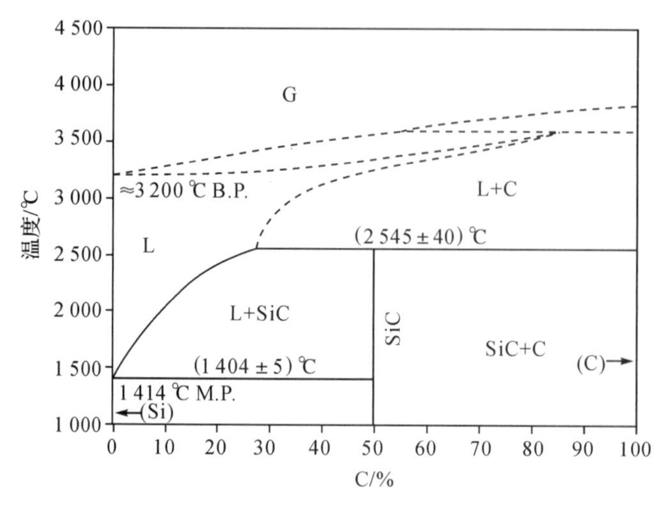

图 7.4　Si-C 二元系统相图

目前，普遍采用的 SiC 晶体生长技术由苏联、德国及美国的研究者在 20 世纪 70—80 年代分别独立发明。在不同的文献中，它们被称为物理气相输运法（physical vapor transport，PVT），或改进 Lely 法（modified sublimation process，MSP），或籽晶升华法（seeded-growth sublimation process，SSP）。这三者的基础知识与技术原理是完全相同的，以下都用 PVT 法来表示该技术。下面根据其不同时期的发展进行介绍。

1. Acheson 法

该方法是制备 SiC 材料最古老的方法，也是 PVT 法的起源。Acheson 法是将焦炭与硅石混合物以及一定量的含氯化钠等物质的掺入剂（焦炭 40%，硅石 50%，掺入剂 10%），放在熔炉中高温加热，从而获得 SiC 结晶的方法。高温下混合物按下式进行反应：

$$SiO_2 + 3C \longrightarrow SiC + 2CO\uparrow$$

掺入剂的作用有两点：①利用掺入剂在加热过程中的收缩作用保持混合物的多孔性，从而促进反应气体的流通，并使反应产生的 CO 平稳地逸出；②氯化钠与混合物中的杂质起反应形成氯化物，氯化物的逸出对反应生成物起到纯化作用。在近代科技发展史上，用这种方法第一次人工制备出了实用的结晶态 SiC，这种方法仍是目前 SiC 粉体工业化规模生产的主流技术。一般情况下，在工业熔炉中（压力 1 atm，即 $1.013\ 25\times10^{5}$ Pa），其化学反应过程大约从 1 500 ℃开始到 1 800 ℃完成。形成的 SiC 是 2～3 cm 的鳞状单晶小板或多晶体。这种合成方法显然不可能为规模生产 SiC 器件提供大量高质量的 SiC 单晶。

2. Lely 法

生长 SiC 体单晶使用的 PVT 法最早出现在 1955 年，由 J. A. Lely 发明[9]。他把 SiC 粉体呈线性放置在一个石墨管中，然后将此石墨管加热至固态 SiC 分解升华的温度，再降低温度，使分解升华产生的气态物质在石墨管内壁沉积与重结晶，从而得到了具有六方结构的 SiC 晶片。但这种方法的不足之处在于，它只能制得尺寸较小的 SiC 晶片，一般在厘米量级，无法对晶片成核与生长过程实现控制，无法使石墨管内壁生成的各 SiC 晶片的生长速率保持一致，更无法使 SiC 晶片具有单一且规则的多型结构等[10]。

3. 改进 Lely 法

由于 Lely 法有上述不足之处，从 20 世纪 70 年代中期起，专家们把基本的注意力集中在改进 Lely 法上。经 Tairov 和 Tsvetkov 改进后，它成为生长 SiC 体单晶最为常用的方法。改良后的 Lely 法生长 SiC 体单晶所用的设备如图 7.5 所示。反应室由外部电极石墨圆筒和内部多孔石墨圆筒组成。圆筒下部由多孔石墨填充，上部为无掺杂(或经故意掺杂)的 SiC 粉末原料。反应室外是一层隔热材料，室内反应所需热量由炉体周围射频(RF)线圈感应产生。反应室内温度在中央原料处最高，在顶部降到最低值。反应室内通入氩气，使其在一定压力下以非常小的速度流过原料区。反应室中温度上升到 2 400 ℃时，SiC 原料发生明显的分解与升华，产生 Si 和 SiC 蒸气，同时从温度较高的原料区向温度较低的籽晶区输运，凝结于籽晶形成 SiC 晶体。整个过程就是一个“升华-凝聚”过程，并成功地把 Lely 法与籽晶、温度梯度等在其他晶体生长技术研究中经常考虑的因素巧妙地结合在一起。目前，在实验室中用来生长 SiC 晶体的 PVT 法只是对这种技术的改良和优化[11]。

形成不同结构 SiC 的自由能相近，并且各种 SiC 多型之间存在很小的相变势垒，因此，生长 4H-SiC 和 6H-SiC 的条件十分相似，在相同结晶条件下，可以得到不同的 SiC 多型体(见图 7.6)；而在生长参数变化很大的情况下，也可以得到同一种多型体。生长特定 SiC 多型结构的体单晶需要对生长温度、籽晶结构和籽晶晶向进行控制。4H-SiC 不如 6H-SiC 稳定性好，生长单一的 4H-SiC 多型比 6H-SiC 需要满足更苛刻的条件。

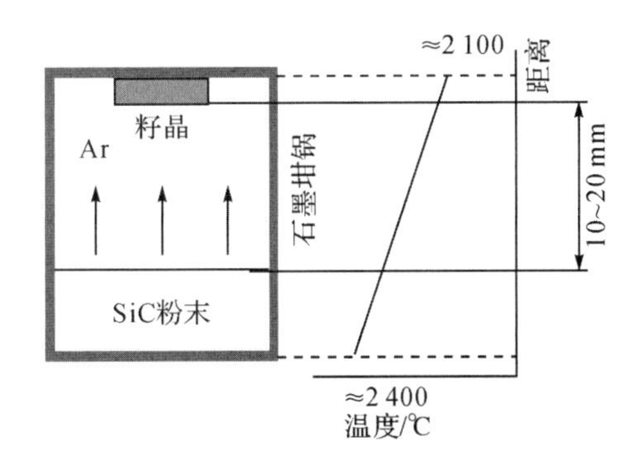

图 7.5　Lely 生长 SiC 单晶体

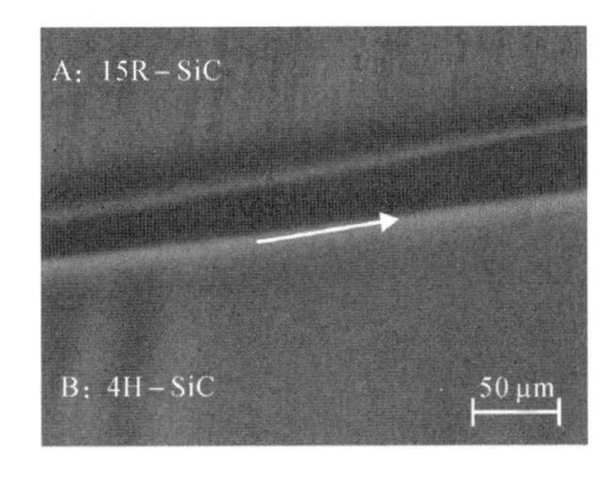

图 7.6　不同多型 SiC 共存的生长表面

SiC 体单晶主要有两种生长机理：①15R-SiC 表面有精细的台阶结构，而另一边的 4H-SiC有光滑的表面，表明此时粗糙界面模型主导了 4H-SiC 的生长过程(见图 7.6)；②4H-SiC体单晶的表面有明显的生长蜷线，此时螺型位错模型在材料生长中占据主导地位(见图 7.7)。SiC 材料中存在从导带底到导带内更高的未被电子占据能级的电子跃迁，因此 SiC 体单晶常常带有不同的颜色。

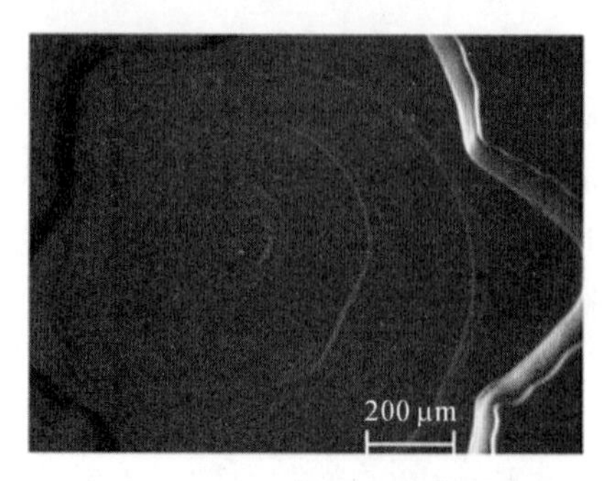

图 7.7　4H-SiC 体单晶的表面形貌

7.2.2　SiC 薄膜生长

目前，SiC 体单晶的生长工艺有较大发展，市场上已经可以提供 4 in(1 in=2.54 cm)的 SiC 晶片，但是这些晶片的价格约是相同大小 Si 晶片的 15 倍左右[12]。同时，SiC 体材料密度高、加工困难的缺陷也限制了它的应用。因此，在 Si、SiC 或其他衬底上外延生长高质量的 SiC 薄膜就成了一个值得关注的问题。

外延生长 SiC 薄膜的方法很多，包括化学气相沉积(CVD)、等离子体增强化学气相沉积(PECVD)、液相外延(LPE)、气相外延(VPE)、分子束外延(MBE)等方法(见图 7.8)。其

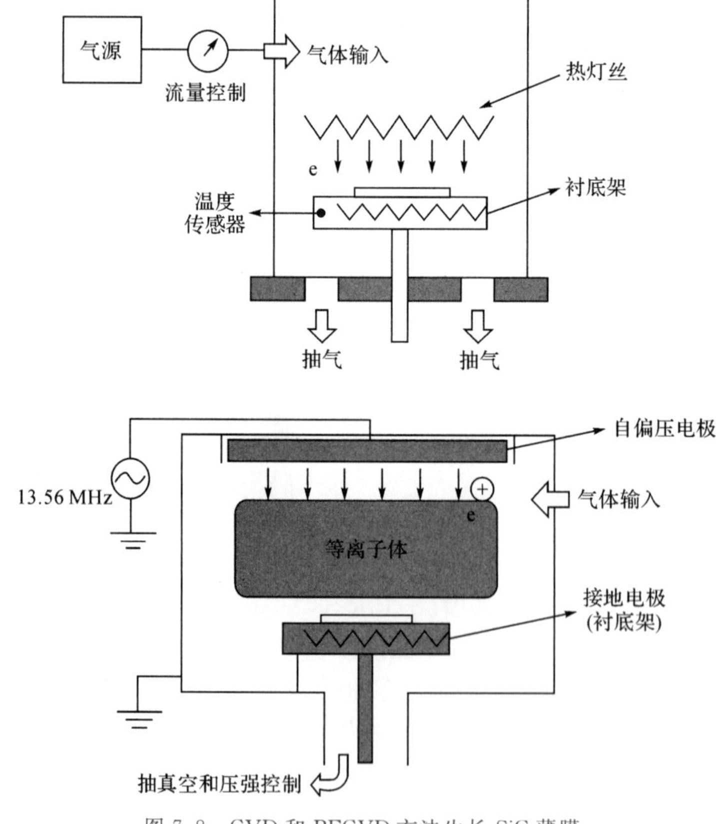

图 7.8　CVD 和 PECVD 方法生长 SiC 薄膜

中，最常用的方法是 CVD 和 PECVD，CVD 方法生长 SiC 薄膜具有温度低、生产批量大、薄膜均匀性好、易控制等优点。Powell 等[13]在 Lely 法得到的 6H-SiC 衬底上，用 CVD 方法同质外延生长出 3C-SiC 薄膜。Lattemann 等[14]利用 PECVD 方法在低于600 ℃时生长出主要由无定形或微晶构成的 SiC 薄膜，Rajab 等[15]在此基础上对 SiC 薄膜进行退火处理，获得了结晶性能更好的 SiC 薄膜。Fissel 等[16]利用 MBE 技术在低温条件下分别在 Si 和 6H-SiC 衬底上外延生长 SiC 薄膜。

CVD 是最常用的方法，通常以 Si 或 SiC 单晶片为衬底材料，以 SiH_4、$SiCl_4$ 为硅源，以 CH_4、C_2H_2 等低碳烃类为碳源，通过反应室内的高温将气体分解为高活性的原子，原子扩散并沉积到衬底材料上反应形成薄膜。PECVD 中以等离子体提供给源气体分子额外的能量，使源气体在较低的温度下活化，从而大大降低反应室中气体分解所需要的温度，减少来自生长系统的污染、掺杂杂质的重新分配以及高温导致的诸多损害。

1. Si 衬底上的异质外延生长[17]

通常采用高纯 SiH_4、C_2H_2 和 H_2 作为 Si 和 C 的气体源和输送气体。SiC 在 Si 衬底上的异质外延生长采用经过抛光而偏离(100)晶面或(111)晶面 1°～6°的 Si 片作为衬底(见图 7.9)，首先在衬底表面生长一层 SiC 缓冲层，然后在 SiC 缓冲层上生长高质量的 SiC 外延薄膜。在生长之前，对反应室进行高真空抽气并用高纯氩气对气体导管和反应室净化处理。为了提高外延薄膜的质量，常采用两步生长法：先用 H_2 携带 C_2H_2 进入反应室，在 1 327 ℃左右与 Si 反应生成一层由 Si 向 SiC 过渡的缓冲层，然后再引入 SiH_4，两者反应生长出 SiC 单晶薄膜。

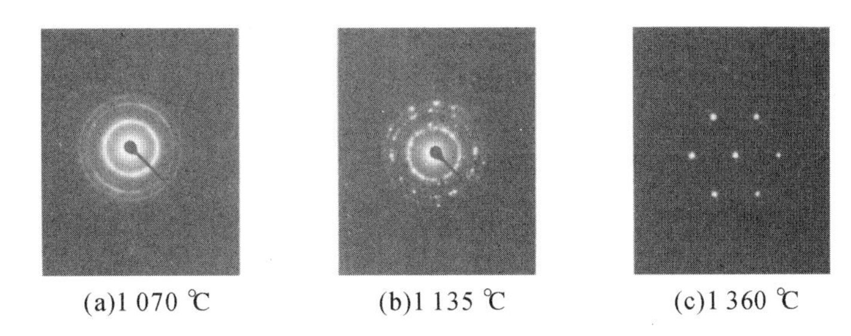

(a)1 070 ℃　(b)1 135 ℃　(c)1 360 ℃

图 7.9　不同温度下，压强为 101 325 Pa，在硅衬底(111)面上生长的 β-SiC 薄膜的电子衍射

由图 7.10 可以看出，生长温度对薄膜的质量有很大的影响，当温度较低时，生长出的 SiC 薄膜呈现多晶态。随着温度升高，薄膜的晶粒尺寸逐渐增大，直至形成完整的单晶薄膜。对 Si 衬底抛光使其晶面偏离一定角度，这有利于获得平滑的外延层表面。实验表明，在 Si(111)面和 Si(100)面上分别有 1°或 2°的偏离轴角度就可以得到平滑的表面，然而当偏离轴角度增大到 4°～6°时，薄膜的表面则变得很粗糙。

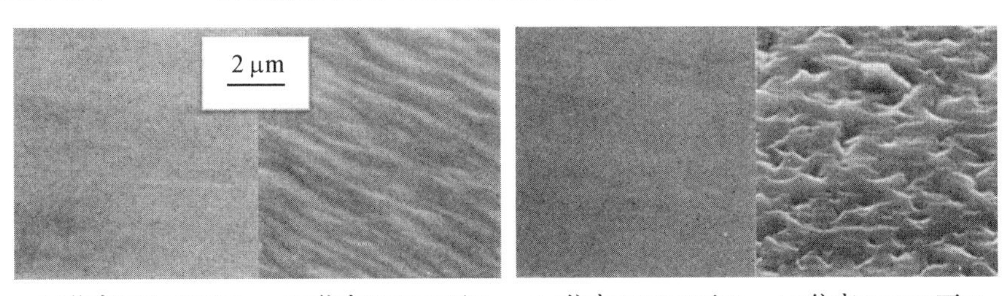

(a)偏离Si(111)面2°　(b)偏离Si(111)面4°　(c)偏离Si(100)面1°　(d)偏离Si(100)面6°

图 7.10　在不同偏轴方向上生长的 SiC 薄膜的表面形态

2. SiC 衬底上的同质外延生长

化学气相沉积(CVD)和液相外延(LPE)都曾应用于 SiC 的同质外延生长,并且成功组装了蓝色发光器件[18]。尽管 CVD 法在控制薄膜均匀性和掺杂方面有着一定优势,但对于控制 SiC 多型的生长仍存在一些问题。比如,在 6H-SiC 的(0001)面上,同质 6H-SiC 薄膜生长需要的温度达到 1 800 ℃,而当温度低于它的时候,则出现孪生的 3C-SiC[19-21]。1986 年,Kuroda 等[22-23]发现在偏离 SiC(0001)的衬底上可以将生长 6H-SiC 单晶薄膜的温度降低至 1 400~1 500 ℃。这种技术被叫作“台阶控制外延”,它可以通过改变衬底面上的原子台阶来控制外延层的多型。台阶控制外延通过选择衬底表面向某一晶轴的偏离角来控制生长台阶面的密度和高度,使到达台阶的 Si、C 原子非常容易地迁移到两台阶面之间的阶梯位置,从而延续衬底的堆垛次序并获得与衬底同晶形的外延层,以6H-SiC为例,衬底表面为(0001)面,切割时朝<11-20>方向倾斜 3°~8°。若采用无偏角衬底,则台阶密度小且台阶过高,到达台阶面的原子在台阶面上成核,通常容易形成3C-SiC。这一技术在两方面获得重大突破:①薄膜的生长温度可以降低 300 ℃;②外延层的晶体质量很高,符合器件应用的要求。

SiC 同质外延生长时,先在反应室中通入 HCl,腐蚀除去 Lely 法得到的 SiC 衬底表面的 SiO_2 层,然后通入源气体,生长出 SiC 外延薄膜。与 Si 衬底上的异质外延相比,同质外延得到的 SiC 缺陷密度较小(小于 $10^5\ cm^{-2}$)[13]。

图 7.11 对比了在有偏离角和没有偏离角的 SiC 衬底上外延生长的 SiC 薄膜,生长温度和速率分别为 1 500 ℃和 2 $\mu m \cdot h^{-1}$。通过对比可以发现在没偏离角的衬底上生长的外延层中,平滑的表面被一些类似台阶或者凹槽的晶界分割成许多小块,低能电子能谱分析表明外延层是 3C-SiC 结构并且伴有孪晶现象,进一步刻蚀也发现三角对称结构,说明了该薄膜是立方相;而生长在有偏离角衬底上的薄膜则有非常光滑的表面,低能电子能谱也确认了其单晶 6H-SiC 相。在衬底沉积原子的形核过程中,原子会优先沉积在原子台阶处,因为这些位置的能量低。但是,当待形核的原子过度饱和时,另外一种形核机制就会出现。在没有偏

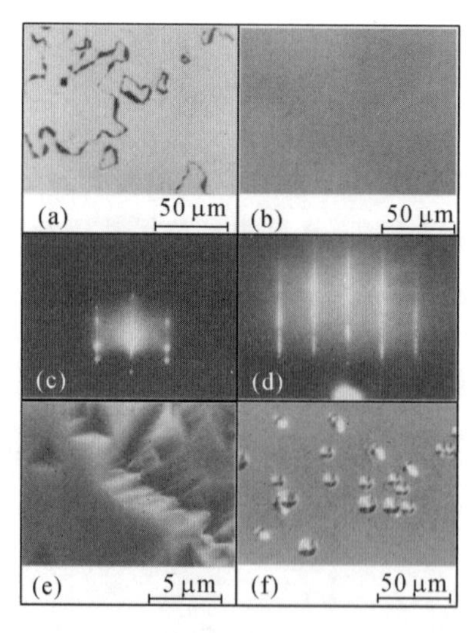

图 7.11 在没有偏离角和有 6°偏离角的 SiC(0001)衬底上生长的 SiC 薄膜的表面形貌[(a)~(b)]、低能电子衍射图谱[(c)~(d)]和碱刻蚀的 SiC 薄膜表面形貌[(e)~(f)]

离角度的(0111)晶面,原子台阶密度非常小,所以晶体生长中可能出现上述形核机制。外延层的多型主要是由生长温度决定的,这就导致了在低温下出现更稳定的 3C-SiC 相。这种现象已经被理论计算预测过[24-25]。图 7.12 展示了不同衬底上的形核方式。相对于 6H-SiC 只有 ABCACB 一种堆垛方式而言,3C-SiC 有 ABCABC 和 ACBACB 两种堆垛方式,因而在形核中会有孪晶出现。

综上,同质外延生长可以利用台阶控制外延技术实现与衬底晶体晶型相同的外延层生长,这种技术已经应用于其他多型的生长,如 4H-SiC、15R-SiC 和 21R-SiC。

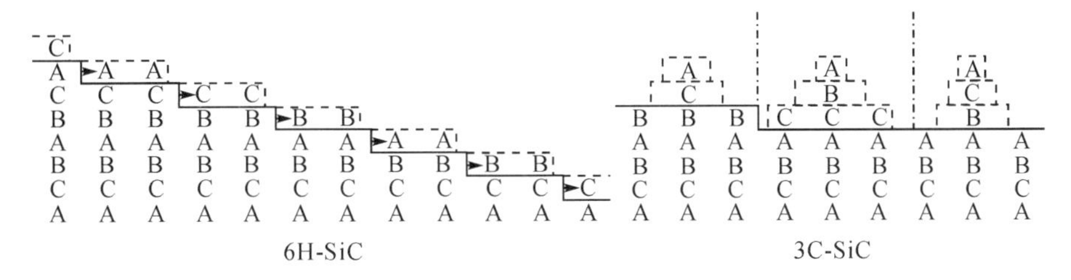

图 7.12　不同衬底上生长外延层的形核机制

蓝宝石(α-Al_2O_3)是一种化合物单晶,其单位原胞的结构是菱面体。不过它也可以取六方原胞,其短轴 a=4.758 Å,长轴 c=12.991 Å。Al^{3+} 离子半径为 0.57 Å,O^{2-} 离子半径为 1.32 Å。蓝宝石晶体主要的晶面有 c 面(0001)、r 面$(01\bar{1}2)$和 a 面$(11\bar{2}0)$。蓝宝石常温下的禁带宽度为 10 eV,所以是一种优良的绝缘材料。其硬度大、致密性好、熔点高,并且化学稳定性好,除了在硫酸和硝酸的热混合液中能被缓慢腐蚀外,其他酸几乎不能与其发生反应。使用蓝宝石衬底生长的半导体器件,其漏电容和寄生电容极小,可实现高度集成。

但是,直接在蓝宝石衬底上异质外延生长 SiC 薄膜存在一个问题:蓝宝石与 SiC 之间的晶格失配较大(9%～15%),造成 SiC 在蓝宝石上不易形核。因而,鲜有直接在蓝宝石衬底上生长 SiC 薄膜的报道[26-27]。使用蓝宝石作为衬底生长 SiC 薄膜必须考虑在衬底和外延层之间生长一层缓冲层。对缓冲层的要求是:晶格常数和热膨胀系数都与 SiC 和蓝宝石接近。因为如果衬底材料与 SiC 薄膜之间存在着较大的晶格失配和热膨胀系数失配,在衬底与 SiC 晶体的界面处将产生高密度的失配断层和堆积缺陷,并在生长过程中向 SiC 外延层延伸。下面将从晶格匹配的角度对比分析几种缓冲层材料。

AlN、GaN 及 TiC 是常见的缓冲层材料,它们与 SiC 之间的晶格失配度和热膨胀系数失配度都很小,同时与蓝宝石之间的匹配度也较好。这三种材料的晶格常数及热膨胀系数见表 7.3。

表 7.3　几种缓冲层材料的晶格常数及热膨胀系数[28]

材　料	晶格常数/Å	热膨胀系数/K^{-1}
3C-SiC	a=4.359 5	$\Delta a/a=3.13\times10^{-6}$
6H-SiC	a=3.080 65 c=15.117 38	$\Delta a/a=4.2\times10^{-6}$ $\Delta c/c=4.68\times10^{-6}$
C-AlN	a=4.38	$\Delta a/a=2.65\times10^{-6}$
H-AlN	a=3.112 c=4.982	$\Delta a/a=4.2\times10^{-6}$ $\Delta c/c=5.3\times10^{-6}$

续表

材　料	晶格常数/Å	热膨胀系数/K^{-1}
C-GaN	$a=4.52$	
H-GaN	$a=3.189$ $c=5.185$	$\Delta a/a=5.59\times10^{-6}$ $\Delta c/c=3.17\times10^{-6}$
TiC	$a=5.3274$	$\Delta a/a=7.4\times10^{-6}$
蓝宝石	$a=4.785$ $c=12.991$	$\Delta a/a=6.2\times10^{-6}$ $\Delta c/c=5.4\times10^{-6}$

AlN 质地坚硬、热导率高、熔点高、耐化学腐蚀、绝缘性好且热膨胀系数与 SiC 接近，适合被用作缓冲层材料。它存在两种结构，即闪锌矿结构(C-AlN)和纤锌矿结构(H-AlN)。26.85 ℃(300 K)时，C-AlN 和 H-AlN 的带隙分别为 5.11 eV 和 6.2 eV，介电常数为 8.5。AlN 薄膜比较容易沉积在蓝宝石的 c 面上，纤锌矿结构和闪锌矿结构的 AlN 在 c 面上的择优生长取向分别为(0001)面和(111)面，晶格失配分别为 2%和 1.5%。另一方面，H-AlN (0001)面与 6H-SiC(0001)面的晶格失配为 1%，与 3C-SiC(111)面的晶格失配为 0.9%；C-AlN(111)面与 6H-SiC(0001)面的晶格失配为 0.52%，与 3C-SiC(111)面的晶格失配为 0.45%。由此看来，两种结构的 AlN 都能有效地降低 SiC 和蓝宝石衬底之间的晶格失配，起到缓冲层的作用。由于 AlN 与蓝宝石 r 面的晶格失配较大(16%)，虽然 AlN 也能沉积在蓝宝石 r 面上，但生长出的薄膜的质量较差。

TiC 是面心立方结构，其硬度高，熔点高达 3 160 ℃，导热系数为 0.17 $J\cdot cm^{-1}\cdot s^{-1}\cdot ℃^{-1}$，化学稳定性好[29]。蓝宝石衬底上生长的 TiC 缓冲层在不同条件下有两种择优取向，分别是(111)面和(110)面，这两个晶面与蓝宝石 c 面都有很好的晶格匹配。择优取向决定了 SiC 外延层的薄膜质量，TiC(111)面与蓝宝石 c 面的晶格失配只有 0.35%，与 3C-SiC(111)面和 6H-SiC(0001)面的晶格失配分别为 0.79%和 0.71%，由此可见 TiC 很适合被用作缓冲层材料。但是 TiC(110)面与 3C-SiC(111)面和 6H-SiC(0001)面的晶格失配分别为 20.94%和 20.86%，这么大的晶格失配将造成高密度的晶格缺陷。因此在蓝宝石上生长 TiC 时，应控制生长条件使 TiC 的取向为(111)面。

GaN 通常结晶为纤锌矿结构(H-GaN)和闪锌矿多型结构(C-GaN)。6H-SiC 与 H-GaN 在(0001)面的晶格失配为 3.46%；3C-SiC(111)面与 H-GaN(0001)面的晶格失配为 3.39%。6H-SiC(0001)面与 C-GaN(111)面的晶格失配是 3.68%；而 3C-SiC 与 C-GaN 在(111)面的晶格失配为 3.60%。虽然与直接在蓝宝石衬底上生长 SiC 相比，GaN 缓冲层能减小晶格失配，但在这方面它的优势较 AlN 或 TiC 并不明显。GaN 的热膨胀系数介于蓝宝石和 SiC 之间，这有利于获得黏附性好、缺陷密度和应力均低的高质量 SiC 薄膜。

7.2.3　SiC 纳米结构

近年来，随着纳米科技的发展，更多的报道开始关注纳米尺度 SiC 的研究。除了 SiC 单晶已知的高稳定性、抗腐蚀性和优良的耐高温半导体特性外，纳米结构的 SiC 表现出优异的光学和生物学特性。因为 SiC 呈一种无定性化的发展趋势，所以在这里把纳米非晶体与纳米晶体一并纳入讨论范围。迄今为止，报道过的 SiC 纳米结构包括纳米粉末、纳米颗粒、纳米多孔、纳米线和纳米管等。

Lin 等[30]研究了四甲基硅烷在微波低压等离子体中分解而成为硅源和碳源对于生长 4～6 nm非晶 SiC 纳米颗粒的独特性质；Yang 等[31]考察了预反应活化处理对在空气中燃烧合成 β-SiC 粉末的影响；Ebadzadeh 等[32]比较了用传统熔炉和微波炉作为加热方法合成的 SiC 纳米颗粒的尺寸。这些方法在某种程度上改善了以往报道的碳热还原合成法、等离子体化学合成法和激光合成法等。近期，研究人员将更多的注意力集中在纳米 SiC 阵列、SiC 纳米线和 SiC 纳米管的合成上，主要用到的方法有化学刻蚀、硅渗碳、碳离子注入和碳硅离子共注入，相关文献总结了截至 2005 年的研究结果[33]。下面对以上几种方法进行简要介绍。

电化学刻蚀是一种常见的刻蚀方法，Canham[34]最先验证了通过该方法可以将硅的体单晶变成硅纳米晶粒。多孔 SiC 也可以使用这种方法制备，但该方法对于 SiC 而言有一个难题：除了磷酸可以使 SiC 缓慢刻蚀外，没有化学刻蚀剂可以在室温下刻蚀 SiC。Zhu 等[35]报道的方法是用 HNO_3 和 HF 混合溶液(1∶3)在 100 ℃的条件下化学刻蚀普通3C-SiC粉末 1 h，图 7.13 展示 SiC 纳米晶粒的电镜照片及其晶粒粒度分布情况。已报道的一种有效的刻蚀技术是反应离子刻蚀，刻蚀速率为 50～200 $nm \cdot min^{-1}$[36]。在 Botsoa 等[37]的报道中，以 210 $mA \cdot cm^{-3}$的电流密度让 SiC 在氢氟酸和乙醇(1∶1)的混合溶液中刻蚀 25 min，获得了厚度约为 100 μm 的多孔层。另外，一种激光辅助的光电化学刻蚀方法被用在 n 型 β-SiC上，所用的电解液是比例为 205∶5∶1 的 H_2O、HF 和 H_2O_2 的混合溶液[38]。这种刻蚀方法的刻蚀速率为 1～100 $\mu m \cdot min^{-1}$，大于以往报道过的其他方法。其机理如下：激光在 SiC 的表面产生空穴，空穴在外加偏压的作用下运输至 SiC 与溶液的界面处，SiC 在这里被阳极氧化然后经 HF 氧化刻蚀。刻蚀后，表面层的 C 含量大于 SiC 含量，因此，这里用少量的 H_2O_2 来进一步氧化未被氧化的 C。基于以上方法可以刻蚀出纳米晶粒或者多孔的 SiC 纳米结构。但是，关于 SiC 多孔结构的形成机理，目前还没有一个统一的结论。例如，B 掺杂的 p 型 SiC 和未掺杂的 β-SiC 都可以使用电化学法刻蚀，但是两者得出的样品形貌却不相同[39]：B 掺杂的 SiC 刻蚀后会出现纳米线连接的多孔结构，而未掺杂的样品则呈现无规则的形貌。一般认为，SiC 刻蚀过程发生以下反应：

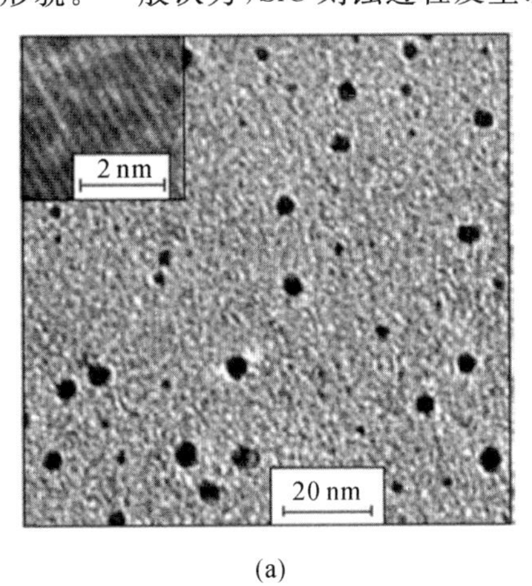

(a)

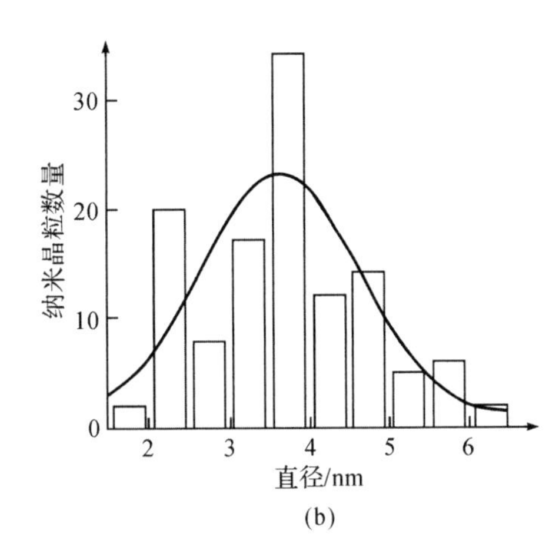

(b)

图 7.13　SiC 纳米晶粒及其粒度分布

$$SiC + 8OH^- + \lambda e^+ \longrightarrow SiO_2 + CO_2 + 4H_2O_2 + (8-\lambda)e^-$$

$$SiO_2 + 6HF \longrightarrow H_2SiF_6 + 2H_2O$$

在对光电化学刻蚀法的进一步研究中，一些模型被用来解释多孔结构的形成[40-41]。有研究对重掺 n 型 4H-SiC 的不同晶面进行刻蚀，发现刻蚀过程存在各向异性的情况[40]。以 Si 原子终结的晶面比以 C 原子终结的晶面更加耐腐蚀，图 7.14 中的电镜图说明了这一现象。

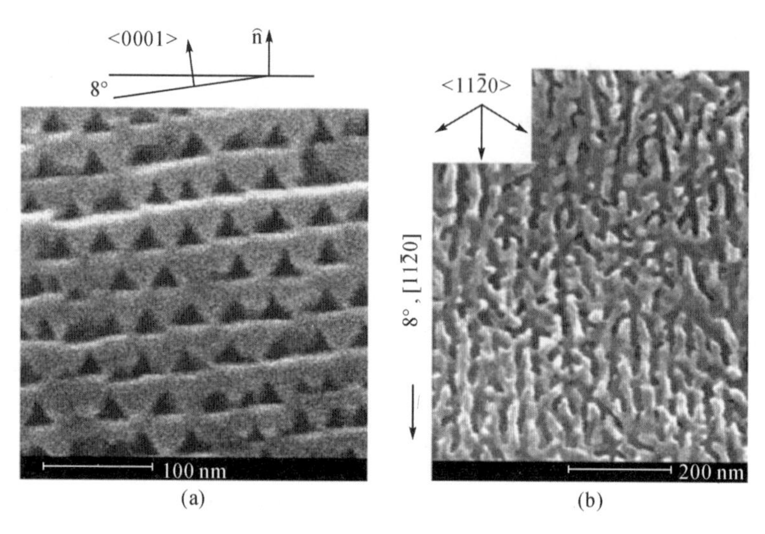

图 7.14　<0001>方向的 n 型 4H-SiC 经光电化学刻蚀后的断面图(a)和俯视图(b)，刻蚀条件是在氢氟酸中加 3 V 电压

化学气相沉积(CVD)是另外一种常见的制备 SiC 纳米晶粒的方法。通过对前驱体 $(CH_3)_4Si$ 的热分解，可以制备粒度在 3～10 nm 的纳米颗粒[42]。当合成温度为 1 000 ℃时，会有纳米尺度的团簇出现，但这种团簇完全是无定形态的。当温度升高至 1 100 ℃，材料开始出现结晶。随着温度升高，结晶颗粒的数量也逐渐增加，并且位错随着合成压力的减小而逐渐消失。需要提到的是，改变合成温度和压强仅能改变晶体的质量，并没有改变晶粒的大小。有研究人员针对准化学计量比的 SiC 纳米颗粒进行了拉曼光谱分析，这种 SiC 纳米颗粒是以硅烷和乙炔为源气体，通过激光热解得到的。透射电镜照片表明纳米颗粒的粒度在10 nm左右，高分辨透射电镜可以观察到每个纳米颗粒中有一些大小在 2.5 nm 左右的晶体被无定形态的 SiC 所包裹。魔角旋转固体核磁共振(MAS-NMR)测试表明，样品中有六方相、立方相和无定形态的 SiC 结构共存。Yajima 等[43-44]曾提出一种工业化生产 β-SiC 纤维的方法。近期，通过将这种方法简化获得了 SiC 的纳米结构。NaH 粉末在 350 ℃、101 325 Pa 氩气氛围下分解成为很小的钠液滴，然后在有机溶液中与 $SiMe_2Cl_2$ 或者 $SiMeCl_3$ 反应分别生成颗粒前驱体 1 和前驱体 2。前驱体在 1 000 ℃左右的真空条件下分解生成最终产物。前驱体 1 和前驱体 2 分别生成了黑色和黄色的粉末，经电子衍射谱证实为多晶的 β-SiC。不同的是前驱体 1 产生的是边长 60～400 nm 的空心立方体，而前驱体 2 则产生了边长1～2 μm的实心立方体。前驱体的形貌差别被认为是最终产品形貌有差别的原因。

还有一些研究人员尝试过气相硅和碳反应直接合成 SiC 纳米线或者纳米管，合成过程包括如下反应：

$$2C(s) + O_2 = 2CO \qquad (1)$$

$$2Si(g)+O_2 = 2SiO(g) \tag{2}$$

$$SiO(g)+2C(s) = SiC(s)+CO \tag{3}$$

$$SiO(g)+CO = SiC(s)+O_2 \tag{4}$$

$$3SiO(g)+3C(s) = 2SiC(s)+SiO(s)+CO_2 \tag{5}$$

$$SiO(g)+3CO = SiC(s)+2CO_2 \tag{6}$$

$$CO_2+C(s) = 2CO \tag{7}$$

$$3SiO(g)+CO = SiC(s)+2SiO_2(s) \tag{8}$$

$$4CO+6Si(s) = 4SiC(s)+2SiO_2(s) \tag{9}$$

但是，以上反应未被报道详细的反应机理，可能使用不同的反应物，例如，在石墨(C)坩埚和石墨衬底上的硅(Si)，发生反应(1)～(4)[45]；硅(Si)和活性炭(C)的混合物及一氧化硅(SiO)粉末和炭黑(C)混合物，发生反应(5)～(8)[46]。所有的反应都是在没有催化剂的条件下进行的，所以反应最有可能是气相直接转变为固相。图 7.15 是不同文献中合成的 SiC 纳米线，具有六方结构和核壳结构，通过(b)、(c)可以清楚地分辨出二氧化硅(SiO_2)壳层。β-SiC纳米管可以通过类似的方法合成，例如用气相一氧化硅(SiO)和碳纳米管在 1 200 ℃下反应 100 h[47]，碳纳米管的外直径为 20～80 nm，内直径为 15～35 nm[48]。

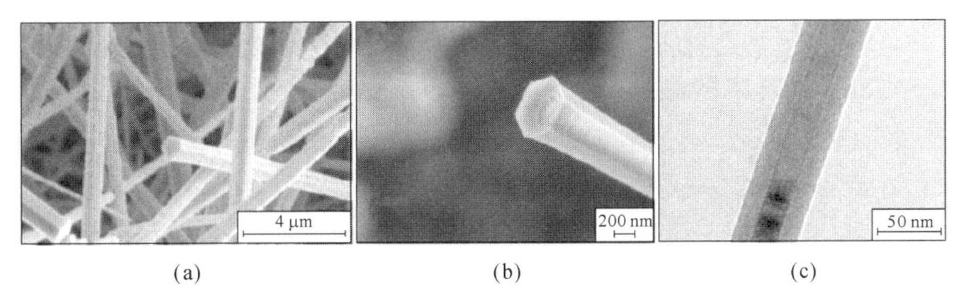

(a)　(b)　(c)

图 7.15　文献中获得的碳化硅纳米管电镜照片[45-46,49]

离子注入合成法最早是由 Liao 报道的，他将高能碳离子注入 B 掺杂硅晶片中，然后在 N_2 氛围中 950 ℃下退火 1 h，最后在光辅助和 40 mA · cm^{-2} 的电流下用 HF-乙醇混合溶液刻蚀 10 min，获得了尺度为 2～5 nm 的 SiC 纳米晶[50]。后续的报道研究了离子注入量、退火温度和时间对所合成的 SiC 结构和光学性质的影响，这其中包括了碳离子注入、硅离子注入和碳硅离子注入 SiO_2 衬底[33,51]。EPR、XPS、PL HRTEM 数据显示，这种方法获得的合成物中存在 SiC 纳米晶，但纳米晶中包含了非晶的物质(C、Si 或者 SiC)，其形成机理十分复杂，目前还不是很清楚。

7.2.4　SiC 的掺杂

未故意掺杂的高纯度 SiC 材料是本征 n 型半导体，其中主要的施主杂质为 N，来自生长过程中吸附在生长设备表面的气体 N，其浓度一般高于 10^{15} cm^{-3}。N 施主不易彻底清除，降低其含量的有效方法是使用 Ta 代替石墨作为坩埚材料，减少生长设备上的气体吸附。

SiC 中的故意掺杂元素有 P(n 型)、Al、B、Be、Ga、O、Sc(p 型)等。P 在 SiC 中也是有效的施主中心，其电离能约为 N 的 2 倍。Al 具有比较浅的受主能级(约 200 meV)，因此成为最常用的 p 型掺杂物。其他 p 型掺杂物的受主能级较深(320～735 meV)。N、P 等原子一般只替代 C，Al 原子只替代 Si，B 原子既可替代 Si 也可替代 C。但是，由于立方结构中的 Si 位和 C 位与六方结构中的 Si 位和 C 位具有不同的次近邻关系，杂质原子置换不同晶体结构中的 Si 或 C 所受到的静电势作用不完全相同。SiC 的同质多型体即便不会影响杂质原子的替位倾向，也会影响杂质原子的能级。杂质的能级位置不但取决于杂质及其替换的本位原子，也取决于替换位置的点阵位置。在 2H-SiC 以外的其他各种 α-SiC 同质多型体中，由于多种不等价的点阵位置的存在，杂质通常具有多重能级。例如，6H-SiC 中有 1 种六方晶系正四面体位置和 2 种立方晶系正四面体位置，同一替位杂质有可能在其中产生 3 个不同的能级。

SiC 中几乎所有杂质和缺陷在禁带中产生的能级都为深能级，通常使用的受主杂质的电离能在 200 meV 以上，室温下在 SiC 中有相当部分的载流子被束缚在杂质能级上。不过，由于存在杂质电离场，SiC 的 JFET 可以在 −196 ℃的低温下运行。

SiC 的 p 型掺杂比较容易实现，可以通过控制原材料中杂质的含量来获得不同掺杂浓度的 p 型半导体。因此，宽禁带的 SiC 材料可以用来制备短波长的发光器件或者光电探测器件，例如蓝光发光二极管(LED)和激光二极管(LD)。然而，由于受到间接跃迁的限制，SiC 基光电器件很难具有与 GaN 一样的发光效率。尽管如此，在高温环境下，SiC 仍然非常适合用于紫外探测器，它可以对 300～430 nm 紫外光有良好的响应。

7.2.5 SiC 材料中的缺陷

一些 SiC 单晶中的缺陷限制了它在电子器件上的应用，例如 Lely 法生长出的 SiC 体单晶的主要缺陷类型有杂质原子、孪晶、位错、微管等。在生长过程中，原料中不可避免掺杂的原子替代 Si 原子或者 C 原子，形成零维点缺陷，它可以减小 SiC 的电阻。刃位错和螺位错是一维线缺陷，可视为晶体中已滑移部分与未滑移部分的分界线，其存在对材料的物理性能，尤其是力学性能，具有极大的影响。两者都是由生长过程中温度场产生的应力所导致。尤其是螺位错，它是微管的源头，如果螺位错太多意味着产生的微管也可能会增多。而且这两种线位错可以通过 Frank-Read 位错源进行自我增殖。层错属于二维面缺陷，当 SiC 二极管的 p-i-n 结载流子注入区域中存在层错时，二极管的正向偏压会降低[52]。微管作为一种严重影响 SiC 器件性能的三维缺陷，是人们在晶体生长中要尽量避免的。

位错是晶体中常见的缺陷之一，属于一维线缺陷，它影响晶体的生长、电子移动、机械变形及晶界的形成。沿位错线附近很小的区域内会出现严重的原子错排，但在远离位错线或向错线的区域只存在弹性畸变。描述位错的几何特征一般使用伯格斯矢量，它是位错剖面两侧的相对位移矢量，最早由伯格斯于 1939 年提出。柏格斯矢量是用柏格斯回路的方法来确定的，方法是先任意选定位错线的走向，然后遵循右手螺旋法则沿位错线方向选定剖面法线方向，规定法线矢量由剖面为负的一侧指向剖面为正的一侧，将剖面为正的一侧相对为负的一侧所做的平移矢量定义为相对平移矢量，即伯格斯矢量 $\boldsymbol{b}$。位错有两种基本模型：螺位错和刃位错。螺位错的伯格斯矢量平行于位错线，刃位错的伯格斯矢量垂直于位错线。当具有混合型位错时，伯格斯矢量 $\boldsymbol{b}$ 和位错线就有一定的角度，但仍可分解为一个垂直于位错线和一个平行于位错线的伯格斯矢量。它们之间的关系是 $\boldsymbol{b}=\boldsymbol{b}_1+\boldsymbol{b}_2$。位错线上的原子若偏离了它们原来的位置，就在晶体内部产生应力场。根据各向同性弹性原理，螺位错引起的畸变由剪切应变 ε 和剪切应力 σ 组成[53]：

$$\varepsilon=\frac{\boldsymbol{b}}{4\pi r} \tag{7-1}$$

$$\sigma=\frac{\mu\boldsymbol{b}}{2\pi r} \tag{7-2}$$

式中，μ 为剪切模量，$\boldsymbol{b}$ 为伯格斯矢量，r 为位错线的半径。

由式(7-2)可以看到，应力正比于 $1/r$，当 r 趋近于 0 时，应力无穷大。对于实际的晶体，这显然是不可能的，这一理论在位错的中心是不成立的。合理的 r 值是 $\boldsymbol{b}\sim4\boldsymbol{b}$。位错产生的主要原因[53]有：①晶体生长时，热场引起的热应力；②晶体生长时，晶体与坩埚的热膨胀系数不同也会造成热应力；③空位、杂质偏析、沉淀相等缺陷引起晶格不匹配，从而造成局部应力集中。热应力是位错产生的主要因素，在热应力的作用下，位错会发生运动和增殖。

微管是 SiC 单晶一种特别重要的缺陷，它能显著地增加 SiC 器件中的漏电流，降低其击穿电压[54]。微管是在 SiC 晶体中出现的半径很小的中空管道，传统观点认为它是由籽晶沿 c 轴延伸出来的有较大伯格斯矢量的螺位错在生长中演变而来的。微管的直径与螺位错的柏格斯矢量有关：

$$D=\frac{\mu\boldsymbol{b}^2}{4\pi\gamma} \tag{7-3}$$

式中，D 为微管的直径，μ 为 SiC 材料剪切模量，$\boldsymbol{b}$ 为伯格斯矢量，γ 为表面能。螺位错的伯格斯矢量越大，所产生的微管缺陷的直径越大。

图 7.16(a)和图 7.16(c)是两个不同直径微管在偏光显微镜下的应力双折射图像，图 7.16(a)中微管 MP_1 的直径较图 7.16(c)中微管 MP_2 大。微管图像看起来像有一个较暗中心的张开翅膀的蝴蝶，“翅膀”的长度随微管的直径变化，离中心越远，“翅膀”的亮度越暗。图 7.16(b)和图 7.16(d)是两根微管的光学明场像，可以清晰地看到直径较大的微管在晶体表面的露头。

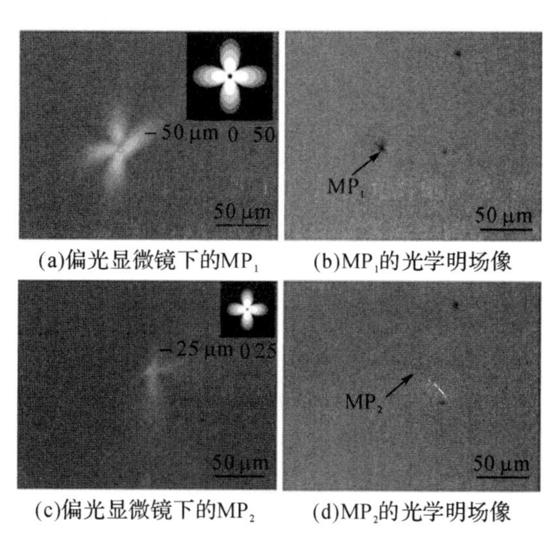

(a)偏光显微镜下的MP_1　(b)MP_1的光学明场像

(c)偏光显微镜下的MP_2　(d)MP_2的光学明场像

图 7.16　MP_1 及 MP_2 的偏光显微镜像及光学明场像

效果图

根据微管形成的 Frank 机制，微管由一些具有较大伯格斯矢量的螺位错演变而来，因此微管在晶体内引起的应力场可以通过类似螺位错应力场的方法来计算。微管周围的应力可以描述为：

$$I=\begin{cases}(A/R^2)\sin^2(2\theta-2\alpha), & r>r_0\\ 0, & r<r_0\end{cases} \tag{7-4}$$

式中,r_0 为微管的直径,α 为<2－1－10>晶向与偏光的夹角,A 是一个可以如下描述的常量：

$$A=\frac{I_0\cdot\mu^2\cdot b^2\cdot n^6\cdot\pi_{44}^2\cdot\Delta l^2\cdot\cos^2 2\beta}{64\lambda^2} \tag{7-5}$$

当 $r>r_0$ 时,对应的关系可以写为：

$$r^2=\frac{I_0}{I}f^2\sin^2(2\theta-2\alpha) \tag{7-6}$$

图 7.16 中 MP_1 和 MP_2 的直径分别约为 4.0 μm 和 0.66 μm,通过式(7-3)和式(7-6)可以计算出最亮“翅膀”的长度分别为 21 μm 和 9 μm。这与实际观测到的 22.2 μm 和 8.3 μm 非常接近。

另一种观点认为生长过程中籽晶表面的空位或沉积原子是产生微管的主要原因[55]。因此,减少杂质粒子和减小籽晶位错密度应该能减小微管密度。但是对微管形成的微观机理还需要更深入的研究。Koga 认为,微管的形成与 SiC 源物质的纯度有关。所选用籽晶的质量与技术,以及压强和温度等生长工艺条件与微管的形成也有密切的关系。

7.3 SiC 电子器件

以硅器件为基础的电力电子器件的性能已随其结构设计和制造工艺的相当完善而接近其由材料特性决定的理论极限,依靠硅器件继续完善和提高电力电子装置与系统性能的潜力已经有限。SiC 优良的电学性能使其成为高功率电子器件所必需的半导体材料之一,目前 SiC 几乎在所有的电力电子器件中都有应用,主要包括功率整流器[肖特基势垒二极管(SBD)、结型肖特基势垒二极管(JBS)]、单极型功率晶体管[金属氧化物半导体场效应二极管(MOSFET)、结型场效应晶体管(JFET)等]和双极型载流子晶体管[双极型晶体管(BJT)、绝缘栅双极型晶体管(IGBT)等]。SiC 材料的宽禁带和高温稳定性特点更使其在高温半导体器件方面有无可比拟的优势。下面将简单地分类介绍以上器件的原理及发展状况。

7.3.1 SiC 肖特基接触理论

当金属与半导体材料紧密接触时,热平衡条件下两种材料的费米能级必须一致,接触界面处真空能级必须连续。另外,金属功函数与半导体的功函数不同,这两个条件决定了无界面态的理想金属-半导体接触的特殊能带结构。在这种理想情况下,金属-半导体接触界面的势垒就是肖特基势垒高度(SBH),可以简单地表示为金属功函数 $q\varphi_M$ 和半导体电子亲和势 $q\chi_S$ 之差：

$$q\varphi_{Bn}=q(\varphi_M-\chi_S) \tag{7-7}$$

对于 p 型半导体材料,势垒高度可以通过类似的方法得到：

$$q\varphi_{Bp}=E_g-q(\varphi_M-\chi_S) \tag{7-8}$$

式中,q 为电子电量,E_g 为禁带宽度。肖特基势垒高度决定了金属-半导体接触的特性。需要注意的是,上述方程忽略了界面态,是理想金属-半导体接触的情况。若考虑界面态,当界面态密度很大时,费米能级的位置被钉扎到半导体禁带中一个确定的能级。在这种情况下,势垒高度将与金属功函数无关。

$$q\varphi_{Bn}=E_g-E_F \tag{7-9}$$

这种情况称为巴丁极限。大多数金属-半导体接触都存在界面态,但界面态密度不高,不足以钉扎肖特基势垒,因此,肖特基势垒高度受金属功函数和界面态的共同影响。在实际研究中,势垒高度受到 SiC 结晶形态、金属功函数、接触前的表面状况及界面化学等因素的共同影响,这里不再深入探讨。

理想情况下,对于某一特定晶型的 SiC,其势垒高度的增量与金属功函数的增加相同。但是在实际测量中发现,势垒高度与金属功函数的关系很弱。实际的肖特基势垒高度可以从电流-电压曲线或者电容-电压曲线中得到。对 SBH 有影响的因素一般有以下几点:①不同晶型的禁带宽度。从 SiC 与金属接触的能带示意图中可以看出,禁带宽度对肖特基接触的性质有很大影响。在已报道的文献中,3C-SiC 禁带最窄,4H-SiC 禁带较宽[56]。以 Au 为例,3C-SiC、6H-SiC 和 4H-SiC 的势垒高度分别为 1.15 eV、1.4 eV 和 1.8 eV。②界面态密度。如上所述,界面态密度与 SBH 有关,这很大程度上受晶型和表面处理过程的影响。根据不同文献的报道,虽然 SBH 可以在一个很宽的范围内变化,但是总体趋势是随金属功函数的增加而增加。总结一些数据可以发现[57-60],第一,SBH 与 SiC 表面极性有关,如 C 面或 Si 面。对于同一种金属,与 C 面接触的 SBH 比与 Si 面接触的 SBH 明显高。第二,SBH 的大小与计算方法有微弱的关系,即用电容-电压方法计算得到的 SBH 通常比用电流-电压方法得到的值高 0.05～0.15 eV。这种微小的差异可能是由 SiC 和金属之间的薄绝缘层造成的。一些文献研究了有关表面处理的方法,使费米能级不再钉扎,例如,对样品依次进行牺牲氧化、5%的 HF 腐蚀和沸水浸泡 10 min 的处理,可以使表面态密度明显减小[61]。③温度。有文献指出随着温度增加,导带和价带相对于费米能级向下移动。所以随温度增加,SiC n 型的 SBH 减小,而 p 型的 SBH 增大。另外,6H-SiC 衬底上 p 型接触的 SBH 具有正温度系数,表明随温度的增加,价带向费米能级方向移动。与 n 型接触相比,p 型接触随温度的变化更大。

7.3.2 肖特基势垒二极管(SBD)及其改进结构器件(JBS、MPS)

肖特基势垒二极管(SBD)是一种具有高频整流作用的单极器件,在高功率应用中,单级半导体器件的比导通电阻定义为器件电阻与器件有效面积的乘积,是耐压层掺杂浓度和厚度的函数,可以表示为[62]:

$$R_{sp,on}=\frac{4U_B^2}{\mu\varepsilon_s E_c^3} \tag{7-10}$$

式中,E_c 为临界雪崩击穿电场强度,U_B 为对应的雪崩击穿电压,μ 为电子迁移率。

SBD 在导通过程中没有额外载流子的注入和储存,因而基本没有反向恢复电流,其关断过程很快,开关损耗很小。对 Si 而言,由于所有金属与 Si 的功函数差都不是很大,Si 的肖特基势垒较低,Si 基 SBD 的反向漏电流偏大,阻断电压较低,只能用于一两百伏的低电压场合。然而,许多金属,如 Ni、Au、Pt、Pd、Ti、Co 等可与 SiC 形成势垒高度 1 eV 以上的肖特基势垒。Au/4H-SiC 接触的势垒高度可达 1.73 eV,Ti/4H-SiC 接触的势垒较低,但最高可以达 1.1 eV。6H-SiC 与各种金属接触之间的肖特基势垒高度变化范围较宽,最低 0.5 eV,最高 1.7 eV。因此,SiC 材料以其优越的电学性能在高功率、高温应用中具有独特优势:相对于 Si 材料,4H-SiC 的临界击穿电场大约比 Si 高 10 倍,对于给定的击穿电压,由式(7-10)得到的比导通电阻将减小约 3 个数量级。

1975 年，在 6H-SiC 衬底上制成的最早的高压 SBD 雪崩击穿电压在 200 V 左右。20 世纪 90 年代初期，由于高质量 SiC 材料的实现，SiC 器件制造越来越多，在随后的几年，SiC SBD 的电流和电压性能很快得以提升。据报道[63]，已经获得了击穿电压为 10.8 kV 的 4H-SiC SBD，当电流密度为 20 A・cm^{-2} 时，得到的正向压降为 3.15 V，相应的比导通电阻为 97.5 mΩ・cm^2。从 1990 年开始发展的 SiC SBD 击穿电压的递增曲线见图 7.17。

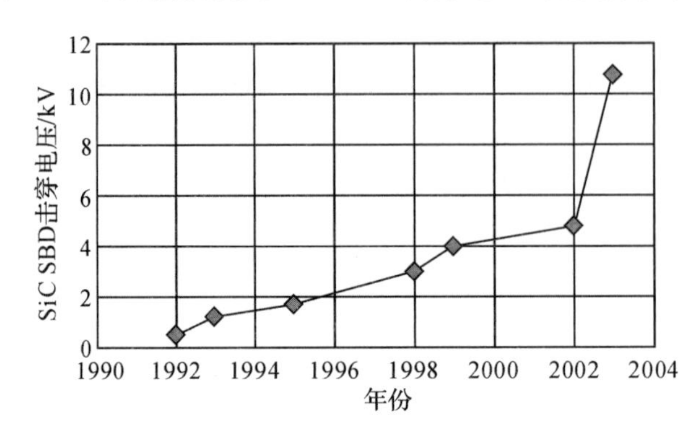

图 7.17　1992 年以来 SiC SBD 击穿电压的发展

由于 SiC 材料的临界雪崩击穿电场强度较高，使用功函数差较大的金属制作反向击穿电压超过 1 000 V 的 SiC SBD 是比较容易的事情，但为了避免接触边沿附近的表面电场集中，也需要实行终端保护。通常的做法是用硼离子注入一个在外延层表面的肖特基接触边沿附近形成的较浅的 pn 结，如图 7.18 所示。Schoen 等[64]通过这种方式用 Ni 和 Ti 作为肖特基接触材料做成两种 4H-SiC SBD，制成了反向击穿电压超过 1 500 V 的 SiC SBD。在这种整流管中，形成肖特基势垒接触所用的金属不同，其势垒高度差较大：室温下，Ni 管和 Ti 管的势垒高度分别为 1.3 eV 和 0.8 eV。势垒高度不同进而导致它们在正反向电学特征上的差别较大，Ni 管的雪崩击穿电压为 1 720 V，而 Ti 管只有 1 480 V；Ni 管临界雪崩击穿时，反向漏电流密度为 0.1 A・cm^{-2}，而 Ti 管所对应的值高达 10 A・cm^{-2}。不过，在相同正向电流密度下，高势垒对应的正向压降也相对较高。

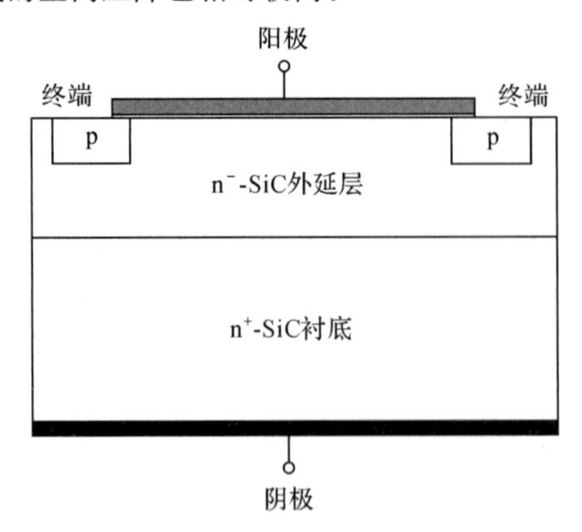

图 7.18　高压 SiC SBD 的结构

高势垒SBD难以兼顾反向高电压和正向压降的问题，可以通过结型肖特基势垒二极管(JBS)复合结构设计来解决。JBS作为一种基于SBD的改进结构，利用了pn结势垒来降低隧穿电流对击穿电压的限制，因而在反向模式下具有比SBD更低的反向电流；而在正向模式下则保证肖特基接触作为主要导电部分，因而能够获得较高的正向电流。同时，JBS还有利于解决宽禁带半导体SBD在高反压下因隧穿电流增大而引起的反高漏电流过大问题。由于高电压下SiC的肖特基势垒比较薄，进一步提高SiC SBD的阻断电压会受到隧穿势垒引起的反高漏电流的限制。对一个高度为1 eV的SiC肖特基势垒，当其电场极大值随着外加反向电压的升高而接近SiC的临界击穿电场强度3 MV·cm^{-1}时，其势垒宽度只有3 mm左右。这个宽度已经足以产生电子隧穿效应，因而反向漏电流在击穿之前会升高很多。

为了使SiC高临界击穿电场在器件中得到应用，SiC高压SBD大多采用JBS结构。pn结的势垒高度与半导体禁带宽度有关，而肖特基势垒高度只取决于金属与半导体的功函数差，因而pn结势垒与肖特基势垒的高度差对宽禁带半导体来说可以很大。当JBS正向偏置时，肖特基势垒区因势垒较低进入导通状态，pn结对导通基本无影响。在反向偏置状态，由于pn结的高势垒作用，在高压下形成的长宽度的耗尽区屏蔽了电场，从而使反向漏电流大幅度下降。JBS与单纯的SBD一样，仍然是一种多数载流子器件，其反向恢复时间可以低至几个纳秒，只有Si基二极管和SiC高压pn结二极管的1/10[65-66]。

采用JBS结构能有效降低SBD的反向漏电流，并同时改善其正向特性[67]。Asano等[68]和Dahlquist等[69]用SiC制作的耐压3 500 V的JBS反向漏电流密度已降低到2 mA·cm^{-2}。Bhatnagar等[70]将4H-SiC JBS的比导通电阻降低到硅器件理论值的1/420，并称还有进一步改善的可能。2008年，Callanan等[71]报道了Cree公司在面积超过1.5 cm^2晶圆上制作的耐压为1.2 kV和10 kV的SiC JBS，具有较低的反向恢复损耗，1.2 kV/75 A和1.2 kV/100 A的器件面积分别为6 mm×8 mm和6.8 mm×10 mm；其中100 A器件的正向压降为1.77 V(@I_F=100 A)，反向漏电流为250 μA(@V_R=1 330 V)，10 kV的JBS器件可用作10 kV/10 A DMOSFET的反向并联二极管。Baliga[72-73]为了改善高压硅整流器的正向和反向特性而提出了混合PIN/肖特基(MPS)二极管结构。随着器件工艺的发展和性能的提高，JBS与MPS的区分也逐渐淡化，JBS基本结构如图7.19所示。

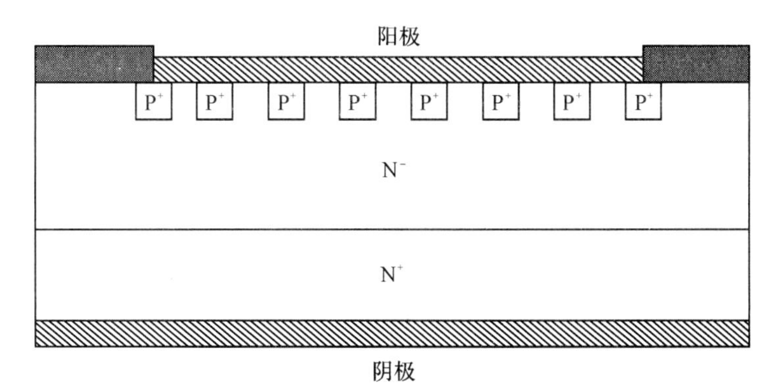

图7.19 JBS和MPS二极管的结构

7.3.3 SiC 场效应晶体管

场效应晶体管(FET)是一种电压控制型器件。对于由两个主电极传导的工作电流,场效应晶体管通过第三电极在其间产生可控电场来改变电流的大小和通断状态。根据可控电场的存在环境,可将场效应晶体管分成 3 类:可控电场出现在反偏 pn 结中的称为结型场效应晶体管(JFET),出现在绝缘层中的称为绝缘栅场效应晶体管(IGFET),出现在金属-半导体接触层的称为金属-半导体场效应晶体管(MESFET)。典型的 IGFET 是具有金属-氧化物-半导体结构的场效应晶体管,即 MOSFET。在 FET 中,两个主电极分别被叫作源极和漏极,习惯上以导入工作载流子的电极为源,从器件引出工作载流子的电极为漏。因为 n 沟道器件以电子为工作载流子,而电子运动方向与电流相反,所以对于 n 沟道器件,与主电源正极相接的是漏极,与负极相接的是源极。p 沟道器件则恰好相反。在源-漏极间产生的电流称为漏极电流,记作 I_D。场效应器件的工作特性可用两组伏安特性曲线来描述:一组是以栅压 U_G 为参考量的 I_D 随漏-源电压 U_{DS}变化的曲线,称为输出特性曲线;另一组是以 U_{DS} 为参考量的 I_D 随 U_G 变化的曲线,称为转移特性曲线。

1. 结型场效应晶体管(JFET)

普通 JFET 的基本结构如图 7.20 所示。图中电极 D 和 S 分别为漏极和源极,是主电极;由两个重掺杂层引出的电极分别叫作底部栅和顶部栅,是这种器件的控制电极。图中的两个 pn 结都是单边结,它们的空间电荷区主要在轻掺杂的源区展开,从而形成两条高阻边界(图中虚线),源-漏极间的电流只能在这两条边界中间的区域流过,称为导电沟道。其工作原理是,利用 pn 结的空间电荷区界定导电沟道,不仅是因为它可以限定载流子运动的范围,更主要的是因为它的宽度容易控制。改变栅-沟结偏压大小,可改变两个空间电荷区在沟道两侧的扩展程度,从而改变沟道的截面大小,使漏极电流产生相应的变化。极端变化是顶部空间电荷区和底部空间电荷区的内平面在沟道中间结合在一起,习惯上称此现象为导电沟道夹断。

在 SiC JFET 中,由于没有绝缘层的存在,器件性能不受高密度的 SiC-SiO_2 界面态的影响,因而 JFET 很快受到了 SiC 功率器件研究人员的重视。虽然 JFET 在硅功率器件中远不如功率 MOS 的应用面广,但 SiC JFET 却以其优良的特性和相对简单的制造工艺有望成为继 SiC SBD 之后的第二种商业化的 SiC 电子器件。早期的 SiC 平面 JFET 的基本结构如图 7.21 所示。若将其作为一种常开型器件,源-漏之间导电沟道的宽度要远大于零栅压下 pn 结空间电荷区的宽度。这样,当栅压为零时,源-漏之间处于导通状态,只有足够高的负栅压才能通过空间电荷区将导电沟道夹断。若设计为常关型,则沟道层要足够薄,以致零栅压下 pn 结自建电动势在沟道中产生的空间电荷区足以将其夹断,需要用足够高的正栅压使其空间电荷区收缩,才能使器件进入导通状态。这种器件是早期的横向 JFET,但这种结构的器件由于沟道电阻较大并不适合在电力中应用,后期出现了垂直的 JFET,又叫 VJFET。这里就不再详细介绍,有兴趣的读者可以查阅相关文献。

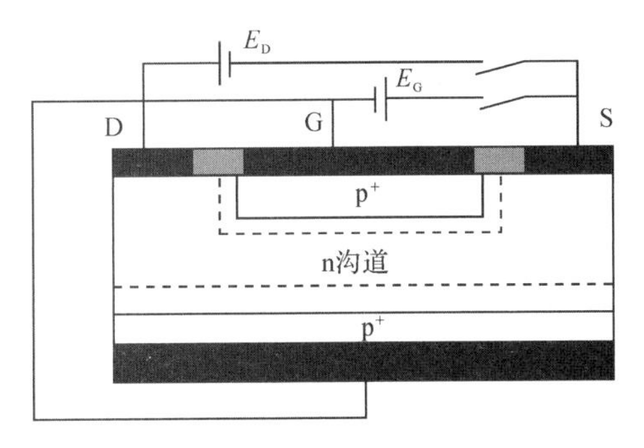

图 7.20　JFET 的基本结构

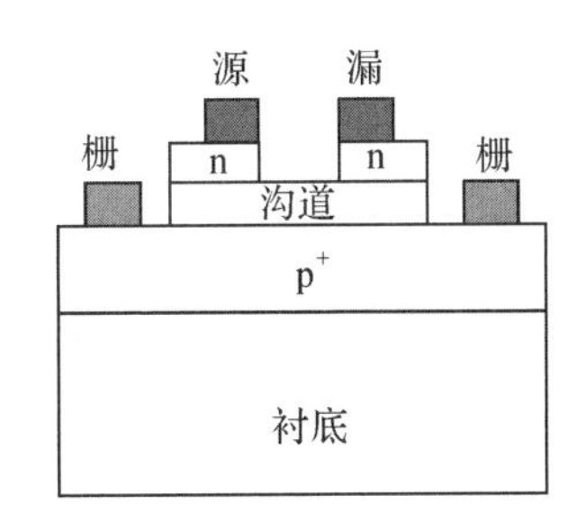

图 7.21　SiC 横向 JFET 的结构

2. 功率 MOSFET

MOSFET 通过施加在栅-源之间的控制电压 U_G 来改变沟道电阻，从而实现对主电流的有效控制。MOSFET 有两种类型：一种是 $U_G=0$ 时，沟道电阻最大，加栅压可令其导电能力增强的增强型；另一种是 $U_G=0$ 时，只有适当的沟道电阻，加不同极性的栅压可令其导电能力沿不同趋势改变的耗尽-增强型。两者的结构如图 7.22 所示。在增强型 MOSFET 中，导电沟道是靠栅压在半导体表面层里感应出来的。沟道之上为 SiO_2 绝缘层，沟道之下是一个可将空间电荷区向沟道扩展的 pn 结。当栅压升高到开启电压以上时，空间电荷区从表面移向体内，介于反型层与平带区域之间，并随着 U_G 的上升向体内移动，使反型层(即沟道)加厚。在增强型 MOSFET 的制造工艺中稍加改动，用扩散或者离子注入的方法使源-漏之间的沟道体表面层改为导电类型，这就在栅氧化层下产生了一条永久性的导电沟道，以及沟道下面一个永久性的 pn 结。当 $U_G=0$ 时，I_D 并不为零；当 $U_G\neq 0$ 时，根据栅极相对于衬底电位的高低，这一沟道层的电阻有可能降低或升高。

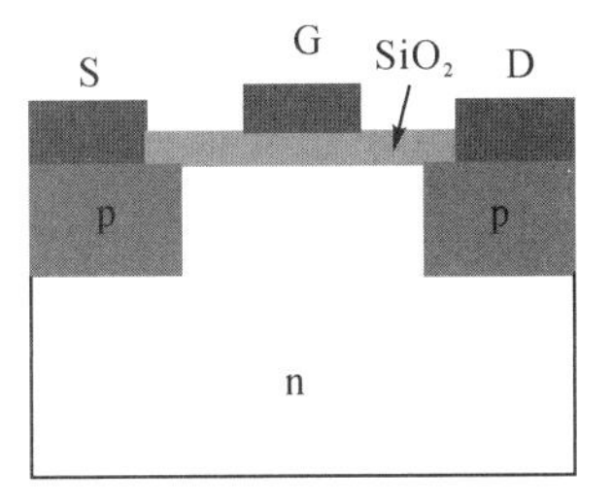

(a)增强型p沟道MOSFET

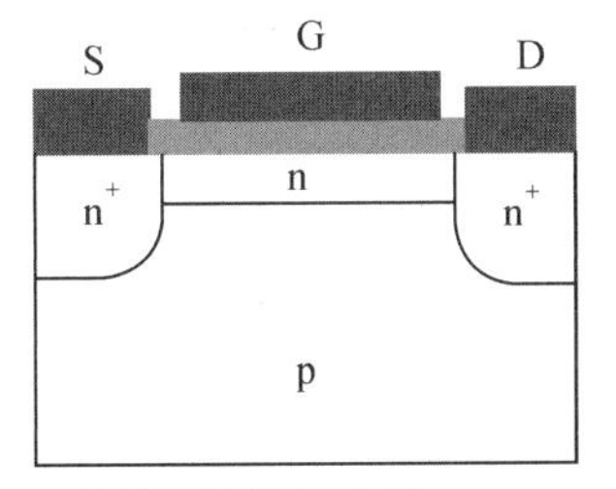

(b)耗尽－增强型n沟道MOSFET

图 7.22　不同类型沟道 MOSFET

上面说的常规 MOSFET 和 JFET 因沟道较长而不适合大电流场合使用，因而电力电子技术中使用的场效应器件大多采用源、漏电极分处芯片两面的纵向导电结构。功率 MOS 即指这种导电路径垂直于芯片表面的 MOSFET。一般栅电极与源电极在同一表面，漏电极在另一侧面，因而其导电沟道短、截面积大，具有较高的通流能力和耐压能力。功率 MOS 一般有两种结构：一种是表面不开槽的，因采用扩散工艺制造而被称为 DMOS；另一种是表面开槽的，因槽的截面形状而被称为 UMOS。SiC 功率 MOS 在结构上与 Si 功率 MOS 没有区别，一般就采用上述两种结构，其中 UMOS 为主要的结构形式。不同的是 SiC DMOS 是 double-implanted MOS(双离子注入 MOS)的缩写，而 Si DMOS 是 double-diffused MOS 的缩写，这是因为杂质在 SiC 中的扩散系数很小，因而器件中的阱层只能通过双离子注入来实现。

图 7.23 为 SiC UMOS 结构的示意图,不过这只是一个对称器件单元的一半。由图可见,这种结构的特点是将栅氧化层做成槽底和槽壁,这样就把 n^+ 源区和 n^- 漂移区之间的栅控导电沟道从水平变成竖直方向,使电子经最短路径到达漂移区。同时,其沟道密度也远比 DMOS 高,因而其比导通电阻显著降低。SiC UMOS 面临的主要问题是栅氧化层的击穿:由于 SiC 材料的临界击穿电场强度较高,SiC UMOS 凹槽氧化层中的电场很容易在承受反向电压的 pn 结雪崩击穿之前就超过了氧化层所能承受的强度,因而这种器件很容易因栅氧化层击穿而失效,这是 SiC 功率器件采用 UMOS 结构的主要限制。针对这一问题,普渡大学的研究人员提出了一种改进型 UMOS 结构[74],如图 7.24 所示。在这种结构中,栅极凹槽的底和侧壁处生长了薄薄一层 n 型 SiC,从而把栅氧化层隔开;凹槽下面的 n^- 漂移区增加了一层 p 型 SiC;p 阱层与 n^- 漂移区之间增加了一层重掺杂的 n 型 SiC。当器件处于反偏状态时,凹槽下面的 pn 结的空间电荷区可以对栅氧化层起屏蔽作用,从而有效消除栅氧化层被电场击穿的可能性。

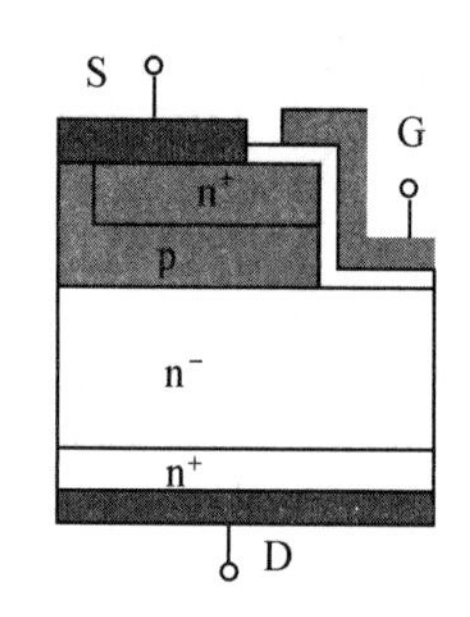

图 7.23 SiC UMOS 的结构

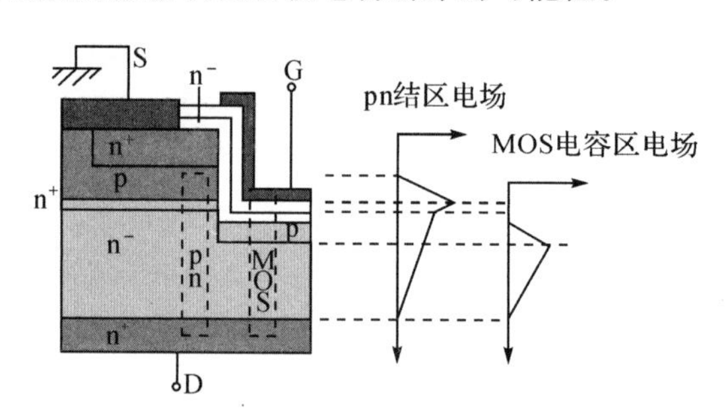

图 7.24 改进 SiC UMOS 的结构和 pn 结区与 MOS 电容区的电场分布

7.3.4 SiC 双极型晶体管(BJT)

双极型晶体管(BJT)是包含 2 个 pn 结的三端器件,电子和空穴都参与导电,因而被称为双极器件,以区别于一种载流子导电的场效应晶体管。BJT 是一种电流控制型器件,由其主电极(发射极 E 和集电极 C)传导的工作电流受一个由第三电极(基极)引入的较小电流的控制。组成 BJT 的 pn 结有 npn 结构或者 pnp 结构,各层的面积一般并不相等。具有 npn 结构的 BJT 叫 npn 晶体管;具有 pnp 结构的 BJT 叫 pnp 晶体管。两种结构中,集电极和发射极都分别从导电型相同的两个薄层中引出,这两个薄层相应地被称为集电区和发射区。其中,掺杂浓度较高的是发射区。基极是由夹在集电区和发射区之间的异型层引出的,该层即基区。SiC BJT 与 MOSFET 相比较,其优势是不存在 MOSFET 中因栅氧化层击穿而带来的问题。此外,SiC BJT 的制造要比 MOSFET 容易得多,因而制造成本要相对低一些。其不足是作为一种电流控制型开关器件,其开通状态需要较大的基极电流来维持。大功率 SiC BJT 器件按发射区的制造工艺分为两种类型:离子注入型和外延型。图 7.25为离子注入型 BJT 的结构示意图。

BJT 器件的主要功能是开关和放大,此处主要介绍一下 SiC BJT 的发展状况和面临的问题。最初的离子注入型 4H-SiC BJT 电流增益较低,2001 年 Cree 公司报道的共射极正向电流增益不到 1。其主要原因是离子注入不可避免地会留下一些晶格缺陷,使基射结空间电荷区的少数载流子寿命降低[75]。使用外延型结构能有效地改善这一点,该公司第一代外延型 SiC

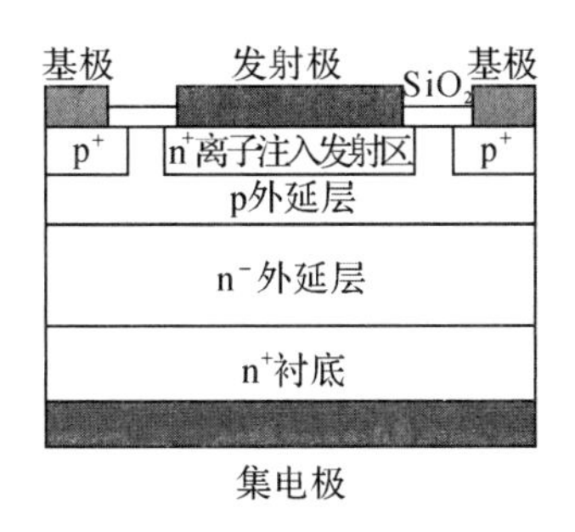

图 7.25　离子注入型 SiC 双极型晶体管

BJT[76]通态电流 $I_C=17$ A，相应的基射极电压 $U_{CE}=2$ V，比导通电阻为 8 mΩ·cm^2。虽然电流增益有所提高，但还不够，并且基区电阻因集电极电导调制效果不佳而偏高，以致基射极电压要高达 7 V 才能产生 3 A 的基射极电流，这与器件的生长过程有关。第二代 BJT[77]改变了之前外延层使用不同生长设备间断生长的做法，将所有的外延层都在同一台设备中生长。这样获得的器件比导通电阻下降到 5.4 mΩ·cm^2，产生 3 A 的基射极电流所需基射极电压也降到 3 V。

7.4　SiC 传感器件

随着微机电系统（MEMS）在汽车、石油化工、航空航天行业上越来越广泛的应用，传统的硅基压力传感器已经逐渐不能满足各种极端环境条件下的需要。SiC 材料由于拥有良好的电学特性、较宽的带隙、高击穿电场和低的本征载流子浓度，使得 SiC 基传感器能够在高温、极端的条件下工作。SiC 材料良好的力学性能也使其有作为压力传感器的巨大潜力。

7.4.1　SiC 的压阻效应

压阻效应是将施加在材料上的力学信号转换成电学信号的一种物理现象。压阻效应的大小可以用应变系数（GF）来描述。

$$GF=\frac{\Delta R}{R}\cdot\frac{1}{\varepsilon} \tag{7-11}$$

式中，R 为电阻，ε 表示材料的应变。

材料的压阻系数可以表示为：　$\dfrac{\Delta R_{ij}}{R}=\pi_{ij}\delta_{kl}$

式中，ε 表示材料的应变，R 表示电阻，π 表示压阻系数，δ 表示应力。

Smith 于 1954 年最早发现了硅和锗中的压阻效应，从那时起，人们就发现半导体中的压阻效应是各向异性的，并且与半导体的掺杂类型、掺杂浓度和晶体取向都有关系。之后在 1956 年，Morin 等人发现了硅、锗中温度和压阻效应的关系。1968 年，Rapatskaya 第一次报道了 n 型 SiC(6H-SiC)的压阻效应。19 世纪 70 年代，Guk 发表了 3 篇关于 SiC 压阻效应的文章，其中 2 篇研究了 6H-SiC 压阻效应的特征及其与温度的关系，另一篇则是关于 3C-SiC的研究。研究 SiC 压阻性质的同时，一些研究人员也制造了基于 SiC 这种性质的感应器件。20 世纪 90 年代，Okoije 等研制出了应用于高温环境的 6H-SiC 压力传感器。

众所周知,SiC 有 200 多种多型结构,它们的物理性质各有不同,这对于研究 SiC 的压阻性质是一个很大的挑战。然而,过去的研究已经证实了 6H-SiC 和 3C-SiC 等多型在高温压力传感应用方面有很大的潜力。SiC 材料在高温下有良好的机械和化学稳定性,因此 SiC 压力传感器常常被用在 Si 基传感器不能工作的极端环境内。例如,在温度高于 500 ℃的环境中,Si 材料受到很小的压力就会产生塑性形变;在腐蚀性气氛下,Si 材料的结构与性能会逐渐被破坏。SiC 材料的氧化产物为 SiO_2,与传统 Si 材料相同,这使得制作 SiC 传感器的工艺与 Si 传感器有很大的相似性,可以用制作 Si 传感器相近的方法来制作 SiC 传感器。不过,同样由于 SiC 材料化学性质稳定,Si 基器件中使用的刻蚀加工方法对 SiC 材料来讲并不适用。而且,SiC 材料相对于 Si 材料十分昂贵的价格也使 SiC 器件很难像 Si 器件一样使用单晶体来制作。现在较普遍的方法是在 Si 衬底上生长 3C-SiC 薄膜,这个方法可以得到比体单晶尺寸更大的 SiC 层[78]。2011 年,Fraga[79]利用 Si 材料作为衬底,生长无定形或多晶 3C-SiC,成功制作出了 SiC 基传感器。

绝缘体上的 SiC(silicon carbide on insulator,SCOI)的结构(见图 7.26)是 SiC 压力传感器的基础,由 SiO_2 层或其他绝缘层实现绝缘功能。不同于用扩散工艺形成的应变电阻,SCOI 结构是用经过表面处理的 Si 作为衬底,以绝缘体上 SiC 台面结构形式形成应变电阻。这种结构保证了高温稳定性。3C-SiC 薄膜生长过程留下的残余应力会降低 SiC 传感器的信噪比,如何减小薄膜中的残余应力就成为提高 SiC 传感器性能的关键问题。Pakula 等[80]用高真空 CVD 方法在低于 900 ℃的条件下生长出 3C-SiC 薄膜,较低的生长温度显著减小了薄膜中的残余应力,得到了高压阻系数的薄膜;Lattemann 等[14]用 PECVD 方法在 600 ℃条件下得到了 3C-SiC薄膜;Pozzi 等[81]用 CVD 方法得到了 3C-SiC 多晶薄膜。

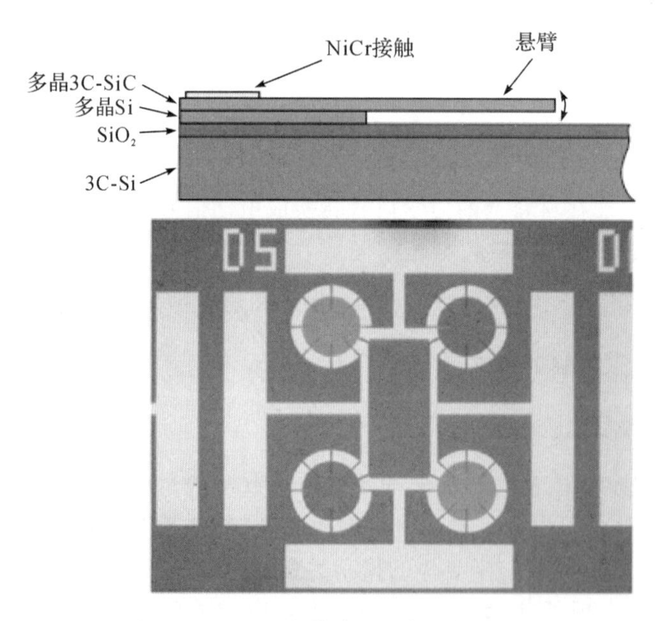

图 7.26 SiC 压力传感器示意图与电镜图

虽然在高温环境下 SiC 材料压阻系数高于单晶 Si 材料,但是在常温环境下,Si 基传感器拥有更好的性能。SiC 基压力传感器主要应用在:①石油化工行业中的高压环境中;②汽车或涡轮引擎中的 600 ℃左右的高温环境中;③制药、石油化工行业中化学腐蚀性气氛中;

④太空中经常受到大剂量辐射的环境中。

7.4.2　SiC 材料在气敏传感器中的应用

SiC 气敏传感器由增加了气体催化剂部分的 MIS 结构构成，如图 7.27[82] 所示。它的工作原理很简单：待检测烃类气体由催化剂催化分解为氢和一些分子片段，这些中间产物在进一步催化降解过程中产生活性很大的氢原子。氢原子可以很容易地穿过多孔结构的催化剂到达绝缘层表面，与绝缘层表面原子结合并形成一个荷电区，使器件的电学性能发生变化而被检测到。待测气体在 150 ℃温度下可以在 1 μs 内完成降解[83]，相比常温下工作的传统传感器 10 s 左右的响应时间，高温条件下工作的 SiC 气敏传感器的响应时间快出几个数量级。

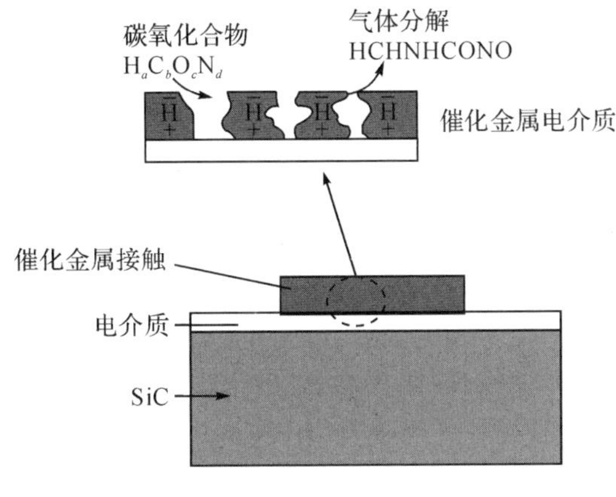

图 7.27　SiC 气敏传感器

另外也有报道 SiC 肖特基势垒二极管在气敏传感器方面的应用。与传统 Si 半导体器件相比，SiC 半导体禁带很宽，可以在高温下工作。Spetz 等[84] 报道的 SiC SBD 气敏传感器可以在 550 ℃以上工作。氢原子可以从氢分子中分离，扩散通过薄金属层后，在金属-半导体的界面形成极化层，进而改变肖特基接触势垒的高度。SiC 材料的另一个特性是，这种宽禁带材料气敏传感器可以与高温电子器件集成在同一个芯片上。

7.4.3　SiC 材料在光电探测器中的应用

尽管 SiC 材料作为一种间接带隙半导体材料，并不太适合作为光电探测器来使用，但是由于 SiC 材料具有相对成熟的体单晶，可以得到低缺陷密度的同质外延薄膜，获得纵向的器件结构。Edmond 等[85] 利用同质外延的 SiC 薄膜，获得了有商业应用前景的紫外探测器。SiC 材料中本征载流子浓度较 Si 材料中低 18 个数量级，理论上使 SiC 紫外探测器中的暗电流衰减速度很快，可以在高温环境中检测很低的微弱光信号，有极高的光响应特性[86]。SiC 光电二极管的另一个优点是由于 6H-SiC 的宽带隙，二极管对红外波段无响应，这对在红外线背景下检测紫外线的应用十分有利。

Si 紫外探测器主要的缺点是，需要增加辅助的射线滤波来消除可见光和红外光的渗入。SiC 的禁带宽度比较宽，也就是说 SiC 探测器只能响应 380 nm（以 4H-SiC 为例）及其以下的光线。此外，作为宽禁带半导体材料，制作在 SiC 上的 SBD 有非常低的漏电流，可以增加器件的灵敏度。据报道，SiC SBD 紫外探测器的探测灵敏度比 Si 基探测器高几个数量级[86]。但是，由于 SiC 材料表面具有很多不同缺陷，使器件的势垒高度不均匀，因而限制了 SiC SBD 的灵敏度[87]。实际中，器件的有效肖特基势垒高度要明显低于理论值。

思考题

1. 碳化硅与硅和砷化镓一样具有典型的半导体特性，继两者之后被成为“第三代半导体”。请通过比较三种材料的特性，说明材料特性对器件特性的影响。
2. 试分析碳化硅场效应晶体管的等效电路。
3. 请给出两种碳化硅肖特基势垒二极管势垒高度的测量方法。
4. 试分析碳化硅气敏传感器件的工作原理。

参考文献

[1] 郝跃，彭军，杨银堂. 碳化硅宽带隙半导体技术[M]. 北京：科学出版社，2000.

[2] WIEBKE G. Berichte der Deutschen Keramichan Gesellschaft[C]. Bad Honnef, 1960, 37, H5, 219.

[3] LELY J A, et al. Proc. Int. Conf. Semiconductors and Phosphors[C]. Vieweg Braunschweig, 1958: 514.

[4] FAESSLER A. Proc. Int. Conf. Semiconductor Phys[C]. Praque: Academic Inc., 1960: 914.

[5] 杨树人，殷景志. 先进半导体材料性能与数据手册[M]. 北京：化学工业出版社，2003.

[6] CHOYKE W J, MATSUNAMI H, PENSL G. Silicon Carbide: Recent Major Advances [M]. Pittsburgh: Springer, 2003.

[7] CASADY J B, JOHNSON R W. Status of silicon carbide (SiC) as a wide-bandgap semiconductor for high-temperature applications: a review[J]. Solid-State Electronics, 1996, 39(10): 1409 - 1422.

[8] MALTA D P, JENNY J R, TSVETKOV V F, et al. High carrier lifetime bulk-grown 4H-SiC substrates for power applications[C]//MRS Proceedings. Cambridge: Cambridge University Press, 2006, 911: 11 - 16.

[9] LELY J A. Darstellung von einkristallen von siliciumcarbid und beherrschung von art und menge der im gitter eingebauten verunreinigungen[J]. Angewandte Chemie, 1954, 66(22): 713.

[10] LELY J A. Sublimation process for manufacturing[P]. U. S. Patent, 1958, (2): 854, 364.

[11] SEGAL A S, KARPOV S Y, MAKAROV Y N, et al. On mechanism of sublimation growth of AlN bulk crystals[J]. Journal of Crystal Growth, 2001, 211(1): 68 - 72.

[12] CAMASSEL J, JUILLAGUET S. Optical investigation methods for SiC device development: application to stacking faults diagnostic in active epitaxial layers[J]. Journal of Physics D: Applied Physics, 2007, 40(20): 6264 - 6277.

[13] POWELL J A, LARKIN D J, MATUS L G, et al. Growth of improved quality 3C-SiC films on 6H-SiC substrates[J]. Applied Physics Letters, 1990, 56(14): 1353 - 1355.

[14] LATTEMANN M, NOLD E, ULRICH S, et al. Investigation and characterisation of silicon nitride and silicon carbide thin films[J]. Surface and Coatings Technology, 2003, 174: 365 - 369.

[15] RAJAB S M, OLIVERIRA I C, MASSI M, et al. Effect of the thermal annealing on the electrical and physical properties of SiC thin films produced by RF magnetron sputtering[J]. Thin Solid Films, 2006, 515(1): 170 - 175.

[16] FISSEL A, SCHRÖTER B, RICHTER W. Low temperature growth of SiC thin films on Si and 6H-

SiC by solid-source molecular beam epitaxy[J]. Applied Physics Letters,1995,66(23):3182 - 3184.

[17] LIAW P, DAVIS R F. Epitaxial Growth and Characterization of β-SiC Thin Films[J]. Journal of the Electrochemical Society,1985,132(3):642 - 648.

[18] KOGA J, YAMAGUCHI T. Single crystals of SiC and their application to blue LEDs[J]. Progress in Crystal Growth and Characterization of Materials,1992,23:127 - 151.

[19] JENNINGS V J, SOMMER A, CHANG H. The epitaxial growth of silicon carbide[J]. Journal of the Electrochemical Society,1966,113(7):728 - 731.

[20] MUENCH W V, PHAFFENEDER I. Epitaxial deposition of silicon carbide from silicon tetrachloride and hexane[J]. Thin Solid Films,1976,31(1):39 - 51.

[21] YOSHIDA S, SAKUMA E, OKUMURA H, et al. Heteroepitaxial growth of SiC polytypes[J]. Journal of Applied Physics,1987,62(1):303 - 305.

[22] KURODA N, SHIBAHARA K, YOO W S, et al. Extended Abstracts[C]. The 34th Spring Meeting of the Japan Society of Applied Physics and Related Societies, Tokyo,1987:135.

[23] KURODA N, SHIBAHARA K, YOO W S, et al. Extended Abstracts[C]. The 19th Conference on Solid State Devices and Materials, Tokyo,1987:227.

[24] HEINE V, CHENG C, NEEDS R J. The preference of silicon carbide for growth in the metastable cubic form[J]. Journal of the American Ceramic Society,1991,74(10):2630 - 2633.

[25] YOO W S, MATSUNAMI H. Amorphous and Crystalline Silicon Carbide Ⅳ[M]. Berlin: Springer-Verlag,1992:66.

[26] ZHENG H, FU Z, LIN B, et al. Controlled-growth and characterization of 3C-SiC and 6H-SiC films on c-plane sapphire substrates by LPCVD[J]. Journal of Alloys and Compound, 2006, 426(1): 290 - 294.

[27] MCARDLE T J, CHU J O, ZHU Y, et al. Multilayer epitaxial graphene formed by pyrolysis of polycrystalline silicon-carbide grown on c-plane sapphire substrates[J]. Applied Physics Letters, 2011,98(13):132108.

[28] STRITE S, LIN M E, MORKOC H. Progress and prospects for GaN and the Ⅲ-Ⅴ nitride semiconductors[J]. Thin Solid Films,1993,231(1):197 - 210.

[29] 田民波,刘德令.薄膜科学与技术手册[M].北京:机械工业出版社,1991.

[30] LIN H, GERBEC J A, SUSHCHIKH M, et al. Synthesis of amorphous silicon carbide nanoparticles in a low temperature low pressure plasma reactor[J]. Nanotechnology,2008,19(32):325601.

[31] YANG Y, LIN Z M, LI J T. Synthesis of SiC by silicon and carbon combustion in air[J]. Journal of the European Ceramic Society,2009,29(1):175 - 180.

[32] EBADZADEH T, MARZBAN-RAD E. Microwave hybrid synthesis of silicon carbide nanopowders [J]. Materials Characterization,2009,60(1):69 - 72.

[33] FAN J Y, WU X L, CHU P K. Low-dimensional SiC nanostructures: fabrication, luminescence, and electrical properties[J]. Progress in Materials Science,2006,51(8):983 - 1031.

[34] CANHAM L T. Silicon quantum wire array fabrication by electrochemical and chemical dissolution of wafers[J]. Applied Physics Letters,1990,57(10):1046 - 1048.

[35] ZHU J, LIU Z, WU X L, et al. Luminescent small—diameter 3C-SiC nanocrystals fabricated via a simple chemical etching method[J]. Nanotechnology,2007,18(36):365603.

[36] PALMOUR J W, DAVIS R F, ASTELL-BURT P, et al. Science and technology of microfabrication [M]//HOWARD R E, HU E L, NAMBA S, et al. Pittsburgh: Material Research Society, 1987: 185.

[37] BOTSOA J, BLUET J M, LYSENKO V, et al. Photoluminescence of 6H-SiC nanostructures fabricated by electrochemical etching[J]. Journal of Applied Physics,2007,102(8):083526.

[38] SHOR J S, ZHANG X G, OSGOOD R M. Laser-assisted photoelectrochemical etching of n-type beta-SiC[J]. Journal of the Electrochemical Society,1992,139(4):1213 - 1216.

[39] TAKAZAWA A, TAMURA T, YAMADA M. Porous β-SiC fabrication by electrochemical anodization[J]. Japanese Journal of Applied Physics,1993,32(7):3148.

[40] SHISHKIN Y, CHOYKE W J, DEVATY R P. Photoelectrochemical etching of n-type 4H silicon carbide[J]. Journal of Applied Physics,2004,96(4):2311 - 2322.

[41] SHISHKIN Y, KE Y, DEVATY R P, et al. Fabrication and morphology of porous p-type SiC[J]. Journal of Applied Physics,2005,97(4):044908.

[42] BUSCHMANN V, KLEIN S, FUESS H, et al. HREM study of 3C-SiC nanoparticles: influence of growth conditions on crystalline quality[J]. Journal of Crystal Growth,1998,193(3):335 - 341.

[43] YAJIMA S, HAYASHT J, OMORI M. Continuous silicon carbide fiber of high tensile strength[J]. Chemistry Letters,1975,(9):931 - 934.

[44] YAJIMA S, HASEGAWA Y, OMORI M, et al. Development of a silicon carbide fibre with high tensile strength[J]. Nature,1976, (261):683 - 685.

[45] CHEN J, YANG G, WU R, et al. Large-scale synthesis and characterization of hexagonal prism-shaped SiC nanowires[J]. Journal of Nanoscience and Nanotechnology,2008,8(4):2151 - 2156.

[46] WANG F L, ZHANG L Y, ZHANG Y F. SiC nanowires synthesized by rapidly heating a mixture of SiO and arc-discharge plasma pretreated carbon black[J]. Nanoscale Research Letters,2009,4(2): 153 -156.

[47] TAGUCHI T, IGAWA N, YAMAMOTO H, et al. Synthesis of silicon carbide nanotubes[J]. Journal of American Ceramic Society,2005,88(2):459 - 461.

[48] XIE Z, TAO D, WANG J. Synthesis of silicon carbide nanotubes by chemical vapor deposition[J]. Journal of Nanoscience and Nanotechnology,2007,7(2):647 - 652.

[49] WEI J, LI K, LI H, et al. Large-scale synthesis and photoluminescence properties of hexagonal-shaped SiC nanowires[J]. Journal of Alloys and Compounds,2008,462(1):271 - 274.

[50] LIAO L S, BAO X M, YANG Z F, et al. Intense blue emission from porous β-SiC formed on C^+-implanted silicon[J]. Applied Physics Letters,1995,66(18):2382 - 2384.

[51] TETELBAUM D I, MIKHAILOV A N, BELOV A I, et al. Luminescence and structure of nanosized inclusions formed in SiO_2 layers under double implantation of silicon and carbon ions[J]. Journal of Surface Investigation: X-ray, Synchrotron and Neutron Techniques,2009,3(5):702 - 708.

[52] LIU J Q, SKOWRONSKI M, HALLIN C, et al. Structure of recombination-induced stacking faults in high-voltage SiC p-n junctions[J]. Applied Physics Letters,2002,80(5):749 - 751.

[53] 张国栋,崔慎秋,崔红卫,等. 半导体单晶生长过程中的位错研究[J]. 人工晶体学报,2007,36(2): 301 -307.

[54] WAHAB Q, ELLISON A, HENRY A, et al. Influence of epitaxial growth and substrate-induced defects on the breakdown of 4H-SiC Schottky diodes[J]. Applied Physics Letters, 2000, 76 (19): 2725 -2727.

[55] HAN X D, ZHANG Y F, LIU X Q, et al. Lattice bending, disordering, and amorphization induced plastic deformation in a SiC nanowire[J]. Journal of Applied Physics,2005,98(12):124307.

[56] JARRENDAHLK, DAVIS R F. Materials Properties and Characterization of SiC[M]//SiC Materials and Devices. Amsterdam: Academic Press,1998:14.

[57] BHATNAGAR M, NAKANISHI H, MCLARTY P K, et al. Comparison of Ti and Pt silicon carbide Schottky rectifiers[C]. IEEE International Electron Devices Meeting, Technical Digest. ,1992.
[58] WALDROP J R, GRANT R W. Schottky barrier height and interface chemistry of annealed metal contacts to alpha 6H-SiC: crystal face dependence[J]. Applied Physics Letters, 1993, 62(21): 2685-2687.
[59] ITOH A, KIMOTO T, MATSUNAMI H. Efficient power Schottky rectifiers of 4H-SiC[C]// Proceedings of ISPSD. IEEE,1995:101-106.
[60] LUNDBERG N, ÖTLING M, TÄGTSTRÖM P, et al. Chemical vapor deposition of tungsten Schottky diodes to 6H-SiC[J]. Journal of the Electrochemical Society,1996,143(5):1662-1667.
[61] HARA S, TERAJI T, OKUSHI H, et al. Control of Schottky and ohmic interfaces by unpinning Fermi level[J]. Applied Surface Science,1997,117:394-399.
[62] BALIGA B J. Power Semiconductor Devices[M]. Boston: PWS Publishing Company,1996.
[63] ZHAO J H, ALEXANDROW P, LI X. Demonstration of the first 10 kV 4H-SiC Schottky barrier diodes[J]. IEEE Electron Device Letters,2003,24(6):402-404.
[64] SCHOEN K P, WOODALL J M, COOPER Jr J A, et al. Design considerations and experimental analysis of high-voltage SiC Schottky barrier rectifiers[J]. IEEE Transactions on Electron Devices, 1998,45(7):1595-1604.
[65] HELD R, KAMINSKI N, NIEMANN E. SiC merged p-n/Schottky rectifiers for high voltage application [J]. Materials Science Forum,1998,264:1057-1060.
[66] DAHLQUIST F, ZETTERLING C M, ÖSTLING M, et al. Junction barrier Schottky diodes in 4H-SiC and 6H-SiC[J]. Materials Science Forum,1998,264:1061-1064.
[67] 陈治明.碳化硅电力电子器件及其制造工艺新进展[J].半导体学报,2002,23(7):673.
[68] ASANO K, HAYASHI T, SAITO R, et al. High temperature static and dynamic characteristics of 3.7kV high voltage 4H-SiC JBS[C]//Proceedings of ISPSD. IEEE,2000:97-100.
[69] DAHLQUIST F, SVEDBERG J O, ZETTERLING C M, et al. A 2.8 kV, forward drop JBS diode with low leakage[J]. Materials Science Forum,2000,338:1179-1182.
[70] BHATNAGAR M, BALIGA B J. Silicon-carbide high-voltage (400 V) Schottky barrier diodes[J]. IEEE Electron Device Letters,1992,13:501-503.
[71] CALLANAN R J, AGARWAL A, BURK A, et al. Recent progress in SiC DMOSFETs and JBS diodes at Cree[J]. 34th Annual Conference of IEEE on Industrial Electronics,2008:2885-2890.
[72] BALIGA B J. Analysis of junction barrier controlled Schottky rectifier characteristics[J]. Solid-State Electronics,1985,28(11):1089-1093.
[73] BALIGA B J. Analysis of a high voltage merged PIN/Schottky (MPS) rectifier[J]. IEEE Electron Device Letters,1987,8(9):407-409.
[74] TAN J, COPPER Jr J A, Melloch M R. High-voltage accumulation-layer UMOSFET's in 4H-SiC[J]. IEEE Electron Device Letters,1998,19(12):487-489.
[75] RYU S H, AGARWAL A K, SINGH R, et al. 1 800 V NPN bipolar junction transistors in 4H-SiC [J]. IEEE Electron Device Letters,2001,22(3):124-126.
[76] AGARWAL A K, RYU S H, RICHMOND J, et al. Large area, 1.3 kV, 17 A, bipolar junction transistors in 4H-SiC[C]//Proceedings of ISPSD. IEEE,2003:135-138.
[77] AGARWAL A K, RYU S H, RICHMOND J, et al. Recent progress in SiC bipolar junction transistors[C]//Proceedings of ISPSD. IEEE,2004:361-364.
[78] LIM D C, JEE H G, KIM J W, et al. Deposition of epitaxial silicon carbide films using high vacuum

MOCVD method for MEMS applications[J]. Thin Solid Films,2004,459(1):7－12.

[79] FRAGA M A. Comparison between the piezoresistive properties of α-SiC films obtained by PECVD and magnetron sputtering[J]. Materials Science Forum,2011,679:217－220.

[80] PAKULA L S, Yang H, Pham H T M, et al. Fabrication of a CMOS compatible pressure sensor for harsh environments[J]. Journal of Micromechanics and Microengineering,2004,14(11):1478－1483.

[81] POZZI M, HASSAN M, HARRIS A J, et al. Mechanical properties of a 3C-SiC film between room temperature and 600 degrees[J]. Journal of Physics D: Applied Physics,2007,40(11):3335－3342.

[82] SPETZ A L, BARANZAHI A, TOBIAS P, et al. High temperature sensors based on metal-insulator-silicon carbide devices[J]. Physica Status Solidi A,1997,162(1):493－511.

[83] NAKAGOMI S, TOBIAS P, BARANZAHI A, et al. Influence of carbon monoxide, water and oxygen on high temperature catalytic metal-oxide-silicon carbide structures[J]. Sensors and Acturators B: Chemical,1997,45(3):183－191.

[84] SPETZ A L, TOBIAS P, BARANZAHI A, et al. Current status of silicon carbide based high-temperature gas sensors[J]. IEEE Transactions on Electron Devices,1999,46(3):561－566.

[85] EDMOND J A, KONG H S, CARTER Jr C H. Blue LEDs, UV photodiodes and high-temperature rectifiers in 6H-SiC[J]. Physica B: Condensed Matter,1993,185(1):453－460.

[86] YAN F, XIN X, ASLAM S, et al. 4H-SiC UV photo detectors with large area and very high specific detectivity[J]. IEEE Journal of Quantum Electronics,2004,40(9):1315－1320.

[87] NEUDECK P G. Electrical impact of SiC structural crystal defects on high electric field devices[J]. Material Science Forum,2000,338:1161－1166.

第8章

GaN

8.1 概　述

GaN材料的应用

ⅢA族氮化物(GaN)材料与SiC、金刚石等半导体材料一起被称为第三代半导体材料，是继第一代锗、硅半导体材料，第二代砷化镓、磷化铟化合物半导体材料之后的半导体材料研究关注的焦点。GaN为直接带隙半导体材料，Maruska等[1]于1969年首先精确地测量出其禁带宽度在常温下为3.39 eV；通过改变材料中Ⅲ-Ⅴ族氮化物AlN、InN等的合金成分，其禁带宽度可以在1.9～6.2 eV之间连续可调，覆盖整个可见光区，并扩展到紫外范围，是一种理想的短波长发光器件材料。与传统的半导体材料相比，经调制掺杂的AlGaN/GaN结构具有高的电子迁移率($2\,000\ cm^2 \cdot V^{-1} \cdot s^{-1}$)、高的饱和电子漂移速度($1\times10^7\ cm \cdot s^{-1}$)、较低的介电常数，并具有良好的热传导性，是制作微波器件的优选材料。这些优良特性使GaN基器件在高亮度蓝光发光二极管、紫外-蓝光激光器等光电子器件以及抗辐射、高频微波器件、高温场效应晶体管、大功率电力电子器件[2-5]上有广泛的应用前景。

ⅢA族氮化物半导体材料有许多其他材料无法比拟的优点，虽然长期以来GaN材料衬底的单晶问题没有得到解决，且异质外延缺陷密度又相当高，但一些基于GaN的光电、电子器件已被研制出来并部分实现商品化。GaN光电器件能发出高能量的蓝光，合成白色光的LED。这种白光LED的功耗仅为白炽灯的1/8，是荧光灯的1/2，其寿命是传统荧光灯的50～100倍。尽管如此，ⅢA族氮化物半导体材料仍然有很多需要解决的问题。本章节将对GaN材料做出较为详细的综述，以阐明ⅢA族氮化物半导体材料的基本特性，并介绍相关器件的研究进展。

8.2 GaN的基本性质

8.2.1 物理和化学特性

GaN是一种宽禁带(3.39 eV)、高熔点(1 700 ℃)、物理性质非常稳定的化合物半导体材料。在室温下GaN的化学性质十分稳定，不与酸碱发生反应，在热的强碱溶液中会缓慢分解，低结晶质量GaN能与NaOH、H_2SO_4和H_3PO_4发生化学反应[6]。普通湿法刻蚀很难对高品质GaN材料表面进行处理，高品质GaN基LED的刻蚀方法主要采用反应离子刻蚀技术，而LED的刻蚀通常采用感应耦合等离子体刻蚀技术[7]。

GaN材料在高温下的热膨胀性和热稳定性对优化材料生长工艺有非常重要的意义。

GaN 材料生长的基本方法是高温下在不同的衬底上外延生长。由于衬底与 GaN 的热膨胀系数不同，在冷却过程中外延层内将产生应力，导致额外的结构缺陷，影响外延层的晶体质量。据已有文献报道，GaN 在 100 K(1 K = −272.15 ℃)时热膨胀系数为 $a_0 \approx 1.2 \times 10^{-6}\ K^{-1}$，$c_0 \approx 1.1 \times 10^{-6}\ K^{-1}$；在 600 K 时，相应的数据变为 $a_0 \approx 5 \times 10^{-6}\ K^{-1}$，$c_0 \approx 4.4 \times 10^{-6}\ K^{-1}$[8]。高温环境中，GaN 在 H_2 气氛下比 N_2 气氛下容易分解，当气压高于 100 Torr (1 Torr≈133.3 Pa)时，GaN 的分解明显加强。

8.2.2 晶体结构

通常情况下 GaN 主要以六方纤锌矿结构和立方闪锌矿结构(zinc blende structure)存在(六方相是热力学稳定态结构，立方相只是亚稳态结构)，极端高压下表现为立方 NaCl 结构，如图 8.1[9]所示。表 8.1 列出了纤锌矿和闪锌矿结构 GaN 的一些参数。

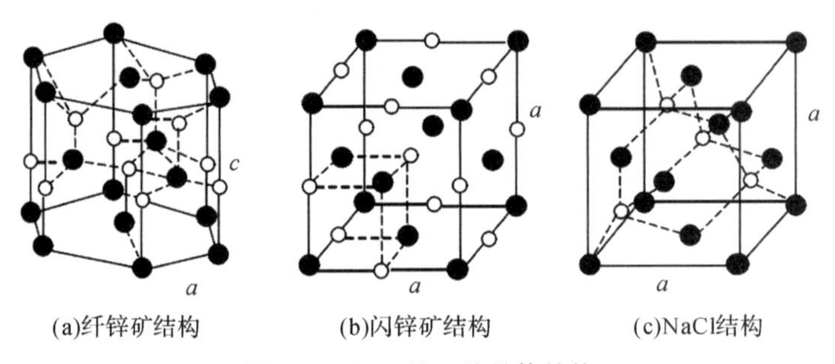

图 8.1 GaN 的三种晶体结构

表 8.1 不同晶体结构 GaN 的基本性质

参　数	纤锌矿结构	闪锌矿结构
禁带宽度/eV	3.39(室温下)	3.2～3.3(室温下)
晶格常数/nm	a=0.318 85 c=0.518 5	a=0.451 1
折射率	2.33(1 eV) 2.67(3.39 eV)	2.9(3.0 eV)
德拜温度/K	600	600
密度/(g・cm^{-3})	6.15	6.15
静态介电常数	8.9	9.7
高频介电常数	5.35	5.3
有效电子质量/m_0	0.20	0.13
有效空穴质量/m_0		
重空穴有效质量/m_0	1.4	1.3
轻空穴有效质量/m_0	0.3	0.2
电子亲和势/eV	4.1	4.1
电子迁移率/(cm^2・V^{-1}・s^{-1})	≤1 000	≤1 000
空穴迁移率/(cm^2・V^{-1}・s^{-1})	≤200	≤350

续表

参　数	纤锌矿结构	闪锌矿结构
熔点/℃		2 500
比热容/($J \cdot g^{-1} \cdot K^{-1}$)		0.49
热导率/($W \cdot cm^{-1} \cdot K^{-1}$)		1.3

在这两种结构中，每个 Ga 原子连接 4 个 N 原子，同样，每个 N 原子与 4 个 Ga 原子相邻。纤锌矿结构中沿[0001]方向原子层的堆积顺序为 ABABAB，如图 8.2[10] 所示，闪锌矿结构中沿[111]方向原子层的堆积顺序为 ABCABCABC。在 50 GPa 的压力下，GaN 由纤锌矿结构向 NaCl 结构转变[11]。纤锌矿结构的 GaN 生长方向一般为(0001)晶面，由 Ga 原子和 N 原子交替占据相邻晶面，因此双层具有两个极性面。Ponce 等[12]的研究表明，GaN 单晶中的光滑面对应(0001)Ga 面，(0001)N 面较为粗糙。

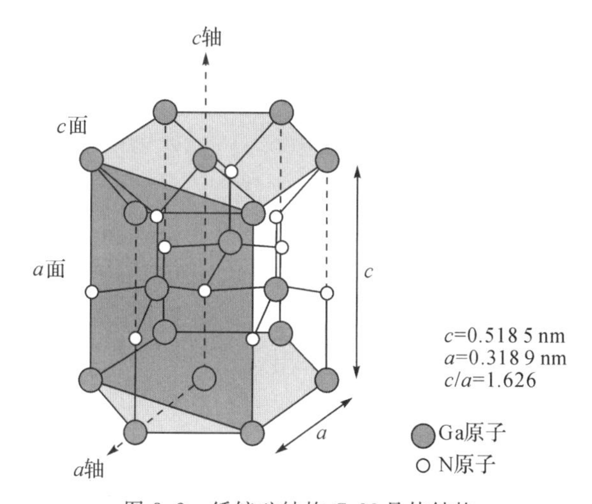

图 8.2　纤锌矿结构 GaN 晶体结构

纤锌矿结构 GaN 能带结构(见图 8.3)与闪锌矿结构 GaAs 接近，不同的地方在于 GaN

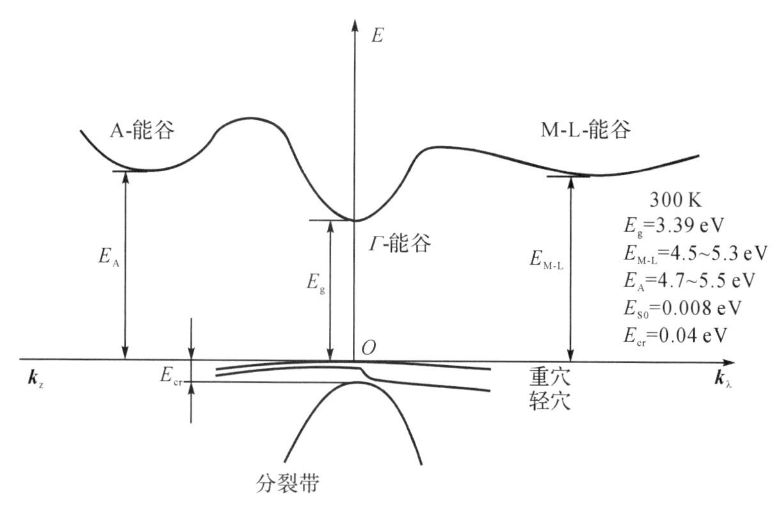

图 8.3　纤锌矿结构 GaN 能带结构

中价带简并消失，GaN 材料中存在三种激子：A 激子、B 激子和 C 激子。此外，纤锌矿结构中具有晶体场分裂的六方晶体可以解释为受内应力的立方结构，因此 GaN 价带偏移程度受应力的影响要小于 GaAs，量子阱束缚和应力对 GaN 价带结构的影响比对 GaAs 的小得多。

8.2.3 电学性质和掺杂

GaN 材料优良的电学特性是提高半导体器件性能的重要因素。在很大温度范围内 GaN 的禁带宽度使其本征载流子浓度很低，但非故意掺杂的 GaN 一般呈 n 型，且存在较高的 n 型本底载流子浓度(电子浓度在 10^{18} cm^{-3} 量级)，这曾经是阻碍 GaN 器件研究和发展的重要原因。随着生长技术的发展，通过 MOCVD 生长的晶体质量较高的材料电子浓度可以降低至 4×10^{16} cm^{-3}[13]。经掺杂后，n 型载流子浓度可达 10^{19} cm^{-3}。

通常认为，非故意掺杂 GaN 材料 n 型载流子的主要来源是 N 空位[14-17]。MOCVD 生长 GaN 材料时，V_N 浓度随生长温度升高而缓慢增加，在 800～1 500 K(1 K＝－272.15 ℃)的区间内，V_N 的浓度不超过 2×10^{17} cm^{-3}。此时，可以认为 GaN 材料中绝大多数的 n 型载流子由 V_N 提供[18]。在早年的研究中，获得较高掺杂浓度的 p 型 GaN 是很困难的。因为 p 型载流子的浓度取决于掺杂剂的固溶度与离化能，这与半导体电子的有效质量、介电常数等有关，而常用掺杂剂 Mg 的离化能较高(约 200 meV)，在室温下只有 1％的 Mg 原子离化，这也是制约 GaN 器件商业化应用的瓶颈所在。直到 1989 年，Amano 等[19]才用 MOCVD 成功合成了以 Mg 为掺杂剂的 p 型 GaN 薄膜。1992 年，Nakamura 等[20]发现在 700 ℃、N_2 气氛中退火，可以激活掺 Mg 的 p 型 GaN，载流子浓度可达 10^{18} cm^{-3}，但把 p 型 GaN 置于 NH_3 气氛中退火后，p 型 GaN 又变回半绝缘状态，证明了 Mg 作为掺杂剂的 p 型 GaN 在很大程度上受氢的影响。目前，人们已经普遍采用这种方法：将材料在 800 ℃左右的 N_2 气氛下进行高温退火或低能电子束辐照，实现高补偿的 p 型掺杂。

载流子迁移率是影响半导体器件工作特性的一个非常重要的基本参数。理论上，GaN 的电子迁移率与掺杂浓度、电场和温度有关[21]，如图 8.4 所示。Littlejohn 等[22]报道，GaN 中电离杂质浓度为 10^{17}～10^{20} cm^{-3}时，载流子迁移率为 100～1 300 $cm^2\cdot V^{-1}\cdot s^{-1}$。GaN 的载流

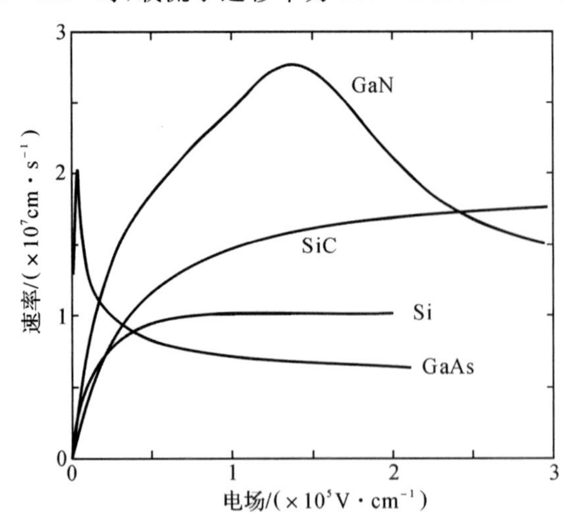

图 8.4 不同材料在不同场强下迁移率变化

子迁移率与材料质量和衬底密切相关，衬底与外延层的晶格失配对外延层的晶体质量有很大影响，形成的位错等缺陷将导致载流子迁移率降低。高温条件下直接生长在蓝宝石衬底上的外延层，其迁移率只有 10～30 $cm^2 \cdot V^{-1} \cdot s^{-1}$[23]，Nakamura 等[13]采用 200 Å 的 GaN 缓冲层通过 MOCVD 生长出的外延层室温迁移率提高到 900 $cm^2 \cdot V^{-1} \cdot s^{-1}$。

为了控制 GaN 的电学性质，需要对 GaN 进行有目的的掺杂。理论上掺杂原子半径与被替代原子越接近，与 GaN 形成的化学键越稳定，其固溶度越大，越容易实现高浓度掺杂。制备 GaN 基电光子器件时需要较高的 n 型载流子浓度，提供发光时所需注入的电子。Se[24]、Ge[25]、O[26]、Si[27-29]都可作为 GaN 中的 n 型掺杂元素，Si 在 GaN 中的电离能约为 22 meV，采用 Si 掺杂已获得 $1\times10^{17}\sim4\times10^{19}$ cm^{-3}的 GaN 外延层。GaN 中电子浓度与 Si 掺杂量基本呈线性关系，适当的 Si 掺杂还能抑制 GaN 深能级发光，提高带边发光强度[30]。未故意掺杂 GaN 中较高的 n 型本底载流子浓度使制备 p 型 GaN 并不容易。Mg 是最常用的 p 型掺杂元素，Mg_3N_2 在 1 000 ℃时稳定存在，在 GaN 中有相对较高的溶解度，但一般条件下进行 Mg 掺杂仍很难得到 p 型 GaN。研究表明，作为受主的 Mg 原子与 GaN 中的 H 原子形成 Mg-H 络合物，Mg 原子被 H 原子钝化，在 GaN 中电离能约为 200 meV，室温下只有 1%的 Mg 原子离化，不能起到高浓度受主作用。Nakamura 等[13]在 700 ℃、N_2 气氛进行退火操作，将作为受主的 Mg 原子激活，得到了空穴浓度达到 10^{18} cm^{-3}的 p 型 GaN，实现高补偿的 p 型掺杂。另外也有以 Be、C、Zn 为掺杂源的相关报道。Zn 掺杂 GaN 的电学特性表现为高阻材料，至今未见 Zn 掺杂导致 GaN p 型化的报道。但是 Zn 掺杂能使 GaN 具有很高的发光效率。Zn 在 GaN 中可能占据不同的位置，形成多重能级。室温下，掺 Zn 的 GaN 光致发光谱中通常出现 2.8 eV 的蓝光峰。在重掺杂样品中，随着掺杂剂量的增加，将出现位于 1.8 eV、2.2 eV 和 2.5～2.6 eV 的发光峰[31]。

8.2.4　光学性质

GaN 材料在蓝光、紫光和紫外发光器件上有广泛的应用前景。GaN 直接带隙宽度为 3.39 eV，通过固溶 InN 和 AlN，GaN 的禁带宽度在 1.9 eV(InN)和 6.2 eV(AlN)之间连续可调，其发光波长可以覆盖近红外、可见光以及深紫外区。1970 年，Pankove 等[32]报道了低温下 GaN 的 PL 谱，表明其在 3.477 eV 处有很强的近带边发射。

室温下，GaN 的 PL 谱通常有带边峰和 2.2 eV 左右的黄色发光峰(黄带)。结晶质量较差的 GaN 带边峰减弱，黄带增强，因此黄带与带边峰的比值可以用来衡量 GaN 的晶体质量。研究表明，黄带可能是一深施主能级到一受主能级的跃迁或者由缺陷诱导跃迁产生。室温下，未故意掺杂 GaN 的 PL 谱中可能出现 2.9 eV 左右的发光峰(蓝带)，有关其发光机理的研究很少，但有研究表明发光峰可能是由自由电子跃迁到受主能级而产生的。

Monemar[33]报道在－271.55 ℃下，GaN 在 3.503 eV 处有很强的带边发射。禁带宽度与温度之间有如下关系：

$$E_g = E_{g0} - \frac{\alpha_c T^2}{T - T_0} \tag{8-1}$$

式中，E_{g0}、α_c 和 T_0 为特定常数，不同研究人员得到的数值有所不同。低温下，GaN 的 PL 谱中还常常出现自由激子峰、束缚激子峰及声子伴线等带边结构，以及一些与 GaN 中杂质或缺陷有关的非本征跃迁峰。

8.2.5 GaN与其他ⅢA族氮化物合金

GaN与InN、AlN等ⅢA族氮化物很容易形成合金固溶体，目前研究得较多的是InGaN和AlGaN合金，随着固溶组分的变化，合金禁带宽度可以在1.9～6.2 eV之间调节，十分适合作为GaN基LED和LD的有源区。InGaN在InN摩尔分数小于0.42时，其晶格常数基本满足Vegard定理[34]，高于此值则晶格与组分的关系偏离线性关系。Osamura等[35]研究发现，在整个组分范围内InGaN材料的禁带宽度与组分的关系可近似为：

$$E_g(In_xGa_{1-x}N)=xE_g(InN)+(1-x)E_g(GaN)-bx(1-x) \quad (8\text{-}2)$$

式中，$E_g(InN)=2.07$ eV，$E_g(GaN)=3.40$ eV，b是用来描述合金禁带宽度偏离线性关系大小的弯曲系数。早前的研究[36-37]表明弯曲系数b为0～1 eV，Wright等[38]在后来的研究中推断出闪锌矿结构InGaN的弯曲系数b为1 eV，Nakamura[39]证实了这一弯曲系数能很好地对应低In合金的PL测试结果。之后也有一些稍大的弯曲系数值被报道：Li等[40]研究GaInN/GaN的PL谱，得出1.6 eV的结果，但这样的结果是在很薄的GaInN条件下得出的，未考虑材料之间的应力。若考虑到GaN与InN之间高达11%的晶格失配的影响，InGaN合金禁带宽度的变化将与上述公式有较大的偏离。在最近的研究中，McCluskey等[41]在In组分小于0.12的合金中实验得出了较大的弯曲系数(3.5 eV)，相似的结果(2.4～4.5 eV)被后来不同的研究组陆续发现[42-46]。

AlGaN合金同样可以作为GaN基LED与LD的有源层材料。由于AlN与GaN的晶格失配比InN更小，且AlGaN有更高的热稳定性，所以可以较容易地得到各种组分的AlGaN材料。与InGaN相似，AlGaN带隙随组分的变化可表示为[47]：

$$E_g(Al_xGa_{1-x}N)=xE_g(AlN)+(1-x)E_g(GaN)-bx(1-x) \quad (8\text{-}3)$$

式中，$E_g(AlN)=6.20$ eV，$E_g(GaN)=3.39$ eV。同样，关于弯曲系数b也有不同的报道值[48-50]。

8.3 GaN材料制备

GaN材料由于其良好的光电特性和成熟的生产工艺，在半导体电子器件与光电器件中得到了广泛应用。采用体单晶作为GaN同质外延生长的衬底，是解决外延层晶体质量最有效的方法。20世纪80年代以来，随着外延技术的发展，卤化物气相外延(HVPE)、分子束外延(MBE)、金属有机物化学气相沉积(MOCVD)等方法成为制备GaN基LED中普遍采用的技术。GaN单晶体的生长也有了显著的进步，生长出了大直径的体单晶。

8.3.1 GaN体单晶的生长

最早，Johnson等[51]于1932年将氨气通入热的液态Ga中，第一次获得了多晶的GaN。1970年，Zetterstrom[52]报道了通过在氨气中加热GaN粉末获得晶体尺寸为5 mm的GaN体单晶。之后对GaN单晶材料生长的研究一直在积极进行，陆续出现改进气相传输法、超高氮气压力法、助溶剂法、氨热法及提拉法等制备工艺。GaN体单晶衬底距离实际应用的要求越来越近。下面将就每一种方法做简要介绍。

1. 改进气相传输法

1974 年，Edjer 等在常压、1 000～1 250 ℃范围内，使氨气流过 Ga 表面制备出 GaN 单晶。这种改进后的气相传输法采用 Ga 蒸气与氨气在高于 900 ℃时直接反应生长单晶，所需设备简单、经济，生长速率快，但 GaN 单晶中的缺陷密度不容易控制。

2. 超高氮气压力法

1997 年，Porowski 等采用液态金属 Ga 在高氮气氛下高温反应，制备出 40 mm^2 的片状体单晶，获得一些无缺陷的区域。这种方法在极高的 N_2 压力下，使 Ga 溶液中溶入足够多的 N，然后通过降温或在低温区的 Ga 溶液中使 N 过饱和，实现 GaN 单晶生长。此生长过程处于高温高压下，因而单晶质量很高。

这便是超高氮气压力法。这种方法起源于 Karpińsk 等[53−54]在 20 世纪 80 年代初期的工作，该工作发现 GaN 在 2 300 ℃和 6 GPa 的条件下能够稳定。这项工作解释了在1 200 ℃和 0.8 GPa 条件下 GaN 生长缓慢的原因是 N 在 Ga 中的溶解度极低(约 0.01%)，还实验得出了氮气在不同温度下对 GaN 的平衡分压。1991 年，Grzegory 等[55]研究了 N 在液态 Ga 中关于温度和压强的稳定性，将 N 的溶解度从 300 MPa、1 600 ℃下的 0.01%提高到了 1.45 GPa、1 850 ℃下的 0.5%。这种随温度和压强升高而增加的 N 溶解度说明了高温高压对于 GaN 的生长速度非常重要。这种方法的结晶机理[56]是典型的固体扩散，GaN 多晶首先在液态 Ga 的表面形核，金属 Ga 有利于 N_2 分子分裂成为 N 原子。这些 GaN 微晶将溶解在熔融的 Ga 中，N 原子将向液态 Ga 内部温度最低的地方扩散。

3. 助溶剂法

助溶剂法(又称熔盐法)是在超高氮气压力法基础上发展起来的一种方法。该方法在 Ga 中掺入 Na、Li、K、Sn 等金属或金属化合物来增加 N 的溶解度，从而在较低 N_2 压力下实现 GaN 晶体生长。GaN 晶体生长温度一般为 600～800 ℃，N_2 压力为 6～8 MPa，生长时间为 200 h。

NaN_3 和 Ga 在氩气氛围中被引入不锈钢管中，在密封后被放入炉子中。温度达到 300 ℃以上时，NaN_3 分解为 Na 和 N_2，提供了高纯度的 Na 和 N_2。反应在 600～800 ℃、5～10 MPa 的条件下进行，反应时间为 24～96 h，并且 Na 的比例分布为0.2～0.8[57]。实验得知，Na 比例较高的实验组得到纤锌矿结构的 GaN，且得到的是暗色细小粉末，而低 Na 组获得了透明的晶体。晶体的颜色与氮空位和杂质有关，例如氧。有研究报道了 Na 比例对 GaN 晶体形貌的影响，实验条件与上述类似(750 ℃、10 MPa 和 100 h)[58]。最大的晶体一般在低 Na 的条件下获得：所得到的晶体往往无色透明，最大尺寸可达0.8 mm×0.5 mm×0.5 mm。而高 Na 条件下得到的晶体的平均尺寸为 0.2 mm×0.2 mm×0.2 mm。

Yamane 等[59]描述了反应管中的 GaN 晶体的生长机理。首先，在 Na-Ga 溶液的表面会形成一个 GaN 多晶层，然后棱形或者锥形的晶体会在多晶层下面生长；棱形体和六方片也会在管壁上形成；反应的速度会随着温度升高或者 Na 比例的增加而加快。图 8.5 描述了上述过程。

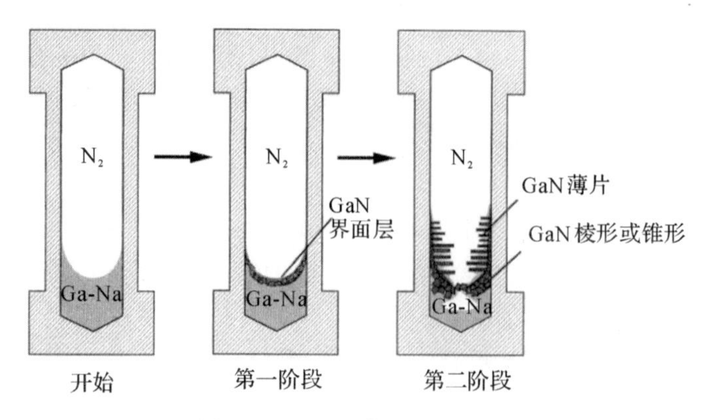

图 8.5 GaN 晶体的生长过程

使用 Na 溶液的实验的反应压强和温度明显低于前面提到的高压氮气法的原理如下：一般来说，在 950 ℃之下，N_2 不与 Ga 反应[60]，然而实际上 N_2 在远低于该值时就与 Ga 发生了反应，其中 Na 起到了一种催化剂的作用。Yamane 等[59]提出 N_2 分子可以捕获 Na 原子的电子，进而填充 N_2 分子的第一空轨道。这些反键轨道的填充导致 N 原子共价键变弱，有利于 N_2 分子的分解。由于 N 在 Na 中的溶解度很小，且没有 Na 的一氮化物或者 Na、Ga 的混合氮化物存在，Ga 原子是唯一能捕获 N 原子的元素。

4. 氨热法

20 世纪 90 年代中期，Dwilinski 等[61-62]研究了氨热法合成 GaN。GaN 是在500 ℃、400～600 MPa 下，超临界氨与金属镓反应获得的。在 MNH_2 ∶ NH_3（M 为 Li 或 K）为 1 ∶ 10的原料中，MNH_2 被称为矿化剂，其氨基化合物的比例对晶体的质量有很大的影响。对由这种方法获得的 GaN 进行电子顺磁共振测试和光致发光测试表明，所得 GaN 为单一纤锌矿结构[63]。光致发光谱中存在一个很强的黄带，带宽范围为 1.5～2.9 eV，这与空穴有关。另一方面，带边峰很窄，半高宽仅为 1 meV。

最近也有一些针对氨热法改进的实验报道，Kolis 等使用叠氮化钾作为矿化剂，得到了棱形的针状或片状晶体[64]。反应条件：500 ℃、240 h，使用 GaN 粉末作为镓源，KN_3 的浓度为 1.3 mol/L 或 1.6 mol/L。当 KN_3 浓度升高时，只有片状的晶体生成。对得到的晶体进行 X 射线衍射测试，结果表明晶体仅以纤锌矿结构存在。

5. 提拉法

2001 年，美国国际技术与器件公司报道了工业上第一个真正的 GaN 体单晶衬底，直径为 3.81 cm。该方法是在 Ga 金属表面加上一定强度的电场，促进 N 溶解入 Ga 金属中。在低于 1 100 ℃，N_2 压力为 2 atm(1 atm=101.325 kPa)时，单晶生长速度可以达到 1 mm · h^{-1}。采用 NH_3 气氛或在 Ga 溶体中加入助溶剂，可进一步增加 Ga 溶体中 N 的溶解度，有利于 GaN 体单晶的生长。

8.3.2 GaN 薄膜外延生长衬底材料的选择

上节方法可用以制备 GaN 体单晶，而进一步用于制作芯片还需要多道加工程序，且生产设备复杂、成本较高，不宜推广使用，因此有必要发展 GaN 薄膜外延生长技术。衬底材料的选择对于异质外延 GaN 的晶体质量影响很大，衬底的化学稳定性、热稳定性、电学性质、结构特性等都会对 GaN 外延层的表面形貌、晶体质量、结晶取向、极性、内应力和缺陷密度等产生影响。衬底选择一般遵循结构匹配、晶格常数匹配、热膨胀系数匹配、导电导热性良好和价格适宜等原则。在晶格失配较大的衬底上外延生长 GaN 薄膜时会引入大量位错，热膨胀系数差别过大会在冷却过程中产生较大的双轴应力而出现微裂纹，将严重影响外延层的光电性质。由于异质衬底与 GaN 间存在不同程度的晶格失配和热失配，因此导致 GaN 外延层产生高密度位错（10^8～10^{10} cm^{-2}）。一方面，高密度位错会降低载流子迁移率、寿命和材料热导率，同时形成非辐射复合中心和光散射中心，因此降低光电子器件的发光效率；另一方面，电极金属和杂质金属元素会扩散到位错中形成漏电流，因此降低器件的输出功率，严重影响器件的稳定性[65]。

目前，用于 GaN 外延生长的衬底材料主要有 Si、蓝宝石、SiC、$LiAlO_2$、GaN 等，这些衬底材料的性质见表 8.2。

表 8.2　不同衬底材料的各项参数（1 K＝−272.15 ℃）

性　质	GaN	Si	Al_2O_3	γ-$LiAlO_2$	6H-SiC
晶体结构	纤锌矿	金刚石	纤锌矿	四方晶系	纤锌矿
晶格常数/nm	a＝0.318 c＝0.518 2	0.543 1	a＝0.475 8 c＝1.299 1	a＝0.516 9 c＝0.626 8	a＝0.308 1 c＝1.512 0
熔点/K	1 770	1 414	2 315	1 780	3 100
机械强度	高	高	高	—	低
导电性	良好	良好	差	—	良好
解理程度	困难	困难	困难	容易	容易
热导率 /($W \cdot cm^{-1} \cdot K^{-1}$)，室温	2.0	1.56	0.35（c 轴）	—	4.9（a 轴）
热膨胀系数 /($\times 10^{-6} K^{-1}$)，室温	3.1 3.5	2.57	5.9 6.3	—	2.9 2.9
晶格失配率	0	17%	16.1%	1.4%	3.5%

蓝宝石和 SiC 衬底具有高温稳定性、合适的晶体结构和表面形态等特性，它们是现在生长 GaN 外延层的主要衬底材料。蓝宝石的(0001)、(1010)、(1120)和(1102)四个晶面都可以进行外延生长。蓝宝石透明、经济，大小可达 15.24 cm，在制作光电器件上有独特的优势。另外，由于蓝宝石的高电阻和高声学波速率，蓝宝石衬底对制备表面声波器件也有好处。虽然蓝宝石与 GaN 之间的晶格失配比 Si 小，但也会使 GaN 在外延生长时产生严重缺陷，位错密度可达 10^{10} cm^{-2}。蓝宝石的热膨胀系数比 GaN 大，冷却时易产生应力，GaN 外延层越厚，应力越明显，严重时会使 GaN 层开裂。与其他衬底材料相比，蓝宝石热导率低，这使器件的工作效率受限。同时蓝宝石本身不导电，制作器件时需在正面镀电极，这使器件可用面积减少。目前，为了提高蓝宝石上 GaN 外延层的质量，在外延生长前，常采用表面氮化、表面刻蚀等方法对衬底进行处理。Peng 等[66]使实验材料经过 280 ℃下 50 min 的表面刻蚀，将外延层中的缺陷密度降低到了 3.1×10^5 cm^{-2}。

在外延生长 GaN 的过程中，6H-SiC 材料与蓝宝石相比有较大优势，包括较小的晶格失配率(3.1%)以及很高的热导率(3.8 W · cm^{-1} · K^{-1});SiC本身具有蓝光发光特性,且能导电,可以直接用作电极材料,与蓝宝石衬底相比可大大简化器件结构。其缺点在于,SiC与GaN之间吸附力较差,通过AlGaN缓冲层可以解决这个问题,但缓冲层会加大器件与衬底间电阻;SiC的热膨胀系数小于GaN,外延层上呈双向拉伸应力,一定程度上影响外延层的质量;SiC单晶衬底价格昂贵,经济性较蓝宝石差。Reitmeier等[67]用金属有机物气相外延(MOVPE)技术在SiC衬底上外延生长GaN,随着GaN缓冲层厚度增加,GaN外延层质量越来越好。

外延生长GaN薄膜最好的衬底是GaN体单晶,同质外延生长消除了异质生长相关的所有问题,同时更容易控制晶体的极性、掺杂浓度等。Novikov等[68]在实验中实现了同质外延生长里直径为5.08 cm、厚度为100 μm的GaN薄膜。目前,GaN同质外延的主要问题在于GaN体单晶本身的高缺陷密度会延伸到GaN薄膜内,产生大量位错,严重时导致外延层开裂。

从各方面综合考虑,生长高质量GaN外延层需要采用GaN、SiC、$LiAlO_2$衬底。随着衬底生产工艺的不断提高,高质量、低成本的GaN外延薄膜生长也会成为可能。由于蓝宝石衬底生长工艺成熟、价格便宜,在蓝宝石上通过表面处理和生长缓冲层来生长GaN薄膜是目前最常用的GaN薄膜生长工艺。

8.3.3 GaN外延生长技术

晶体生长技术和工艺的发展推动着GaN材料器件的进步,正是InGaN外延技术的提高,使高亮度的GaN基LED和LD成为现实。目前,生长GaN外延层的方法主要有卤化物气相外延(HVPE)、分子束外延(MBE)、横向外延过生长和金属有机物化学气相沉积(MOCVD)等。

HVPE方法在GaN发展初期起了重要作用,是早期生长GaN体单晶的常用方法之一。HVPE有很高的生长速率,20~100 μm · h^{-1}。Molnar等[69]报道,在蓝宝石衬底上用HVPE生长出的GaN的电学性能有极大的改善,膜表面位错密度可降低至10^8 cm^{-2},室温下电子迁移率为845 cm^2 · V^{-1} · s^{-1},载流子浓度为7×10^{16} cm^{-3}。

MBE方法以Ga分子束作为Ga源,NH_3作为N源,在衬底表面反应生长GaN。该方法可以在较低温度下实现GaN生长,减少N原子挥发,抑制V_N生成,从而降低本底n型载流子浓度。MBE方法生成外延层的速率较慢,可以精确控制外延层的厚度,但对于LED、LD等需要较厚外延层的器件,其生长速率过于缓慢。Lin等[70]用电子回旋共振MBE在660 ℃温度下于SiC衬底上外延生长出2.5~3.5 μm的薄膜,室温下载流子浓度为2×10^{17} cm^{-3},迁移率达到580 cm^2 · V^{-1} · s^{-1}。

横向外延过生长技术是在已经沉积的GaN缓冲层上覆盖一层SiO_2或SiN_x掩膜,然后在掩膜上刻出一定图案的GaN窗口,如图8.6所示。由于键能上的差异很大,Ga原子和N原子在SiO_2或SiN_x掩膜上都不易沉积形核,因而GaN在GaN窗口上的沉积速率比在掩膜上快得多。当窗口区长满后,GaN薄膜就向侧向伸展,直至整个外延层连成一片。GaN材料中的缺陷主要为线位错,采用横向外延过生长技术时,被掩膜覆盖的GaN内的线位错被截断,只有窗口区的线位错能延伸入外延层。这样生长出的GaN薄膜中线位错大大减少,典型的位错密度可以从10^8~10^{10} cm^{-2}降低到10^4~10^6 cm^{-2}[71]。如果窗口区开得足够

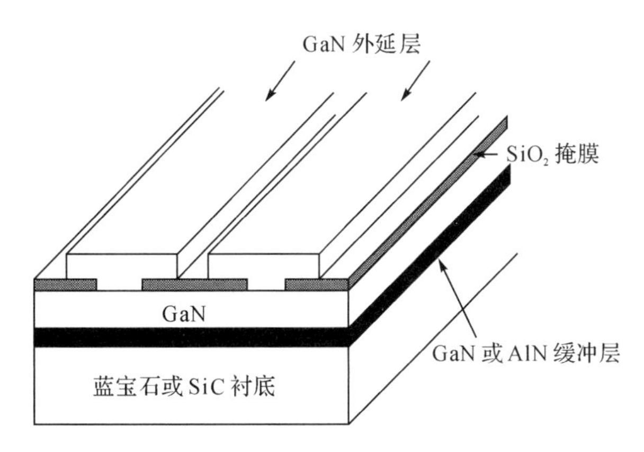

图 8.6 横向外延过生长技术

小,从 GaN 缓冲层延伸到外延层的线位错密度将更小。在 GaN 缓冲层上沉积 SiN_x 薄膜时,若将 SiN_x 薄膜厚度控制在 2 nm,在 SiN_x 薄膜上会出现直径为 30 nm 的纳米孔,其密度约为 1×10^{10} cm^{-2}。在生长 GaN 外延层过程中,这些纳米孔相当于横向外延过生长时的窗口区,用这种方法生长的 GaN 薄膜的位错密度非常低,在 22 μm×13 μm 的范围内见不到位错。Nakamura 等[72]利用横向外延过生长技术制备出寿命超过 10 000 h 的 GaN 蓝色激光器,并实现了器件的商品化。现在横向外延过生长技术已是 GaN 基激光器制备的关键技术。

MOCVD 方法是目前唯一能制备高亮度 LED 外延材料并用于规模生产的生长技术。MOCVD 生长速率适中可控,可较精确地调节外延层厚度,十分适合 LED 和 LD 中有源层的制备。采用 MOCVD 方法进行外延时,把气相金属有机源输送到加热的衬底上,有机源分解沉积成 GaN 薄膜,其基本的化学机理涉及气相复合和表面反应过程,是一个复杂的热力学过程。Nakamura 等采用双束流反应管得到了室温下迁移率约为 900 $cm^2\cdot V^{-1}\cdot s^{-1}$、载流子浓度为 3×10^{16} cm^{-3}的 GaN 外延层。

尽管横向外延过生长技术可以降低位错密度,但外延生长薄膜与掩膜接触部分仍会产生低角度晶界,悬挂外延生长技术可减少甚至消除掩膜引起的晶体缺陷。悬挂外延生长通常以 SiC 或 SiC/Si 异质材料为衬底,首先生长 GaN 缓冲层,然后在其表面覆盖一层 SiN 掩膜,再采用反应离子刻蚀刻去一部分 GaN 和一定深度的 SiC 衬底。生长 GaN 薄膜时,GaN 在经刻蚀露出的 GaN 缓冲层侧表面更易形核,因而发生 GaN 的横向外延过生长。由于 SiC 衬底被刻去一定深度,外延出的 GaN 如同悬挂在缓冲层 GaN 晶体两边,排除了掩膜和异质衬底对 GaN 外延层的影响,位错密度和界面应力大大减小,且有更高的晶体质量。

8.4 GaN 光电器件

GaN 是直接跃迁型半导体材料,其导带最低点与价带最高点在同一 $\boldsymbol{k}$ 空间,发光时不需要声子配合,其发光效率远远高于间接间隙的材料。而且 GaN 可以与 InN 和 AlN 固溶,使其波长范围从可见光到紫外波段连续可调,因此 GaN 被广泛应用于光电器件,如 GaN 基发光二极管(LED)和激光二极管(LD)。

8.4.1 GaN 基 LED

GaN 作为 LED 材料具有禁带宽度大、电子饱和速率高、击穿电场高等优点，GaN 与Ⅲ族氮化物形成的合金半导体材料可以实现禁带宽度在大范围内连续调节，频率覆盖可见光区和紫外光区。通过对 GaN 材料性能的不断研究，对其生长制备工艺的不断改进，理论上，GaN 基 LED 可以成为制作 LED 器件的最佳材料。1986 年，Amano 等[73]利用 AlN 和 GaN 的缓冲层得到高电子迁移率和高荧光效率的 GaN 外延层；1991 年，Nakamura 等[2]在 700 ℃的氮气中退火，获得低阻 p 型 GaN。这两项突破使 GaN 蓝光 LED 得以实现。1992 年后高质量 InGaN 外延层和量子阱结构取得进展，蓝光 InGaN 异质结和 InGaN 量子阱发光二极管成为 GaN 材料系列第一个商品化的产品。

商业化生产的 GaN 基蓝光二极管使用的衬底主要是 SiC 和蓝宝石。蓝宝石衬底不吸收可见光、价格适中、制备工艺相当成熟，是目前最普遍应用的 GaN 基 LED 衬底材料。但蓝宝石非常差的导热性使 LED 器件在大电流下工作时问题十分突出。SiC 是第二种作为商业化生产的 GaN 基 LED 衬底材料，SiC 衬底导电、导热性良好，可以较好地解决功率型 GaN 基 LED 器件的散热问题。此外，SiC 可以直接用作电极材料，大大简化了器件结构，使 LED 器件的面积得到有效利用。图 8.7 是以蓝宝石为衬底材料的 GaN 基 LED 结构示意图。

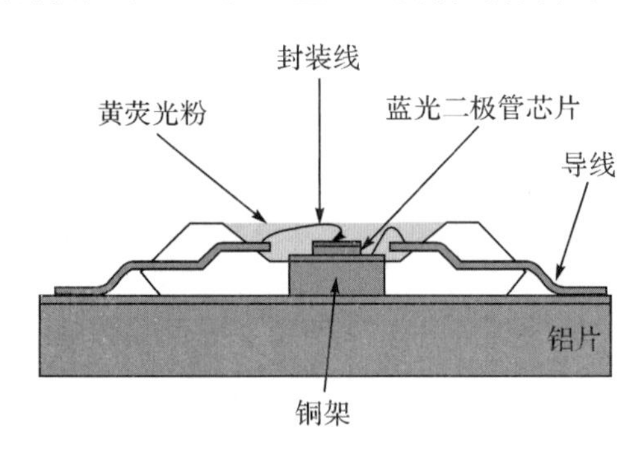

图 8.7 GaN 基 LED 的结构

较其他半导体 LED，GaN 基 LED 具有的显著优点是，尽管 GaN 晶体本身缺陷密度很高，但对 LED 的发光效率并不造成十分严重的影响。蓝宝石衬底外延生长的 GaN 薄膜中往往有大量的缺陷，其中大部分是线性位错。材料中位错有着非辐射复合中心的作用，对于器件的发光性能是有害的。但 GaN 基 LED 的内量子效率却比一般Ⅲ-Ⅴ族器件高很多，使用常规二步外延法生长的 GaN 薄膜的位错密度一般在 $10^8 \sim 10^{10}$ cm^{-2} 的范围内，然而仍然有高的发光效率与强度。高位错密度与高的发光效率并存是一个难以解释的现象。

一种观点认为只要载流子的扩散长度小于位错线之间的间隙，发光效率就不会因位错的存在而减小。GaN 中载流子的扩散长度比较小(为 50 nm)，小于晶体中位错的间隙，因而不会对发光效率造成很大的影响。另一种观点认为只有具备螺型位错分量的位错才是非辐射复合中心。GaN 材料的位错中绝大部分位错(约 92%)是纯刃型位错，因而不会影响 LED 的发光效率。最近研究表明，纯刃型位错也会起到一定的非辐射复合中心的作用，因此这种解释存在着一定问题。

一般认为，InGaN 基 LED 高亮度发光的原理是 GaN 中电子和空穴在因晶体缺陷进行无益于发光的非辐射复合之前，大量空穴被捕捉到 InGaN 合金内部聚有 In 和 N 的“定域态”部分，这部分空穴很容易通过辐射复合与电子复合。通过人为引入高密度的“定域态”，可使 GaN 基材料中辐射复合寿命缩短，非辐射复合寿命延长，得到更高的发光效率。

目前，高性能的 GaN 基 LED 的内量子效率都很高，典型的 GaN 基 LED 的内量子效率达到 70%。但是由于晶格缺陷，衬底对光的吸收以及全反射等因素造成光子逃逸率很小，以至于外量子效率并不高。因此为提高 GaN 基 LED 的发光效率，一方面需要改善薄膜的晶体质量，另一方面需要改进 LED 的结构。

GaN 基材料的折射系数为 2.4～3.5，比常用的封装材料（1.3～1.5）和空气高出许多，有源层产生的大部分光子因在 LED 表面发生全反射而不能出射。因此，除提高 GaN 薄膜的晶体质量外，采用合适的结构也能够提高器件的外量子效率。下文列出几种改进 GaN 基 LED 结构的方法。

1. 倒装结构

在 LED 的 p 型 GaN 表面沉积一层反射性能良好的欧姆接触电极，经反应使衬底变得很薄，使光可以直接从衬底透射出去，这样在晶体内部被吸收的光子可以大大减少。同时，采用截面为梯形、立体结构为倒金字塔形的结构（见图 8.8），使得光子经表面全反射后再次传播到 LED 表面时可以以小于临界角的角度出射。这些技术都提高了 LED 器件的光子出射比例，从而提高了外量子效率。在表面覆盖一层高折射率的封装材料，可以将倒装结构 LED 的光子提取效率提高到 80%。

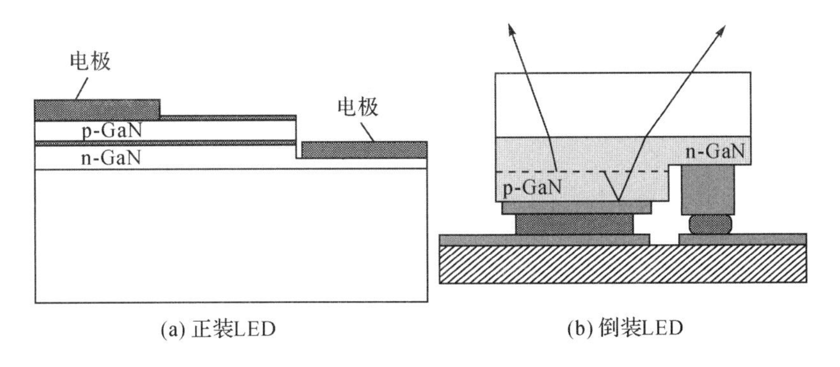

图 8.8　正装 LED 和倒装 LED 的结构

2. 光子晶体结构

自从 Yablonovitch 和 John 于 1987 年提出光子晶体（photonic crystal，PC）以来，光子晶体就引起了不同领域研究人员的兴趣。在 LED 的研究中，Fan 等学者最早分析了光子晶体结构 LED 高发光效率的原因，并称之为光子晶体发光二极管（PC-LED）。目前已报道的制备光子晶体 LED 的方法有电子束光刻法、激光全息光刻法、干法刻蚀和纳米压印技术。电子束光刻法和干法刻蚀是相对成熟的 GaN 材料光子晶体制备工艺，适用于实验室研究，并能产生较精确的光子晶体图形，使光提取效率有大幅度的提高。通过在器件 p 型表面光刻出有光子晶体结构的光刻胶，再将图案刻蚀入 LED 的 p 型表面，就可以在 LED 表面得到二维的光子晶体。图 8.9 是 Kim 等在 2005 年利用激光全息技术制成的光子晶体结构示意图和电镜扫描图。周期性排列的光子晶体可以作为光栅，当有源层发出的光子进出光子晶体区域时，会发生布拉格衍射。衍射结果使得原来入射角小于临界角的光子也可以出射到表面外，从而提高 LED 的光提取效率。这种结构理论中的光提取效率可以达到 90%。在 InGaN/GaN 多量子阱表面刻蚀 500 nm 的光子晶体，可以将 LED 的发光效率提高 2 倍。

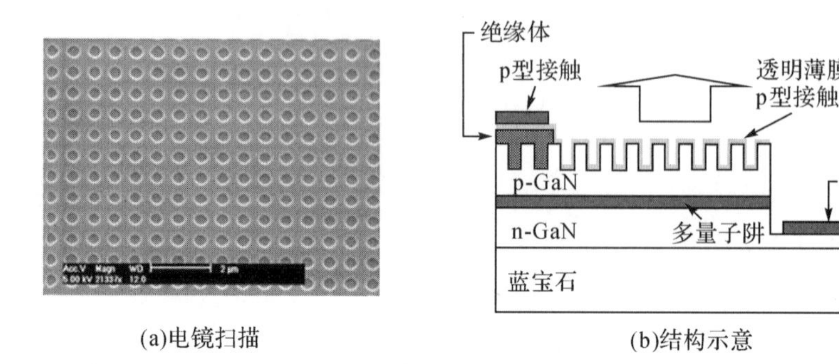

(a)电镜扫描　　(b)结构示意

图 8.9　光子晶体表面

3. 表面等离子谐振

表面等离子谐振是金属表面自由电子的一种量子化的运动。在 GaN 基 LED 的表面镀一层 Ag 薄膜（约为几十纳米）后，GaN 量子阱和表面等离子谐振产生的耦合效应可以成为载流子辐射复合以外的另一个发光途径。量子阱中载流子的能量传递到金属表面等离子体振子后，如果金属薄膜的厚度适合，等离子体振子被散射后损失的能量就以光子形式释放出来。表面等离子谐振可以从两方面提高 LED 的效率：一方面，不存在光子在 LED 内部全反射，提高了光子的逃逸率；另一方面，金属中等离子谐振的状态密度很高，量子阱中的载流子可以很快将能量传递给等离子体振子，减少了量子阱中的非辐射复合。

8.4.2　GaN 基 LD

在研究更高效的 GaN 基蓝、绿光 LED 的同时，蓝光 LD 器件的开发也成为 GaN 材料研究的重要方向。蓝光器件在信息高密度光存储领域的应用比长波长器件有着明显的优势，其存储密度能够达到 1 GB・cm^{-2}[74]，在其他领域，例如高分辨率激光打印、化学传感、全彩投影显示、地理定位、病原体检测和精密光刻等方面，都有很好的应用前景。但是激光器件的结构远比 LED 复杂，且需要高质量的材料。

1995 年，Akasaki[75] 用 InGaN 作为有源层激发了 405 nm 的光。日本 Nichia 公司于 1996 年先后实现了室温条件下电注入 GaN 基 LD 脉冲和连续工作[76-78]，富士通在此基础上成功研制了可在室温下连续激射的 InGaN 蓝光 LD，为 GaN 基蓝光 LD 的大规模应用提供了有力的技术支持。之后的一些研究对此进行了不同的改进，如带有分布式布拉格反射的[79-81]、高发射功率的[82-83]，甚至具有不同共振腔设计的[84-85] GaN 基激光器。结构上，一般采用 InGaN/GaN/AlGaN 之间的异质结结构，常见的结构如图 8.10 所示，图中还显示了器件中能带的分布情况。一般来说，激光二极管的激发层是由很多个 InGaN、GaN 或 AlGaN 组合成的量子阱组成的。如 Iida 等学者设计的 LD 结构，其激发区是由横向外延过生长技术获得的高质量材料：n 型层由 4 μm 的 $Al_{0.18}Ga_{0.82}N$ 构成，120 nm 的非故意掺杂的 $Al_{0.08}Ga_{0.92}N$ 组成波导层，3 个周期的 GaN(3 nm)/$Al_{0.08}Ga_{0.92}N$(8 nm) 多量子阱构成激发层，一个 700 nm 厚的 p 型 $Al_{0.18}Ga_{0.82}N$ 覆盖层和一个 20 nm 厚的 p^+-GaN 接触层在最外面。

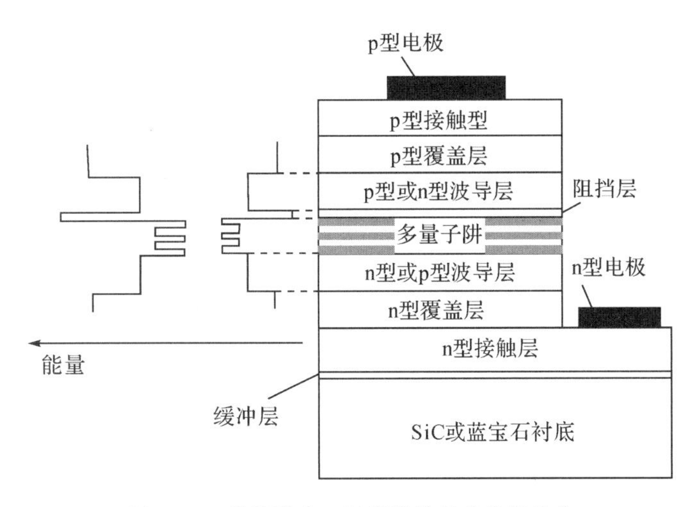

图 8.10　常见激光二极管结构及其能带分布

8.4.3　GaN 基紫外探测器

与 SiC、金刚石等半导体材料相比，GaN 应用于紫外探测器有诸多优势：量子效率高、信号陡峭、噪声低、带边可调等，可以显著提高紫外探测的灵敏度。GaN 作为直接带隙可调的ⅢA 族氮化物，在 365 nm 波段有敏锐的响应特性，同时 GaN 基紫外探测器在 200～400 nm波段能实现对日盲区的紫外探测，不受长波辐射的影响。获益于 GaN 材料质量的提高，GaN 基紫外探测器的研究也取得了巨大进展，各种结构的探测器相继出现，包括光导型和光伏型两大类。

最早的 GaN 基紫外探测器起源于 1992 年，Khan 等[86]采用标准光刻工艺制备叉指式电极，研制成首个光导型 GaN 基紫外探测器，响应截止波长为 375 nm，在 365 nm 处响应峰值达 1 000 $A \cdot W^{-1}$，响应时间约 1 ms。不同 Al 组分的 AlGaN 基探测器对光的响应在其带边对应波长处出现陡坡，如图 8.11[87]所示。光导型器件不能在零偏压下工作，因此有来自暗电流的噪声。光导型 GaN 基紫外探测器制备工艺简单、内增益高，但容易出现持续光电导现象，响应时间长且暗电流较大。一般认为这与材料中缺陷、表面态有关[88]。另外，通过对比 GaN/AlGaN 异质结在直流和交流电下的光响应可以看出极化感应电场对光响应速度有很大的影响[89]。

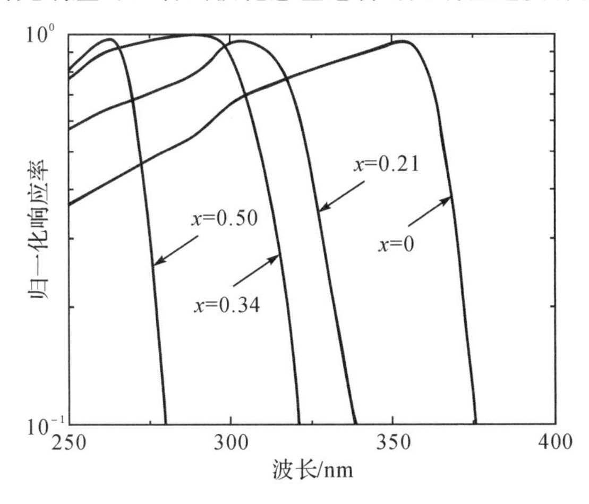

图 8.11　具有不同 Al 组分的 AlGaN 基探测器对光的响应

光伏型探测器较好地解决了紫外探测器中持续光电导的问题，主要分为金属-半导体-金属(MSM)结构、肖特基结构、PIN结构和雪崩(APD)结构。第一次制成的光伏型探测器是用Ti/Au电极与掺Mg的p型GaN形成肖特基接触[90]，很快又出现了透明的肖特基结[91-92]，这使得光可以从透明的肖特基电极中穿过。肖特基结构探测器由半透明的肖特基接触和欧姆接触构成，其耗尽层位于GaN材料中，可以有效抑制短波时量子效率的降低，具有响应速度快、在短波区响应曲线平滑等优点。但由于GaN带宽较大，能与之形成肖特基接触的金属种类有限，且形成的肖特基势垒高度较低，使GaN肖特基接触中耗尽层宽度较小，探测器暗电流较高。Zhou等[93]报道GaN基紫外探测器在10 V偏压下暗电流为0.56 pA，零偏压下响应度为0.09 A・W^{-1}，且响应度在50 mW・m^{-2}～2.2 kW・m^{-2}范围内不受入射光功率影响，可见光抑制比高达6个数量级。MSM结构探测器由两组交叉指状电极构成，但同样不能在零偏压下工作；由一对串联的肖特基二极管构成，因此暗电流相对较小，响应速度快。Carrano等[94]报道，在10 V偏压下暗电流仅为57 pA，光响应从10%上升到90%仅用23 ps。由于此结构对GaN表面的质量有很高要求，且需在一定偏压下工作，所以在研究和应用上受到限制。PIN结构探测器已经被很多研究组报道过，包括GaN基的可见光盲区探测器[95-97]和AlGaN基的日盲区探测器[98-101]，可以分为正照射和背照射两种，分别在p型、n型GaN材料上制备欧姆接触电极获得。相对MSM结构和肖特基结构探测器较复杂，但其势垒较高、暗电流低、响应速度快、能够在无偏压下工作，缺点是GaN的p型掺杂困难。Butun等[102]用MOCVD法在蓝宝石衬底上制备出了PIN结构探测器，该探测器在356 nm处响应度达0.23 A・W^{-1}，击穿电压高于120 V，可见光抑制比为6.7×10^3。上述器件的结构如图8.12所示。

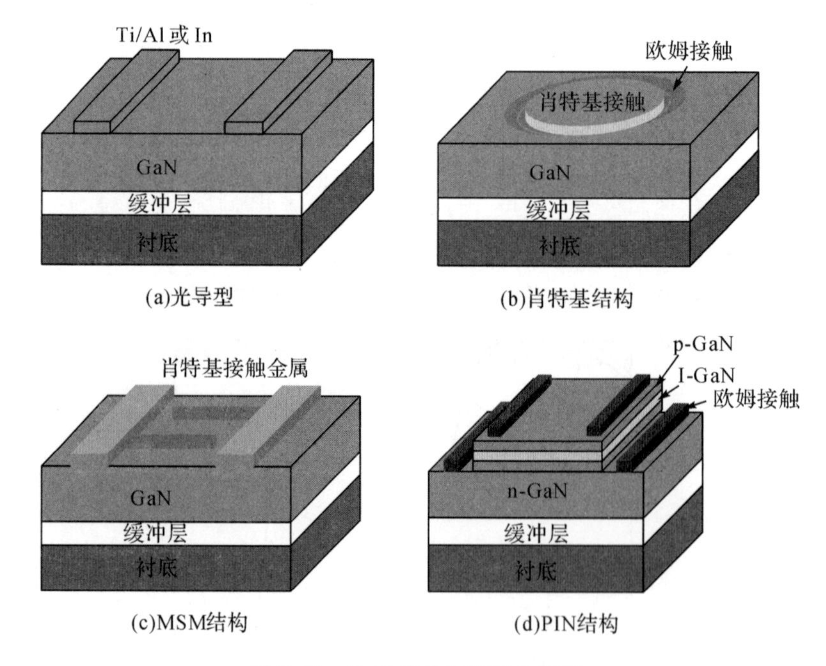

图8.12 GaN紫外探测器的结构

8.4.4 GaN 基电子器件

前文描述了 GaN 具有击穿电场高、载流子浓度高等优良的电学性能，GaN 可被用来制作微波高频器件及大功率高温电子器件。目前随着 MBE、MOCVD 等外延技术的发展，通过生长多种 GaN 异质结构已成功开发 GaN 基 MESFET、MODFET、HFET 等场效应晶体管，它们在航空、石油勘探、自动化等领域发挥了重要的作用。因本节重点不在此，所以仅简要介绍相关器件的发展历程。

在高温大功率电子器件领域，1993 年，Khan 等[103]研制成功 GaN 基金属-半导体场效应晶体管(MESFET)，GaN 层是沉积在蓝宝石衬底上的。该器件的栅极长度(指源极和漏极之间的通道长度)为 4 μm，在 −1 V 的门偏压下得到的跨导为 23 mS · mm^{-1}。1995 年，他们又制作了 GaN/AlGaN 的异质结场效应晶体管(HFET)，其工作温度达到 300 ℃。1996 年，Wu 等[104]报道了 Si 掺杂的调制掺杂 FET(MODFET)，其击穿电压达到 340 V(1.5 μm 栅长)，在沟道电流密度 150～400 mA · mm^{-1}时，跨导达到 140 mS · mm^{-1}。在高频器件方面，Burn 等学者研制的 GaN/AlGaN 异质结 HEMT，在 300 K(26.85 ℃)和77 K(−196.15 ℃)下跨导分别为 28 mS · mm^{-1}和 46 mS · mm^{-1}。Schaff 等学者制作的 GaN 的 HFET，在 0.25 μm 栅长、小信号工作时，f_T=36 GHz，f_{max}=70 GHz。1997 年，HFET 的 f_T 达到 46.9 GHz，f_{max}达到 103 GHz。目前，GaN/AlGaN 结构的 HEMT 的工作温度可达 500 ℃。

思考题

1. 以氮化镓基 LED 为例，试阐述氮化镓光学器件的优越性。
2. 目前氮化镓外延生长技术主要有哪些？这些方法各自有什么特点？
3. 紫外探测器的工作原理是什么？包括哪些类型？

参考文献

[1] MARUSKA H P, TIETJEN J J. The preparation and properties of vapor-deposited single-crystal-line GaN[J]. Applied Physics Letters, 1969, 15(10): 327 - 329.

[2] NAKAMURA S, MUKAI T, SENOH M. High-power GaN pn junction blue-light-emitting diodes[J]. Japanese Journal of Applied Physics, 1991, 30(12A): L1998 - L2001.

[3] RIGBY P. The future is looking blue[J]. Nature, 1996, 384: 610.

[4] FASOL G. Room-temperature blue gallium nitride laser diode[J]. Science, 1996, 272(5269): 1751 -1752.

[5] NAKAMURA S, SENOH M, NAGAHAMA S I, et al. Continuous-wave operation of InGaN multi-quantum-well-structure laser diodes at 233 K[J]. Applied Physics Letters, 1996, 69(20): 3034 - 3036.

[6] MORIMOTO Y. Few characteristics of epitaxial GaN-etching and thermal decomposition[J]. Journal of the Electrochemical Society, 1974, 121(10): 1383 - 1384.

[7] AMBACHER O. Growth and applications of group Ⅲ-nitrides[J]. Journal of Physics D: Applied Physics, 1998, 31(20): 2653 - 2710.

[8] WANG K, REEBER R R. Thermal expansion of GaN and AlN[J]. Nitride Semiconductors, 1998, 482: 863 - 868.

[9] 李述体. Ⅲ-Ⅴ族氮化物及其高亮度蓝光LED外延片的MOCVD生长和性质研究[D]. 南昌:南昌大学, 2002.

[10] SUZUKI M, UENOYAMA T, YANASE A. First-principles calculations of effective-mass parameters of AlN and GaN[J]. Physical Review B,1995,52(11):8132 - 8139.

[11] OSINSKI M, ZELLER J, CHIU P C, et al. AlGaN/InGaN/GaN blue light emitting diode degradation under pulsed current stress[J]. Applied Physics Letters,1996,69(7):898 - 900.

[12] PONCE F A, BOUR D P, YOUNG W T, et al. Determination of lattice polarity for growth of GaN bulk single crystals and epitaxial layers[J]. Applied Physics Letters,1996,69(3):337 - 339.

[13] NAKAMURA S, MUKAI T, SENOH M. Insitu monitoring and Hall measurements of GaN grown with GaN buffer layers[J]. Journal of Applied Physics,1992,71(11):5543 - 5549.

[14] KUZNETSOV N I, NIKOLAEV A E, ZUBRILOV A S, et al. Insulating GaN: Zn layers grown by hydride vapor phase epitaxy on SiC substrates[J]. Applied Physics Letters,1999,75(20):3138 -3140.

[15] ILEGEMS M, MONTGOMERY H C. Electrical properties of n-type vapor-grown gallium nitride[J]. Journal of Physics and Chemistry of Solids,1973,34(5):885 - 895.

[16] PERLIN P, SUSKI T, TEISSEYRE H, et al. Towards the identification of the dominant donor in GaN[J]. Physical Review Letters,1995,75(2):296 - 299.

[17] PANKOVE J I, BERKEYHEISER J E. Properties of Zn-doped GaN. Ⅱ. Photoconductivity[J]. Journal of Applied Physics,1974,45(9):3892 - 3895.

[18] ZHANG G Y, TONG Y Z, YANG Z J, et al. Relationship of background carrier concentration and defects in GaN grown by metalorganic vapor phase epitaxy[J]. Applied Physics Letters,1997,71(23): 3376 - 3378.

[19] AMANO H, KITO M, HIRAMATSU K, et al. p-type conduction in Mg-doped GaN treated with low-energy electron beam irradiation (LEEBI)[J]. Japanese Journal of Applied Physics, 1989, 28 (12A):L2112.

[20] NAKAMURA S, MUKAI T, SENOH M, et al. Thermal annealing effects on p-type Mg-doped GaN films[J]. Japanese Journal of Applied Physics,1992,31(2B):L139.

[21] GELMONT B, KIM K, SHUR M. Monte Carlo simulation of electron transport in gallium nitride [J]. Journal of Applied Physics,1993,74(3):1818 - 1821.

[22] LITTLEJOHN M A, HAUSER J R, Glisson T H. Monte Carlo calculation of the velocity-field relationship for gallium nitride[J]. Applied Physics Letters,1975,26(11):625 - 627.

[23] MOHAMMAD S N, MORKOC H. Progress and prospects of group-Ⅲ nitride semiconductors[J]. Progress in Quantum Electronics,1996,20(5):361 - 525.

[24] CHEN H M, CHEN Y F, LEE M C, et al. Yellow luminescence in n-type GaN epitaxial films[J]. Physical Review B,1997,56(11):6942 - 6946.

[25] CHUNG B C, GERSHENZON M. The influence of oxygen on the electrical and optical properties of GaN crystals grown by metalorganic vapor phase epitaxy[J]. Journal of Applied Physics,1992,72(2): 651 - 659.

[26] SATO H, MINAMI T, YAMADA E, et al. Transparent and conductive impurity-doped GaN thin films prepared by an electron cyclotron resonance plasma metalorganic chemical vapor deposition method[J]. Journal of Applied Physics,1994,75(3):1405 - 1409.

[27] GÖTZ W, JOHNSON N M, CHEN C, et al. Activation energies of Si donors in GaN[J]. Applied Physics Letters,1996,68(22):3144 - 3146.

[28] KOIDE N, KATO H, SASSA M, et al. Doping of GaN with Si and properties of blue m/i/n/n^+ GaN

LED with Si-doped n^+-layer by MOVPE[J]. Journal of Crystal Growth,1991,115(1):639 - 642.

[29] ROWLAND L B, DOVERSPIKE K, GASKILL D K. Silicon doping of GaN using disilane[J]. Applied Physics Letters,1995,66(12):1495 - 1497.

[30] VAN DER STRICHT W, MOERMAN I, DEMEESTER P, et al. MOVPE growth optimization of high quality InGaN films[J]. The Materials Research Society (MRS) Internet Journal of Nitride Semiconductor Research,1997,2(16):1 - 16.

[31] JACOB G, BOULOU M, FURTADO M. Effect of Growth Parameters on Properties of Gan-Zn Epilayers[J]. Journal of Crystal Growth,1977,42:136 - 143.

[32] PANKOVE J I, BERKEYHEISER J E, MARUSKA H P, et al. Luminescent properties of GaN[J]. Solid State Communications,1970,8(13):1051 - 1053.

[33] MONEMAR B. Fundamental energy gap of GaN from photoluminescence excitation spectra[J]. Physical Review B,1974,10(2):676 - 681.

[34] YOSHIDA S, MISAWA S, GONDA S. Properties of $Al_xGa_{1-x}N$ films prepared by reactive molecular beam epitaxy[J]. Journal of Applied Physics,1982,53(10):6844 - 6848.

[35] OSAMURA K, NAKAJIMA K, MURAKAMI Y, et al. Fundamental absorption edge in GaN, InN and their alloys[J]. Solid State Communications,1972,11(5):617 - 621.

[36] OSAMURA K, NAKA S, MURAKAMI Y. Preparation and optical properties of $Ga_{1-x}In_xN$ thin films[J]. Journal of Applied Physics,1975,46(8):3432 - 3437.

[37] YOSHIMOTO N, MATSUOKA T, SASAKI T, et al. Photoluminescence of InGaN films grown at high temperature by metalorganic vapor phase epitaxy[J]. Applied Physics Letters,1991,59(18):2251 - 2253.

[38] WRIGHT A F, NELSON J S. Bowing parameters for zinc-blende $Al_{1-x}Ga_xN$ and $Ga_{1-x}In_xN$[J]. Applied Physics Letters,1995,66(22):3051 - 3053.

[39] NAKAMURA S. InGaN/AlGaN blue-light-emitting diodes[J]. Journal of Vacuum Science & Technology A,1995,13(3):705 - 710.

[40] LI W, BERGMAN P, IVANOV I, et al. High-resolution X-ray analysis of InGaN/GaN superlattices grown on sapphire substrates with GaN layers[J]. Applied Physics Letters, 1996, 69 (22): 3390 - 3392.

[41] MCCLUSKEY M D, VAN DE WALLE C G, MASTER C P, et al. Large band gap bowing of $In_xGa_{1-x}N$ alloys[J]. Applied Physics Letters,1998,72(21):2725 - 2726.

[42] WETZEL C, TAKEUCHI T, YAMAGUCHI S, et al. Optical band gap in $Ga_{1-x}In_xN$ ($0 \leqslant x \leqslant 0.2$) on GaN by photoreflection spectroscopy[J]. Applied physics letters,1998,73(14):1994 - 1996.

[43] SHAN W, WALUKIEWICZ W, HALLER E E, et al. Optical properties of $In_xGa_{1-x}N$ alloys grown by metalorganic chemical vapor deposition[J]. Journal of Applied Physics,1998,84(8):4452 - 4458.

[44] PARKER C A, ROBERTS J C, BEDAIR S M, et al. Optical band gap dependence on composition and thickness of $In_xGa_{1-x}N$($0 \leqslant x \leqslant 0.25$) grown on GaN[J]. Applied Physics Letters,1999,75(17):2566 - 2568.

[45] SCHENK H P D, DE MIERRY P, LAÜGT M, et al. Indium incorporation above 800 ℃ during metalorganic vapor phase epitaxy of InGaN[J]. Applied Physics Letters,1999,75(17):2587 - 2589.

[46] AUMER M E, LEBOEUF S F, MCINTOSH F G, et al. High optical quality AlInGaN by metalorganic chemical vapor deposition[J]. Applied Physics Letters,1999,75(21):3315 - 3317.

[47] KOIDE Y, ITOH H, KHAN M R H, et al. Energy band-gap bowing parameter in an $Al_xGa_{1-x}N$ alloy[J]. Journal of Applied Physics,1987,61(9):4540 - 4543.

[48] STEUDE G, HOFMANN D M, MEYER B K, et al. The dependence of the band gap on alloy composition in strained AlGaN on GaN[J]. Physica Status Solidi B,1998,205(1):R7 - R8.

[49] HUANG T F, HARRIS J S. Growth of epitaxial $Al_xGa_{1-x}N$ films by pulsed laser deposition[J]. Applied Physics Letters,1998,72(10):1158 - 1160.

[50] NIKISHIN S A, FALEEV N N, ZUBRILOV A S, et al. Growth of AlGaN on Si(111) by gas source molecular beam epitaxy[J]. Applied Physics Letters,2000,76(21):3028 - 3030.

[51] JOHNSON W C, PARSON J B, CREW M C. Nitrogen compounds of Gallium. Ⅲ[J]. The Journal of Physical Chemistry, 1931, 36(10):2651 - 2654.

[52] ZETTERSTROM R B. Synthesis and growth of single crystals of gallium nitride[J]. Journal of Materials Science,1970,5(12):1102 - 1104.

[53] KARPIЙSKI J, POROWSKI S, MIOTKOWSKA S. High pressure vapor growth of GaN[J]. Journal of Crystal Growth, 1982, 56(1):77 - 82.

[54] KARPIЙSKI J, JUN J, POROWSKI S. Equilibrium pressure of N_2 over GaN and high pressure solution growth of GaN[J]. Journal of Crystal Growth, 1984, 66(1):1 - 10.

[55] GRZEGORY I, BOCKOWSKI M, JUN J, et al. On the liquidus curve for GaN[J]. High Pressure Research,1991,7(1 - 6):284 - 286.

[56] GRZEGORY I, JUN J, KRUKOWSKI S, et al. Crystal growth of Ⅲ-N compounds under high nitrogen pressure[J]. Physica B: Condensed Matter,1993,185(1 - 4):99 - 102.

[57] YAMANE H, SHIMADA M, CLARKE S J, et al. Preparation of GaN single crystals using a Na flux [J]. Chemistry of Materials,1997,9(2):413 - 416.

[58] YAMANE H, SHIMADA M, SEKIGUCHI T, et al. Morphology and characterization of GaN single crystals grown in a Na flux[J]. Journal of Crystal Growth,1998,186(1 - 2):8 - 12.

[59] YAMANE H, KINNO D, SHIMADA M, et al. GaN single crystal growth from a Na-Ga melt[J]. Journal of Materials Science,2000,35(4):801 - 808.

[60] MADAR R, JACOB G, HALLAIS J, et al. High-pressure solution growth of GaN[J]. Journal of Crystal Growth,1975,31:197 - 203.

[61] DWILINSKI R, WYSMOLEK A, BARANOWSKI J, et al. Gan synthesis by ammonothermal method [J]. Acta Physica Polonica A,1995,88(5):833 - 836.

[62] DWILINSKI R, BARANOWSKI J M, KAMINSKA M, et al. On GaN crystallization by ammonothermal method[J]. Acta Physica Polonica A,1996,90(4):763 - 766.

[63] DWILINSKI R, DORADZINSKI R, GARCZYNSKI J, et al. Exciton photo-luminescence of GaN bulk crystals grown by the AMMONO method[J]. Materials Science and Engineering: B,1997,50 (1 -3):46 - 49.

[64] RAGHOTHAMACHAR B, VETTER W M, DUDLEY M, et al. Synchrotron white beam topography characterization of physical vapor transport grown AlN and ammonothermal GaN[J]. Journal of Crystal Growth,2002,246(3 - 4):271 - 280.

[65] SUGAHARA T, SATO H, HAO M S, et al. Direct evidence that dislocations are non-radiative recombination centers in GaN[J]. Japanese Journal of Applied Physics,1998,37(4A):L398.

[66] PENG D, FENG Y, NIU H. Effects of surface treatment for sapphire substrate on gallium nitride films[J]. Journal of Alloys and Compounds,2009,476(1 - 2):629 - 634.

[67] REITMEIER Z J, EINFELDT S, DAVIS R F, et al. Sequential growths of AlN and GaN layers on as-polished 6H-SiC(0001) substrates[J]. Acta Materialia,2009,57(14):4001 - 4008.

[68] NOVIKOV S V, STANTON N M, CAMPION R P, et al. Free-standing zinc-blende (cubic) GaN

layers and substrates[J]. Journal of Crystal Growth, 2008, 310(17): 3964 - 3967.

[69] MOLNAR R J, GÖTZ W, ROMANO L T, et al. Growth of gallium nitride by hydride vapor-phase epitaxy[J]. Journal of Crystal Growth, 1997, 178(1 - 2): 147 - 156.

[70] LIN M E, SVERDLOV B, ZHOU G L, et al. A comparative study of GaN epilayers grown on sapphire and SiC substrates by plasma-assisted molecular-beam epitaxy[J]. Applied Physics Letters, 1993, 62(26): 3479 - 3481.

[71] KAPOLNEK D, KELLER S, VETURY R, et al. Anisotropic epitaxial lateral growth in GaN selective area epitaxy[J]. Applied Physics Letters, 1997, 71(9): 1204 - 1206.

[72] NAKAMURA S, SENOH M, NAGAHAMA S I, et al. InGaN/GaN/AlGaN-based laser diodes with modulation-doped strained-layer superlattices[J]. Japanese Journal of Applied Physics, 1997, 36(12A): L1568.

[73] AMANO H, SAWAKI N, AKASAKI I, et al. Metalorganic vapor phase epitaxial growth of a high quality GaN film using an AlN buffer layer[J]. Applied Physics Letters, 1986, 48(5): 353.

[74] 彭必先，钱海生，岳军，等. 氮化镓基材料的合成研究进展[J]. 中国科学院研究生院学报，2005，22(5)：536 - 544.

[75] AKASAKI I, AMANO H, SOTA S, et al. Stimulated-emission by current injection from an AlGaN/GaN/GaInN quantum-well device[J]. Japanese Journal of Applied Physics, 1995, 34(11B): L1517.

[76] NAKAMURA S, SENOH M, NAGAHAMA S I, et al. InGaN multi-quantum-well structure laser diodes grown on $MgAl_2O_4$ substrates[J]. Applied Physics Letters, 1996, 68(15): 2105 - 2107.

[77] NAKAMURA S, SENOH M, NAGAHAMA S I, et al. InGaN-based multi-quantum-well-structure laser diodes[J]. Japanese Journal of Applied Physics, 1996, 35(1B): L74.

[78] NAKAMURA S, SENOH M, NAGAHAMA S I, et al. InGaN multi-quantum-well-structure laser diodes with cleaved mirror cavity facets[J]. Japanese Journal of Applied Physics, 1996, 35(2B): L217.

[79] SAITOH T, KUMAGAI M, WANG H, et al. Highly reflective distributed Bragg reflectors using a deeply etched semiconductor/air grating for InGaN/GaN laser diodes[J]. Applied Physics Letters, 2003, 82(25): 4426 - 4428.

[80] MARINELLI C, BORDOVSKY M, SARGENT L J, et al. Design and performance analysis of deep-etch air/nitride distributed Bragg reflector gratings for AlInGaN laser diodes[J]. Applied Physics Letters, 2001, 79(25): 4076 - 4078.

[81] CHO J, CHO S, KIM B J, et al. InGaN/GaN multi-quantum well distributed Bragg reflector laser diode[J]. Applied Physics Letters, 2000, 76(12): 1489 - 1491.

[82] ASANO T, TAKEYA M, TOJYO T, et al. High-power 400-nm-band AlGaInN-based laser diodes with low aspect ratio[J]. Applied Physics Letters, 2002, 80(19): 3497 - 3499.

[83] SKIERBISZEWSKI C, WASILEWSKI Z R, SIEKACZ M, et al. Blue-violet InGaN laser diodes grown on bulk GaN substrates by plasma-assisted molecular-beam epitaxy[J]. Applied Physics Letters, 2005, 86(1): 011114.

[84] KNEISSL M, TEEPE M, MIYASHITA N, et al. Current-injection spiral-shaped microcavity disk laser diodes with unidirectional emission[J]. Applied Physics Letters, 2004, 84(14): 2485 - 2487.

[85] AKASAKA T, NISHIDA T, MAKIMOTO T, et al. An InGaN based horizontal-cavity surface-emitting laser diode[J]. Applied Physics Letters, 2004, 84(20): 4104 - 4106.

[86] KHAN M A, KUZNIA J N, OLSON D T, et al. High-responsivity photoconductive ultraviolet sensors based on insulating single-crystal GaN epilayers[J]. Applied Physics Letters, 1992, 60(23): 2917 - 2919.

[87] WALKER D, ZHANG X, KUNG P, et al. AlGaN ultraviolet photoconductors grown on sapphire [J]. Applied Physics Letters,1996,68(15):2100 - 2101.

[88] LIN T Y, YANG H C, CHEN Y F. Optical quenching of the photoconductivity in n-type GaN[J]. Journal of Applied Physics,2000,87(7):3404 - 3408.

[89] ZHOU J J, JIANG R L, WEN B, et al. Influence of AlGaN/GaN interface polarization fields on the properties of photoconductive detectors[J]. Journal of Applied Physics,2004,95(10):5925 - 5927.

[90] KHAN M A, KUZNIA J N, OLSON D T, et al. Schottky barrier photodetector based on Mg-doped p-type GaN films[J]. Applied Physics Letters,1993,63(18):2455 - 2456.

[91] CHEN Q, YANG J W, OSINSKY A, et al. Schottky barrier detectors on GaN for visible-blind ultraviolet detection[J]. Applied Physics Letters,1997,70(17):2277 - 2279.

[92] OSINSKY A, GANGOPADHYAY S, LIM B W, et al. Schottky barrier photodetectors based on AlGaN [J]. Applied Physics Letters,1998,72(6):742 - 744.

[93] ZHOU Y, AHYI C, TIN C C, et al. Fabrication and device characteristics of Schottky-type bulk GaN-based "visible-blind" ultraviolet photodetectors[J]. Applied Physics Letters, 2007, 90(12): 121118.

[94] CARRANO J C, LI T, BROWN D L, et al. Very high-speed metal-semiconductor-metal ultraviolet photodetectors fabricated on GaN[J]. Applied Physics Letters, 1998,73(17):2405 - 2407.

[95] ZHANG X, KUNG P, WALKER D, et al. Photovoltaic effects in GaN structures with p-n junctions [J]. Applied Physics Letters,1995,67(14):2028 - 2030.

[96] OSINSKY A, GANGOPADHYAY S, GASKA R, et al. Low noise p-π-n GaN ultraviolet photodetectors[J]. Applied Physics Letters,1997,71(16):2334 - 2336.

[97] CARLIN J F, SYRBU A V, BERSETH C A, et al. Low threshold 1.55 μm wavelength InAsP/InGaAsP strained multiquantum well laser diode grown by chemical beam epitaxy[J]. Applied Physics Letters,1997,71(1):13 - 15.

[98] PARISH G, KELLER S, KOZODOY P, et al. High-performance (Al, Ga) N-based solar-blind ultraviolet p-i-n detectors on laterally epitaxially overgrown GaN[J]. Applied Physics Letters,1999,75(2):247 - 249.

[99] WALKER D, KUMAR V, MI K, et al. Solar-blind AlGaN photodiodes with very low cutoff wavelength[J]. Applied Physics Letters,2000,76(4):403 - 405.

[100] TARSA E J, KOZODOY P, IBBETSON J, et al. Solar-blind AlGaN-based inverted heterostructure photodiodes[J]. Applied Physics Letters,2000,77(3):316 - 318.

[101] JAIN S C, WILLANDER M, NARAYAN J, et al. Ⅲ-nitrides: growth, characterization, and properties[J]. Journal of Applied Physics,2000,87(3):965 - 1006.

[102] BUTUN B, TUT T, ULKER E, et al. High-performance visible-blind GaN-based p-i-n photodetectors [J]. Applied Physics Letters,2008,92(3):033507.

[103] KHAN M A, KUZNIA J N, BHATTARAI A R, et al. Metal semiconductor field effect transistor based on single crystal GaN[J]. Applied Physics Letters,1993,62(15):1786 - 1787.

[104] WU Y F, KELLER B P, KELLER S, et al. Very high breakdown voltage and large transconductance realized on GaN heterojunction field effect transistors[J]. Applied Physics Letters, 1996, 69(10): 1438 - 1440.

第9章

ZnO

ZnO是一种重要的Ⅱ-Ⅵ族直接带隙、宽禁带半导体材料。室温下其禁带宽度为3.37 eV，激子束缚能高达60 meV，能于室温及更高温度下有效工作，且光增益系数（300 cm^{-1}）高于GaN（100 cm^{-1}），这使得它迅速成为继GaN后短波（蓝、紫外光）半导体发光器件材料研究新的国际热点。在制备上，ZnO比GaN更易实现单晶的生长。从20世纪30年代开始，研究的热点就主要集中在高质量单晶的和外延薄膜的制备上，尽管制备的单晶由于非故意杂质的引入影响了自身的光、电、磁等性能，但材料的廉价性和易加工性仍是决定其可大规模应用的基础。除此之外，ZnO的应用优势还体现在它易化学刻蚀、激发阈值较低、耐辐射损伤和良好的生物兼容性等方面，结合纳米结构多样化的特点，ZnO无疑是开发多功能材料应用的主力军。本章结合ZnO材料的基本性质和研究热点，详述了其缺陷、掺杂（特别是p型掺杂）、材料制备上的现状，较为系统、全面地综述了ZnO基材料应用的各个方面，有助于读者更好地理解宽禁带半导体材料结构与性能之间的关系。

9.1 ZnO材料概述

ZnO材料概述

9.1.1 ZnO的基本性质和能带工程

ZnO属于六方晶系，空间群为$C_{6v}^{4}(P6_3mc)$，晶格常数a为0.324 75～0.325 01 nm，c为0.520 42～5.207 5 nm，$d_{Zn\text{-}O}$为0.194 nm，Zn^{2+}和O^{2-}的配位数均为4。按照ZnO中阴阳离子半径比（r^+/r^-）来推算，Zn^{2+}配位数应为6，属于立方氯化钠（NaCl）结构。而实际上，ZnO在自然条件下是六方纤锌矿结构，其原因是ZnO中离子极化使r^+/r^-值下降，从而导致配位数和键性的变化，分子结合的类型介于离子键与共价键之间。

Zn^{2+}在c轴方向上不对称分布，它并不位于两个氧原子层的中间，而是偏靠近于$+c$轴方向。同时，由于c轴方向的[ZnO_4]四面体的结晶方位不同，上下两层在水平面上结晶方位偏差60°，导致ZnO在c轴方向上具有极性。这使得ZnO作为天然、优异的压电材料，具有高的机电耦合系数和低的介电常数。室温下，当压强达到9 GPa左右时，ZnO将从六方纤锌矿结构转变为NaCl结构，最近邻原子增加到6个，体积随之缩小17%。此外，ZnO还有一种亚稳态的立方闪锌矿晶体结构[1-2]。图9.1向我们展示了三种ZnO的晶体结构：六方纤锌矿结构、立方NaCl结构和立方闪锌矿结构[3]。

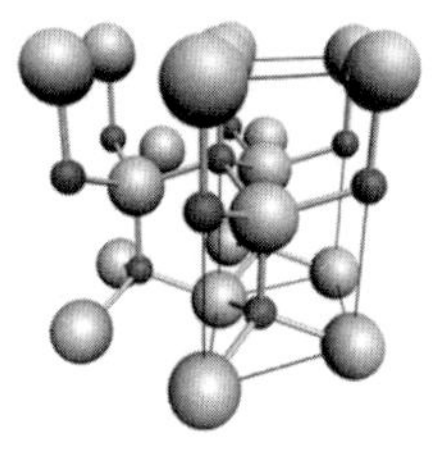
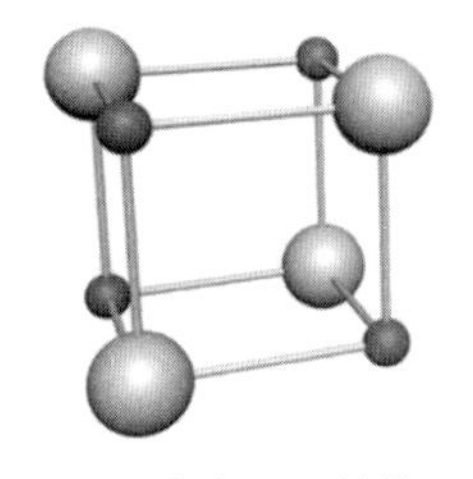
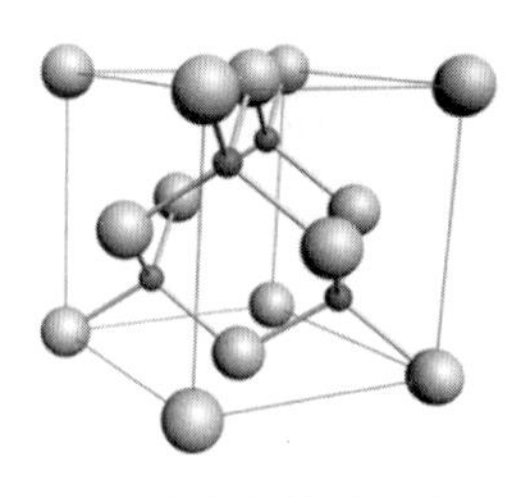

(a)六方纤锌矿结构　(b)立方NaCl结构　(c)立方闪锌矿结构

图 9.1　ZnO 晶体结构

ZnO 是一种直接带隙宽禁带半导体材料，环保无毒且热稳定性能好。由于晶体结构对称性较低，ZnO 的能带结构比较复杂。受自旋-轨道分裂和晶体场分裂的影响，价带顶部分裂为 3 个二重简并的价带能级（A、B、C 自由激子发射态）。能级最低的价带由 O 2s 轨道组成，较高的价带主要由 O 2p 与 Zn 4s、Zn 4p 轨道混合组成；导带最低与最高能级分别主要由 Zn 4s、Zn 4p 轨道组成。一般认为，缺陷或局域微扰能级的产生，与导带最低能级（由阳离子 s 轨道组成）或价带最高能级（由阴离子 p 轨道组成）分别向下、向上推斥后在原来带隙中形成的能级有关，简化后的能级如图 9.2 所示。带隙 E_g 与温度 T 之间的依赖关系遵循如下公式：

$$E_g(T)=E_g(0)\times\frac{5.05\times10^{-4}T^2}{900-T} \tag{9-1}$$

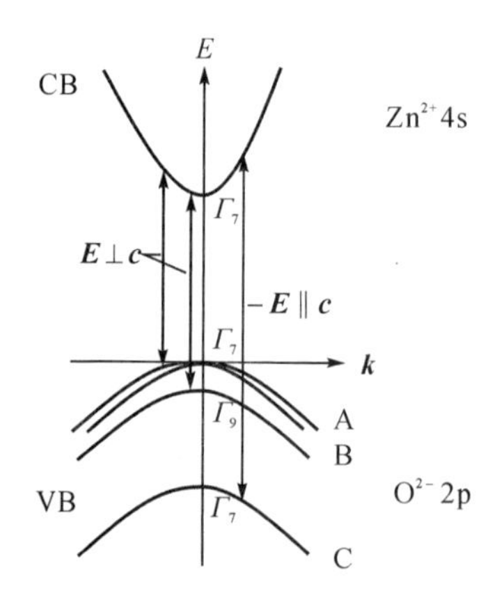

图 9.2　ZnO 带隙附近的导带及价带结构

ZnO 禁带宽度值（3.37 eV）正好处于深紫外区和可见光区的过渡阶段，适合开展能带工程的调节，这也是实现 ZnO 基光电器件应用的一个重要课题。ZnMgO、ZnCdO 合金是最早用于实现 ZnO 能带裁剪的合金晶体。MgO 的禁带宽度为 7.9 eV，CdO（本征 n 型）的禁带宽度为 2.2～2.6 eV，往 ZnO 中掺入适量的 MgO 或 CdO 可以形成 $Zn_{1-x}Mg_xO$ 或 $Zn_{1-y}Cd_yO$三元合金晶体薄膜，展宽（掺 Mg）或窄化（掺 Cd）ZnO 的带隙结构。理论上，改变掺入的 Mg、Cd 含量，合金的禁带宽度可以从 2.3 eV 变化到 7.9 eV。然而，为了适用于 ZnO 基异质结、量子阱和超晶格结构的生长，合金材料的晶体结构最好与基体相同，晶格常数尽可能相近。MgO 和 CdO 都是立方 NaCl 结构，受到它们在 ZnO 中固溶度的限制，使得单一六方相合金薄膜的带隙只能在 2.8～4.0 eV 范围内调节。随着 ZnO 材料制备技术的发展,非平衡生长技术已经可以使 Mg 的掺杂量达到 51%[4],而 Cd 则可达到 69.7%[5],这一进步让合金薄膜的禁带宽度范围扩大到 1.85~4.44 eV。研究表明,ZnO 基三元合金的晶格常数随 Mg 或 Cd 含量波动的变化较小,这将有利于 ZnO 基多量子阱或超晶格结构器件的制备。相比之下,GaN 基三元合金的晶格常数随 In 或 Al 含量波动的变化较大,这在一定程度上将影响合金性能的提高。为了突破固溶度的限制,Ryu 等[6]用同为六方纤锌矿结构的 BeO 与 ZnO 形成 $Zn_{1-x}Be_xO$ 合金晶体,可以使 ZnO 带隙扩大至 10.6 eV,且不会出现相分离。除此之外,还有研究者提出利用能带的弯曲来实现对 ZnO 带隙的调节,如 $ZnO_{1-x}Se_x$、$ZnO_{1-x}S_x$ 合金晶体。

9.1.2 ZnO 中的杂质与缺陷

与其他半导体材料类似,原生 ZnO 中同样包括点缺陷、线缺陷和面缺陷。由于非平衡生长技术的引入,原子短时间内无法恢复平衡状态就会诱生层错和位错。通常通过退火可以减小缺陷态的密度,但是退火工艺的不同也会诱导新层错的形成,从而影响材料的电学性能。除了本征线缺陷和面缺陷,有关点缺陷的研究最多。根据点缺陷对电学性能的贡献,将其分为施主型缺陷和受主型缺陷,它们一共有 6 种,即氧空位(V_O)、锌空位(V_{Zn})、氧间隙(O_i)、锌间隙(Zn_i)、氧反位(O_{Zn})以及锌反位(Zn_O)。其中 V_O、Zn_i 和 Zn_O 是施主型缺陷,而 V_{Zn}、O_i 和 O_{Zn}是受主型缺陷。文献中报道的各种点缺陷能级位置如图 9.3 所示。

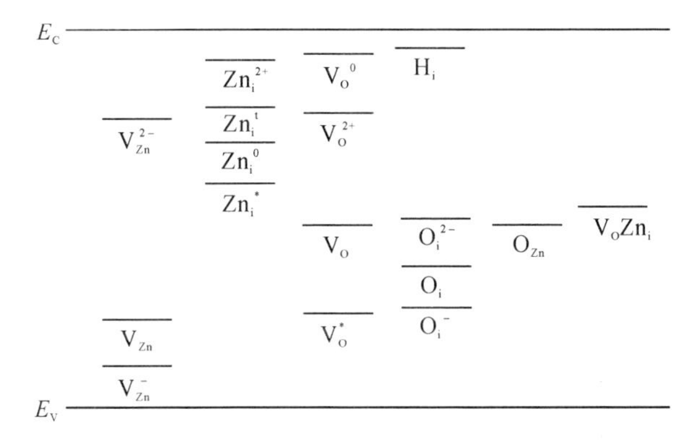

图 9.3 各类点缺陷在禁带中的能级位置[7]

V_O 广泛存在于制备的 ZnO 中,因为它的形成能是所有施主型缺陷中最低的,通常认为它是 ZnO 本征 n 型导电的原因,但理论和实验的差异使人们不甚了解其深(或浅)施主的本质。但 V_O 作为 p 型 ZnO 中的一种补偿缺陷,已经为大家所公认。关于 V_O 的指认,一般将顺磁信号 g 取值为 1.99~2.02 归咎于单离化 V_O。随着费米能级上升,受主型缺陷的形成能下降,因此在 n 型 ZnO 中 V_{Zn}更容易形成。但研究表明,ⅤA 族元素(P、As、Sb)的掺杂会以 A_{Zn}-$2V_{Zn}$的缺陷复合体形式稳定存在(后文有介绍),可见 V_{Zn}在 p 型 ZnO 中不易形成的结论值得重新商榷。Zn_i 形成能较高,一般认为它在高能辐照或高温下对 n 型导电有贡献。除了本征存在于 ZnO 中的 6 种缺陷,还有一个不容忽视的非故意掺杂起源:通常由于制备方法的局限性,比如高温衬底上生长薄膜会发生衬底元素向薄膜的外扩散,化学气相输运(CVT)生长的 ZnO 纳米结构会因气源、真空腔体、样品槽的不洁净引入非故意掺杂,而湿化学法则会因为前驱体的纯度不达标而污染产物。最主要的非故意杂质有 H、ⅢA 族元素

(Al、Ga、In)和ⅦA族元素(F、Cl、Br)。

H在ZnO中不是两性的，只扮演施主的角色，通常它的离化能为35～40 meV，在原生制备的ZnO中不是主要的施主，只有在通过籽晶化学气相沉积(CVD)外延生长的ZnO中它才会起主要作用，比如金属有机物化学气相沉积(MOCVD)。H间隙在高温下(600 ℃)极易扩散，通过与受主形成复合体(H-A)而钝化受主态。H施主的存在可通过低温光致发光(PL)技术加以确认，通常它与带边精细结构中位于3.363 eV(I_4)处的施主束缚激子有关[8]。Al、Ga、In的离化能分别为53 meV、55 meV和63 meV，Al主要来源于蓝宝石衬底，而Ga则容易通过GaN缓冲层的外扩散被引入。F、Cl、Br等元素已经被证实在ZnO中有较高的固溶度，如F、Cl施主可在ZnO中维持10^{20} cm^{-3}的浓度[9-11]，但关于它们的扩散能力及离化能数据还没有报道。

为了获得高性能光电器件，研究ZnO的光学及跃迁发射行为显得很重要。借助发射、反射、透射和吸收谱技术，前人在ZnO光学性能的研究上得到了许多与缺陷相关的结论和观点。在近带边发射附近，低温条件下可以观察到与激子相关的发射峰，包括自由激子(FX_A、FX_B、FX_C)、与施主或受主相关的束缚激子(D_0X、D^+X、A_0X等共12种)、双电子卫星峰(TES，D_0X第一激发态对应的跃迁)、施主-受主对跃迁(DAP)、自由电子到中性受主的跃迁(FA_0)以及它们的纵光学波(LO)声子伴线，共同构成了ZnO庞大、复杂的带边精细结构(见图9.4)。因此，室温带边发射的起源需要通过低温PL技术加以仔细甄别。除了刚才

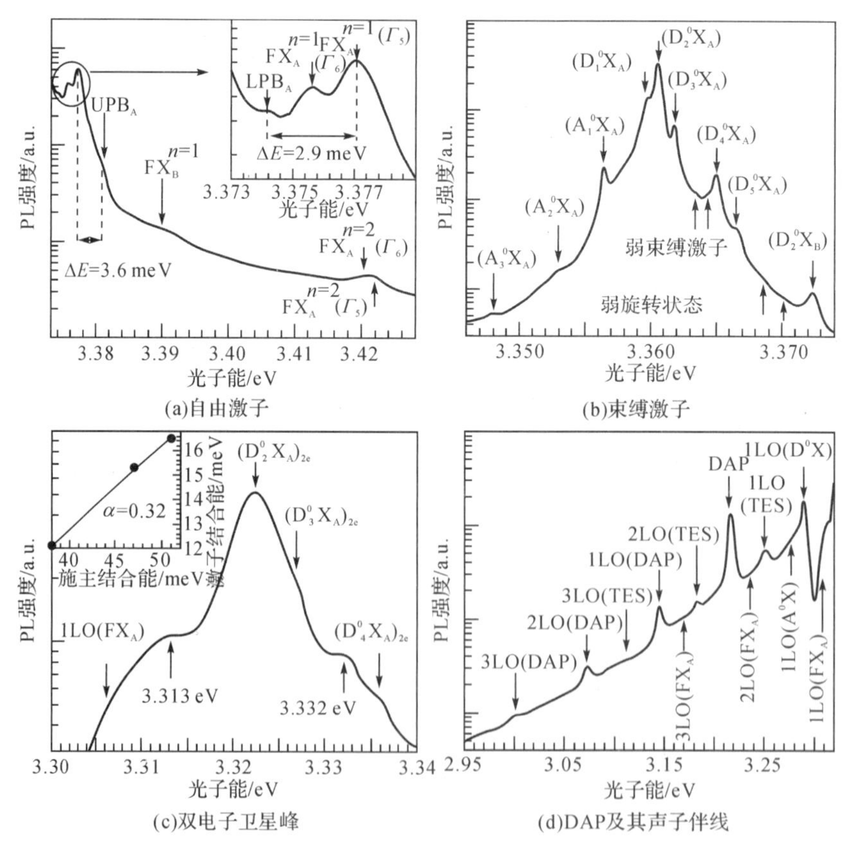

图9.4 ZnO单晶样品在10 K(−263.15 ℃)下典型的带边精细结构[12]

提到的近带边发射,与缺陷相关的发射种类也很多,众所周知如绿光(GB)、黄光(YB)、橙光(OB)、红光(RB)发射带(缺陷发光实物图见图 9.5)[13],这些发射带半高宽很宽,往往与多个缺陷或杂质中心的跃迁有关。由于不同制备技术的差异,在 ZnO 中引入的缺陷也不尽相同,更多地呈现在我们面前的是多种发光跃迁的叠加,如锌间隙 Zn_i 和锌空位 V_{Zn}之间的复合、电子-空穴在氧空位 V_O 的复合、施主-受主对的复合、间隙氧原子和某些非故意掺杂杂质所引入的深能级缺陷复合等,所以鉴别发光起源成为 ZnO 缺陷研究的重要方面。目前,单离化的氧空位、锌间隙以及锌空位可以通过电子顺磁共振和正电子湮没谱得到指认,尽管实验和计算的工作开展了许多,但至今仍无法对真正的跃迁机制下定论。此外,2.5 eV 的绿光发射由于 Cu 的非故意掺杂,还会表现出精细结构,但也有人将其归咎于 ZnO 纳米棒阵列较强的电子-声子耦合作用[14-15]。由此可见,ZnO 缺陷工程的研究对材料工作者来说是一个非常大的挑战,应用的关键在于正确识别和理解它们的行为。

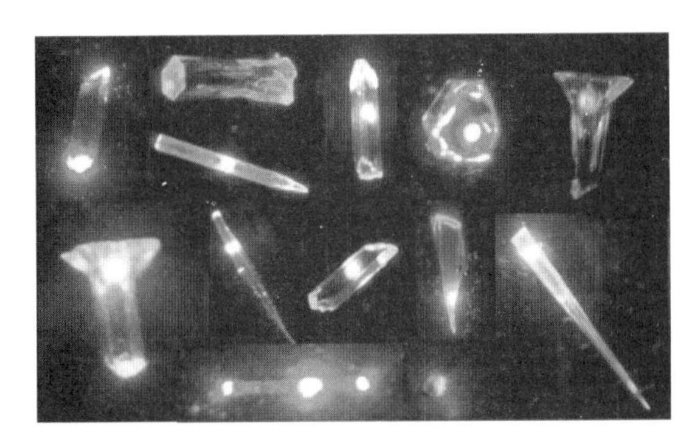

图 9.5　不同 ZnO 单晶的深能级发光

效果图

9.1.3　ZnO 的电学性能及 p 型掺杂

随着 ZnO 研究的稳步推进,除了开发压电、气敏、催发等传统领域,掺杂限制了 ZnO 基光电应用领域的迅速发展。在 ZnO 中很难实现电学性能的精确可控(主要是 p 型),其根本原因在于制备技术中非故意掺杂或点缺陷态的不确定性,尽管背底载流子浓度会因制备工艺的不同呈现一定的差异,但其浓度基本维持在 $10^{14}\sim10^{16}$ cm^{-3},室温下单晶迁移率为 200 $cm^2\cdot V^{-1}\cdot s^{-1}$。迁移率随温度变化的行为遵循半导体经典理论,在低于 −263.15 ℃的温度下,电子迁移率由于杂质带的散射被限制在一个较低的水平,随着温度的升高先达到一个峰值(约 2 000 $cm^2\cdot V^{-1}\cdot s^{-1}$),随后由于声子散射的增强,很快又下降至200～400 $cm^2\cdot V^{-1}\cdot s^{-1}$。既然电子迁移的行为是本征的,那么单纯地通过改进晶体质量去提高迁移率是不够的。特别是薄膜样品,由于存在晶界散射,迁移率还会更低,约为100 $cm^2\cdot V^{-1}\cdot s^{-1}$。通过在量子阱中调制掺杂,前人已经实现将施主态局限于 ZnMgO 垒层中,通过阱层对电子的捕获作用分离离化施主与电子,降低杂质对载流子的散射,提高迁移率,低温下获得了2 700 $cm^2\cdot V^{-1}\cdot s^{-1}$的迁移率,已经可以观察到量子霍尔效应了[16-17]。至于空穴的迁移率,报道值普遍不高,最高的也只在 5～30 $cm^2\cdot V^{-1}\cdot s^{-1}$范围内[18-19]。关于 ZnO 纳米棒室温下迁移率达到3 100 $cm^2\cdot V^{-1}\cdot s^{-1}$的报道,可能与纳米棒截面散射较弱有关[20-21]。目前关于 ZnO 本征 n 型导电的起源主要认为由本征缺陷(主要是深施主氧空位 V_O,浅施主锌间隙 Zn_i、锌反位 Zn_O)以及环境氢间隙产生。此外,由于锌空位(V_{Zn})在 n 型 ZnO 中有较低的形成能，普遍认为它稳定存在于原生制备的 ZnO 单晶中，这一事实可通过正电子湮没谱加以证实。通过前人的研究，ZnO 的 n 型掺杂已经通过ⅢA 族元素(Al、Ga、In)的替位形式很好地实现，而具有高电导率的 ZnO($n>10^{20}$ cm^{-3})已经被 Özgür 等[22]报道。

不幸的是，这些对 n 型掺杂有贡献的缺陷态却对我们实现 p 型掺杂带来了困难。发光二极管(LED)最终要实现的是同质 pn 结，高质量 LED 器件要求 n 或 p 层的有效载流子浓度达到 10^{17} cm^{-3}以上，最好是 10^{18} cm^{-3}这样一个数量级。因此，即使不考虑自补偿效应，能够实用化的 p 型 ZnO 也应该具备较高的受主浓度。同时，受主的离化能应该尽可能低(0.2 eV以内)。如此苛刻的掺杂要求，特别是在杂质的固溶度较低的情况下实现 ZnO 的 p 型掺杂是一项极具挑战性的工作。由于掺杂的非对称性，ZnO 的 n 型掺杂较 p 型掺杂更易实现，这种效应还广泛存在于其他宽带隙半导体中(具有低的价带顶或高的导带底)[23-24]，如 ZnO、ZnSe、ZnS 和 CdS 等；但 ZnTe、CdTe、金刚石却与之相反，价带更靠近真空能级，使得它们的 p 型掺杂更易实现。

要实现 p 型掺杂，通常要突破三个瓶颈：①本征缺陷态容易补偿 p 型掺杂；②杂质具有较低的固溶度；③受主能级离化能较高。这些因素使离化的自由空穴处于一种不稳定的状态，使其随着时间推移产生反型的趋势。尽管目前报道的空穴浓度已达到 10^{19} cm^{-3}，但掺杂的稳定性仍是今后需要克服的问题。图 9.6 反映的是不同电荷缺陷态的形成能随费米能级位置变化的关系图，当 ZnO 中引入受主杂质后，费米能级会逐渐靠近价带顶，与此同时，施主态的形成能会逐渐降低。对于价带顶远离真空能级的 ZnO，这种降低会更加明显，这些施主态会极大补偿引入的受主态，从而降低 p 型掺杂效率。

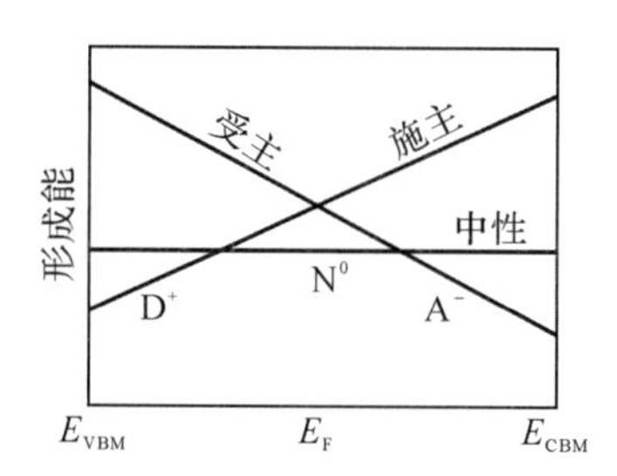

图 9.6　不同电荷缺陷态的形成能与费米能级的关系图

除了掺杂非对称性因素外，杂质的非均相引入也会产生局部载流子扰动，使 Hall 方法确定的导电类型产生偏差。此外，晶界、表面电导、杂质偏析以及异质衬底界面处的二维电子气(2-DEG)都会对导电类型的确定产生不利影响。在非均相体系(既具有 n 型通道又具有 p 型通道)中，材料的 Hall 系数可表述如下：

$$R_H=\frac{R_p\sigma_p^2+R_n\sigma_n^2}{(\sigma_p+\sigma_n)^2}=\frac{p\mu_p^2-n\mu_n^2}{e(p\mu_p+n\mu_n)^2} \tag{9-2}$$

将典型 p-ZnO 中的 $\mu_p=1\ cm^2\cdot V^{-1}\cdot s^{-1}$，$\mu_n=200\ cm^2\cdot V^{-1}\cdot s^{-1}$和 $p=10^{18}\ cm^{-3}$代入上式，发生 p 型向 n 型转变的临界电子浓度约为 10^{14} cm^{-3}。这说明，当局域电子浓度达到这个数量级后，即使我们高浓度地引入掺杂受主，空穴也会因为局域电子的束缚而不遵循 Hall 定律。因此若要采用 Hall 技术实现 p 型的测量，即便在低温下也需精确地考量数据的真实性。

9.1.4 ZnO 的 p 型掺杂研究现状

经过前人的不懈努力,ZnO 的 p 型掺杂体系已经扩展到ⅠA 族(Li、Na、K)、ⅠB 族(Cu、Ag、Au)和ⅤA 族(N、P、As、Sb)元素。尽管 V_{Zn} 是天然的本征受主,但因为其自身的不稳定以及含量的不可控,通过它实现 p 型掺杂是不可行的。因此,主流的掺杂方法还是集中在替位受主的实现上。密度函数理论(DFT)预测,Li、Na、K 替位 Zn 后都会形成较浅的受主能级,这已经从实验中得到了证实,但ⅠA 族元素的扩散迁移率高,极容易形成间隙态,从而补偿受主。尽管如此,通过 Li 掺杂,实验中仍可获得空穴浓度为 10^{17} cm^{-3}、迁移率为2.44 $cm^2 \cdot V^{-1} \cdot s^{-1}$的 p 型性能[25],ZnO:Na 也被成功应用到同质 pn 结 LED 上[26-27]。类似的,ⅠB 族元素 Cu、Ag、Au 因为具有较低的自补偿趋势也被广泛地研究,富氧引入受主能级还可以有效抑制本征施主缺陷的形成,理论计算表明 Ag 比 Cu 和 Au 更适合 p 型掺杂,但 0.4 eV 的离化能仍带来许多问题。目前被认为最有希望的一类掺杂元素是ⅤA 族元素,尽管在离子半径方面这些元素较氧离子要大许多(N>22%,P>51%,As>59%,Sb>77%),理论计算的能级也很深,但是仍有很多关于它们 p 型掺杂的研究。对于 N 元素,实验证实它进入 ZnO 晶格后,会引入一个离价带顶 0.165 eV 左右的受主能级,虽然比理论预测的 0.4 eV 低了许多,但仍未解决 p 型掺杂稳定性的问题。通过外延或掺杂技术的改进,N 掺杂 ZnO 的空穴迁移率已经可以达到 25 $cm^2 \cdot V^{-1} \cdot s^{-1}$[28]。尽管如此,ZnO 的空穴浓度依旧维持在一个适中的水平($<5\times10^{17}$ cm^{-3}),这主要是由于 N 的固溶度较低、N_2 分子容易替代 O 位形成施主态。

目前,共掺杂技术被认为是一种有效稳定 N 替位的方法,它借鉴 GaN 中使用 Mg-O 共掺的思路,在原料中引入施主类型的杂质(Al、Ga、In),形成 N—D—N(D 表示施主杂质)键,从而极大提高了 N 的固溶度,在一定程度上稳定了 p 型掺杂。虽然新引入的掺杂剂可能会补偿受主态,但从其他几个指标来看,优化后的掺杂技术总体上对 p 型有利,Wang 等[29]也认为,这种两种甚至更多种元素的共掺杂技术应该是今后掺杂技术的一个发展方向。关于其他ⅤA 族元素(P、As、Sb)的掺杂研究多数集中在 A_{Zn}-$2V_{Zn}$(A 为受主)缺陷复合体上,普遍认为,它们能够稳定掺杂剂,诱导浅受主能级的形成,但关于它们同质 LED 的报道不是很多,关于受主稳定性的探讨也鲜有提及。

前人已经通过扫描电容(SCM)和扫描表面势(SSPM)技术(原子力显微镜附件)研究了 p 型 ZnO 的局域导电。实验表明杂质原子更易分布在缺陷周围,通过调节 MOCVD 的生长参数,n 型区包围 p 型区的现象已经可以在实验中加以分辨。局域导电类型是与薄膜表面的拓扑结构密切相关的,光滑的二维表面更容易呈现 p 型导电,而三维的岛状生长模型由于引入了更多的缺陷(如晶界、空洞、凹坑)而呈现了 n 型导电。不同掺杂诱导的生长形貌以及对应的 n 型和 p 型掺杂区如图 9.7 所示。这些实验结果说明,理解杂质和缺陷的关系是精确控制导电类型的重要前提,实验也证实通过分子束外延(MBE)技术确实能减少缺陷的形成,得到的 p 型数据也更稳定。

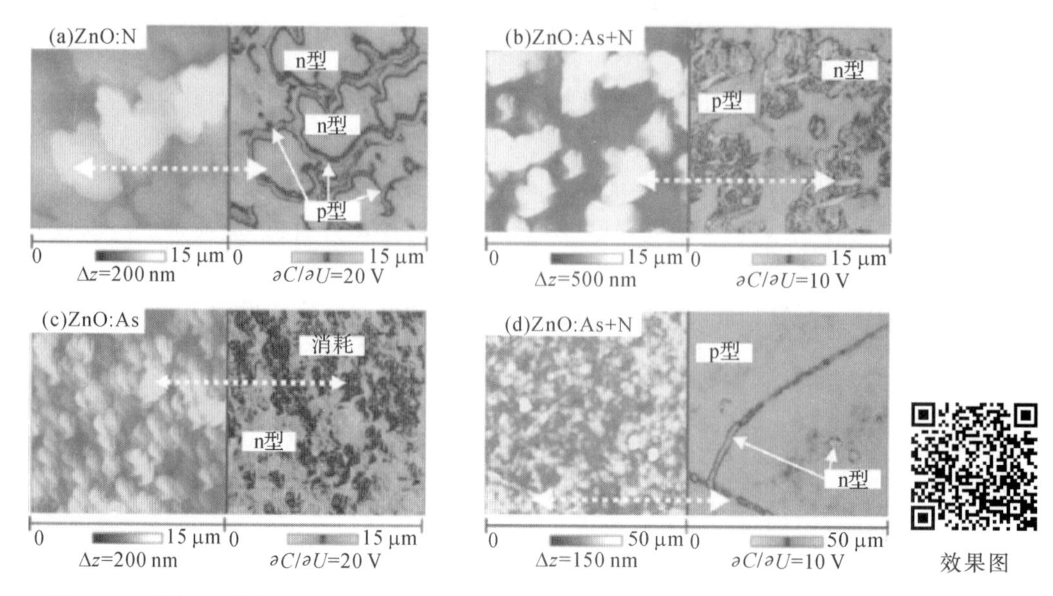

图 9.7　不同 p 型掺杂样品的原子力显微(AFM)照片和扫描电容照片(SCM)照片

改进 p 型掺杂的思路有以下三方面。

(1)提高杂质的固溶度,即提高杂质原子的化学势。N 掺杂一般需要在贫氧的环境下形成,但与此同时会增加“空穴杀手”V_O 和 Zn_i 形成的可能性,因此,根据热力学关系去平衡掺杂和生长环境的关系往往显得力不从心。一般可通过调节费米能级和选取合适的杂质源来解决它们之间的冲突。对于 N 掺杂,一般采用 H 钝化方法钉扎费米能级:先引入受主杂质,然后再退火去氢,激活掺杂原子。至于掺杂源的选取,热力学数据表明 NO 和 NO_2 更容易断键,掺杂量也明显高于其他 N 源,等离子辅助 MBE 的出现已经克服了这种差异。

(2)优化设计浅的施主态。前面我们提到了 ZnO 的共掺杂技术,这是一个比较好的稳定受主的方法。除了前面介绍的 Ga(Al,In)-N 复合体外,N 还可以通过等价元素共掺杂技术引入晶格。由于受主能级与 Zn 3d 轨道的强烈耦合,N_O 具有较高的离化能,而等电子的 Mg、Be 元素与 Zn 原子半径相似,都含有未占据的 d 轨道,它们组成的掺杂复合体$[N_O\text{-}n\mathrm{Mg(Be)}_{Zn}]$可以有效降低 N_O 的电势能。理论计算表明,Be-N 共掺引入的受主能级可以达到最低(0.12 eV),这种借助合金掺杂的方法已经被广泛地报道。如果考虑等价元素加入后的带隙展宽效应,受主能级的降低应该是两种因素竞争后的结果,因此我们在设计掺杂体系时要同时考虑各种因素的影响。既然 ZnO 的价带主要由阴离子电荷态构成,那么,与阴离子相比阳离子的替位掺杂对价带的影响就会小许多,而且阳离子替位中心基本不受 V_O 补偿效应的影响。由此来看,如果我们能有效克服ⅠA 族元素的易扩散和自补偿作用,实现它们的 p 型掺杂似乎更有优势。

(3)修饰能带结构降低补偿和离化能。通过在价带顶附近引入一个完全补偿的杂质带,可以减少本征缺陷对受主的补偿作用,同时还可降低受主离化能。这个补偿带由许多完全钝化的失主-受主对组成,当共掺杂质浓度超过一定阈值后,绝缘的补偿带就形成了,过量的受主杂质就可独立于杂质带并贡献 p 型导电。Ga-N 共掺体系就是通过修饰能带结构有效降低 N 的受主能级。需要注意的是,由于结构无序度的增大,这种方法会牺牲材料的光电性能指标，强烈的载流子局域化会降低空穴的迁移率，但从应用角度来看，这种方法可以满足高浓度载流子注入的需求。

9.2　传统及新颖的 ZnO 制备技术

对材料的研究首先侧重于制备方法，随着技术的不断发展和深入，各种形貌、维度的 ZnO 块体、纳米及量子结构都有被报道（见图 9.8），这也是由 ZnO 独特的结构特点决定的。从传统的单晶制备技术到先进的薄膜外延技术，再到无穷多变的纳米制备技术，每一种独特的形貌，都赋予了材料不同的性能，而多样化的性能又丰富了设计者的思路，使得新颖、高性能、集成的器件成为可能。近些年关于 ZnO 纳米制备的报道很多，纳米点、纳米线、纳米棒、纳米管、纳米花、纳米弹簧、纳米环、纳米梳、纳米钉等多种结构已被成功制备出来。纳米尺度具有的优异和特殊性能，如压电性能、近紫外发射、透明导电性、生物安全性和适应性等，使得 ZnO 在压电材料、紫外光探测器、场效应管、表面声波、太阳能电池、气体传感器、生物传感器等领域拥有广阔的应用前景。下文中我们按照形态上的差异对这些方法进行简单的综述。

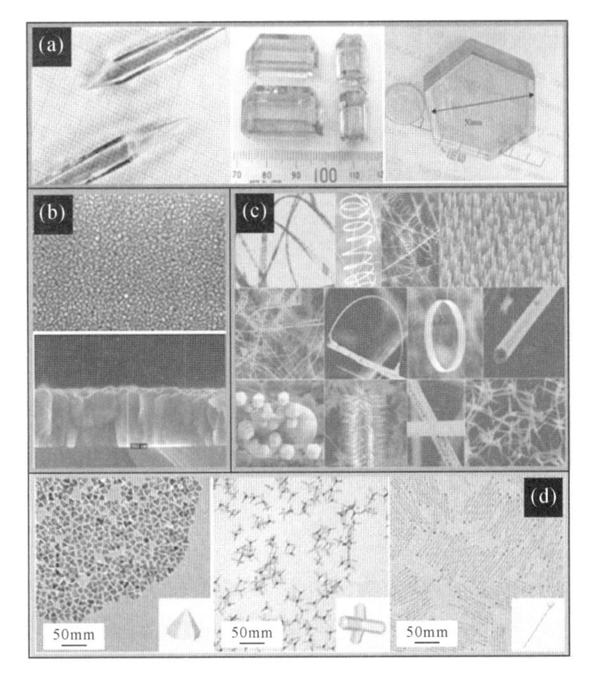

效果图

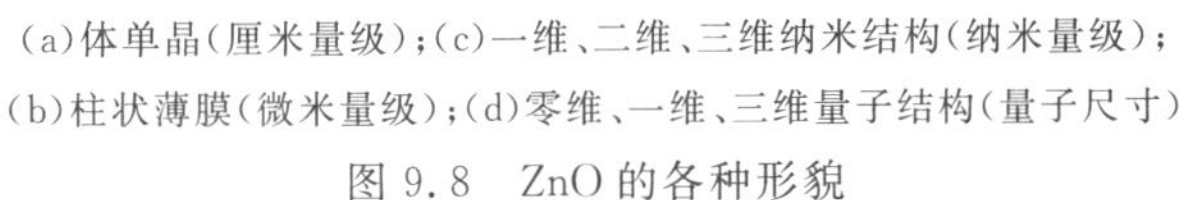

(a)体单晶（厘米量级）；(c)一维、二维、三维纳米结构（纳米量级）；
(b)柱状薄膜（微米量级）；(d)零维、一维、三维量子结构（量子尺寸）

图 9.8　ZnO 的各种形貌

9.2.1　ZnO 体单晶

ZnO 单晶是制备 ZnO 基光电器件重要的衬底材料，其生长方法主要有水热法、助熔剂法、气相法等。水热法是生长大尺寸 ZnO 单晶的重要方法，也是目前生长 ZnO 较成熟的方法。Ohshima 等[30]已于 2003 年采用水热法使 KOH 和 LiOH 混合水溶液生长出高质量的大尺寸 ZnO 单晶(25 mm×15 mm×12 mm),见图 9.8(a)。但该方法易引入金属杂质,生长周期长,需要控制好反应参数、掺杂、籽晶生长等关键工艺才能得到优质单晶。助熔剂法是利用熔点较低的助熔剂使晶体在较低温度下形成饱和熔体,通过缓慢冷却或在恒定温度下蒸发熔剂,使熔体过饱和而结晶的方法。虽然报道中提起其有望实现尺寸上的突破,但该法易引入助熔剂杂质,对 ZnO 在电子材料方面的应用是不利的。气相法是利用蒸气压较大的材料,在适当的条件下,使蒸气凝结成为晶体的方法,适合于生长板状晶体,虽然相比前面两种方法更容易避免杂质沾污,但同样存在生长难以控制的瓶颈。总结前面三种主流方法,虽然它们各有优缺点,但利用这些方法制备的单晶质量正逐渐提高,成本也在降低。比起 GaN,ZnO 单晶制备工艺的突破让我们看到了其应用的希望。

9.2.2 ZnO 薄膜

常用的薄膜制备技术均可以用来生长 ZnO 薄膜,包括金属有机物化学气相沉积(MOCVD)、分子束外延(MBE)、脉冲激光沉积(PLD)、磁控溅射(MS)、原子层沉积(ALD)、电子束蒸发(EBV)、喷雾热分解、溶胶-凝胶(Sol-Gel)等。光电器件要求 ZnO 薄膜具有良好的结晶质量和平整的表面,通常前四种方法的参数及生长速率更易控制,所以使用的频率比较高。这四种方法的原理参见《半导体薄膜技术与物理》一书,我们着重对比不同方法在制备薄膜上的特点。大型气相设备制备外延薄膜有一个共同的要求,即选取的衬底要尽可能与 ZnO 的晶格失配度低,同时具有较好的热膨胀和热稳定性。除了理想的 ZnO 单晶衬底,有关蓝宝石和 Si 衬底的研究也很多。MOCVD 技术在制备 GaAs、InP、GaN 等系列半导体材料与器件方面取得了辉煌的成果,用在 ZnO 上同样可以体现其效率高、掺杂灵活及易大面积制备的优势。目前关于 MOCVD 实现同质 LED 已经有许多报道,但性能上还未有很大突破,这一方面缘于薄膜质量需进一步提高,另一方面就是 p 型掺杂剂的稳定性问题还未解决。MBE 的出现进一步提高了薄膜的质量,但生长速率过慢、成本高也是不容回避的问题。PLD 换靶容易,在多层结构的制备上优势很明显,也能实现 p 型掺杂,但同样受制于薄膜质量的进一步提高。因为成膜速率快、成本低,MS 在沉积金属、半导体和绝缘体上已被广泛应用,但薄膜质量劣于以上三种方式。

9.2.3 ZnO 纳米结构

纳米 ZnO 的制备方法很多,一般可以分为气相法和液相法。所谓气相法主要是指在制备的过程中,源物质是气相或者通过一定的过程转化为气相,随后通过输运、成核生长形成所需纳米材料的方法。一些常用的薄膜制备技术,如 PLD、MOCVD、PECVD、MBE、MS、热蒸发,基本上都可应用于 ZnO 纳米材料的制备。液相法是通过化学溶液传递能量,从而得到纳米材料的方法,通常有水热法、溶剂热法、电沉积法、自组装法、微乳液法等。

热蒸发法可以获得各种新颖的结构,成本较低,虽然产率不高,但对于纳米光电器件来说,它可以提供最有价值的一维纳米结构。图 9.9 很好地展示了热蒸发法制备纳米材料的过程。一维纳米结构的取向对于染料敏化太阳能电池(DSSC)的影响不是很大,但对于 LED 和 LD 来说却至关重要。利用纳米棒(线)构筑器件一般有两种思路:第一种是将纳米棒(线)从衬底上转移,然后通过接触工艺构筑微纳器件;第二种是直接利用阵列原位构筑器件。前者要注意转移过程对纳米棒(线)的损伤,控制好它们的位置和取向;而后者要注意顶端的接触，防止器件短路(纳米结构之间接触)。比起高质量外延薄膜，一维纳米结构的生长对衬底的依赖性不是很强，只需要生长籽晶层或利用催化剂诱导生长，典型的金纳米棒阵列SEM如图9.10(a)～(b)所示[31]。模板法除了获得垂直阵列外，还可得到水平阵列[32]，如图9.10(c)～(e)所示。尽管蓝宝石上已经可以生长得到取向度近乎完美的阵列，但绝缘衬底的本质限制了器件的构筑。因此纳米棒(线)光电器件的实现要考虑以下几个因素：①透明、导电的衬底；②接触良好、透明的顶电极；③纳米棒(线)的取向及光电学性能。

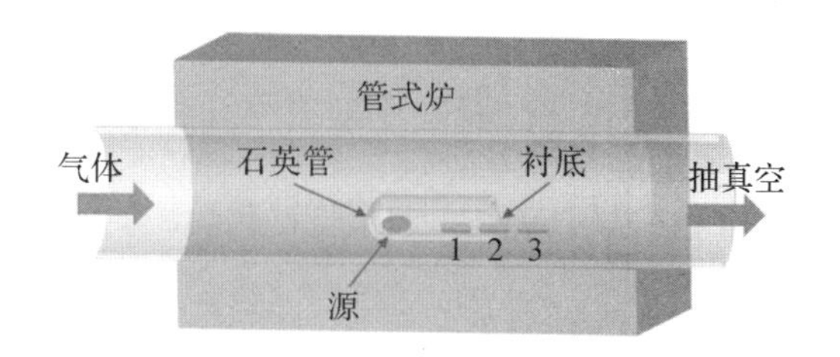

图9.9　管式炉制备纳米材料

采用热蒸发方法制备的ZnO纳米结构一般表现绿光的深能级发射，而溶液法制备的ZnO纳米结构一般表现黄-橙光。在本小节中，我们主要对热蒸发/CVD、水热法以及电沉积法制备的ZnO纳米材料进行综述。

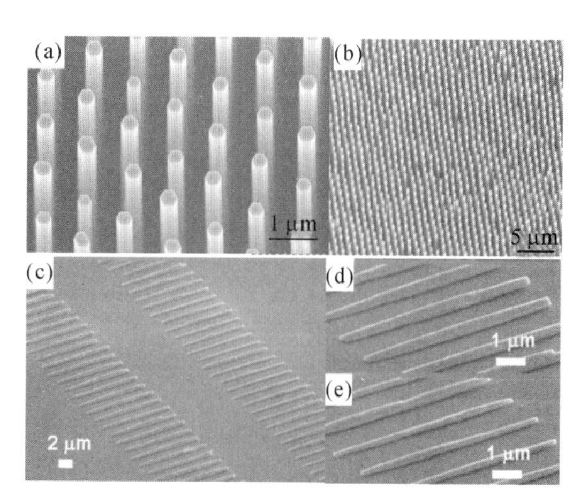

(a)～(b)和(c)～(e)分别为垂直阵列和水平阵列的局部放大图和低倍侧视图

图9.10　模板法生长的垂直及水平ZnO纳米棒阵列SEM图

1. 热蒸发/CVD

管式炉中利用热蒸发或CVD技术生长ZnO纳米结构由来已久，简单来说，是将Zn源放在某一特定温区，衬底放在其下游的低温区，通过气相输运实现纳米结构的生长。一般采用Zn粉或ZnO与碳粉的混合物(ZnO:C)作为反应源，Zn粉的温度控制在500 ℃左右，而ZnO:C控制在800～1 000 ℃范围内，采用其他有机Zn源可以将生长温度降得更低。ZnO的光学性能取决于衬底的选择和生长参数的调控(温度、气压)。虽然碳热还原法需要较高的温度，但得到的产物形貌多样，而且在不同温度区间得到的产物的发光性能也有很大差别。尽管纳米材料的比表面积大是深能级发射增加的一个主要因素，但温度对点缺陷浓度的影响也要考虑在内。采用MOCVD法生长ZnO纳米结构通常会有富Zn和富O两种生长模式，表面光滑的纳米结构容易在低温和富 Zn 的条件下获得，而金字塔形的堆垛结构则需要高温和富 O 的条件，因此我们还可以通过控制气体流速控制材料的形貌和光学性能。最近的研究表明，反应腔体的几何构造也会影响产物的性能。综合考虑这几个因素，我们就可以通过控制反应物的蒸发和沉积速率，实现定向、规整纳米结构的制备。

纳米线阵列的制备通常还需要贵金属催化剂或籽晶层加以辅助，关于贵金属（Au、Ag、In 等）催化生长的机理尚无定论（包括 VLS、VSS、VS 等机理），研究表明这些金属的引入会影响阵列的发光性能，所以现在主流的方法还是无催化的籽晶生长技术。籽晶的选择比较多样化，既可以是同质的 ZnO，也可以是异质材料，如 NiO、AlN 等，一般认为 200 nm 厚的籽晶层更利于得到较优的晶体质量和光学性能[33]。利用 MOCVD 可以沉积薄膜的特点，先用其生长阵列，然后在顶部沉积一层 ZnO，避免阵列间绝缘物质的填充，是少有的采用一种方法构筑 LED 器件的手段。

2. 液相方法

液相方法制备 ZnO 纳米结构一般包括水热法、溶剂热法（其他溶剂）和电沉积法。反应的前驱物大体类似，但电沉积法制备材料速率快，每小时可以生长几微米。水热法是最为普及的制备 ZnO 纳米棒阵列的方法，通常采用硝酸锌和六次亚甲基四胺作为反应的前驱体，控制前驱体浓度、表面活性剂、pH 值、温度和反应时间就可以调控纳米棒的尺寸及光学性能，通过预加热再生长的方法还可以得到更长的纳米棒[34]。与 CVD 方法类似，要得到阵列也需要对衬底进行处理，通常包括籽晶层的沉积。文献报道，醋酸锌热处理得到的籽晶层要比 ZnO 纳米晶更利于提高取向度[35]，而溅射法得到的阵列会使缺陷发光峰红移（黄光到橙光），其厚度也会影响阵列的直径和密度[36]。溶胶-凝胶法和电沉积法生长籽晶也有报道，但这两种方法获得的阵列结构和性能不一样，因此，籽晶层的种类和生长条件对阵列的影响不容忽视。液相方法生长的纳米材料一般含有大量的点缺陷（对应于深能级发射）和结构缺陷（对应低温 PL 中 3.332 eV 处结构缺陷束缚的激子峰），通过表面改性和后期退火处理，晶体质量和光学性能可以得到很大程度的提高。通过阳极氧化铝（AAO）模板的电沉积法也是获得 ZnO 纳米棒（管）阵列的一种方法，该方法同样要依赖电化学设备的一些反应参数。除了一维结构外，更多复杂的纳米结构还可通过自组装、配位螯合剂的加入获得，在此就不一一介绍了。

3. 其他方法

除了刚才详述的两大类方法，还有一些不太常用的技术也可获得 ZnO 纳米结构，比如 PLD 法，通过调节衬底温度和氧压，就可获得疏密可调的纳米线阵列[37]；一维纳米结构还可通过 Zn 膜的氧化获得[38]；借助熔盐辅助沉积技术可以得到超长的 ZnO 纳米带[39]，这些纳米带具有优异的场发射性能，而且单根一维纳米结构易操作，是比较理想的应用于光电器件的结构单元。当然，通过静电纺丝、溅射分解制备超长一维纳米结构也是可行的。为了获得取向完美、图案化的阵列，还可采用图章印刷技术设计阵列结构，这极大丰富了阵列的类型，为其光电应用奠定了基础。

总结前人的工作，无论是生长 ZnO 外延薄膜、纳米或量子结构，还是掺杂、合金化，我们都是为了拓宽 ZnO 基材料的应用范围，如制备：①蓝/紫外光电器件，包括发光二极管（LED）和激光器（LD），用以替代 GaN 基发光材料；②对可见光透明、高温下稳定工作的高速电子器件；③透明导电薄膜，用作电极、窗口层；④半导体合金，用作深紫外探测；⑤过渡金属掺杂的稀磁半导体,实现自旋器件;⑥太阳能电池、光催化、压电器件,实现能量转换与储存;⑦气敏、湿敏、生物传感器件。

9.3 ZnO 基光电器件

关于 ZnO 基光电器件和异质结的报道有许多,按功能不同可将 ZnO 基光电器件分为发光二极管(LED)、光电探测器(PD)和太阳能电池(主要是 DSSC)三大类。本节,我们将首先探讨 ZnO 在 LED 上的应用,重点放在其作为活性层(区别其用作电极、荧光粉等领域)实现同质或异质结上;然后对电泵浦激射进展进行简要介绍;随后对 ZnO 纳米结构在光电探测上的应用进行回顾,评述各种影响光电导性能的因素;最后对 ZnO 基太阳能电池(染料敏化和聚合物两类)的研究现状进行展望,对各种器件的优势与不足做简单的分析。

9.3.1 纳米结构的掺杂与接触

要构筑纳米 ZnO 基光电器件,首先应该解决的是掺杂和电极接触的问题。前面我们回顾了薄膜中的掺杂现状,纳米结构除了面临相似的困境,还有一些其他的难点需要我们解决,如掺杂会影响纳米结构的形貌。此外,如何确定掺杂纳米 ZnO 的电学性能也是重要问题,而多数掺杂工作的表征还仅仅停留于光学性能的研究上。接下来,我们将简要回顾 ZnO 纳米结构的掺杂工作,然后讨论制作光电器件需要解决的接触问题。

对于 ZnO 纳米结构的 n 型掺杂,主要集中在 Ga、Al、In、Sn 四种元素上。通过水热法、CVD 法和溶胶-凝胶法,可以较容易地获得 ZnO:Al、ZnO:Ga、ZnO:In 纳米棒(线、带)。电学测试表明,掺杂后样品的电阻普遍降低了 1～2 个数量级,电子浓度达到 $10^{19}\ cm^{-3}$,这是否直接与掺杂相关还需进一步确认,有可能是本征缺陷密度增大所致。低温 PL 光谱是一个很好的确定发光起源的方法,研究表明,样品的带边发射峰会有轻微蓝移,这通常归咎于载流子增大诱导的 Burstein-Moss 效应。值得注意的是,Ga、Al、In 掺杂样品的深能级发射会得到抑制,而掺 Sn 则会导致其发射的增强。

与薄膜的 p 型掺杂类似,ZnO 纳米结构同样可以选用 Ⅰ A 族和 Ⅴ A 族元素进行掺杂。ZnO:N纳米棒阵列可以通过 NH_3 等离子处理水热生长的 ZnO 阵列获得,在 n 型 ZnO 薄膜上生长的 ZnO:N 阵列表现了很好的电流-电压整流特性,紫外-可见比有了很大程度的提高[40]。也可通过 CVD 方法,以 N_2O 作为氮源,通过气相沉积获得 ZnO:N 纳米线阵列,这样得到的纳米线空穴浓度可达 $10^{18}\ cm^{-3}$,迁移率为 $10\sim17\ cm^2\cdot V^{-1}\cdot s^{-1}$[41],只不过阵列生长是沿[110]方向,而不是[001]方向。尽管表面吸附会严重影响纳米线的电学性能,但 5 个月的稳定性也足以表明纳米线 p 型的可靠性。此外,通过在 GaAs 单晶上扩 As,还可得到 ZnO:As 纳米线阵列[42],高压 PLD 技术可以获得 ZnO:P 纳米针阵列[43]。至于 Ⅰ A 族元素掺杂,水热法制备 ZnO:Na 微米线已有报道[44]。尽管这些报道仍被质疑,但利用这些材料实现 ZnO 同质 LED 已有报道,我们将在后面进行介绍。

除了上述两类掺杂体系,还有一些其他的掺杂报道,如 ZnO 掺杂过渡金属(W、Co、Mn)、稀土金属(Er、Ce、Tb)离子、氧族元素(S、Se)等。这些元素的掺杂一般是为了调控 ZnO 的光学性能,包括一些掺 Mg、掺 Cu 失败后得到 ZnO@MgO、ZnO@CuO 核壳结构。

实验表明，它们既可以修饰紫外带边发射（抑制可见光区），还可以调节可见发光波长，提高可见光的荧光量子产率。本节的重点在于探讨掺杂诱导的光电转换体系，单纯的荧光材料不是讨论的重点。

前面我们已经提到，要将 ZnO 纳米阵列结构应用到光电器件上，需要填充阵列间的空隙，以保证顶端高质量的接触。空隙的填充有许多方法，常见的有旋涂玻璃（SOG，玻璃前躯体旋涂后高温退火）、旋涂聚合物和气相沉积 SiO_2 绝缘层。填充好的阵列通过抛光和干法刻蚀露出顶部，然后沉积金属电极就可实现接触。CVD 法得到的填充层一般厚度较大（$>1\ \mu m$），材料的脆性会增加后期加工的难度。对于 SOG，前人研究发现它可以很好地覆盖阵列结构，得到厚度适中的填充层，但不适合填充高密度阵列（$>10^9\ cm^{-2}$），而聚合物则可弥补这一不足。对于相同的阵列，不同填充物对其光、电学性能的影响也不同。研究表明，黄绿光会对聚合物填充的 ZnO 阵列的电学性能产生影响，而 SOG 则基本不影响 PL 峰位，此外，材料的绝缘特性也会决定器件的漏电流大小。图 9.11 是调节 SOG 前驱体浓度涂覆 ZnO 纳米棒的 SEM 图[45]，因为厚度适中，图(b)的欧姆接触（Ag/ZnO NRs+SOG/Ag）效果也最佳。

(a)没有填充的纳米棒

(b)填充适中的SOG层

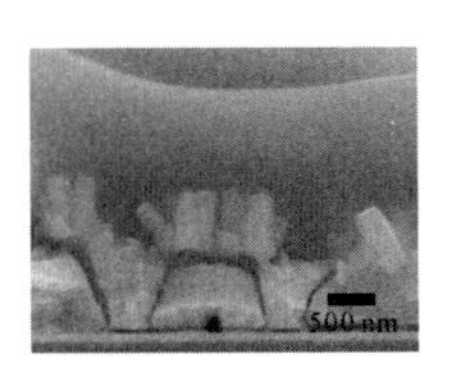

(c)填充过量的SOG层

图 9.11 SOG 法填充 ZnO 纳米棒（CrO_3 薄膜上生长）

SOG 法也被用于单根 ZnO 纳米线/p-Si 的异质结[46]，采用该法可以在纳米线顶端覆盖很薄的绝缘层，使得纳米线异质结 LED 表现出良好的整流特性。尽管有无 SiO_2 对整流曲线影响不大，但电致发光却只能在涂覆 SiO_2 的样品上产生，该结果表明良好的接触是实现纳米光电应用的保证。关于单根纳米线的接触，我们还可以通过直接在图案化的金属上生长 ZnO 纳米线实现。至于通过聚焦离子束诱导金属沉积等先进纳米加工工艺，我们不再赘述。

9.3.2 同质结 LED

ZnO 基发光二极管

最早的 ZnO 同质结 LED 是 Aoki 等[47]报道的，p 型 ZnO 是通过 P 掺杂实现的。通过激光照射，n 型 ZnO 单晶衬底上生长的 Zn_3P_2 薄膜分解出 P 原子并扩散进 ZnO 中，从而实现 p 型转变。当施加 10 V 以上的正向偏压时，该 ZnO 同质结能够发出非常微弱的紫外光和蓝绿光，带边发射不显著。这种方法制备的 ZnO 同质结 LED 掺杂浓度较难控制，掺杂不均匀且易形成缓变结，因而性能不理想。随后 Guo 等[48]采用 N_2O 等离子体增强 PLD 技术在 n 型 ZnO 衬底上沉积 p 型 ZnO 薄膜，制成了 ZnO 同质结 LED，它在低温下有微弱的电致发光现象。在此之后，又有多个课题组采用 N 掺杂技术实现了 ZnO 同质结 LED，并提高了其性能，实现了室温电注入发光。Xu 等[49]通过等离子体辅助 MOCVD 方法生长出 p 型 ZnO:N 薄膜，在电流为 20 mA 时，器件发蓝绿光；当电流增加到 40 mA 时，蓝绿光扩展到390～700 nm，并且出现微弱带边发光峰。前面我们已经提到，利用 As、Sb 掺杂或者 Al-N、In-N 共掺杂的方法，也可实现 ZnO 薄膜的 p 型掺杂，进而制备出 ZnO 同质结 LED。最近的研究表明，Na 是一种不错的受主掺杂源,Na 掺杂 ZnO 可以和 Mg 掺杂 GaN 相类比。

与薄膜相比,纳米 ZnO 在 LED 上的应用很有限。在 GaN 基 LED 上生长 ZnO 纳米棒可以提高光抽取效率(增加大约 57%),这是比较早的将 ZnO 应用在 LED 上的实例[50]。除了这个用途外,ZnO 纳米粒子还可以与发光聚合物混合构筑电致发光器件,单独通过介孔前驱体退火得到的 ZnO 纳米粒子也可实现可见的电致发光[51]。ZnO 纳米结构及其复合物还可以用作白光 LED 中的荧光粉,如 ZnO-SiO_2 在蓝紫光激发下可混合产生白光[52],环氧树脂封装 ZnO 量子点制备 LED 也已经被报道[53]。

关于纳米 ZnO 同质结的报道不是很多。Yang 等[54]通过 CVD 方法在 n 型 ZnO 籽晶层上制备了 ZnO 纳米棒阵列,再通过 As 的离子注入实现纳米棒的反型,构成了同质 pn 结。他们采用 PMMA 来填充阵列的间隙,在纳米棒顶端镀了一层 20 nm 厚的金电极。退火热激活后,器件表现了明显的电流-电压非线性特征,具有较高的理想因子。电致发光谱强烈依赖 As 离子注入的浓度,当 As 浓度为 10^{15} cm^{-3}时,红光发射被观察到;而当 As 浓度为 10^{14} cm^{-3}时,紫外发射便占据了主导,红光则很微弱。通过扩散的方法也可引入 As 杂质,将纳米棒生长在半绝缘的 GaAs 衬底上,在合适的高温下热扩散后便可得到同质 ZnO 纳米棒阵列,然后在阵列两端加上 ITO 电极后便可实现紫外电致发光。虽然上述方法中施加的偏压较高,但仍不失为一个好方法[55]。

构筑同质 pn 结不一定需要分别实现它的 n 型和 p 型掺杂,充分利用好 ZnO 本征的特性,同样可以得到一些意想不到的结果。比如本征 ZnO 和 ZnO:Al 纳米粒子之间可以表现出整流特性[56],甚至拿没有任何故意掺杂的 ZnO 也能构筑 LED。Hsu 等[57]报道了非故意掺杂的 ZnO 纳米棒可以呈现 p 型导电,这种导电机制可以归因于锌空位及其缺陷的复合体,还可能是因氢间隙浓度的减小所致,这些可以通过正电子湮没以及二次离子质谱技术加以确认。这种非故意掺杂诱导的 p 型导电的稳定性可以维持 6 周,他们认为对于 ITO 衬底上生长的阵列,In 元素的扩散是导致其 p 型不稳定的一个重要因素。此外,他们还利用这种本征 p 型的纳米棒,构筑了同质结(与单晶 ZnO 或电沉积的 ZnO 薄膜)和异质结(与 n-GaN、PCBM 或 MEH-CN-PPV 等有机电子材料),这些器件都表现了较弱的可见-近红外发射峰,只有 n-GaN/p-ZnO 拥有非常尖锐的紫外发射,如图 9.12 所示。从图中可以观察到,来自同质结的 EL[见图 9.12(b)]表现出很宽的红光发射和相对较弱的紫外发射,而异质衬底(GaN)上的 EL[见图 9.12(a)]却拥有极强的紫外带边发射,红光比较微弱。值得注意的是,两者的 PL 和 EL 呈现了相反的对应关系。

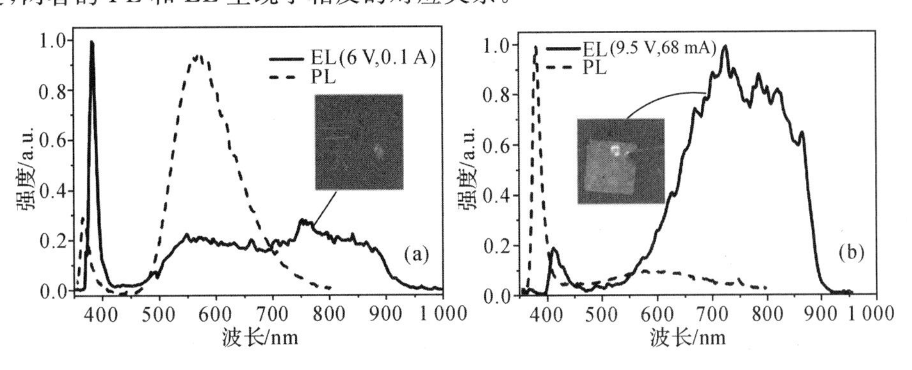

图 9.12　分别生长在(a)GaN 和(b)ZnO 衬底上的 ZnO 纳米棒的电致发光谱(EL)与荧光发射光谱(PL)

注:插图是它们的器件在加偏压下的发光实物图,所有的纳米棒阵列都采用 SOG 技术进行填充。

另一个水热生长双极同质 LED 的实例是由 Wong 等[58]报道的。他们的实验得到了电子和空穴迁移率分别为 3.2 $cm^2 \cdot V^{-1} \cdot s^{-1}$和 2.1 $cm^2 \cdot V^{-1} \cdot s^{-1}$的纳米棒，随后的 EL 测试显示了和 PL 一一对应的黄光发射，这是水热生长的 ZnO 通常具有的黄光深能级发射。前人的研究表明，旋涂的 ZnO 纳米粒子还可以作为“夹心层”，两端加上电极后实现 LED 器件。尽管器件呈现很宽的可见发光带，但它的工作电压只需要 3.50 V，而且可无极性操作获得较高的发光强度，对应的 EL 强度随工作电流的关系如图 9.13 所示[59]。观察实物图我们可以发现，该器件的发光呈现点状弥散特点，表明了发射的不均匀性，对应的 PL 和 EL 也有很大的差别。除了前面介绍的纳米颗粒、纳米棒(线)以及纳米薄膜，一种 Mg 掺杂的 ZnO 多足结构也被应用到 LED 上[60]。虽然 EL 也表现了 ZnO 的本征紫外带边发射，但同样包含了很强的缺陷发射带。

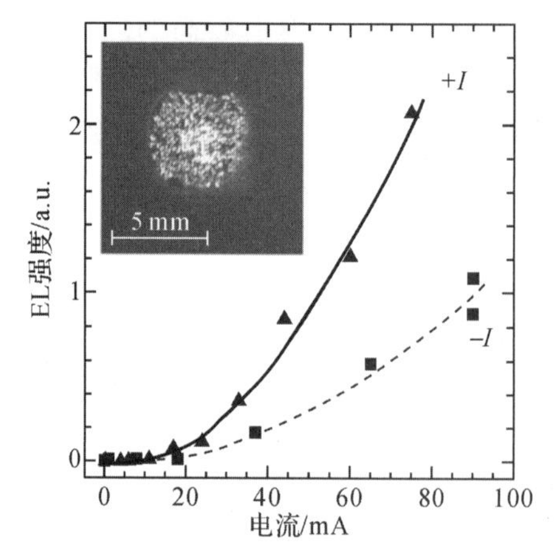

图 9.13 器件的 EL 发光强度在正、负偏压下随工作电流的变化曲线

注：插图为器件发光的实物图。

尽管多样化的同质器件结构和制备方法已被报道，但深入理解 EL 发光过程并旨在提高器件性能的研究却很少。虽然我们定性知道了一些影响 EL 的因素，比如环境中的氢元素，但却无法有效地将其去除。如薄膜同质结 LED 那样引入 SiN_x 钝化层，会导致器件电致发光的淬灭以及较大的漏电流，已经有报道将其归咎于氢的存在[61]。除了氢杂质，一些本征的点缺陷同样对器件的性能有重要的影响。

9.3.3 异质结 LED

在本小节，我们将对 ZnO 异质结器件进行全面的回顾。在早期研究中，由于 p 型 ZnO 性能不理想，因而一些研究者利用其他的 p 型半导体材料(如 $SrCu_2O_2$、$ZnRh_2O_4$、NiO、Si、GaN 等)作为异质结的空穴输入层，进而制备 ZnO 薄膜的异质结 LED。Alivov 等[62]利用 GaN 与 ZnO 在结构性能上的相似性，在蓝宝石衬底上制备出 n-ZnO/p-GaN 异质结 LED。同年，该研究小组进一步报道了 n-ZnO/p-AlGaN 发光二极管的制备及发光特性，该异质结 LED 在 300 K(26.85 ℃)时具有很强的紫外发射，当温度升高到 500 K(226.85 ℃)时，发光峰产生微小的红移，谱峰有所宽化[63]。

纳米结构的异质结较薄膜来说，具有更高的载流子注入及光抽取效率，但目前的研究结果并没有直接体现纳米器件有比薄膜器件更好的性能参数。从根本上来说，这主要是因为对导质结构来说，纳米结构大的比表面积、较多的本征缺陷态以及界面、表面悬挂键对其性能的影响可能更大些。

ZnO 可以和多种材料结合形成异质结，而 p 型硅是简单而又直接的选择，因为和现有成熟的 Si 基工艺相结合可以使 ZnO 的应用显得更有价值。Sun 等[64]首先报道了 ZnO 纳米棒阵列与 p-Si 异质结的电致发光行为，他们采用籽晶外延生长纳米棒阵列，用有机绝缘材料填充间隙，通过在 O_2 气氛下退火使器件表现出较好的整流特性。10 V 电压下，器件表现了紫外和绿光发射。在不同的开启电压下，相似的光谱在 Sun 等[65]构筑的 ZnO 纳米棒阵列/p-Si 器件上也被观测到，而他们的纳米棒并没有进行退火处理。Kim 等[66]发现，在 ZnO 纳米棒阵列/p-Si 上再沉积一层 ZnO 薄膜(MOCVD 法沉积)，可以表现出比薄膜器件更好的整流行为，肉眼就可观察到电致发光。此外，单根 ZnO 纳米线与 p-Si 异质结接触的研究表明，所有测试的纳米线都表现出紫外带边发射，少部分还会包含缺陷峰(约 700 nm)[67]。在此基础上，Bao 等[68]采用 PMMA(聚甲基丙烯酸甲酯)包埋纳米线，也得到了很宽的可见光发射。由此可见，开启电压和发光特性强烈地依赖于器件结构。

除了 p 型硅，ZnO 纳米棒还可以在 p-$CuAlO_2$、p-SiC 及 p 型有机高分子(PEDOT:PSS、NPB 等)上构筑器件。Ling 等[69]对比 p-$CuAlO_2$ 与 p-Si 的性能后发现，p-$CuAlO_2$ 上生长的纳米棒表现了缺陷光较强的带边发射，这个结果与对 PL 的分析相吻合；而 p-Si 上生长的情况却与之相反，缺陷光要比紫外光强许多。他们报道的器件在不封装的情况下可以稳定 6 个月，显示了较好的稳定性，至于点状发光的起因，他们归咎于 ZnO 纳米棒较强的光约束效应。但 300～500 nm 直径的纳米棒理应不存在这样的约束作用，我们认为这可能与 PMMA 填充后导致的电流不均匀分布有关，这种现象其实在很多纳米棒器件中都是普遍存在的。Willander 等[70]报道了一个基于 n-ZnO/p-SiC 的器件，它具有很强的电致发光谱，但是所需偏压却很高(27～37 V)。以 PEDOT:PSS、NPB 作为 p 型材料的报道也有很多，相比 p-Si，它们的电致发光一般对可见光的抑制效果较好，比如采用 NPB 可以获得 422 nm 的蓝色电致发光[71-72]。通过 300 ℃的退火处理，紫外-可见比会得到明显提高，但是这些器件的漏电流还是很大[73]。通过水热法直接在 PEDOT:PSS 上生长 ZnO 纳米棒，以光刻胶作为绝缘层同样可以实现有机-无机杂化 LED，所得器件通常表现 3 个发射峰，其中蓝光来自聚合物，绿光来自 ZnO[74]。此外，被乙酰丙酮钙修饰过的 ZnO 纳米棒还可与 PFO:TFB 聚合物合金构筑 LED，通过能带结构的优化，改进的器件性能已经被报道[75]。利用 ZnO 纳米粒子实现有机-无机杂化 LED 的报道也有很多。设计单层 ZnO 纳米粒子，通过选用不同的聚合物，就可实现发光峰的可调[76]，甚至通过改进器件结构，可以充分抑制可见光的产生[77]。ZnO 纳米粒子还可在杂化 LED 中用作改进电荷注入和输运的关键材料[78]，这显示了 ZnO 多样化的一面。

全溶液基方法制备异质结 LED 是一种低成本制备器件的重要思路。由 n-ZnO 和 p-CuSCN(全部采用电沉积法制备)集成在聚合物衬底上制作的柔性纳米二极管，表现出 67 ℃下工作的稳定性[79]。基于电沉积和水热制备工艺实现的 NiO-ZnO 异质结 LED 也已经被报道，通过在结界面处插入一层有机聚合物来重组能带结构，还可将开启电压从 11 V 降到 8 V[80]。Xi 等[45]还开发了 Cr_2O_3/ZnO 异质结 LED，研究了退火对器件发光性能的影响，他们得到的结果如图 9.14 所示。从图中可以看出，紫外-可见比可以很好地通过退火温度加以调控，400 ℃时器件电致发光综合性能最佳。

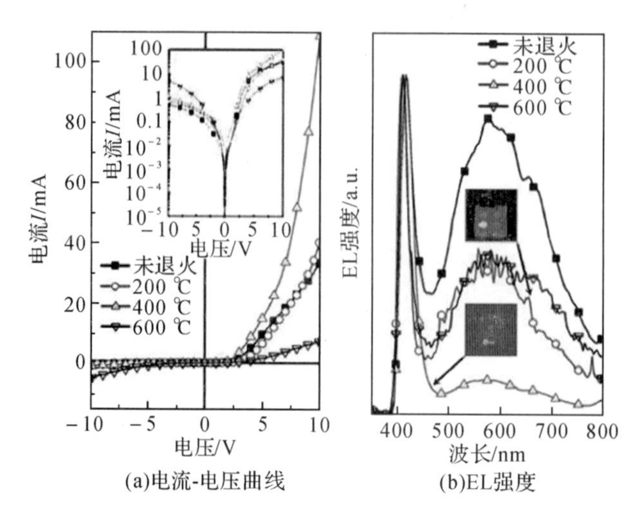

(a)电流-电压曲线 (b)EL强度

图 9.14 Cr_2O_3/ZnO 异质结 LED 的电流-电压曲线和 EL 强度与退火温度的依赖关系

异质衬底如果考虑晶格的匹配，GaN 将是一个不错的选择，毕竟它与 ZnO 的晶格失配度只有 1.8%，而且在 p 型 ZnO 不稳定的现状下，成熟的 GaN 工艺将有效克服这个不足。关于 n-ZnO/p-GaN 异质结器件已经有许多报道了，不同的发光特性也是层出不穷，典型的一个结构如图 9.15 所示。

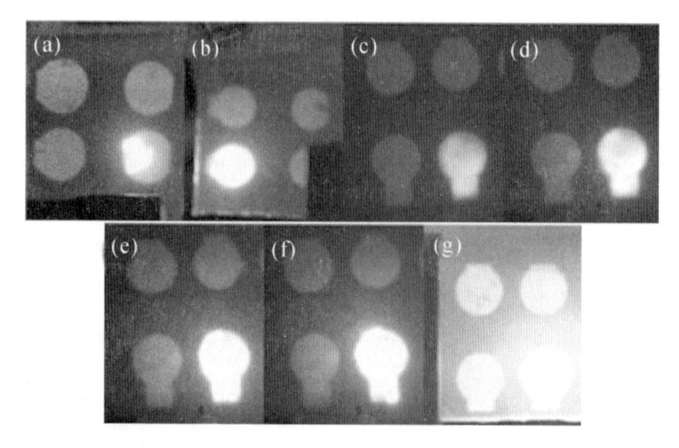

(a)醋酸盐作为籽晶层，反向偏压为 10 V；(b)电沉积作为籽晶层，反向偏压为 8 V；
(c)～(f)在含有 InGaN 量子阱的 p-GaN 上旋涂醋酸盐籽晶层后构筑的器件，
反向偏压依次为(c)2.5 V、(d)2.7 V、(e)3.0 V、(f)3.6 V；
(g)在含有 InGaN 量子阱的 p-GaN 上电沉积籽晶层后构筑的器件，反向偏压为 3.0 V

图 9.15 采用籽晶层水热外延生长得到的 n-ZnO/p-GaN 器件照片

通过改变 ZnO 和 GaN 的性质，结合不同的器件结构，发光波长的可调已经可以实现，退火对器件的影响在文献[81]中已有详细描述。尽管报道有很多，但多数只对 EL 和电流-电压性能中的某一种进行研究，发光强度也只以相对坐标进行表示，关于发光效率更是少有报道。很多方法都可用于 n-ZnO/p-GaN 异质结的制备，其中溶液法由于成本低廉，为更多的文献所报道。Lee 等[82]制备的 n-ZnO/p-GaN 异质结 LED 采用 SiO_2 作为钝化层，在正向偏压(80 V，40 mA)下可以实现可见的电致发光(见图 9.16)，但发光的均匀度不高，光谱显示主要由 415 nm 的紫光和 485～750 nm 的发光带组成，前者因为注入纳米棒的电流过大而导致发光峰出现热偏移。而 Lai 等[83]报道的水热生长的 n-ZnO 纳米棒/p-GaN 器件却表现蓝紫光，如图 9.17 所示。Lai 等还对该器件的波导行为进行了研究，通过改变探针与阵列间的夹角，不同 EL 的变化情况被观察到。除了溶液法，还可通过 CVD、MOVPE 和 MOCVD 等方法构筑 n-ZnO/p-GaN 器件。Zhang 等[84]采用 CVD 法在 GaN 上构筑了 ZnO 纳米线阵列，器件表现出很好的整流特性，开启电压为 10 V，在更高电压下可以观察到肉眼可见的蓝光。采用 MOCVD 方法生长纳米线的一个很重要的优点是，可以在纳米线顶端直接镀膜，避免后期再使用绝缘层填充阵列间隙。Park 等[85]采用该法制备的器件（ZnO 薄膜/ZnO 纳米棒阵列/p-GaN）表现出了优异的蓝光发射，但漏电流仍较高。而采用 ZnO:Al 薄膜/ZnO 纳米棒阵列/p-GaN 结构的器件，发光强度会比没有纳米棒阵列的器件提高许多，低压下，发光中心为 432 nm，随着偏压的升高，峰位会出现蓝移[86]，器件的截面照片如图 9.18 所示。从图 9.18 中可以看出，所有纳米棒都被 ZnO:Al 薄膜均匀覆盖，通过 H_2 气氛的处理，发光强度可以得到进一步的提高[87]。纳米棒阵列除了垂直结构外，水平的结构也有报道，但无论是垂直还是水平，有纳米棒阵列的器件总比没有的好。图 9.19 是一个典型的 ZnO 薄膜/ZnO 纳米棒阵列/p-GaN 器件的 EL 图，明亮的紫光发射可以被观察到，点状发光仍然存在[88]。

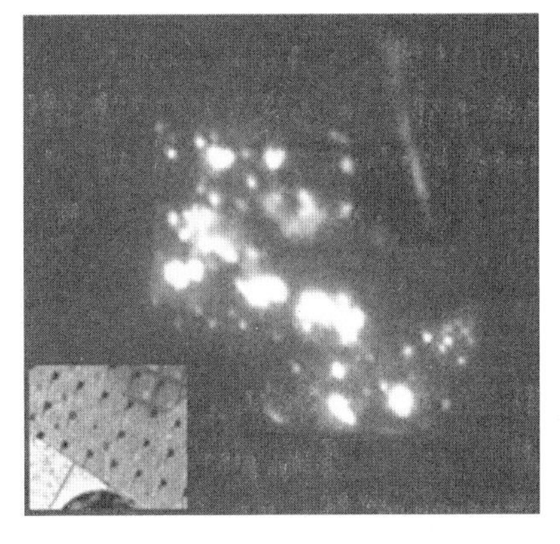

效果图

图 9.16 n-ZnO 纳米棒/p-GaN 异质结器件的 EL 实物图（正向偏压，10 mA）
注：插图是一个 300 mm×300 mm 芯片的实物图。

大多数 n-ZnO/p-GaN 器件只在正向偏压下才能被点亮，反向偏压下被点亮的实例也有报道，这通常可以用 ZnO/GaN 界面较大的能带弯曲来解释：由于反向的隧穿效应，在大的反向偏压下（不至于击穿），器件就可以被点亮[89]。Wu 等[90]报道了一种 n-ZnO/SiO_2:ZnO/p-GaN结构的器件，这种器件在正向和反向偏压下都可以被点亮。正向偏压下，器件发射 ZnO 的紫外光和 GaN 的蓝紫光；反向偏压下，由于雪崩击穿，ZnO 和 GaN 都表现为紫外发射，只有一小部分蓝紫光来源于 GaN。隧穿效应通常会发生在具有较大能带弯曲的异质界面上，但文献中关于带阶值的报道却很难统一，高的为 0.4 eV 和 0.57 eV[91]，低的却只有 0.15 eV 和 0.13 eV[87]，这可能与不同的生长状态、点缺陷密度和束缚电荷密度有关。

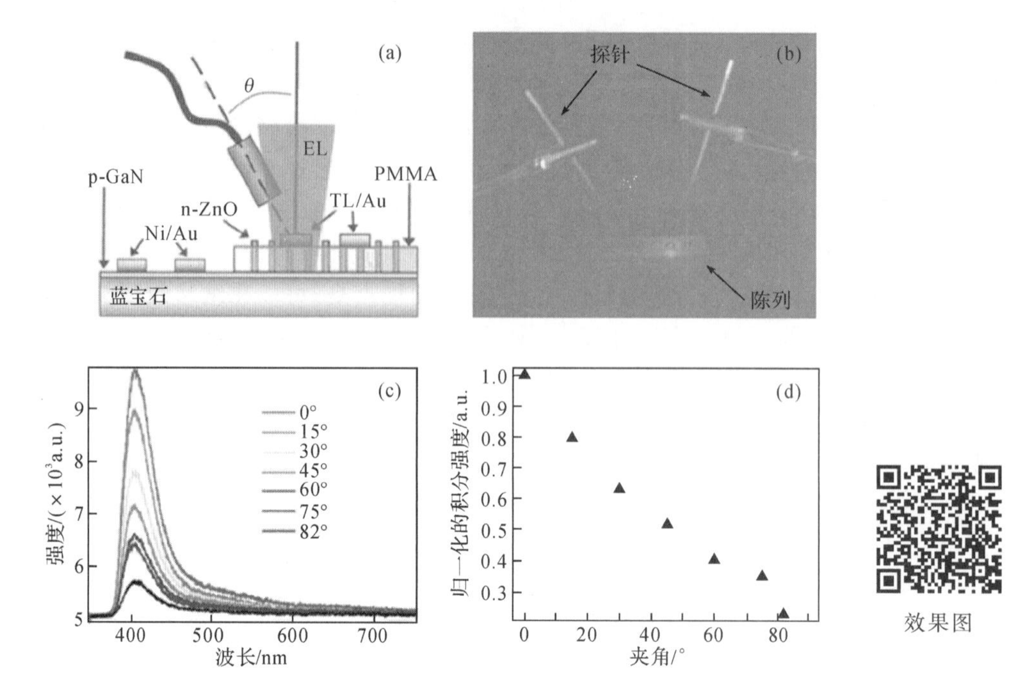

图 9.17 (a)波导试验机理图;(b)25 V 正向偏压下从 CCD 探头上观察到的 EL;(c)探针与阵列的不同夹角诱导的 EL 图谱;(d)EL 归一化的积分强度随夹角变化的点图

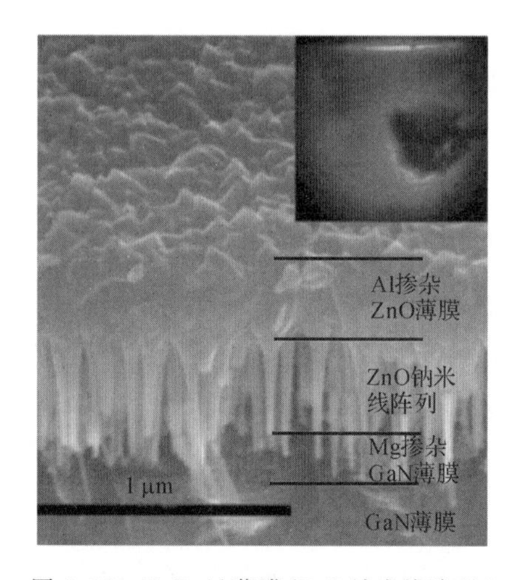

图 9.18 ZnO:Al 薄膜/ZnO 纳米线阵列/p-GaN 器件结构的 SEM 图(45°断面)

注:插图是 10 mA 正向电流通过时的 EL 实物图。

效果图

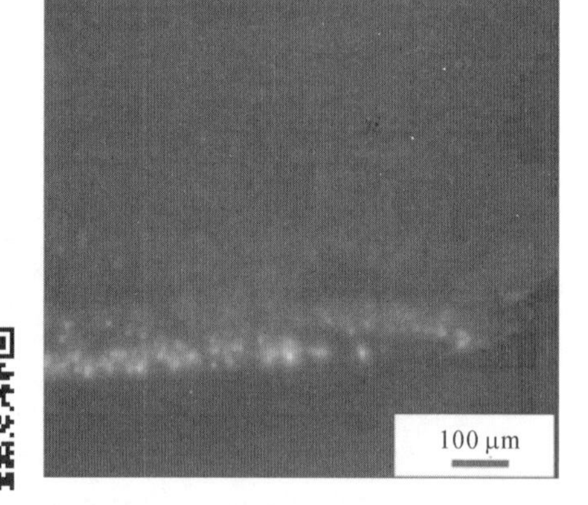

图 9.19 ZnO 缓冲层/ZnO 纳米棒阵列/p-GaN 薄膜异质结 LED 的 EL 照片

除了 p-i-n 结构外,更复杂的 LED 已经被报道,如在 n-GaN 上采用 CVD 方法生长 ZnO 纳米线,包裹在 PS 聚合物里后,再以 PEDOT:PSS 作为 p 型材料构筑器件[92];在 p-GaN 上生长 ZnO/n-GaN 同轴纳米结构[93];同轴沉积 p-GaN/InGaN 多量子阱/GaN 结构在 ZnO 纳米管上[94];在商用 LED 芯片(p-GaN/InGaN 多量子阱/GaN)上水热生长 ZnO 纳米棒[81]。虽然 ZnO 纳米棒的 p 型掺杂工作很少,但仍有 p-ZnO 纳米棒/n-Si、p-ZnO 纳米棒/n-GaN 的器件被报道[57,95]。

9.3.4　激光二极管(LD)

目前，已经有许多关于 ZnO 纳米结构随机激射或电泵浦激射的研究被报道。第一类激射是在 $ZnO:SiO_2$ 复合物存在的情况下实现的。Shih 等[96]设计了一种 Ni/p-AlGaN/ZnO:SiO_2/ZnO:Al/Al 结构，通过研究 $ZnO:SiO_2$ 复合物的存在与否，揭示了输出功率随注入电流不同的变化关系，但在 EL 中并没有观察到明显的尖峰(与 PL 类似)，这归咎于低的激发密度(900 mA 的注入电流对应电子密度为 $7.2\times10^{23}\ s^{-1}\cdot cm^{-2}$，比光激发密度还低 2～3 个数量级)。通过替换 p 型层为 SiC 或 GaN，紫外随机激射可以被观察到[97-98]。对于采用p-GaN的器件，通过调节 $ZnO:SiO_2$ 组分的摩尔比，可以分别获得来自侧面(1∶5)和表面(1∶1)的激射，但注入的电流仅为 4 mA。关于这类器件的报道还很少，尤其是绝缘层 SiO_2 被用在器件中，使得进一步理解器件的工作原理显得尤为重要。

第二类电泵浦激射是基于 ZnO 薄膜的。Ma 等[99]通过多晶 ZnO 薄膜在 Si 上的沉积，覆盖 SiO_x 层和 Au 电极，实现了阈值电流为 68 mA 的激射器件。对于 p-GaN/MgO/n-ZnO 异质结，较低的阈值电流(0.8 mA)已经被报道[100]，光谱和实物图如图 9.20 所示。从图中可以看出，许多尖峰密集分布在 380～480 nm 的发射带上，这是典型激射行为的一个特征。生长 ZnMgO 单量子阱(阱层 1 nm，垒层 1.5 nm)于 ZnO:Ga(n-ZnO)和 ZnO:Sb(p-ZnO)之间也可观察到激射现象，阈值电流为 25 mA，器件的 EL 图谱如图 9.21 所示。

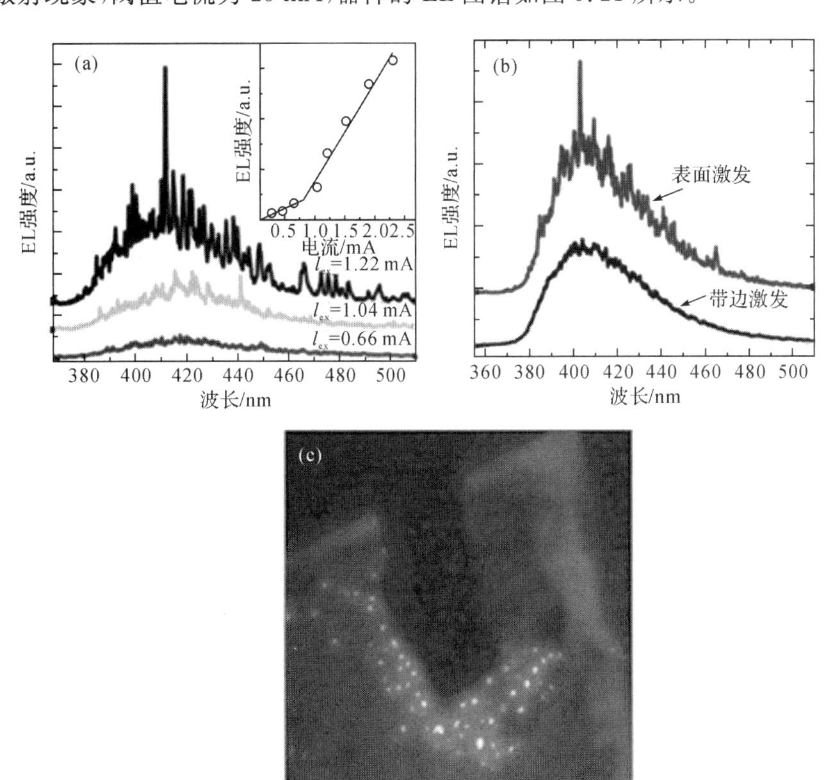

效果图

图 9.20　(a)三张不同注入电流下的典型的 EL 发光图谱；(b)阈值激发下，器件顶部和侧面的 EL 图；(c)蓝光激射实物图

注：(a)中插图是发射强度与注入电流的关系图；(b)揭示了激射只在垂直衬底方向发出。

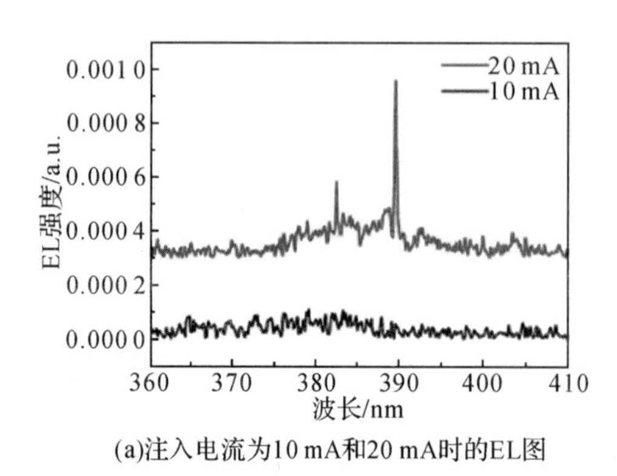

(a)注入电流为10 mA和20 mA时的EL图

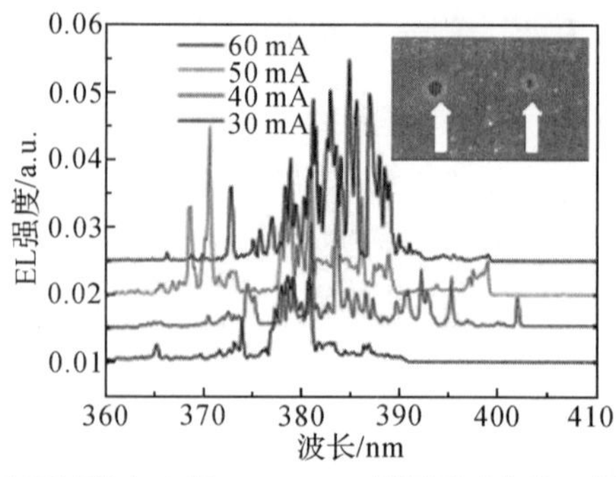

(b)更高注入电流(30~60 mA)情况下对应的EL图

图 9.21 不同注放电流时器件的 EL 图

注:插图为 30 mA 注入电流下的激射照片,箭头所指为孤立的激射中心。

尽管在 ZnO 中我们成功观察到了电泵浦激射现象,但还有许多问题值得我们去思考,比如第一类激射中 SiO_2 的作用是什么?究竟是什么特殊的原因使得这些器件显示出不同于普通 LED 的特征?是否可以将这些因素应用到其他种类的 LED 中?0.8 mA 的阈值电流是否可信?p-i-n 结构很早就被报道,但为什么之前观察不到激射?p-GaN/MgO/n-ZnO 异质结可以实现激射,为什么 p-GaN/MgO/ZnMgO 却不行[101]?这些都是发展 ZnO 基 LD 需要解决的关键问题。虽然目前只在纳米复合物的器件方面报道了脉冲激射,但与 GaN 基 LD 的研究历程相比,ZnO 基 LD 的发展会更迅速,因为其具有更低的阈值电流。我们有理由相信,更多关于 ZnO 基脉冲 LD 的报道会不断出现。

9.3.5 光电探测器(PD)

ZnO 基紫外光电探测器

作为宽禁带半导体中的一员,ZnO 有望应用于日盲区紫外探测器,已经有许多 ZnO 纳米结构应用在光电探测上的实例。Ghosh 等[102]报道了一种 n-ZnO 纳米线/p-Si 的异质结紫外探测器,它表现了很好的整流特性,上升和下降时间分别为 360 ms 和 280 ms。基于生长在ZnO:Ga薄膜上的纳米线阵列,Hsueh 等[103]对其进行 362 nm 紫外光的响应实验,在 15 V 偏压下获得了 0.03 $A \cdot W^{-1}$的灵敏度。随后又有课题组研究了纳米线在 ITO 上的光电导行为,获得的紫外响应上升和下降时间分别为 45 s 和 55 s[104]。通过 Zn 金属的局部氧化,基于 ZnO 纳米片和纳米线的光电探测器被 Hsu 等[105]实现,该器件表现了较短的上升和下降时间(分别为20.35 ms 和 3.9 ms)。值得一提的是,采用气相沉积制备的纳米线还可以架在两 Zn 金属电极之间,以实现对紫外光的快速响应,上升时间为 0.1 ms,下降时间有两个常数,分别为 0.09 ms 和 0.36 ms[106]。ZnO 纳米粒子也可实现对日盲区紫外光的探测,响应灵敏度已经达到 61 $A \cdot W^{-1}$,光电流上升和下降时间比较适中(分别为 0.1 s 和 1.0 s),但工作电压仍然很高(50 V)[107]。

紫外光辐照下的光电导行为可以归咎于光激发诱导的氧脱附。光照前,在 ZnO 纳米结构表面吸附的氧分子会在附近产生一个低电导的耗尽区;光照后,脱附的氧分子会使表面区域电子浓度陡然增大,从而影响 ZnO 与金属接触区域的势垒高度。很明显,表面能带弯曲的程度和陷阱态密度将对光响应灵敏度产生很大影响,这也解释了不同光电探测器时间常数差异很大的原因。除了 ZnO 自身性质的差异(块体、薄膜或纳米结构,制备方法),金属接触的选取也会影响器件性能。对于金属-半导体-金属(MSM)型光电探测器,高功函的金属(如Pd、Pt)一般被用来获得肖特基势垒,单根纳米线与Pt的肖特基接触也被构筑,实验和理论的吻合说明以上理论的正确性。此外,光照强度、工作温度都会对势垒高度产生影响。

为了更好地理解ZnO光电流的辐照行为,持续光电导现象自报道后就被大家广泛地研究[109]。ZnO的n型持续光电导现象通常被归咎于氧空位,p-ZnO中也可观察到n型光电导的行为[109]。可见光激发下长达几分钟的持续光电导行为已经被观察到,Moazzami等[110]将其归为空穴陷阱作用,他们发现,通过调控SiO_2钝化层,可以获得不同的陷阱深度。这与Liu等[111]关于ZnO纳米管持续光电导起因的报道比较类似,他们将其归咎于位于价带顶240 meV左右的一个浅受主能级。最近,Polyakov等[112]发现,持续光电导的衰减可以在红外光辐照下加速,但使用的红外光阈值不能超过1.4 eV。此外,采用电沉积方法在AAO上生长的ZnO纳米线会随退火呈现一组相反的光电导行为[113];而ZnO纳米线的直径对光电导的影响只体现在370 nm以上波长光源的响应上[114]。

Guo等[115]在Si上面构筑了ZnO纳米棒阵列,测试器件在不同工作模式下对紫外光和可见光的响应情况。研究发现,在正向偏压下器件可以有效探测可见光,而反向偏压则诱导器件探测紫外光,这种现象主要源于不同的能带弯曲情况。在另一篇报道中,Huang等[116]研究了n-ZnO/n-Si在退火后结构反型为p-ZnO/n-Si的现象,并对比了反型前后器件性能的差异,认为改进退火工艺、施加不同偏压可以进一步提高器件的性能。

ZnO基光电探测器除了单一无机结构外,有机-无机复合结构也有报道。如ZnO纳米棒与PFO[聚9,9-二辛基芴(PF8)]聚合物的复合层已经被应用在紫外探测器上,对300 nm日盲区紫外光的响应灵敏度为$0.18\ A \cdot W^{-1}$[117]。改进后的ZnO纳米粒子聚合物光电探测器也表现出不错的探测性能,对300～420 nm的光都能响应,和类似结构的杂化太阳能电池一样,适当空气下的暴露有利于性能的提高[118]。

9.3.6 光伏太阳能电池

ZnO基太阳能电池

ZnO材料在光伏领域之所以有研究的价值,在于它引领了低成本光伏电池的热潮,其中就包括染料敏化太阳能电池(DSSC)和有机-无机杂化太阳能电池(complex SC)。虽然TiO_2目前占据了DSSC领域的半壁江山,但其效率的提高已经达到一个瓶颈,是否可以找到更好的替代性材料显得尤为重要。ZnO由于电子迁移率高于TiO_2,近些年普遍被认为是一种更有希望提高光电转换效率的材料,目前它的效率低于TiO_2的主要原因是ZnO在酸性溶液中不稳定,极容易导致Zn离子-染料配合物的形成。

关于优化ZnO材料的形貌、器件构筑技术以及染料的使用是目前ZnO基DSSC研究的主要方向。以水热生长的ZnO纳米线为例,一维纳米结构比零维纳米粒子具有更优异的电子传输和收集能力。通过定义一种粗糙度因子(衡量纳米结构内比表面积大小的因子),Law等[119]研究了不同长度纳米线的DSSC性能,发现器件的短路电流随纳米线尺度的增长不断增大,并无饱和或下降的趋势,表明ZnO纳米线高效的电荷输运和收集能力,18～24 μm长的纳米线表现了1.5%的转换效率,如图9.22所示。Galoppini等[120]比较了纳米棒阵列电极和纳米粒子电极在电子传输性能上的差异,预测一维结构的传导速度较零维纳米粒子要快2个数量级,但实测效率却只有6倍提升(约0.6%)。Gao等[121]采用N719染料，在 14 μm 的纳米线上获得了 1.7%的效率。电纺丝技术是一种廉价实现半导体(通常是金属氧化物)纳米纤维的方法，但获得的 DSSCs 效率仅为 1.34%[122]。

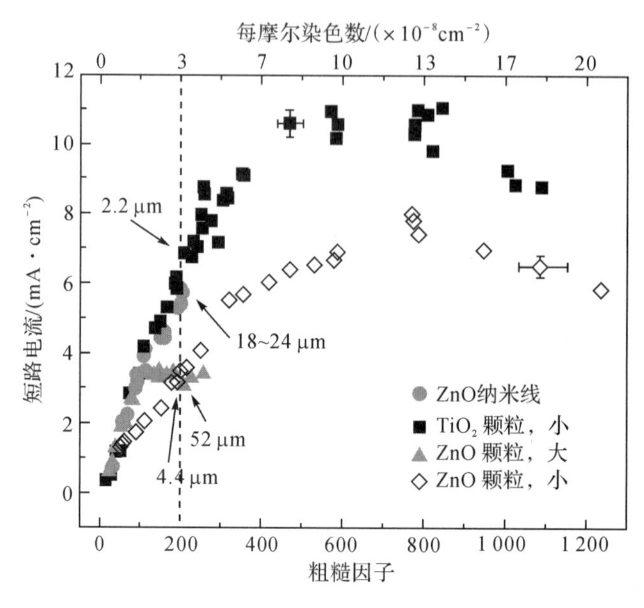

图 9.22 ZnO 纳米线与纳米粒子基 DSSC 性能对比

尽管一维纳米结构比多孔纳米粒子薄膜在电子传输性能上更有优势，但它们会因为染料的负载效率过低而降低器件性能。一个解决方法就是设计具有杂化形貌的 ZnO(如将纳米线和纳米粒子混合)或枝状结构。通过在纳米线中混入纳米粒子，器件性能从 0.84%提高到 2.2%[123]，虽然比起 TiO_2(5%)还很低，但这种提高效率的思路值得我们借鉴，说明只考虑电荷输运这一个因素是不合理的。随后，关于 ZnO 纳米花的 DSSC 也有报道，比起一维纳米线，纳米花的效率可以获得 0.9%的提升(约 1.9%)[124]。进一步思考增大材料比表面积的方法，研发出一种新颖的复合物电极(ZnO 纳米线/层状醋酸锌/ZnO 纳米粒子)，通过调控复合物电极的厚度，器件光电转换效率可以提高到 3.2%[125]。基于 ZnO 四足结构的 DSSC 也已经被报道，混合 ZnO 纳米粒子后，器件效率也可以提高到 1.2%[126]；负载 N719 染料后，纳米管的效率为 1.6%[127]；采用 N3 染料，一种由纳米多孔 ZnO 电极以及离子液体组成的 DSSC 表现出 3.4%的光电转换效率[128]，而溅射分解得到的纳米 ZnO 薄膜(4.5 μm)却拥有更高的转换效率(4.7%)，作者将其归咎于强烈的光散射效应[129]。

染料的负载效率除了受材料表面几何形貌的影响外，还有一些其他的因素需要我们考虑，比如退火的影响。Hsu 等[130]研究了两种类型的 ZnO 纳米棒，一种为水热生长，另一种为 CVD 生长。水热生长的纳米棒长径比更大，所以负载效率会更高，但退火后，负载效率却发生了变化，水热的纳米棒负载效率会降低，CVD 的则会提高。不同生长方法得到的纳米棒 SEM 照片以及退火前后染料负载效率变化的曲线如图 9.23 所示。退火前后纳米棒的形貌和比表面积基本没有变化，那么我们只能将这种负载效率的变化归咎于点缺陷(尤其是位于表面的缺陷态)，它们的密度变化会对染料负载效率产生影响。Zhang 等[131]研究了温度对 ZnO 负载 N3 染料的影响，他们观察到高温可以减少 Zn 粒子-染料配合物的形成。研究显示，使用 Mercurochrome 染料敏化 ZnO 纳米线阵列会比使用 N3 染料好许多[132]，但也有报道认为使用 N179 会更佳[133]。ZnO 基 DSSC 比 TiO_2 效率低的原因除了结构设计缺陷外，还因为目前所采用的染料和电解液只适合 TiO_2，并不适合 ZnO。但目前关于这方面的研究还很少，Suri 等[134]采用溴基电解液替换碘基电解液，提高了 DSSC 的开路电压。

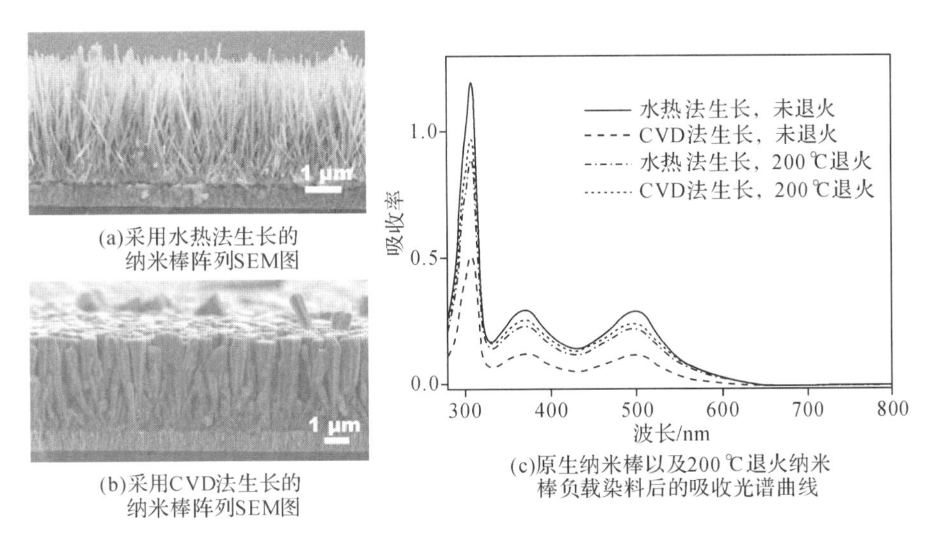

(a)采用水热法生长的纳米棒阵列SEM图

(b)采用CVD法生长的纳米棒阵列SEM图

(c)原生纳米棒以及200 ℃退火纳米棒负载染料后的吸收光谱曲线

图 9.23 不同方法生长的纳米棒的纯度

除了传统的液态电解质 DSSC，固态电池也是研究的热点，柔性、ZnO 纳米粒子基 DSSC 已经被报道，但器件表现出很低的效率，开路电压为 0.23 V，短路电流为2.23 $mA \cdot cm^{-2}$[135]。还有一种基于核壳包覆优化效率的方法，通过增加 SiO_2 厚度优化 ZnO 纳米晶电极，使器件效率从原来的 0.52%提高到 5.2%，此时对应的 SiO_2 厚度为 13 μm[136]。无机材料也可用来替代有机染料敏化太阳能电池，计算表明 ZnO/ZnS 核壳结构最多可以将效率提高至 23%[137]。实验中的偏差，迫切要求我们考虑电荷如何才能被有效收集。最近的研究表明，ZnO 纳米线的尺寸可以影响太阳能电池中的光散射，通过优化尺寸（长度 1.5 μm，直径 330 nm），CdSe 敏化的 ZnO 纳米线可以获得较强的光吸收[138]。在此基础上，前人又设计了 CdSe 敏化 ZnO 纳米棒阵列/p-CuSCN 和 ZnO 纳米线阵列/TiO_2/p-Cu_2O 等全无机太阳能电池，尽管这些器件性能稳定，但效率都非常低，只有 0.053%[139-140]。

ZnO 形貌以及聚合物选择的多样性，使得有机-无机杂化太阳能电池的构筑成为现实，但这类器件的性能会强烈依赖于组分、薄膜的质量、旋涂条件、溶剂的选择，因此重复性会较差。对于 ZnO 纳米粒子的杂化，一般通过其前驱体分散在优化后的有机溶剂中来实现（这样可以增大无机组分在有机溶剂中的溶解度），也可通过表面修饰有机基团来实现。对于一维纳米棒，杂化电池同样要解决的一个问题是聚合物的渗透，通过选用合适的溶剂、加工参数和后期退火，电池性能也能得到较大的改进。基于不同形貌 ZnO 的杂化电池已经被报道，ZnO 薄膜、纳米粒子、纳米棒的效率依次为 0.03%、0.05%和 0.20%[141]。聚合物太阳能电池中使用最多的材料是 P3HT，在杂化电池中它同样起着不可替代的作用。ZnO 与 P3HT 杂化的报道有许多，但效率一直很低，通过紫外臭氧、退火处理，器件的效率可以小幅度提高，但稳定性要比纯聚合物电池好许多，这也说明有机-无机杂化是提高稳定性的一个方法。从器件物理角度考虑，提高效率的关键在于改进输运性能和弱化复合性能，为了促使激子的分离和电荷的输运，P3HT:PCBM 的合金被广泛采用，转换效率也提升到 1.22%[142]。此外，为了增强光吸收，染料也被用来提高器件的光电转换效率。加入 N719 后，器件效率从 1.6%提升到 2.0%[143]。减小复合率的一个直接办法就是提高电荷的收集效率，比如采用核壳结构。Greene 等[144]通过优化 TiO_2 壳层的厚度（5～9 nm），平衡了开路电压的增大与短路电流的减小，使器件性能达到最优。此外，还可通过载流子选择性接触来实现电荷收集，比如使用缓冲层，如图 9.24 所示。图中，器件由 ITO/ZnO 纳米棒/PCBM：P3HT/VO_x/Ag 组成，VO_x 缓冲层的插入使得开路电压、短路电流以及填充因子有了很大的改进，器件综合效率达到了 3.9%（见图 9.25）[145]。

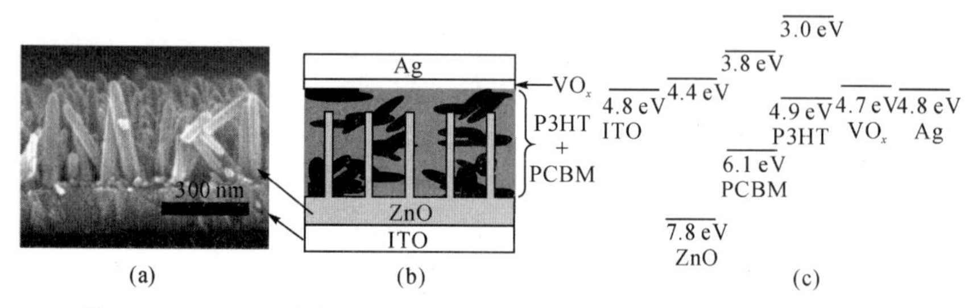

图 9.24　(a)ZnO 纳米棒阵列 SEM 截面图；(b)使用 VO_x 缓冲层的 ZnO 有机杂化器件截面示意图；(c)ITO/ZnO/PCBM：P3HT/VO_x/Ag 器件对应的能带图

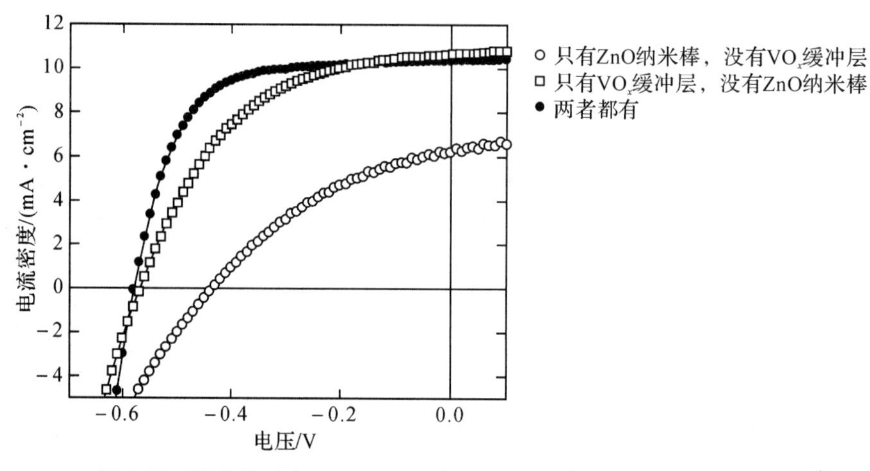

图 9.25　ITO/ZnO/PCBM：P3HT/VO_x/Ag 器件在 100 mW·cm^{-2}，AM1.5 辐照下的电流-电压曲线

9.4　ZnO 基透明导电薄膜和场效应器件

ZnO 基场效应晶体管

Si 材料在薄膜晶体管（TFT）领域受制于不透光的劣势，使得透明导电 TFT（TTFT）技术成为近年来发展的趋势。不像传统的场效应晶体管（FET）或 TFT 技术那样，TTFT 要求器件的所有组成部分（包括沟道、栅极、电极以及衬底）都是透明的，而且可见光区的全透明使得器件不容易降解（非晶硅 TFT 很容易出现），这样的技术特点使得 TTFT 器件可以广泛应用在军事和民用上。ZnO 材料作为沟道层较非晶硅（0.5 $cm^2\cdot V^{-1}\cdot s^{-1}$）具有更高的场效应迁移率，发展至今已经成功应用在商

业上，而且高质量的 ZnO 薄膜还可低温沉积在多样化的衬底上，使得它的应用显得更有优势。

在谈论晶体管结构之前，我们先简单回顾一下 ZnO 基透明导电薄膜（TCO）的研究进展。尽管磁控溅射技术生长的 ITO 薄膜已经广泛用于各个领域，但限于 In 元素作为一种战略储备资源，开发其他类型的 TCO 显得极为重要。目前，ZnO：Al（AZO）、ZnO：Ga（GZO）、ZnO：Sn（TZO）等已经被成功开发，它们都具有较好的表面平整度，而且沉积温度较低、易刻蚀，电阻率低于 $2\times10^{-4}\ \Omega\cdot cm$，载流子浓度高于 $10^{21}\ cm^{-3}$。通过优化生长工艺，电阻率低于 $10^{-5}\ \Omega\cdot cm$ 的 AZO 和 GZO 已经通过 PLD 技术得以实现。基于此，一种透过率高于 75% 的 ZnO 基底栅结构的 TTFT 已经被报道，图 9.26 为其典型结构示意图，该器件表现出了优异的漏电流饱和特性，开关比达 10^7，有效沟道迁移率为 $0.35\sim0.45\ cm^2\cdot V^{-1}\cdot s^{-1}$，开启栅压为 -12 V[146]。

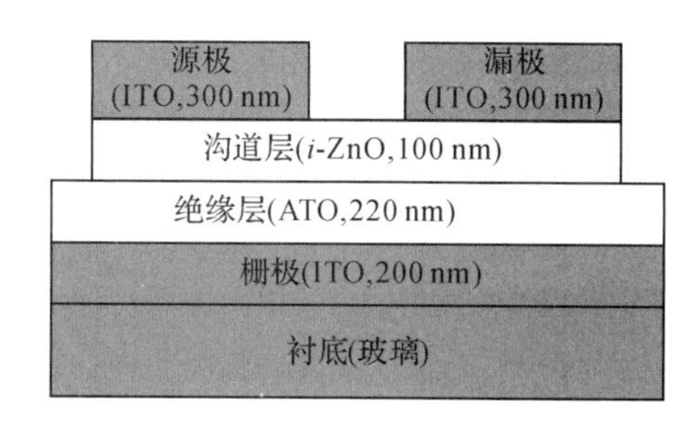

图 9.26　典型的 ZnO 沟道增强模式 TTFT 结构

Song 等[147]报道了一种基于非晶 ZnO：In（IZO）沟道层的 TTFT，采用磁控溅射技术，他们在室温玻璃衬底上生长了 IZO，用 AlO_x 作为绝缘栅极，器件表现了较低的阈值电压（1.1 V），开关比为 10^6，5 V 下的饱和电流为 1.41 μA，光学透过率为 80%。在此基础上，Nomura 等[148]提出了一种更新颖的材料——In-Ga-Zn-O（a-InGaZnO）。这种可以在室温下沉积在柔性 PET 衬底上的材料，革新了目前 TTFT 技术的参数，表现出 $10\ cm^2\cdot V^{-1}\cdot s^{-1}$ 的霍尔迁移率，而且弯曲柔性器件依旧可以保持很好的电学特性，转移特性曲线显示了一个较低的关态电流（10^{-7} A），但器件开关比比较低，只有 10^3。

提高 ZnO 基 TFT 性能的一个关键是降低漏电流，可以通过受主掺杂补偿或设计 MOS 结构来实现，如 Mg、P 共掺，既可以补偿施主，又可以通过能带的调节降低施主的离化。另一个关键是绝缘栅极材料的选择，许多高介电常数的材料，如 SiO_2、HfO_2、$(Pb,Zr)TiO_3$、ZnMgO、Y_2O_3 和 $Bi_{1.5}Zn_{1.0}Nb_{1.5}O_7$（BZN）都被不同的器件结构所使用，通过对比，普遍认为 BZN 有望应用到今后的全透明器件中。

一维 ZnO 纳米结构是一种构筑高性能电学器件的单元材料。传统构筑 FET 的方法是随机分散纳米线到衬底上，通过金属电极的蒸镀（如电子束蒸发）来实现电学接触。图 9.27为典型的 ZnO 纳米线基底栅和顶栅 FET 的结构示意图，对应的漏电流和源漏级电压（I_{DS}-U_{DS}）的关系也在图中显示[149]。对于这两种结构，在固定栅压（U_{GS}）下，随着 U_{DS} 的增大，I_{DS} 也相应增大并趋于饱和，这是典型 n 型 FET 的工作特征。而且从图中我们也可以发现，12 V栅压下，顶栅式 FET 较底栅的开态电流特性会更好。尽管如此，传统构筑纳米线基 FET 的方法仍然有一些局限性，如单根线有限的驱动电流；由于分散的随机性，加工性也会很差，通过这种方法获得的器件的整体输出功率会很低；很难实现纳米线在电极之间的定向排列，因此 ZnO

纳米结构在实际应用中需要尽可能对其进行选择性生长，如在电极上垂直或水平生长。

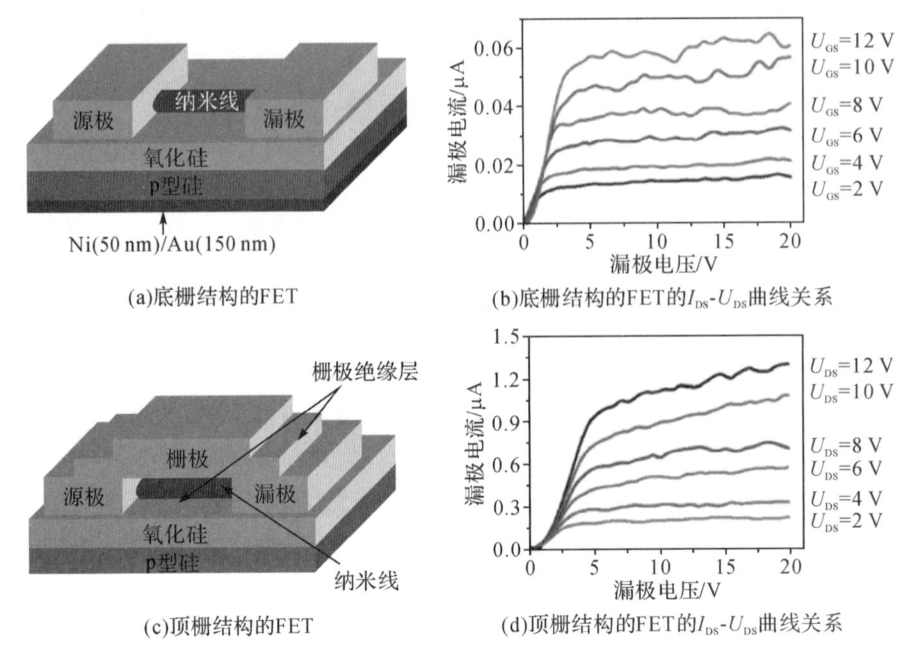

(a)底栅结构的FET　(b)底栅结构的FET的I_{DS}-U_{DS}曲线关系

(c)顶栅结构的FET　(d)顶栅结构的FET的I_{DS}-U_{DS}曲线关系

图 9.27　ZnO 纳米线基底栅和顶栅 FETs 的结构

垂直生长 ZnO 纳米线或纳米棒已经通过许多方法实现，前面我们已经详细介绍，这里我们论述一个水平生长的概念。通常我们采用图案化的金属催化剂来辅助纳米棒的选择性生长，也可采用 ZnO 的籽晶层来实现，最近，通过电子束光刻和水热生长技术，在 ZnO 单晶衬底表面实现纳米线的横向过生长也已经被报道。如图 9.28[150] 所示，这样的方法往往会引入较大部分的垂直生长，甚至网络交联结构。如何避免它们的出现，进而提高开态电流以及饱和驱动电流的大小，前人做了很多尝试，我们选取一例进行介绍。

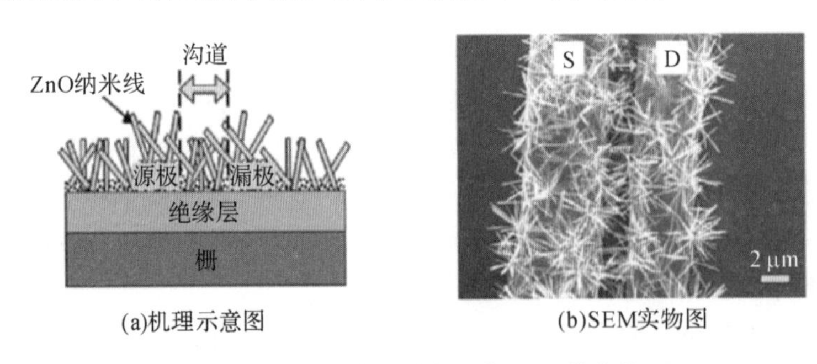

(a)机理示意图　(b)SEM实物图

图 9.28　生长在聚合物衬底上的 ZnO 纳米线 FET

有研究人员采用多种方法相结合的思路构筑了横向生长的 ZnO 纳米棒阵列，使电极两端的纳米棒整体相对穿插排列，有效减少了垂直生长部分的影响[151]。他们分别将有穿插和没有穿插的纳米棒阵列 FET 定义为 Ⅰ 型和 Ⅱ 型 FET，图 9.29 展示了这两种类型 FET 的 SEM 照片。Ⅱ 型纳米棒 FET 迁移率约为 $8.5\ cm^2 \cdot V^{-1} \cdot s^{-1}$，开关比为 4×10^5，较 Ⅰ 型更优($5.3\ cm^2 \cdot V^{-1} \cdot s^{-1}$，$3\times10^4$)，综合性能都高于其他液相方法制备的 ZnO 基 FET。纳米棒网络虽然提供了多种导电通道，但也影响了电子在结位置的输运性能，因此从能带关系来考虑，Ⅱ型纳米棒会比Ⅰ型具有更高的势垒。

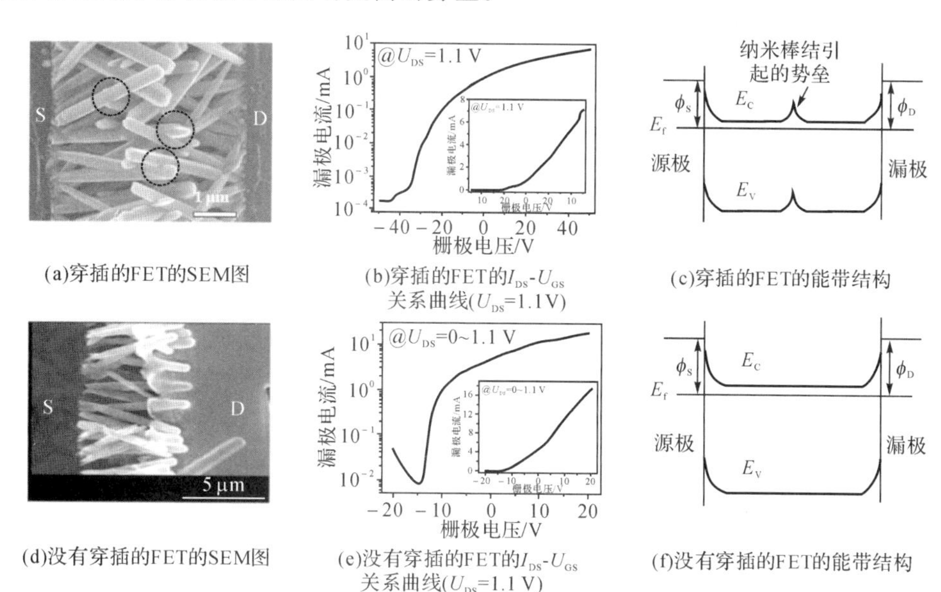

(a)穿插的FET的SEM图

(b)穿插的FET的I_{DS}-U_{GS}关系曲线(U_{DS}=1.1V)

(c)穿插的FET的能带结构

(d)没有穿插的FET的SEM图

(e)没有穿插的FET的I_{DS}-U_{GS}关系曲线(U_{DS}=1.1 V)

(f)没有穿插的FET的能带结构

图 9.29 有穿插及没有穿插的 FET

选择性生长有序排列的一维 ZnO 纳米结构，除了应用在 FET 上，还可开发其场发射性能。Ahsanulhaq 等[152]结合电子束光刻和溶液生长技术，分别图案化生长了直径为 2 μm、500 nm、50～100 nm 的球形 ZnO 纳米棒阵列，研究了它们的场发射性能，如图 9.30 所示。这些球形阵列表现了均匀的荧光场发射行为，电流密度和电场强度遵循 Fowler-Nordheim 关系，电场的开启强度约为 2.85 V · μm^{-1}，电场增强因子(β)约为 1.68×10^3。这种方法可以精确控制生长的周期、位置以及密度，有望应用到下一代场发射器件中。

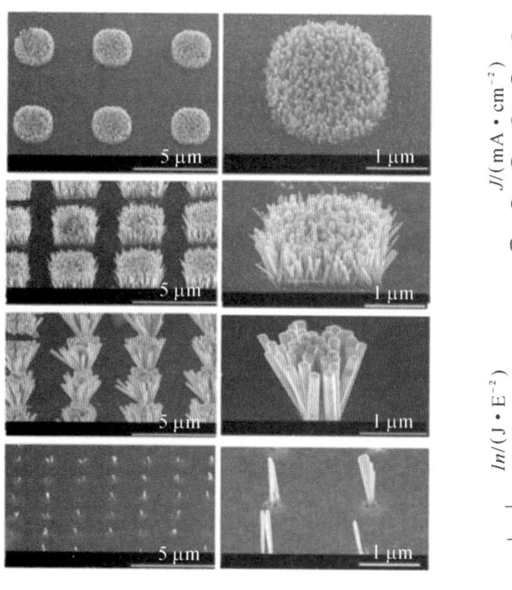

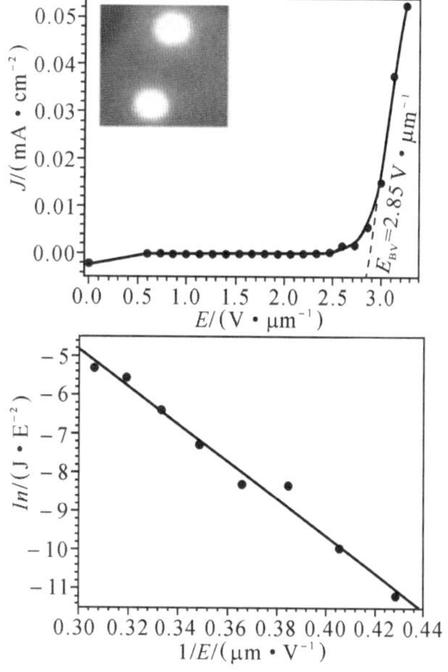

(a)Si片上选择性生长的ZnO纳米棒阵列

(b)场发射电流密度随电场强度变化的点线图

图 9.30 ZnO 纳米棒阵列的场发射性能

9.5 ZnO 基压电器件

由于 ZnO 具有比较高的机电耦合系数，关于其薄膜的压电器件已经有很多报道，如块体声波和表面声波(SAW)共振器、滤波器、传感器以及微机电系统(MEMS)。最令人关注的当属 SAW 滤波器，它是目前 TV 滤波和无线通信的重要工作部件。溅射技术成功实现了 Si 基 ZnO 薄膜的生长，使得 SAW 器件与 Si 基集成电路的结合成为可能，克服了传统 SAW 器件必须要借助压电衬底才能制备的瓶颈。这种非压电衬底上的器件构筑，还具有更高的声波速率和传播损耗(金刚石、蓝宝石衬底)，一些弱压电材料(如石英)、非晶质衬底(如玻璃)以及 GaAs、InP 等半导体材料都被用作 ZnO 基 SAW 器件的生长衬底。

基于 ZnO 和 ZnMgO 薄膜的 SAW 器件已经被广泛报道，图 9.31 显示了一个生长在 r 面蓝宝石上的 ZnO 薄膜对 10 μm 波长信号(对应叉指换能器的周期)的 S_{21} 散射参数(输出信号振幅/输入信号振幅)，中心频率为 420 MHz，声波的传播速率为 4 200 m·s^{-1}，机电耦合系数 K_{eff}^2 为 6%。为了降低导电，获得更好的压电特性，补偿的 ZnO:Li 薄膜也被研究[153]。为了探索高频容量，ZnO 薄膜还被生长在高声学传播速率的材料上，前人在金刚石上获得了 11 600 m·s^{-1} 的传播速度，其机电耦合系数为 1.1%[154]，而 $LiNbO_3$ 和 $LiTaO_3$ 具有更好的机电耦合系数(38%和 14%)。ZnO 基 SAW 器件也可用作紫外探测、气敏和生化传感。光生载流子会增强 ZnO 材料的电导，从而降低声波传播速率，基于这种声电作用，SAW 基紫外探测成为现实。这种器件一般在沉积 ZnO:Li 高阻压电层前先生长一层 $Zn_{0.8}Mg_{0.2}O$ 缓冲层，以隔离 Li 的扩散，且叉指换能器放置在压电层的顶端。器件在 365 nm 紫外辐照下显示了 11 MHz 的频谱偏移(中心频率为 711 MHz)，最大相位偏移为 107°，如此性能可以应用到零功率远程无线传感上[155]。

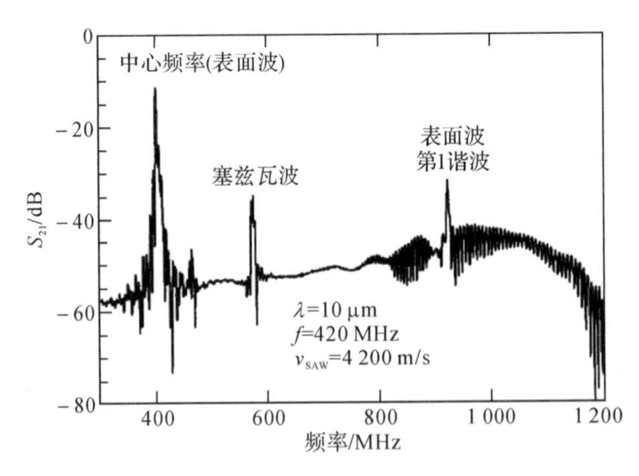

图 9.31　1.5 μm 厚的 ZnO 基 SAW 器件对 10 μm 波长信号的频谱响应

王中林等[156]认为，借助一维 ZnO 纳米线阵列的本征压电特性和特殊排列性，纳米尺度的机械能也可转变为宏观的电能。如图 9.32 所示，他们利用 AFM 下的 Si 探针(表面 Pt 包覆，锥角为 70°)去拨弄纳米线阵列，记录了在某一外加负载下输出电压的三维点图。发电的机理主要基于 ZnO 压电材料的本质以及金属与半导体形成的肖特基势垒。图 9.32 右图解释了 p-ZnO 纳米线阵列发电的原因，在轻掺杂的情况下，压电效应产生的电荷会被自由载流子屏蔽，而探针与纳米线之间的肖特基势垒则会驱动电荷的移动，从而形成电流[156]。随后他们又基于横向生长的 ZnO 纳米线阵列构筑了柔性发电机[157]，装置如图 9.33 所示，在应变为 0.1%的纳米线阵列上以每秒 5%的应变速率记录“发电机”的开路电压和短路电流，获得的峰值输出功率为 11 mW·cm^{-3}。

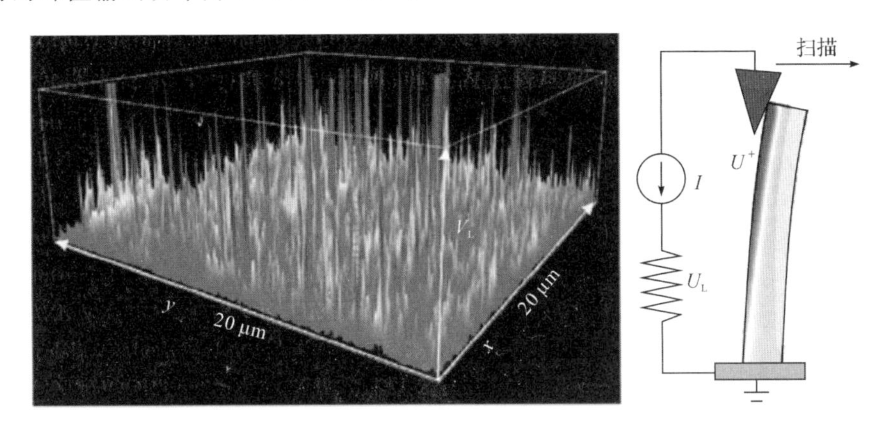

图 9.32　来自垂直 p-ZnO 纳米线阵列的三维输出电压以及测试的机理

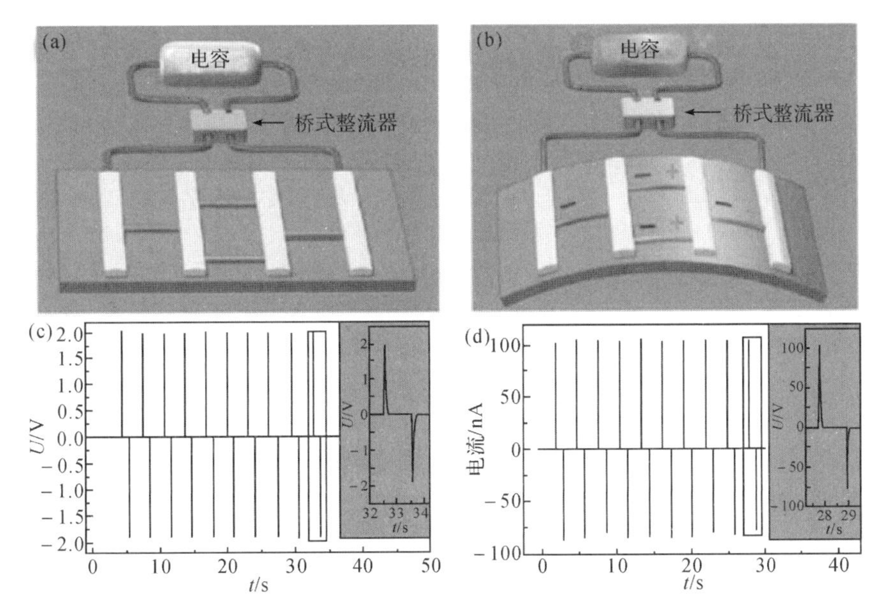

图 9.33　(a)无机械形变下的横向纳米线阵列发电机；(b)有机械形变下的横向纳米线阵列发电机；(c)Au 电极接触下纳米发电机的开路电压随形变时间的扫描信号；(d)Au 电极接触下纳米发电机的短路电流随形变时间的扫描信号

9.6　ZnO 基传感器件

前面我们介绍了 ZnO 良好的电输运性能，是否可以利用这个优点，实现其对气体或生物分子的高效选择、实时探测呢？理论研究表明，气体分子的吸附，会修饰 ZnO 纳米结构的表面态（如氧空位等），从而影响其电导特性。具有电子受体特性的 NO_2、O_2 会使 ZnO 呈现弱电导，而对于给予电子的 CO 和 H_2，它们的存在又会使电导明显提高。生物分子也是一类很好的电子给予体或受体，利用 ZnO 纳米结构较薄膜更优的吸附能力，基于 ZnO 各种结构的传感器都有报道。

优异的气敏材料应该具备对气体分子在低浓度范围（ppm）的探测，同时还要尽可能降低功耗。目前，NO_2、NH_3、NH_4、CO、H_2、H_2O、O_3、H_2S 及 C_2H_5OH 等已经被用来作为参考气源进行研究。Cho 等[158]报道了 ZnO 纳米棒对 1 ppm NO_2 的探测，发现吸附后的电阻率会下降至原先的 5/9；溅射法生长的 ZnO：Cu 纳米晶薄膜表现出对 CO 很好的灵敏度（2.7～20 ppm）[159]。基于 Pd 在 ZnO 纳米棒上的沉积，室温下 ZnO 纳米棒显示了对 H_2 的探测[160]，探测极限可以低至 10 ppm，恢复初始电导时间为 20 s。值得一提的是，ZnO 纳米棒还可实现对低浓度 H_2S 的探测（0.05 ppm）[161]。关于 ZnO 对气体的选择性上，前人也做了相关研究，利用 FET 器件，通过不同温度下选择不同的偏压，可以实现对部分气体的区分探测。

既然纳米 ZnO 结构具有较高的电子亲和势和比表面积，那么利用这些性质也可实现其对生物分子的探测。Umar 等[162]报道了一种基于 ZnO 纳米针的葡萄糖传感器（Nafion/GO_x/ZnO/Au），他们将葡萄糖氧化物（GO_x）固定在 ZnO 纳米针的表面，充分的接触空间使得活性位点与电极表面之间的电荷传输非常通畅。图 9.34 显示的是葡萄糖传感器的机理及其稳态电流响应曲线，该探测器对不同探测浓度有较快的响应，并且随着葡萄糖含量的逐渐增加，磷酸盐缓冲

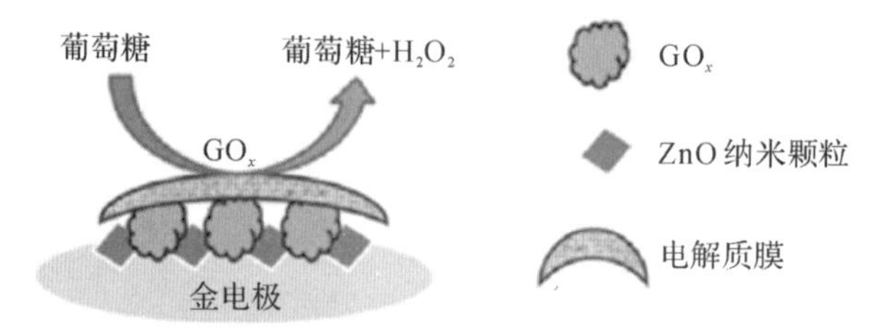

(a)ZnO纳米针基葡萄糖探测器工作原理

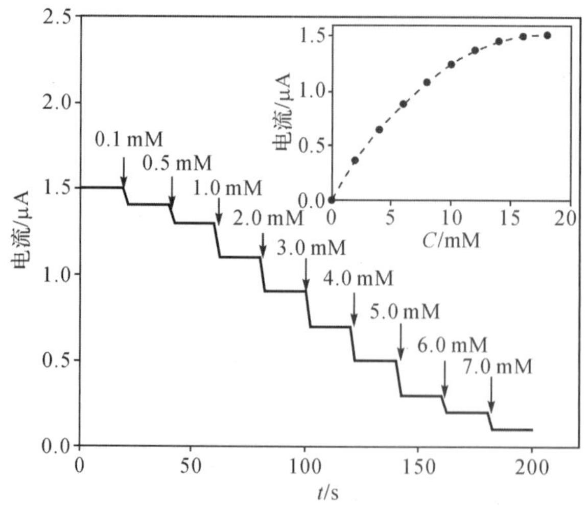

(b)Nafion/GO_x/ZnO/Au电极随葡萄糖浓度增加的电流响应曲线

图 9.34　葡萄糖传感器工作原理及其稳态电流响应曲线

溶液的电流持续下降，平均响应时间短于 5 s，表现出很好的电催化性能和快速的电子交换行为。通过曲线校正，该探测器的灵敏度为 24.613 $\mu A \cdot cm^{-2} \cdot mM^{-1}$，探测极限为5 μM。其他形貌 ZnO 的探测器的性能，如 ZnO 纳米粒子探测器的灵敏度为 23.7 $\mu A \cdot cm^{-2} \cdot mM^{-1}$，探测极限为 3.7×10^{-4} mM；花状结构 ZnO 探测器的灵敏度为 61.7 $\mu A \cdot cm^{-2} \cdot mM^{-1}$，探测极限为 0.012 μM，这与其自身比表面积大有关。

9.7　ZnO 基自旋器件

关于稀磁半导体与自旋电子学的研究是 21 世纪初才兴起的。在介绍自旋器件前，我们先简单介绍一下稀磁半导体的概念。稀磁半导体（DMS），是利用过渡金属元素的离子替代半导体的部分非磁性阳离子而形成的一种新型半导体材料。相对 ZnO 而言，Ⅲ-Ⅴ族 DMS 的研究比较成熟，已经能够制备出原型器件，但工作温度一般很低。而Ⅱ-Ⅵ族半导体化合物的居里温度普遍较高（可达到室温），目前的研究主要集中在 ZnO 上。DMS 的应用，要求居里温度大于 226.85 ℃，载流子浓度足够低，迁移率足够高，且磁性稳定亦可重复。所以对于 ZnO 基 DMS 材料，最重要的研究工作在于如何实现稳定、可重复的室温稀磁特性。

目前，各种过渡族金属离子都已经被掺入 ZnO 中，如 V、Cr、Mn、Fe、Co、Ni，但 DMS 要求掺杂离子无分相，所以材料微结构的表征显得尤为重要。由于表征的局限性，许多对磁性的研究都很不完善，尽管大部分研究都报道了铁磁回线的存在，但其是否为本征铁磁，还无法定论。d_0 磁性（没有任何掺杂离子的情况）也被广泛报道，使得 ZnO 中铁磁的起源显得扑朔迷离。目前公认的几种解释铁磁起源的模型有磁团簇模型、载流子交换模型和束缚磁极子模型（BMP）。

ZnO 稀磁半导体材料可广泛用于未来自旋半导体器件，如自旋场效应晶体管、自旋发光二极管、自旋共振隧道结、光隔离器、磁传感器等。与传统半导体器件相比，自旋电子器件具有速度快、体积小、能耗低、非易失性等优点。图 9.35 为光诱导铁磁 DMS 器件结构示意图[163]。ZnO:Mn 为自旋玻璃态，而 ZnO:Cr 为铁磁态，通过掺入适量 Mn、Cr，就可以制备出顺磁态的 $ZnO:Mn_{1-x}Cr_x$。在合适的光激发下，ZnO 与 GaAs 衬底界面处会诱生电子-空穴对，再通过正向或反向偏压将载流子引入 $ZnO:Mn_{1-x}Cr_x$ 区域，使体系转变为铁磁态，实现光对磁的控制。

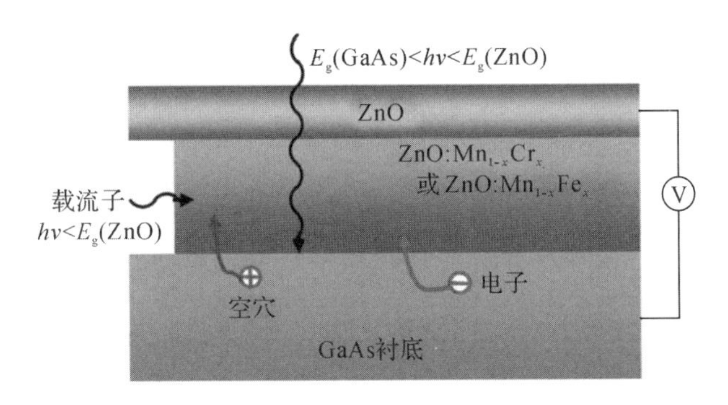

图 9.35　基于 ZnO 的光诱导铁磁 DMS 器件

9.8 ZnO 基光催化材料

近来，半导体材料 ZnO 由于价格低廉、无毒、稳定且具有高的光催化活性，在降解各种污染物方面成了研究热点。纳米 ZnO 光催化剂通过光辅助催化作用破坏各种有机污染物，能将难降解的有机物最终氧化为 CO_2 和 H_2O 以及相应的离子如 SO_4^{2-}、NO_3^-、PO_4^{3-}、Cl^- 等，几乎可以氧化去除水中所有的有机污染物。光催化具有比紫外线更强的杀菌能力。光催化技术还具有能耗低、操作简便、反应条件温和、可减少二次污染等突出优点，这为解决日益严重的有机物污染提供了有效的处理方法。目前，化工废水、印染废水、造纸废水、制药废水因成分复杂(含有酚类、卤代烃、芳烃及其衍生物、杂环化合物的成分)、毒性大而难以处理，都可以采用光催化技术有效去除。

ZnO 光催化化学反应过程包括：ZnO 受光子激发后产生光生电子和空穴；载流子之间的复合反应，并以热或光能的形式将能量释放；由价带空穴诱发氧化反应；由导带电子诱发还原反应；发生进一步的热反应或催化反应(如水解或与活性含氧物反应)。当受到能量大于或等于禁带宽度的光照射时，价带上的电子被激发并跃迁到导带，同时在价带产生相应的空穴，在半导体内部生成电子-空穴对。空穴本身是强氧化剂，将吸附在 ZnO 颗粒表面的 OH^- 和 H_2O 分子氧化成 OH · 自由基。缔合在 ZnO 表面的 OH · 为强氧化剂，可以氧化相邻的有机物，而且可以扩散到液相中氧化有机物，通过一系列的氧化过程，最终将各种有机物氧化成 CO_2，从而完成对有机物的降解。

一般影响 ZnO 光催化性能的因素有光强、辅助氧化剂、pH 值和无机离子。单位面积入射的光子数越多，有效激发的电子-空穴对数目也会越多；为了保证光催化反应的有效进行，就必须减少光生电子与空穴的简单复合，由于氧化剂是有效的导带电子的俘获剂，外加氧化剂就能提高光催化氧化的速率，常见的氧化剂有 O_2、H_2O_2、$S_2O_8^{2-}$、IO_4^{4-}、Fe_2O_3。pH 值的影响主要针对不同的催化体系而言。而作为电子受体的无机离子，其作用与辅助氧化剂类似，同样可以实现载流子的有效分离，如 SO_4^{2-}、Cl^-、NO_3^-、Fe^{3+} 等。由于纳米 ZnO 具有极强的表面效应，表面悬挂键较多，因而极易与其他原子相结合而趋于稳定。表 9.1 综述了部分 ZnO 基光催化剂的催化性能[164]。

表 9.1 近几年 ZnO 基光催化材料的性能对比

处理对象	光　源	催化剂	催化性能
甲基橙	高压汞灯	ZnO	90 min 降解率 91.5%
	氙灯	CuO/ZnO	60 min 降解率 90%
	高压汞灯	ZnO/SnO_2	80 min 完全降解
	紫外灯	Ag/ZnO	60 min 几乎完全降解
	中压汞灯	$ZnO\text{-}Al_2O_3$	180 min 降解率 92.21%
橙黄Ⅱ	近紫外荧光灯	ZnO	较短时间内几乎完全褪色
亚甲基蓝	高压汞灯	ZnO	60 min 降解率 90%
	太阳光	$Bi_{38}ZnO_{58}$	4 h 几乎完全降解，循环 5 次以上
	紫外灯	ZnO:Ag	60 min 降解率 90%

续表

处理对象	光　源	催化剂	催化性能
吖啶橙	卤钨灯	ZnO	180 min 去除率 100%
活性艳蓝	紫外灯	ZnO:Al	45 min 降解率 95%
活性艳红	紫外灯	La^{3+}-ZnO-TiO_2	40 min 降解率 100%
罗丹明 B	太阳光	ZnO	3.5 h 降解率接近 100%
蓝湖 5B	紫外光，太阳光	ZnO	180 min 紫外降解率 100%；太阳光 80%
溴化乙锭	紫外光，太阳光	ZnO	240 min 紫外降解率 92.9%；太阳光 72.3%
酸性红 B	紫外灯	ZrO/ZnO	60 min 降解率 90%以上
活性黄、碱性红、活性红、碱性紫、活性蓝、碱性绿	高压汞灯	ZnO	60 min 脱色率分别为： 活性黄 83.74%；碱性红 80.43%；活性红 74.18%；碱性紫 59.81%；活性蓝 45.82%；碱性绿 99.8% 光催化反应均属动力学一级反应

目前，ZnO 基纳米光催化剂存在的主要问题是效率低、难回收。通过纳米杂化技术（如核壳包覆）、复合半导体（优化电子-空穴对分离，如 ZnO 与 α-Fe_2O_3、WO_3、CdS、TiO_2、SnO_2 等）、贵金属修饰（改变电子的分布，促进分离，如 Ag、Pd）、表面光敏化（扩大光吸收波长范围，将一些光活性化合物吸附于 ZnO 表面）和掺杂（扩大光吸收波长范围，如 N、Co、Fe、Mn、Ni），催化活性以及回收性能得到大幅度提高。图 9.36 展示了各种单分散纳米 ZnO 光催化剂的典型 SEM 形貌。

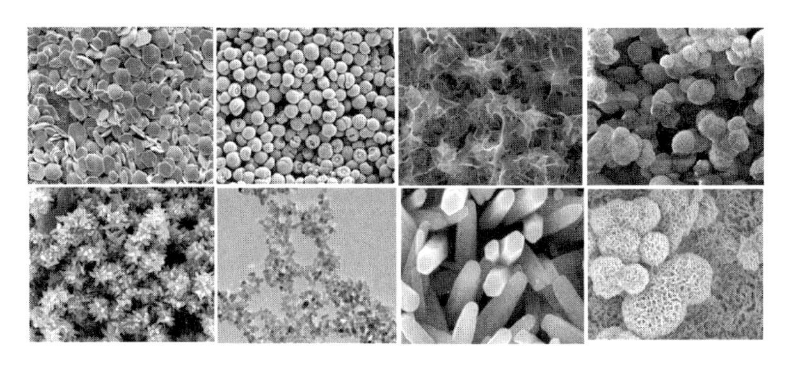

图 9.36　纳米 ZnO 光催化材料的 SEM 形貌

9.9　小　结

ZnO 在光电子、传感、催化领域上的巨大潜力，鼓舞了科研工作者的研究热情。尽管每个领域都有许多问题亟待解决，特别是在 LED 上，但 ZnO 在全透明器件上的应用价值拓宽了很多器件设计的思路。一些多功能、高效、灵敏的器件结构已经被广泛报道，这些是在传统 GaN 基器件上无法实现的，所以 ZnO 材料带给我们的不仅是一些性能优势，更重要的是它引导着我们去思考宽禁带半导体器件应用的前沿。随着制备技术的不断完善，ZnO 独特、多变的纳米结构也被大家逐渐认识。压电、催化、传感性能与 ZnO 的表面结构密切相关，因而要提高器件的性能就需研究 ZnO 丰富的缺陷及能带结构，掌握各种缺陷之间的关系，理解缺陷、材料制备和性能间的密切联系，这对于我们今后的工作将有很大的帮助。

思考题

1. 氧化锌本征导电类型是什么？试分析其原因。

2. 目前氧化锌 p 型掺杂的方法有哪些？限制氧化锌 p 型掺杂器件性能的原因是什么？

3. 氧化锌光催化化学反应过程包括哪些？改善氧化锌基光催化材料光催化性能的方法有哪些？

参考文献

[1] BATES C H, WHITE W B, ROY R. New high-pressure polymorph of zinc oxide[J]. Science, 1962, 137(3534): 993 - 993.

[2] ASHRAFI A B M A, UETA A, AVRAMESCU A, et al. Growth and characterization of hypothetical zinc-blende ZnO films on GaAs (001) substrates with ZnS buffer layers[J]. Applied Physics Letters, 2000, 76(5): 550 - 552.

[3] JAGADISH C, PEARTON S J. Zinc Oxide Bulk, Thin Films and Nanostructures: Processing, Properties, and Applications[M]. Amsterdam: Elsevier, 2011.

[4] TAKAGI T, TANAKA H, FUJITA S, et al. Molecular beam epitaxy of high magnesium content single-phase wurzite $Mg_xZn_{1-x}O$ alloys ($x \sim = 0.5$) and their application to solar-blind region photodetectors[J]. Japanese Journal of Applied Physics, 2003, 42(4B): L401.

[5] SHIGEMORI S, NAKAMURA A, ISHIHARA J, et al. $Zn_{1-x}Cd_xO$ film growth using remote plasma-enhanced metalorganic chemical vapor deposition[J]. Japanese Journal of Applied Physics, 2004, 43 (8B): L1088.

[6] RYU Y R, LEE T S, LUBGUBAN J A, et al. Wide-band gap oxide alloy: BeZnO[J]. Applied Physics Letters, 2006, 88(5): 052103.

[7] DJURIŠIĆ A B, NG A M C, CHEN X Y. ZnO nanostructures for optoelectronics: material properties and device applications[J]. Progress in Quantum Electronics, 2010, 34(4): 191 - 259.

[8] HOFMANN D M, HOFSTAETTER A, LEITER F, et al. Hydrogen: a relevant shallow donor in zinc oxide[J]. Physical Review Letters, 2002, 88(4): 045504.

[9] SANCHEZ-JUAREZ A, TIBURCIO-SILVER A, ORTIZ A, et al. Electrical and optical properties of fluorine-doped ZnO thin films prepared by spray pyrolysis[J]. Thin Solid Films, 1998, 333(1): 196 - 202.

[10] XU H Y, LIU Y C, MU R, et al. F-doping effects on electrical and optical properties of ZnO nanocrystalline films[J]. Applied Physics Letters, 2005, 86(12): 123107.

[11] CHIKOIDZE E, NOLAN M, MODREANU M, et al. Effect of chlorine doping on electrical and optical properties of ZnO thin films[J]. Thin Solid Films, 2008, 516(22): 8146 - 8149.

[12] TEKE A, ÖZGÜR Ü, DODJURIŠIGAN S, et al. Excitonic fine structure and recombination dynamics in single-crystalline ZnO[J]. Physical Review B,2004,70(19):195207.

[13] KLINGSHIRN C. ZnO: from basics towards applications[J]. Physica Status Solidi B,2007,244(9):3027 - 3073.

[14] DINGLE R. Luminescent transitions associated with divalent copper impurities and the green emission from semiconducting zinc oxide[J]. Physical Review Letters,1969,23(11):579.

[15] CHEN R, TAY Y, YE J, et al. Investigation of structured green-band emission and electron-phonon interactions in vertically aligned ZnO nanowires[J]. The Journal of Physical Chemistry C,2010,114(41):17889 - 17893.

[16] TAMPO H, SHIBATA H, MATSUBARA K, et al. Two-dimensional electron gas in Zn polar ZnMgO/ZnO heterostructures grown by radical source molecular beam epitaxy[J]. Applied Physics Letters,2006,89(13):132113.

[17] TSUKAZAKI A, OHTOMO A, KITA T, et al. Quantum Hall effect in polar oxide heterostructures [J]. Science,2007,315(5817):1388 - 1391.

[18] RYU Y R, LEE T S, LUBGUBAN J A, et al. ZnO devices: photodiodes and p-type field-effect transistors[J]. Applied Physics Letters,2005,87(15):153504.

[19] MAKINO T, TSUKAZAKI A, OHTOMO A, et al. Hole transport in p-type ZnO[J]. Japanese Journal of Applied Physics,2006,45(8R):6346.

[20] ELLMER K. Resistivity of polycrystalline zinc oxide films: current status and physical limit[J]. Journal of Physics D: Applied Physics,2001,34(21):3097.

[21] KAIDASHEV E M, LORENZ M, VON WENCKSTERN H, et al. High electron mobility of epitaxial ZnO thin films on c-plane sapphire grown by multistep pulsed-laser deposition[J]. Applied Physics Letters,2003,82(22):3901 - 3903.

[22] ÖZGÜR Ü, ALIVOV Y I, LIU C, et al. A comprehensive review of ZnO materials and devices[J]. Journal of Applied Physics,2005,98(4):041301.

[23] ZHANG S B, WEI S H, ZUNGER A. A phenomenological model for systematization and prediction of doping limits in Ⅱ-Ⅵ and Ⅰ-Ⅲ-Ⅵ 2 compounds[J]. Journal of Applied Physics, 1998, 83:3192 - 3196.

[24] ZHANG S B, WEI S H, ZUNGER A. Overcoming doping bottlenecks in semiconductors and wide-gap materials[J]. Physica B: Condensed Matter,1999,273: 976 - 980.

[25] ZENG Y J, YE Z Z, XU W Z, et al. Dopant source choice for formation of p-type ZnO: Li acceptor [J]. Applied Physics Letters,2006,88(6):062107.

[26] LIN S S, LU J G, YE Z Z, et al. p-type behavior in Na-doped ZnO films and ZnO homojunction light-emitting diodes[J]. Solid State Communications,2008,148(1):25 - 28.

[27] LIN S S, YE Z Z, LU J G, et al. Na doping concentration tuned conductivity of ZnO films via pulsed laser deposition and electroluminescence from ZnO homojunction on silicon substrate[J]. Journal of Physics D: Applied Physics,2008,41(15):155114.

[28] IVANOV S V, EL-SHAER A, AL-SULEIMAN M, et al. Studies of N-doped p-ZnO layers grown on c-sapphire by radical source molecular beam epitaxy[J]. Journal of the Korean Physical Society,2008,53(5):3016 - 3020.

[29] WANG L G, ZUNGER A. Cluster-doping approach for wide-gap semiconductors: the case of p-type ZnO[J]. Physical Review Letters,2003,90(25):256401.

[30] OHSHIMA E, OGINO H, NIIKURA I, et al. Growth of the 2-in-size bulk ZnO single crystals by the

hydrothermal method[J]. Journal of Crystal Growth, 2004, 260(1): 166 - 170.

[31] LIU D F, XIANG Y J, LIAO Q, et al. A simple route to scalable fabrication of perfectly ordered ZnO nanorod arrays[J]. Nanotechnology, 2007, 18(40): 405303.

[32] XU S, DING Y, WEI Y, et al. Patterned growth of horizontal ZnO nanowire arrays[J]. Journal of the American Chemical Society, 2009, 131(19): 6670 - 6671.

[33] LI C, FANG G, LI J, et al. Effect of seed layer on structural properties of ZnO nanorod arrays grown by vapor-phase transport[J]. The Journal of Physical Chemistry C, 2008, 112(4): 990 - 995.

[34] QIU J, LI X, HE W, et al. The growth mechanism and optical properties of ultralong ZnO nanorod arrays with a high aspect ratio by a preheating hydrothermal method[J]. Nanotechnology, 2009, 20(15): 155603.

[35] GREENE L E, LAW M, TAN D H, et al. General route to vertical ZnO nanowire arrays using textured ZnO seeds[J]. Nano Letters, 2005, 5(7): 1231 - 1236.

[36] SONG J, LIM S. Effect of seed layer on the growth of ZnO nanorods[J]. The Journal of Physical Chemistry C, 2007, 111(2): 596 - 600.

[37] TIEN L C, PEARTON S J, NORTON D P, et al. Synthesis and microstructure of vertically aligned ZnO nanowires grown by high-pressure-assisted pulsed-laser deposition[J]. Journal of Materials Science, 2008, 43(21): 6925 - 6932.

[38] YU W, PAN C. Low temperature thermal oxidation synthesis of ZnO nanoneedles and the growth mechanism[J]. Materials Chemistry and Physics, 2009, 115(1): 74 - 79.

[39] WANG W Z, ZENG B Q, YANG J, et al. Aligned ultralong ZnO nanobelts and their enhanced field emission[J]. Advanced Materials, 2006, 18(24): 3275 - 3278.

[40] LIN C C, CHEN H P, CHEN S Y. Synthesis and optoelectronic properties of arrayed p-type ZnO nanorods grown on ZnO film/Si wafer in aqueous solutions[J]. Chemical Physics Letters, 2005, 404(1): 30 - 34.

[41] YUAN G D, ZHANG W J, JIE J S, et al. p-type ZnO nanowire arrays[J]. Nano Letters, 2008, 8(8): 2591 - 2597.

[42] LEE W, JEONG M C, JOO S W, et al. Arsenic doping of ZnO nanowires by post-annealing treatment [J]. Nanotechnology, 2005, 16(6): 764.

[43] YU D Q, HU L Z, LI J, et al. Photoluminescence investigation of ZnO: P nanoneedle arrays on InP substrate by pulsed laser deposition[J]. Applied Surface Science, 2009, 255(8): 4430 - 4433.

[44] LIU W, XIU F, SUN K, et al. Na-doped p-type ZnO microwires[J]. Journal of the American Chemical Society, 2010, 132(8): 2498 - 2499.

[45] XI Y Y, NG A M C, HSU Y F, et al. Effect of annealing on the performance of CrO_3/ZnO light emitting diodes[J]. Applied Physics Letters, 2009, 94(20): 203502.

[46] ZIMMLER M A, STICHTENOTH D, RONNING C, et al. Scalable fabrication of nanowire photonic and electronic circuits using spin-on glass[J]. Nano Letters, 2008, 8(6): 1695 - 1699.

[47] AOKI T, HATANAKA Y, LOOK D C. ZnO diode fabricated by excimer-laser doping[J]. Applied Physics Letters, 2000, 76(22): 3257 - 3258.

[48] GUO X L, CHOI J H, TABATA H, et al. Fabrication and optoelectronic properties of a transparent ZnO homostructural light-emitting diode[J]. Japanese Journal of Applied Physics, 2001, 40(3A): L177.

[49] XU W Z, YE Z Z, ZENG Y J, et al. ZnO light-emitting diode grown by plasma-assisted metal organic chemical vapor deposition[J]. Applied Physics Letters, 2006, 88(17): 173506.

[50] KIM K K, LEE S, KIM H, et al. Enhanced light extraction efficiency of GaN-based light-emitting

diodes with ZnO nanorod arrays grown using aqueous solution[J]. Applied Physics Letters,2009,94(7):071118.

[51] YAN C, CHEN Z, ZHAO X. Enhanced electroluminescence of ZnO nanocrystalline annealing from mesoporous precursors[J]. Solid state communications,2006,140(1):18-22.

[52] THIYAGARAJAN P, KOTTAISAMY M, RAMA N, et al. White light emitting diode synthesis using near ultraviolet light excitation on Zinc oxide—Silicon dioxide nanocomposite[J]. Scripta Materialia,2008,59(7):722-725.

[53] YANG Y, LI Y Q, FU S Y, et al. Transparent and light-emitting epoxy nanocomposites containing ZnO quantum dots as encapsulating materials for solid state lighting[J]. The Journal of Physical Chemistry C,2008,112(28):10553-10558.

[54] YANG Y, SUN X W, TAY B K, et al. A pn homojunction ZnO nanorod light-emitting diode formed by As ion implantation[J]. Applied Physics Letters,2008,93(25):253107.

[55] ZHANG J Y, LI P J, SUN H, et al. Ultraviolet electroluminescence from controlled arsenic-doped ZnO nanowire homojunctions[J]. Applied Physics Letters,2008,93(2):021116.

[56] MOHANTA K, PAL A J. Diode junctions between two ZnO nanoparticles: current rectification and the role of particle size (and bandgap)[J]. Nanotechnology,2009,20(18):185203.

[57] HSU Y F, XI Y Y, TAM K H, et al. Undoped p-type ZnO nanorods synthesized by a hydrothermal method[J]. Advanced Functional Materials,2008,18(7):1020-1030.

[58] WONG C Y, LAI L M, LEUNG S L, et al. Ambipolar charge transport and electroluminescence properties of ZnO nanorods[J]. Applied Physics Letters,2008,93(2):023502.

[59] NESHATAEVA E, KÜMMELL T, BACHER G, et al. All-inorganic light emitting device based on ZnO nanoparticles[J]. Applied Physics Letters,2009,94(9):091115.

[60] PAN H, ZHU Y, SUN H, et al. Electroluminescence and field emission of Mg-doped ZnO tetrapods [J]. Nanotechnology,2006,17(20):5096.

[61] WANG Y L, KIM H S, NORTON D P, et al. Dielectric passivation effects on ZnO light emitting diodes[J]. Applied Physics Letters,2008,92(11):112101.

[62] ALIVOV Y I, VAN NOSTRAND J E, LOOK D C, et al. Observation of 430 nm electroluminescence from ZnO/GaN heterojunction light-emitting diodes[J]. Applied Physics Letters,2003,83(14):2943-2945.

[63] ALIVOV Y I, KALININA E V, CHERENKOV A E, et al. Fabrication and characterization of n-ZnO/p-AlGaN heterojunction light-emitting diodes on 6H-SiC substrates[J]. Applied Physics Letters, 2003,83(23):4719-4721.

[64] SUN M, ZHANG Q F, SUN H, et al. Enhanced ultraviolet electroluminescence from p-Si/n-ZnO nanorod array heterojunction[J]. Journal of Vacuum Science & Technology B: Microelectronics and Nanometer Structures,2009,27(2):618-621.

[65] SUN H, ZHANG Q F, WU J L. Electroluminescence from ZnO nanorods with an n-ZnO/p-Si heterojunction structure[J]. Nanotechnology,2006,17(9):2271.

[66] KIM D C, HAN W S, CHO H K, et al. Multidimensional ZnO light-emitting diode structures grown by metal organic chemical vapor deposition on p-Si[J]. Applied Physics Letters,2007,91(23):231901.

[67] YANG W Q, HUO H B, DAI L, et al. Electrical transport and electroluminescence properties of n-ZnO single nanowires[J]. Nanotechnology,2006,17(19):4868.

[68] BAO J, ZIMMLER M A, CAPASSO F, et al. Broadband ZnO single-nanowire light-emitting diode [J]. Nano letters,2006,6(8):1719-1722.

[69] LING B, SUN X W, ZHAO J L, et al. Electroluminescence from a n-ZnO nanorod/p-$CuAlO_2$ heterojunction light-emitting diode[J]. Physica E: Low-dimensional Systems and Nanostructures, 2009,41(4):635 - 639.

[70] WILLANDER M, ZHAO Q X, HU Q H, et al. Fundamentals and properties of zinc oxide nanostructures: optical and sensing applications[J]. Superlattices and Microstructures,2008,43(4):352 -361.

[71] ROUT C S, RAO C N R. Electroluminescence and rectifying properties of heterojunction LEDs based on ZnO nanorods[J]. Nanotechnology,2008,19(28):285203.

[72] SUN X W, HUANG J Z, WANG J X, et al. A ZnO nanorod inorganic/organic heterostructure light-emitting diode emitting at 342 nm[J]. Nano Letters,2008,8(4):1219 - 1223.

[73] KÖNENKAMP R, WORD R C, GODINEZ M. Ultraviolet electroluminescence from ZnO/polymer heterojunction light-emitting diodes[J]. Nano Letters,2005,5(10):2005 - 2008.

[74] WADEASA A, BEEGUM S L, RAJA S, et al. The demonstration of hybrid n-ZnO nanorod/p-polymer heterojunction light emitting diodes on glass substrates[J]. Applied Physics A,2009,95(3): 807 - 812.

[75] WADEASA A, NUR O, WILLANDER M. The effect of the interlayer design on the electroluminescence and electrical properties of n-ZnO nanorod/p-type blended polymer hybrid light emitting diodes [J]. Nanotechnology,2009,20(6):065710.

[76] LEE C Y, HUI Y Y, SU W F, et al. Electroluminescence from monolayer ZnO nanoparticles using dry coating technique[J]. Applied Physics Letters,2008,92(26):261107.

[77] LEE C Y, HAUNG Y T, SU W F, et al. Electroluminescence from ZnO nanoparticles/organic nanocomposites[J]. Applied Physics Letters,2006,89(23):231116.

[78] LIU J P, QU S C, ZENG X B, et al. Fabrication of ZnO and its enhancement of charge injection and transport in hybrid organic/inorganic light emitting devices[J]. Applied Surface Science, 2007, 253 (18):7506 - 7509.

[79] AÉ L, CHEN J, LUX-STEINER M C. Hybrid flexible vertical nanoscale diodes prepared at low temperature in large area[J]. Nanotechnology,2008,19(47):475201.

[80] XI Y Y, HSU Y F, DJURIŠIĆ A B, et al. NiO/ZnO light emitting diodes by solution-based growth [J]. Applied Physics Letters,2008,92(11):113505.

[81] NG A M C, XI Y Y, HSU Y F, et al. GaN/ZnO nanorod light emitting diodes with different emission spectra[J]. Nanotechnology,2009,20(44):445201.

[82] LEE S D, KIM Y S, YI M S, et al. Morphology control and electroluminescence of ZnO nanorod/GaN heterojunctions prepared using aqueous solution[J]. The Journal of Physical Chemistry C,2009, 113(20):8954 - 8958.

[83] LAI E, KIM W, YANG P. Vertical nanowire array-based light emitting diodes[J]. Nano Research, 2008,1(2):123 - 128.

[84] ZHANG X M, LU M Y, ZHANG Y, et al. Fabrication of a high-brightness blue-light-emitting diode using a ZnO—nanowire array grown on p-GaN thin film[J]. Advanced Materials,2009,21(27):2767 - 2770.

[85] PARK S H, KIM S H, HAN S W. Growth of homoepitaxial ZnO film on ZnO nanorods and light emitting diode applications[J]. Nanotechnology,2007,18(5):055608.

[86] JEONG M C, OH B Y, HAM M H, et al. ZnO-nanowire-inserted GaN/ZnO heterojunction light-emitting diodes[J]. Small,2007,3(4):568 - 572.

[87] JEONG M C, OH B Y, HAM M H, et al. Electroluminescence from ZnO nanowires in n-ZnO film/

ZnO nanowire array/p-GaN film heterojunction light-emitting diodes[J]. Applied Physics Letters, 2006,88(20):202105.

[88] GUO R, NISHIMURA J, MATSUMOTO M, et al. Electroluminescence from ZnO nanowire-based p-GaN/n-ZnO heterojunction light-emitting diodes[J]. Applied Physics B,2009,94(1):33 - 38.

[89] PARK W I, YI G C. Electroluminescence in n-ZnO nanorod arrays vertically grown on p-GaN[J]. Advanced Materials,2004,16(1):87 - 90.

[90] WU M K, SHIH Y T, LI W C, et al. Ultraviolet electroluminescence from n-ZnO-SiO_2-ZnO nanocomposite/p-GaN heterojunction light-emitting diodes at forward and reverse bias[J]. IEEE Photonics Technology Letters, 2008, 20(21): 1772 - 1774.

[91] LU M Y, SONG J, LU M P, et al. ZnO-ZnS Heterojunction and ZnS nanowire arrays for electricity generation[J]. ACS Nano,2009,3(2):357 - 362.

[92] CHANG C Y, TSAO F C, PAN C J, et al. Electroluminescence from ZnO nanowire/polymer composite pn junction[J]. Applied Physics Letters,2006,88(17):173503.

[93] AN S J, YI G C. Near ultraviolet light emitting diode composed of n-GaN/ZnO coaxial nanorod heterostructures on a p-GaN layer[J]. Applied Physics Letters,2007,91(12):123109.

[94] LEE C H, YOO J, HONG Y J, et al. GaN/$In_{1-x}Ga_xN$/GaN/ZnO nanoarchitecture light emitting diode microarrays[J]. Applied Physics Letters,2009,94(21):213101.

[95] SUN M, ZHANG Q F, WU J L. Electrical and electroluminescence properties of As-doped p-type ZnO nanorod arrays[J]. Journal of Physics D: Applied Physics,2007,40(12):3798.

[96] SHIH Y T, WU M K, LI W C, et al. Amplified spontaneous emission from ZnO in n-ZnO/ZnO nanodots—SiO_2 composite/p-AlGaN heterojunction light-emitting diodes[J]. Nanotechnology,2009, 20(16):165201.

[97] LEONG E S P, YU S F, LAU S P. Directional edge-emitting UV random laser diodes[J]. Applied Physics Letters,2006,89(22):221109.

[98] LEONG E S P, YU S F. UV Random Lasing Action in p-SiC (4H)/i-ZnO-SiO_2 Nanocomposite/n-ZnO : Al Heterojunction Diodes[J]. Advanced Materials,2006,18(13):1685 - 1688.

[99] MA X, CHEN P, LI D, et al. Electrically pumped ZnO film ultraviolet random lasers on silicon substrate[J]. Applied Physics Letters,2007,91(25):251109.

[100] ZHU H, SHAN C X, YAO B, et al. Ultralow-threshold laser realized in zinc oxide[J]. Advanced Materials,2009,21(16):1613 - 1617.

[101] ZHU H, SHAN C X, LI B H, et al. Ultraviolet electroluminescence from MgZnO-based heterojunction light-emitting diodes[J]. The Journal of Physical Chemistry C,2009,113(7):2980 - 2982.

[102] GHOSH R, BASAK D. Electrical and ultraviolet photoresponse properties of quasialigned ZnO nanowires/p-Si heterojunction[J]. Applied Physics Letters,2007,90(24):243106.

[103] HSUEH T J, HSU C L, CHANG S J, et al. Crabwise ZnO nanowire UV photodetector prepared on ZnO : Ga/glass template[J]. IEEE Transactions on Nanotechnology,2007,6(6):595 - 600.

[104] LIN C C, LIN W H, LI Y Y. Synthesis of ZnO nanowires and their applications as an ultraviolet photodetector[J]. Journal of Nanoscience and Nanotechnology,2009,9(5):2813 - 2819.

[105] HSU C L, HSUEH T J, CHANG S P. Preparation of ZnO nanoflakes and a nanowire-based photodetector by localized oxidation at low temperature[J]. Journal of the Electrochemical Society, 2008,155(3):K59 - K62.

[106] LAW J B K, THONG J T L. Simple fabrication of a ZnO nanowire photodetector with a fast photoresponse time[J]. Applied physics letters,2006,88(13):133114.

[107] JIN Y, WANG J, SUN B, et al. Solution-processed ultraviolet photodetectors based on colloidal ZnO nanoparticles[J]. Nano Letters, 2008, 8(6): 1649 - 1653.
[108] LANY S, ZUNGER A. Anion vacancies as a source of persistent photoconductivity in Ⅱ-Ⅵ and chalcopyrite semiconductors[J]. Physical Review B, 2005, 72(3): 035215.
[109] CLAFLIN B, LOOK D C, PARK S J, et al. Persistent n-type photoconductivity in p-type ZnO[J]. Journal of Crystal Growth, 2006, 287(1): 16 - 22.
[110] MOAZZAMI K, MURPHY T E, PHILLIPS J D, et al. Sub-bandgap photoconductivity in ZnO epilayers and extraction of trap density spectra[J]. Semiconductor Science and Technology, 2006, 21(6): 717.
[111] LIU P, SHE G, LIAO Z, et al. Observation of persistent photoconductance in single ZnO nanotube [J]. Applied Physics Letters, 2009, 94(6): 063120.
[112] POLYAKOV A Y, SMIRNOV N B, GOVORKOV A V, et al. Persistent photoconductivity in p-type ZnO (N) grown by molecular beam epitaxy[J]. Applied Physics Letters, 2007, 90(13): 132103.
[113] FAN Z, DUTTA D, CHIEN C J, et al. Electrical and photoconductive properties of vertical ZnO nanowires in high density arrays[J]. Applied Physics Letters, 2006, 89(21): 213110.
[114] HA R, PYUN J C, OH H, et al. Influence of diameter on the photoresponse in a networked zinc-oxide nanowire photodetector[J]. Journal of the Korean Physical Society, 2008, 53(4): 1992 - 1995.
[115] GUO Z, ZHAO D, LIU Y, et al. Visible and ultraviolet light alternative photodetector based on ZnO nanowire/n-Si heterojunction[J]. Applied Physics Letters, 2008, 93(16): 163501.
[116] HUANG H, FANG G, MO X, et al. Zero-biased near-ultraviolet and visible photodetector based on ZnO nanorods/n-Si heterojunction[J]. Applied Physics Letters, 2009, 94(6): 063512.
[117] LIN Y Y, CHEN C W, YEN W C, et al. Near-ultraviolet photodetector based on hybrid polymer/zinc oxide nanorods by low-temperature solution processes[J]. Applied Physics Letters, 2008, 92(23): 233301.
[118] LI H G, WU G, SHI M M, et al. ZnO/poly (9,9-dihexylfluorene) based inorganic/organic hybrid ultraviolet photodetector[J]. Applied Physics Letters, 2008, 93(15): 153309.
[119] LAW M, GREENE L E, JOHNSON J C, et al. Nanowire dye-sensitized solar cells[J]. Nature materials, 2005, 4(6): 455 - 459.
[120] GALOPPINI E, ROCHFORD J, CHEN H, et al. Fast electron transport in metal organic vapor deposition grown dye-sensitized ZnO nanorod solar cells[J]. The Journal of Physical Chemistry B, 2006, 110(33): 16159 - 16161.
[121] GAO Y, NAGAI M, CHANG T C, et al. Solution-derived ZnO nanowire array film as photoelectrode in dye-sensitized solar cells[J]. Crystal Growth and Design, 2007, 7(12): 2467 - 2471.
[122] KIM I D, HONG J M, LEE B H, et al. Dye-sensitized solar cells using network structure of electrospun ZnO nanofiber mats[J]. Applied Physics Letters, 2007, 91(16): 163109.
[123] KU C H, WU J J. Electron transport properties in ZnO nanowire array/nanoparticle composite dye-sensitized solar cells[J]. Applied Physics Letters, 2007, 91(9): 093117.
[124] JIANG C Y, SUN X W, LO G Q, et al. Improved dye-sensitized solar cells with a ZnO-nanoflower photoanode[J]. Applied Physics Letters, 2007, 90(26): 263501.
[125] KU C H, WU J J. Chemical bath deposition of ZnO nanowire-nanoparticle composite electrodes for use in dye-sensitized solar cells[J]. Nanotechnology, 2007, 18(50): 505706.
[126] HSU Y F, XI Y Y, YIP C T, et al. Dye-sensitized solar cells using ZnO tetrapods[J]. Journal of Applied Physics, 2008, 103(8): 083114.

[127] MARTINSON A B F, ELAM J W, HUPP J T, et al. ZnO nanotube based dye-sensitized solar cells [J]. Nano Letters, 2007, 7(8): 2183 - 2187.

[128] SHENG X, ZHAO Y, ZHAI J, et al. Electro-hydrodynamic fabrication of ZnO-based dye sensitized solar cells[J]. Applied Physics A, 2007, 87(4): 715 - 719.

[129] RAO A R, DUTTA V. Achievement of 4.7% conversion efficiency in ZnO dye-sensitized solar cells fabricated by spray deposition using hydrothermally synthesized nanoparticles[J]. Nanotechnology, 2008, 19(44): 445712.

[130] HSU Y F, XI Y Y, DJURIŠIĆ A B, et al. ZnO nanorods for solar cells: hydrothermal growth versus vapor deposition[J]. Applied Physics Letters, 2008, 92(13): 133507.

[131] ZHANG R, PAN J, BRIGGS E P, et al. Studies on the adsorption of RuN dye on sheet-like nanostructured porous ZnO films[J]. Solar Energy Materials and Solar Cells, 2008, 92(4): 425 - 431.

[132] WU J J, CHEN G R, YANG H H, et al. Effects of dye adsorption on the electron transport properties in ZnO—nanowire dye-sensitized solar cells [J]. Applied Physics Letters, 2007, 90 (21): 213109.

[133] GUILLÉN E, CASANUEVA F, ANTA J A, et al. Photovoltaic performance of nanostructured zinc oxide sensitised with xanthene dyes[J]. Journal of Photochemistry and Photobiology A: Chemistry, 2008, 200(2): 364 - 370.

[134] SURI P, MEHRA R M. Effect of electrolytes on the photovoltaic performance of a hybrid dye sensitized ZnO solar cell[J]. Solar energy materials and solar cells, 2007, 91(6): 518 - 524.

[135] WEI D, UNALAN H E, HAN D, et al. A solid-state dye-sensitized solar cell based on a novel ionic liquid gel and ZnO nanoparticles on a flexible polymer substrate[J]. Nanotechnology, 2008, 19 (42): 424006.

[136] SHIN Y J, LEE J H, PARK J H, et al. Enhanced photovoltaic properties of SiO_2-treated ZnO nanocrystalline electrode for dye-sensitized solar cell [J]. Chemistry Letters, 2007, 36 (12): 1506 -1507.

[137] SCHRIER J, DEMCHENKO D O, WANG L W, et al. Optical properties of ZnO/ZnS and ZnO/ZnTe heterostructures for photovoltaic applications[J]. Nano Letters, 2007, 7(8): 2377 - 2382.

[138] TENA-ZAERA R, ELIAS J, LÉVY-CLÉMENT C. ZnO nanowire arrays: optical scattering and sensitization to solar light[J]. Applied Physics Letters, 2008, 93(23): 233119.

[139] LÉVY-CLÉMENT C, TENA-ZAERA R, RYAN M A, et al. CdSe—sensitized p-CuSCN/nanowire n-ZnO heterojunctions[J]. Advanced Materials, 2005, 17(12): 1512 - 1515.

[140] YUHAS B D, YANG P. Nanowire-based all-oxide solar cells[J]. Journal of the American Chemical Society, 2009, 131(10): 3756 - 3761.

[141] RAVIRAJAN P, PEIRÓ A M, NAZEERUDDIN M K, et al. Hybrid polymer/zinc oxide photovoltaic devices with vertically oriented ZnO nanorods and an amphiphilic molecular interface layer[J]. The Journal of Physical Chemistry B, 2006, 110(15): 7635 - 7639.

[142] JU X, FENG W, VARUTT K, et al. Fabrication of oriented ZnO nanopillar self-assemblies and their application for photovoltaic devices[J]. Nanotechnology, 2008, 19(43): 435706.

[143] LIN Y Y, LEE Y Y, CHANG L, et al. The influence of interface modifier on the performance of nanostructured ZnO/polymer hybrid solar cells[J]. Applied Physics Letters, 2009, 94(6): 063308.

[144] GREENE L E, LAW M, YUHAS B D, et al. ZnO-TiO_2 core-shell nanorod/P3HT solar cells[J]. The Journal of Physical Chemistry C, 2007, 111(50): 18451 - 18456.

[145] TAKANEZAWA K, TAJIMA K, HASHIMOTO K. Efficiency enhancement of polymer

photovoltaic devices hybridized with ZnO nanorod arrays by the introduction of a vanadium oxide buffer layer[J]. Applied Physics Letters,2008,93(6):063308.

[146] HOFFMAN R L, NORRIS B J, WAGER J F. ZnO-based transparent thin-film transistors[J]. Applied Physics Letters,2003,82(5):733-735.

[147] SONG J I, PARK J S, KIM H, et al. Transparent amorphous indium zinc oxide thin-film transistors fabricated at room temperature[J]. Applied Physics Letters,2007,90(2):022106.

[148] NOMURA K, OHTA H, TAKAGI A, et al. Room-temperature fabrication of transparent flexible thin-film transistors using amorphous oxide semiconductors[J]. Nature,2004,432(7016):488-492.

[149] PARK Y K, UMAR A, KIM S H, et al. Comparison between the electrical properties of ZnO nanowires based field effect transistors fabricated by back-and top-gate approaches[J]. Journal of Nanoscience and Nanotechnology,2008,8(11):6010-6016.

[150] JU S, LI J, PIMPARKAR N, et al. N-type field-effect transistors using multiple Mg-doped ZnO nanorods[J]. IEEE Transactions on Nanotechnology,2007,6(3):390-395.

[151] PARK Y K, CHOI H S, KIM J H, et al. High performance field-effect transistors fabricated with laterally grown ZnO nanorods in solution[J]. Nanotechnology,2011,22(18):185310.

[152] AHSANULHAQ Q, KIM J H, HAHN Y B. Controlled selective growth of ZnO nanorod arrays and their field emission properties[J]. Nanotechnology,2007,18(48):485307.

[153] GORLA C R, EMANETOGLU N W, LIANG S, et al. Structural, optical, and surface acoustic wave properties of epitaxial ZnO films grown on (0112) sapphire by metalorganic chemical vapor deposition[J]. Journal of Applied Physics,1999,85(5):2595-2602.

[154] HIGAKI K, NAKAHATA H, KITABAYASHI H, et al. High frequency SAW filter on diamond [C]//Microwave Symposium Digest, IEEE MTT-S International. IEEE,1997,2:829-832.

[155] EMANETOGLU N W, ZHU J, CHEN Y, et al. Surface acoustic wave ultraviolet photodetectors using epitaxial ZnO multilayers grown on r-plane sapphire[J]. Applied Physics Letters, 2004, 85 (17):3702-3704.

[156] LU M P, SONG J, LU M Y, et al. Piezoelectric nanogenerator using p-type ZnO nanowire arrays [J]. Nano Letters,2009,9(3):1223-1227.

[157] ZHU G, YANG R, WANG S, et al. Flexible high-output nanogenerator based on lateral ZnO nanowire array[J]. Nano Letters,2010,10(8):3151-3155.

[158] CHO P S, KIM K W, LEE J H. NO_2 sensing characteristics of ZnO nanorods prepared by hydrothermal method[J]. Journal of Electroceramics,2006,17(2-4):975-978.

[159] GONG H, HU J Q, WANG J H, et al. Nano-crystalline Cu-doped ZnO thin film gas sensor for CO [J]. Sensors and Actuators B: Chemical,2006,115(1):247-251.

[160] WANG H T, KANG B S, REN F, et al. Hydrogen-selective sensing at room temperature with ZnO nanorods[J]. Applied Physics Letters,2005,86(24):243503.

[161] WANG C, CHU X, WU M. Detection of H_2S down to ppb levels at room temperature using sensors based on ZnO nanorods[J]. Sensors and Actuators B: Chemical,2006,113(1):320-323.

[162] UMAR A, RAHMAN M M, KIM S H, et al. ZnO nanonails: synthesis and their application as glucose biosensor[J]. Journal of Nanoscience and Nanotechnology,2008,8(6):3216-3221.

[163] PEARTON S J, ABERNATHY C R, NORTON D P, et al. Advances in wide bandgap materials for semiconductor spintronics[J]. Materials Science and Engineering R: Reports,2003,40(4):137-168.

[164] 罗平,李亚林,曾召利,等.纳米 ZnO 光催化降解有机污染物的研究进展[J].三峡环境与生态,2009,2(6):22-27.

第 10 章

Ga_2O_3

10.1 概 述

随着以 GaN、SiC 为代表的第三代半导体步入产业化阶段，对新一代半导体材料的探讨逐渐成为焦点，氧化镓、金刚石、氮化铝镓等超宽禁带半导体都被视为新一代半导体材料研究发展的重要方向。禁带越宽，半导体材料越接近绝缘体，器件稳定性越强，因此超宽禁带半导体能应用于高温、高功率、高频率以及辐照等特殊环境。在光电子领域，超宽禁带半导体在紫外发光、紫外探测领域有着广阔的应用空间。基于氮化铝镓等超宽禁带半导体的紫外发光二极管和紫外激光二极管应用于杀菌消毒等医疗卫生领域，特定波长的紫外线能帮助人体补钙。在工业上，超宽禁带半导体也可用于制造大功率的紫外光源。

氧化镓（Ga_2O_3）作为继 GaN 和 SiC 之后的下一代超宽禁带半导体材料，其历史始于 1875 年，de Boisbaudran[1] 发现了新元素镓（Ga）以及它的化合物。1952 年，Roy 等[2] 首次实现了 Al_2O_3-Ga_2O_3-H_2O 的相平衡系统，确定了 Ga_2O_3 的多相结构并提出了这些相之间转变的方式。氧化镓禁带宽度约为 4.8 eV，理论击穿场强为 8 $MV \cdot cm^{-1}$，理论电子迁移率为 300 $cm^2 \cdot V^{-1} \cdot s^{-1}$，$\beta$-$Ga_2O_3$ 的 Baliga 优值（Baliga's figure of merit，BFOM）为 3214，这个值接近 GaN 的 4 倍、SiC 的 10 倍以及 Si 的 3200 倍，因此 β-Ga_2O_3 在功率器件领域具有重要的应用价值[3]。除了禁带宽度大、击穿场强高，β-Ga_2O_3 还有一个优点是制备方法适合大规模量产，相比于气相外延法生长的 GaN 或 SiC，β-Ga_2O_3 可以通过熔体法生长大尺寸单晶，生产成本更低。另外，β-Ga_2O_3 是已知禁带宽度最宽的透明氧化物半导体之一，也可以在紫外探测、气体传感、透明电极等器件中应用。本章将对 Ga_2O_3 材料的基本性质、制备方法做较为系统的综述，在此基础上介绍相关器件的研究进展。

国内外 Ga_2O_3 晶体生长技术的发展趋势

10.2 Ga_2O_3 的基本性质

10.2.1 物理和化学性质

β-Ga_2O_3 的介电常数 ε 为 10，迁移率为 300 $cm^2 \cdot V^{-1} \cdot s^{-1}$，击穿电场为 8 $MV \cdot cm^{-1}$，远大于 SiC 和 GaN 材料，可应用于高电场、高电压、高温环境。β-Ga_2O_3 的禁带宽度较宽，可以达到 4.9 eV，对应深紫外波段。室温下 β-Ga_2O_3 粉末为白色结晶颗

粒，不易被腐蚀，不溶于水，微溶于热酸或热碱，机械强度高，化学性质稳定，熔点为 174 ℃，可见光以及紫外光下透明度高。理想的无缺陷态 β-Ga_2O_3 应呈现绝缘态，但在 β-Ga_2O_3 的生长过程中会无意间引入 O 空位、Ga 空位或 Ga 间隙原子等缺陷，其中 O 空位会形成浅施主能级，导致非故意掺杂的 β-Ga_2O_3 呈现出 n 型。研究发现，O 空位是影响 β-Ga_2O_3 材料导电性的关键因素，这与 ZnO 的电学性质类似，此外掺杂 Si 等元素也可以作为施主杂质调节 β-Ga_2O_3 的导电性能。优异的光电特性使 β-Ga_2O_3 在日盲紫外探测、深紫外透明导电电极、高功率器件等领域具有良好的应用前景。

但是，β-Ga_2O_3 的热传导率为 0.1～0.3 $W \cdot cm^{-1} \cdot K^{-1}$，相比其他宽禁带材料低一个数量级，这也限制了 β-Ga_2O_3 功率器件的高温传导能力，需要进行额外的措施提升器件传热能力。β-Ga_2O_3 晶体结构呈各向异性，不同方向的热导率不同，采用时域热反射谱（time domain thermoreflectance，TDTR）计算，发现沿[010]方向热导率最大，为(27±2.0) $W \cdot mK^{-1}$，沿[100]方向热导率最小，为(10.9±1.0) $W \cdot mK^{-1}$。由于具有较大的热阻，器件在高温和高功率下工作时电流所产生的热量会导致器件局部温度升高，被称为"自加热效应"（self-heating）。随着器件尺寸越来越小，自加热效应越来越成为一个无法避免的障碍。由于较低的热导率，β-Ga_2O_3 器件的散热是一个重大的挑战。器件工作时由于电阻加热导致温度升高数百摄氏度，高温会增加电子-声子散射，引起材料电子传输性能的退化。因此，寻找有效散热的方法对提高 β-Ga_2O_3 器件性能至关重要。

10.2.2 晶体结构

到目前为止，Ga_2O_3 一共发现有五种同分异构体，分别是六方晶系的 α-Ga_2O_3、单斜晶系的 β-Ga_2O_3、立方晶系的 γ-Ga_2O_3、立方晶系的 δ-Ga_2O_3 和六方晶系的 ε-Ga_2O_3[2,3]。5 种晶相在特定条件下可以实现互相转化，如图 10.1 所示。其中，单斜晶系的 β-Ga_2O_3 在常温常压下最为稳定，其他晶相均为亚稳相，因此五种同分异构体在干法或湿法高温退火之后，通常观察到的是单斜晶系的 β-Ga_2O_3。亚稳相通过改变温度条件均可转变为 β-Ga_2O_3，如图 10.1 所示，反应的逆过程同样也可以实现，但通常需要施加高压[4]。例如，在 4.4 GPa 压强和 1000 ℃的条件下，β-Ga_2O_3 将转变为亚稳相 α-Ga_2O_3[5]。

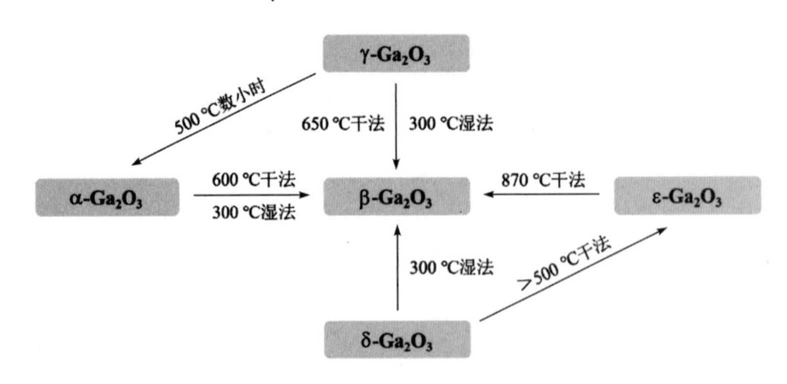

图 10.1 Ga_2O_3 五种晶体结构相互转换条件

β-Ga_2O_3 属于单斜晶系，$C2/m$ 空间群，实验观察到其晶格常数分别为 a=12.23 Å，b=3.04 Å，c=5.80 Å，β=103.7°，γ=90°[6]。β-Ga_2O_3 晶体由两个 GaO_4 四面体和两个 GaO_6

八面体结构单元构成，如图10.2所示。在晶胞中，Ga有两个不同的位置（$Ga_{Ⅰ}$和$Ga_{Ⅱ}$），O有三个不同的位置（$O_{Ⅰ}$、$O_{Ⅱ}$、$O_{Ⅲ}$）。每个$Ga_{Ⅰ}$位于四面体中心，被4个O所包围，每个$Ga_{Ⅱ}$位于八面体中心，被6个O所包围。O原子分别位于四面体配位（$O_{Ⅰ}$）或两种三重配位（$O_{Ⅱ}$和$O_{Ⅲ}$）。$O_{Ⅰ}$和$O_{Ⅲ}$位于$Ga_{Ⅰ}$和$Ga_{Ⅱ}$链中间，$O_{Ⅱ}$位于1个$Ga_{Ⅰ}$和2个$Ga_{Ⅱ}$链中间。β-Ga_2O_3八面体和八面体之间分享同样的边，形成主要沿b轴的双八面体链。β-Ga_2O_3中的八面体链被称为金红石链（rutile chain），可以提高载流子移动速率。β-Ga_2O_3单晶体有两个解理面，分别平行于（100）面和（001）面，前者为主解理面，后者为次解理面。

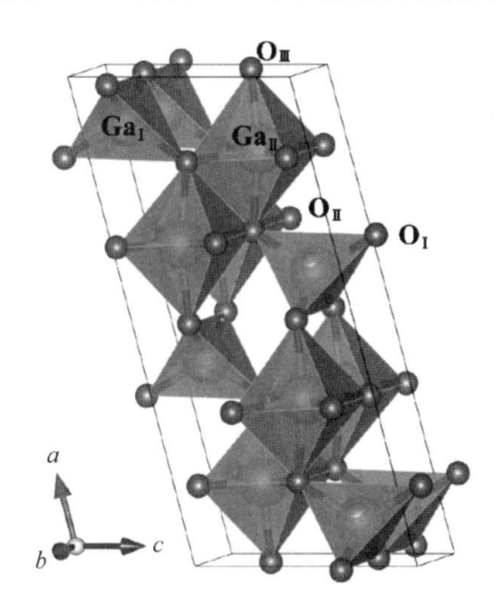

图10.2　β-Ga_2O_3的晶体结构

效果图

α-Ga_2O_3属于六方晶系，$R\bar{3}c$空间群，晶格常数为$a=(0.498\ 25\pm0.000\ 05)$ nm，$c=(1.343\ 3\pm0.000\ 1)$ nm，以刚玉结构的α-Ga_2O_3最为常见，与Al_2O_3具有相似的晶体结构，可用于连续固溶体的制备[1,7-10]。

γ-Ga_2O_3属于立方晶系，$Fd\bar{3}m$空间群，晶格常数为$a=(0.83\pm0.005)$ nm，是有缺陷的尖晶石结构[11]。

ε-Ga_2O_3属于六方晶系，$P6_3mc$空间群，晶格常数为$a=0.290\ 36$ nm，$c=0.925\ 54$ nm[12]。ε-Ga_2O_3是第二稳定相[13-15]，它的禁带宽度接近4.9 eV，结构与同为六角晶系的GaN和SiC类似，具有较强的自发极化，可产生高密度二维电子气，可以应用于异构场效应晶体管。

10.2.3　电学性质和掺杂

β-Ga_2O_3有较大的禁带宽度，在室温下是绝缘体，在还原性气氛中制备得到的通常呈n型导电，其能带结构如图10.3所示，其中价带的顶端是由O的2p轨道电子组成，所以曲线会显得很平，而且由于有效空穴密度比较大，曲线分布比较均匀。β-Ga_2O_3是一种直接带隙半导体，布里渊区中Γ点和M点处出现了价带能量的极值，而这两点之间的能量差只有30 meV。导带是由Ga的s轨道和O的p轨道的杂化电子构成的，从图10.3中可以看出，在Γ点处导带有一个极其显著的极小值，而且分布很分散，所以导致了β-Ga_2O_3有较低的有效电子质量和较高的电子迁移率。

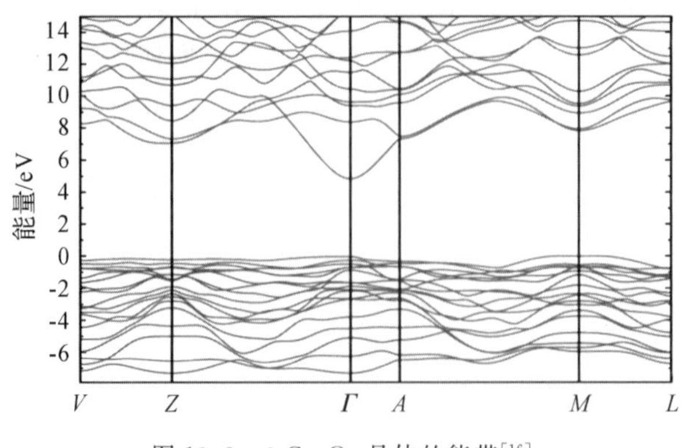

图 10.3 β-Ga_2O_3 晶体的能带[16]

β-Ga_2O_3 载流子浓度受控于掺杂的浓度，而电子迁移率受带电载流子在晶格中的散射影响。Ga_2O_3 中存在的散射机制有：离化的杂质离子、晶格内的缺陷中心（点缺陷或者它们之间的复合体），以及声学声子和光学声子这类的热振动、空穴或者位错一类的结构缺陷，甚至是晶界一类的对载流子有着散射作用的缺陷因子[17]。所有散射机制几乎都与晶体质量和载流子浓度关系密切。另外，上述散射机制还受温度影响，温度越高，声子对载流子迁移的阻碍作用越大，温度越低阻碍作用越小[18]。

早期有文献将本征 β-Ga_2O_3 中的 n 型导电归因于 O 空位[19]，后来杂化密度泛函理论认为 O 空位是深受主，电离能大于 1 eV，无法造成 n 型导电，所以认为非故意掺杂引入的 H 是造成 β-Ga_2O_3 呈 n 型导电的主要原因[16]。实验结果也观察到了 β-Ga_2O_3 的电学性能受生长条件的影响非常大[20]。通过改变生长气氛，区熔法生长的 β-Ga_2O_3 单晶沿 b 轴的导电率可以在 10^{-9}～38 $\Omega^{-1}\cdot cm^{-1}$之间发生改变。

为了提高导电特性，多种元素被尝试掺入 β-Ga_2O_3 以提高 n 型导电能力。ⅣA 族元素如 Ge、Si、Sn 掺入 β-Ga_2O_3 时会替代 Ga 的位置形成浅施主能级，ⅦA 族元素 F、Cl 也会在 β-Ga_2O_3 中替代 O 位置作为浅施主影响载流子浓度和电导率[16]。Mg 的掺入会使 β-Ga_2O_3 更趋于形成绝缘体。采用区熔法和提拉法生长 Mg 掺杂 β-Ga_2O_3 单晶能够增大其电阻率。

Si 和 Sn 在 β-Ga_2O_3 中是浅施主，且激活能较低，因此关于 Si 元素和 Sn 元素的掺杂研究最为广泛。在 β-Ga_2O_3 单晶衬底上同质外延生长杂质掺杂的 β-Ga_2O_3 薄膜，较容易实现载流子浓度的精确控制。Krishnamoorthy 等[21]在(010)β-Ga_2O_3 衬底上用等离子体辅助分子束外延技术同质外延生长了 Si 掺杂 β-Ga_2O_3 薄膜，通过霍尔测试得到的迁移率为 83 $cm^2\cdot V^{-1}\cdot s^{-1}$，方块电阻为 320 $\Omega\cdot sq^{-1}$，面载流子浓度从 2.4×10^{14} cm^{-2}。较高的薄膜迁移率被认为是由于电子扩散到 β-Ga_2O_3 单晶衬底区域，因此杂质散射比较弱。Sasaki 等[22]研究了 Si 离子注入 β-Ga_2O_3 的性能。当 Si 浓度从 10^{19} cm^{-3}增加到 10^{20} cm^{-3}时，面载流子浓度从 2×10^{14} cm^{-2}增加到 10^{15} cm^{-2}。在 N_2 气氛 900～1000 ℃下退火后，离子注入的 Si 有较高的激活效率(60%)。Sasaki 等[23]采用 MBE 方法在半绝缘 Mg 掺杂(010)β-Ga_2O_3 衬底上生长了 0.7 μm厚的 Sn 掺杂 β-Ga_2O_3 薄膜，实现载流子浓度在 10^{16}～10^{19} cm^{-3} 范围内可控。Baldini 等[24]在(010)β-Ga_2O_3 衬底上用低压 MOCVD 方法同质外延生长了低缺陷密度的 Si 掺杂和 Sn 掺杂 β-Ga_2O_3 薄膜。Si 掺杂时，通过控制前驱体流速，载流子浓度在 10^{17}～8×10^{19} cm^{-3}可调；Sn 掺杂时，载流子浓度在 4×10^{17}～10^{19} cm^{-3} 可调。随着掺杂浓度提高，电子迁移率可以从 50 $cm^2 \cdot V^{-1} \cdot s^{-1}$提高到 130 $cm^2 \cdot V^{-1} \cdot s^{-1}$。

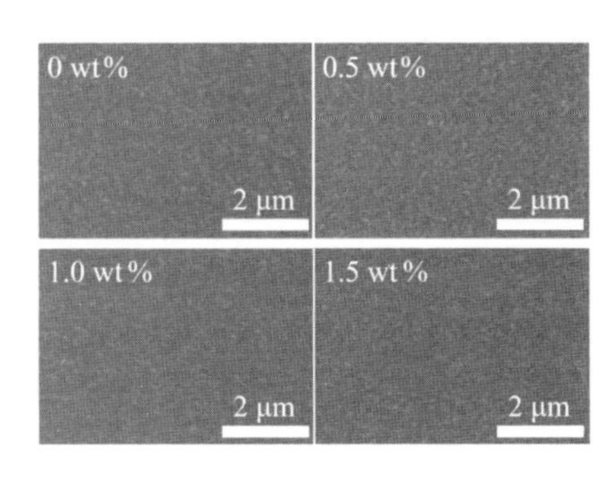

效果图

图 10.4　不同含量 SiO_2 掺杂的 β-Ga_2O_3 薄膜 SEM 图

β-Ga_2O_3 的 p 型导电仍然存在争议。目前还缺乏实现 β-Ga_2O_3 空穴导电的可靠办法，这大大限制了 β-Ga_2O_3 的实际应用。理论计算认为 β-Ga_2O_3 的价带比较平，空穴有效质量比较大，使得 p 型导电的实现比较困难[16,25]。此外，还有多种因素限制了 p 型掺杂的实现。例如：①缺乏有效的浅能级受主；②空穴有自我局域化倾向；③受主容易被形成能较低的 O 空位补偿等。有报道认为，由于金属氧化物的离子性导致空穴自我局域化，因此通过掺杂引入的空穴会局域化在单个 O 原子上，无法在晶格内迁移，因此不能形成 p 型导电[26,27]。尽管目前还没有直接证据证明杂质掺杂实现了有效 p 型 β-Ga_2O_3，但有些研究显示了 p 型导电的可能性。2005 年，Chang 等[28]合成了 Ga_2O_3 纳米线并通过扩散法掺入 Zn 受主。准一维载流子浓度为 5.3×10^8 cm^{-1}，迁移率为 3.5×10^{-2} $cm^2 \cdot V^{-1} \cdot s^{-1}$。也有研究制备 N 掺杂 Ga_2O_3 纳米线实现了 p 型导电，但这些文献都没有给出相应的载流子浓度和迁移率。Chikoidze 等[29]用脉冲激光沉积法在 *c* 面蓝宝石衬底上制备纯 β-Ga_2O_3，并给出了 p 型导电的证据。尽管室温下 β-Ga_2O_3 薄膜是绝缘体，但在高温下通过霍尔测试和塞贝克(Seebeck)测试证明了空穴导电占主导地位，受主能级在价带顶上方 1.1 eV 处。热平衡 β-Ga_2O_3 晶体中 Ga 空位有可能作为受主，并且认为通过 PLD 方法有可能实现生长窗口并减少 O 空位补偿效应的干扰，实现 β-Ga_2O_3 的 p 型导电。

10.2.4　光学性质

对于 β-Ga_2O_3 的光学性能，主要考虑禁带宽度和受激辐射两个方面。β-Ga_2O_3 的禁带宽度高达 4.9 eV，且为直接带隙，所对应的吸收波长在 250 nm 左右，处于紫外光波段。β-Ga_2O_3薄膜是一种透明导电氧化物薄膜(TCO)，在紫外区的透过率可达到 80%以上，相比于 In_2O_3 薄膜(3.55～3.75 eV)、SnO_2 薄膜(3.87～4.3 eV)、ZnO 薄膜(3.3 eV)等常见透明导电氧化物薄膜，β-Ga_2O_3 薄膜在紫外乃至深紫外的响应有着独特的优势。尽管纯 β-Ga_2O_3 晶体是高度透明的，但是在生长条件中因引入杂质会导致 β-Ga_2O_3 晶体颜色发生变化。有研究表明，生长条件会影响提拉法生长的 β-Ga_2O_3 单晶的电学和光学性能。绝缘态β-Ga_2O_3 晶体是无色或由于可见光区蓝光部分有略微吸收而呈现浅黄色，而 n 型 β-Ga_2O_3 晶体由于红外或近红外区域自由载流子吸收而呈现蓝色[20]。

有关受激辐射，对于掺杂和非掺杂样品而言，β-Ga_2O_3 通过光致激发会产生三个发光带，分别为紫外光(3.40 eV)、蓝光(2.95 eV)、绿光(2.48 eV)。紫外和蓝光发射峰与 O 空位浓度和电导率有关,其中紫外光的产生被认为是来自自陷态的激子复合这一本征跃迁所引起的发光[30,31]。蓝光的发射是因为靠近导带的受主缺陷被激发而产生,或是由于施主上的电子和受主上的空穴复合而发光。蓝光发射很大程度上受晶体电阻率的影响[32]。绿光仅在一些特殊的掺杂中有发现[33,34],例如 Ge、Be、Sn 等元素,但是具体的来源机理仍然不是很清楚,有的认为是来自自陷态或束缚激子所引起的本征发射,有的认为在 β-Ga_2O_3 单晶中氧空位的存在导致了蓝绿光的发射。

10.3 Ga_2O_3 的制备工艺

早在 20 世纪 50 年代,研究者们对 Ga_2O_3 已经有一定研究[2]。当时的研究局限在 Ga_2O_3 本身的物理性质,如晶格常数、相变温度、载流子浓度和迁移率等[35]。1960 年到 1990 年开始尝试制备 Ga_2O_3 单晶,但生长的 Ga_2O_3 大多晶体质量较差[36]。1990 年之后,Ga_2O_3 体单晶的生长技术出现了重大突破。目前采用直拉法(Czochralski,CZ)[37]和边缘限定生长法(edge-defined film-fed growth,EFG)[38]可以制备出商用 2 英寸或者 4 英寸 β-Ga_2O_3体单晶,大尺寸 β-Ga_2O_3 单晶衬底反过来推动了 β-Ga_2O_3 载流子控制、本征缺陷、超晶格的研究[23,39,40]。高质量的材料是制备高性能器件的基础,近年来,多种方法用于 β-Ga_2O_3材料的制备,并尝试将制得的材料应用于光电器件及电子电力器件中。

10.3.1 单 晶

单晶 β-Ga_2O_3 由于其优异的物理性能受到人们的广泛关注,基于单晶 β-Ga_2O_3 的器件研究也不断涌现。相较于 SiC 和 GaN,β-Ga_2O_3 可以采用高温熔体技术生长大尺寸、高质量的单晶,具有成本较低、速度较快、可实时观察等优势[41],常见的制备方法包括提拉法、导模法、焰熔法、光学浮区法等[20,38,42-46]。

1. 提拉法

提拉法是一种常见的单晶制备方法,可以用来生长金属、半导体和人造宝石晶体。1915 年,波兰科学家 Czochralski 在研究金属结晶速率时发明了这种方法,这种方法最突出的特点是可以生长大尺寸、高质量的单晶晶锭。该方法将高纯度材料在坩埚中熔化,然后将籽晶浸入熔体中,向上拉并同时旋转,从而得到圆柱状的单晶,如图 10.5(a)所示。

Tomm 等[47]首次报道了通过提拉法生长 β-Ga_2O_3 单晶,他们在 Ar 中使用 10%的 CO_2 代替 O_2 来减少熔融 Ga_2O_3 的蒸发。Galazka 等[45,48,49]利用类似的生长条件生长 β-Ga_2O_3 晶体。他们发现,除了调节晶体的光学和电学特性外,生长气氛中的 CO_2 浓度还可用于调节晶体的完整性和生长稳定性。另外,他们还提出了一种扩大熔体中生长的 β-Ga_2O_3 单晶的新方法:想要获得更大的晶体,在生长气氛中需要更高的氧气浓度,最高可达 100 vol%。他们在 8vol%~35vol%的氧气浓度下制备了直径为 2 英寸的圆柱形晶体。此外,使用提拉法也可以实现对单晶的掺杂,Galazka 等生长出掺 Ce、Cr、Al 的 β-Ga_2O_3 晶体,并研究了掺杂元素的偏析状态以及对光学性能的影响,他们观察到 Cr 和 Ce 的偏析和掺入在很大程度上取决于生长过程中 O_2 的浓度和电荷状态。

采用提拉法生长 Ga_2O_3 单晶也存在缺点。在提拉法生长 β-Ga_2O_3 时,由于 Ga_2O_3 的熔点高，往往使用铱坩埚，并在其周围布置射频线圈感应加热。生长时旋转的籽晶直接从金属坩埚中的熔体表面缓慢拉起（提拉速率为 1～3 mm・h^{-1}），然而在高温下 Ga_2O_3 不稳定并易于分解，形成挥发性物质和金属 Ga，同时铱坩埚中 Ir 的析出导致液相反应的发生，形成的 Ir-Ga 共晶会破坏铱坩埚，并且还会破坏籽晶，造成晶体质量的下降。

2. 导模法

导模法是在提拉法基础上发展起来的一种方法，该方法是将模具放置在金属坩埚中，然后熔体在毛细管力的作用下通过窄缝从坩埚输送到模具的成型顶面，在表面张力的作用下形成一层薄膜，使籽晶与熔体薄膜接触，再通过提拉得到单晶，如图 10.5(b)所示。La Belle 和 Mlavsky[50−52] 对蓝宝石的生长进行了大量实验，结果发明了边缘限定薄膜供料提拉生长技术（edge-defined film-fed growth，EFG），又称导模法。同时，他们观察到如果模具的顶面是平坦的，则熔融材料会扩散到边缘并停止，模具的直径决定了所生长单晶材料的直径，因此该技术被命名为“边缘限定薄膜生长”。这种方法的优点是可以生长复杂形状的晶体，并且生长速度快、材料利用率高，另外由于生长晶体和熔体之间没有直接接触，避免了坩埚对晶体质量的影响，但这种方法的主要问题是模具几何形状和材料的确定。

Aida 等[53]使用导模法首次成功生长出 β-Ga_2O_3 单晶，他们使用 10 mm・h^{-1}的速率生长出宽 50 mm、长 70 cm 和厚 3 mm 的晶带。Mu 等[54]在 Ar 和 50% CO_2 气氛下使用导模法生长了宽度为 1 英寸的大块 β-Ga_2O_3 单晶，X 射线衍射摇摆曲线的半高宽仅为 43.2 弧秒，表明生长出的单晶质量很高。Kuramata 等[38,55]报道了使用导模法生长大尺寸、高质量的 β-Ga_2O_3 单晶，他们获得了一个直径高达 4 英寸的不含孪晶界的 β-Ga_2O_3 衬底。腐蚀坑密度表明(201)、(010)和(001)取向晶片上的位错密度约为 10^3 cm^{-2}。此外，Kuramata 等还通过导模法进一步生长出直径高达 6 英寸的大尺寸单晶。

3. 焰熔法

焰熔法是由法国化学家 Auguste Verneuil 于 1902 年发明的，也称为 Verneuil 法，主要用于制造蓝宝石、红宝石等人工宝石晶体。该方法使用氢氧焰熔化粉末，熔化的材料在籽晶上结晶形成晶锭，如图 10.5(c)所示。这种方法的优点是不使用坩埚，且氢氧焰温度可以达到 2 800 ℃，能够生长高熔点晶体材料，但较高的温度梯度也会在晶体内部造成气孔等缺陷，生长晶体尺寸往往较小。1964 年，Chase[36]用焰熔法制备出第一个 β-Ga_2O_3 单晶晶锭。通过增加气体流量和粉末进料，获得的晶锭直径为 3/8 英寸、长度为 1 英寸，晶锭的生长方向大多平行于晶体 b 轴。β-Ga_2O_3有(100)和(001)两个解理面，其中(100)面更容易解离，因此通常在(100)面上切割晶体来获得较薄的 β-Ga_2O_3 单晶晶片。此外，(100)面也是β-Ga_2O_3 晶体的孪晶面，使用焰熔法制备的大部分晶体都呈现出精细的层状孪晶结构。

此外，Lorenz 等[35]发现使用焰熔法在生长过程中可以发生氧化还原反应。β-Ga_2O_3 晶体在氧化条件下生长得到的是绝缘且无色的；相反，在还原条件下生长得到的晶体呈蓝色。Harwig 等[56,57]使用焰熔法生长了 Mg 和 Zr 掺杂的 β-Ga_2O_3 晶体。他们发现当掺杂 Mg 和 Zr 时，晶体分别呈淡蓝色和蓝色。

4. 光学浮区法

1955 年，Theurer[58]基于贝尔实验室制备锗的方法，发明了区熔法，该方法将多晶材料棒通过高温区，形成一个狭窄的熔区，移动材料棒或加热源，使熔区移动而结晶，使用这种方法可以提高结晶纯度，也可以改善掺杂均匀性。光学浮区法是在此基础上发展起来的，使用卤素灯或氙灯代替电加热线圈作为加热源，卤素灯发出的红外光通过椭球发射镜汇聚在原料棒的端点上，原料棒熔化形成液滴，靠表面张力维持形状，将原料棒和籽晶相接形成熔区，熔区随着卤素灯缓慢上移，从而生长出单晶材料，如图 10.5(d)所示。光学浮区法按照椭球发射镜放置的位置，可以分为水平光学浮区法和垂直光学浮区法，这种方法的最大特点是不需要坩埚，污染小且生长速度快，广泛用于生长难熔高温氧化物和金属间化合物。

Villora 等[59]使用光学浮区法在[100]、[010]和[001]三个结晶方向上生长了大约 1 英寸的 β-Ga_2O_3 单晶。此外，Zhang 等[60]使用相同的方法生长了直径为 6 mm、长度为 20 mm 的晶体，并且发现晶体在<010>方向上表现出择优生长。中国科学院上海光机所是国内首个成功制备 1 英寸 β-Ga_2O_3 单晶的单位，于 2006 年采用光学浮区法制备出 Sn 掺杂的 β-Ga_2O_3 单晶[42]。这种方法的主要缺点是熔体仅通过表面张力固定，在生长过程中容易坍塌，且高热量梯度引起的应力会在冷却晶体中产生裂纹。

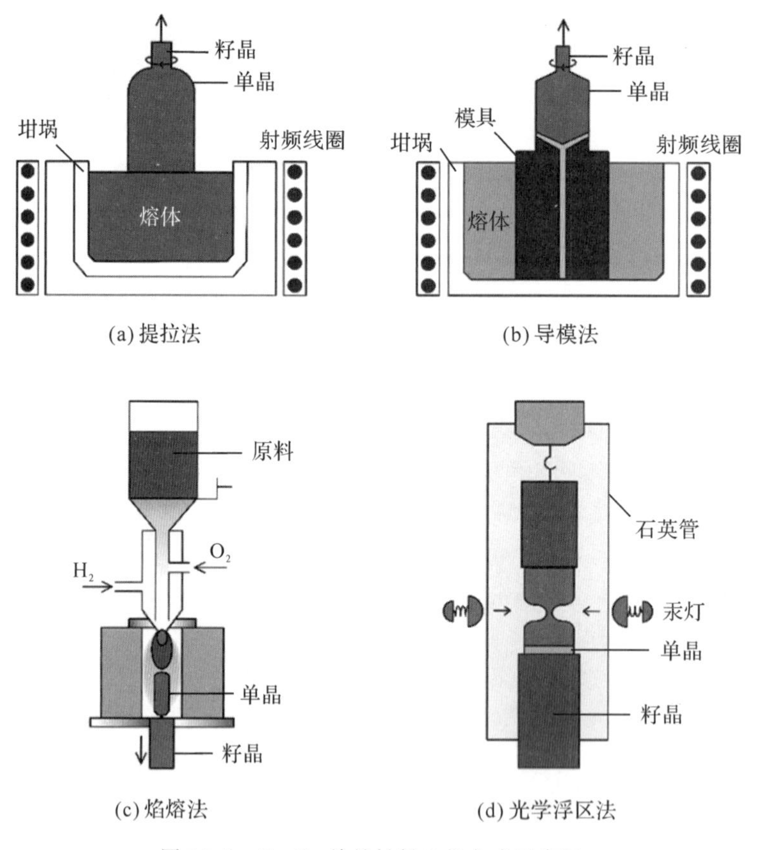

图 10.5　Ga_2O_3 单晶材料生长方式示意图

10.3.2　薄　膜

单晶材料尽管质量优异，但在制备工艺上存在反应温度高、能耗高、工艺复杂等不足。相比而言，薄膜材料的制备更为灵活简便且工艺的可重复性较高，制备出的薄膜可呈现单晶、多晶、非晶等形态。近年来，薄膜的制备工艺不断发展，常用的 Ga_2O_3 薄膜制备工艺和其他半导体材料类似，主要可以分为气相制备方法和液相制备方法。气相制备方法包括分子束外延(MBE)、金属有机物化学气相沉积(MOCVD)、脉冲激光沉积(PLD)、喷雾化学气相沉积(mist-CVD)、卤化物气相外延(HVPE)等。液相制备方法包括溶胶-凝胶沉积技术(Sol-Gel)、电化学沉积法、水热沉积技术(Hydrothermal)等。按照生长 Ga_2O_3 薄膜时衬底类型的不同,还可以将生长工艺分为同质生长和异质生长,其中异质生长通常使用蓝宝石或者硅片作为衬底。

1. 分子束外延(MBE)

MBE 技术自 20 世纪 80 年代,开创了原子级沉积超晶格薄膜,且可以在制备过程中轻易实现有目的的掺杂,被用于制备 GaAs、GaN 等外延薄膜,为制备高性能半导体器件奠定基础。但是 MBE 设备价格高昂,维护成本较高,所以在工业生产中具有一定的局限性。MBE 制备 β-Ga_2O_3 薄膜的工艺以及掺杂工艺在不断优化改进[61,62]。Oshima 等[63]采用等离子体辅助 MBE 技术在蓝宝石衬底(100)晶面上生长出高质量的 β-Ga_2O_3 薄膜。Sasaki 等[23]使用臭氧 MBE 技术制备出 Sn 掺杂 β-Ga_2O_3 薄膜,并通过改变掺杂浓度实现对薄膜载流子浓度的调控。低温生长有助于实现无裂纹的台阶方式生长,使薄膜拥有更光滑的表面。生长速率除了受生长温度影响以外,还受到衬底的影响。沿(301)和(010)晶面的生长速率是(100)晶面的 10 倍以上,具体的取向与薄膜生长速率之间的关系如图 10.6 所示。(100)晶面的生长速率最慢,其他晶面的生长速率明显快于(100)晶面。这一现象可能是(100)晶面的原子间结合能较低,导致其粒子脱附效果明显。

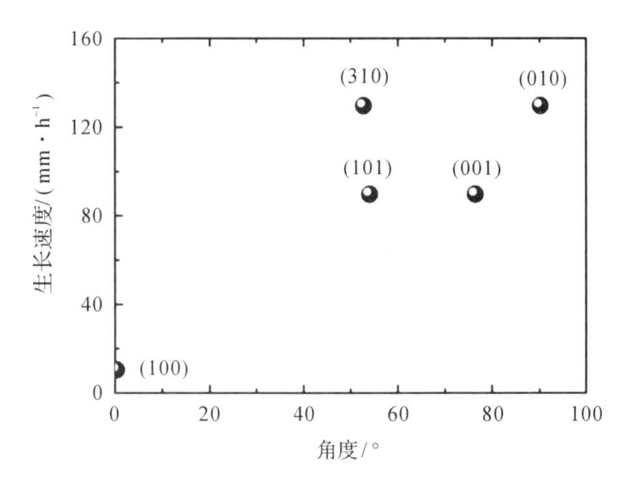

图 10.6 MBE 同质外延 Ga_2O_3 的生长速率与衬底取向之间的关系

注:横轴是衬底表面和(100)晶面之间的角度。

2. 金属有机物化学气相沉积(MOCVD)

MOCVD 技术采用金属有机化合物作为前驱体,可扩展性强,沉积面积大,且与 MBE 相比不需要高真空条件,更适用于商业化大规模生产。MOCVD 技术制备薄膜时,通常把三甲基镓(TMGa)或者三乙基镓(TEGa)作为镓源,而氧源的选择很多,如氧气、笑气、高纯水等。为了实现不同掺杂目的,通常会把正硅酸四乙酯(TEOS)、四乙基锡(TESn)和双(环戊二烯基)镁(Cp_2Mg)之类的作为前驱体一起加入,从而实现 Si、Sn、Mg 元素掺杂,来调控载流子浓度。氮气、氩气、氢气等气体通常被当作输运气体,将金属有机物输运到反应腔室。Kim 等[64]采用 MOCVD 技术首次在硅片上生长 Ga_2O_3 薄膜,实现异质外延。Du 等[65]采用该方法在(100)β-Ga_2O_3 衬底上同质外延 β-Ga_2O_3 单晶薄膜。

3. 卤化物气相外延(HVPE)

HVPE 技术是一种价格低廉、沉积速率快的薄膜制备方法，可以生长厚度较厚的薄膜，但获得的薄膜表面较为粗糙，缺陷密度较高，通常还需要进行化学机械抛光处理。Murakami 等[66]用 HVPE 方法在(010)β-Ga_2O_3 衬底上生长了 5 μm 厚的 β-Ga_2O_3 层，发现随着生长温度提高，表面形貌和晶体质量得到改善。Goto 等[67]用 HVPE 方法制备了 Si 掺杂的 β-Ga_2O_3 薄膜，随着 Si 含量增加，电子浓度从 10^{15} cm^{-3}增加到 10^{18} cm^{-3}，迁移率从 149 $cm^2 \cdot V^{-1} \cdot s^{-1}$ 降低到 88 $cm^2 \cdot V^{-1} \cdot s^{-1}$。该方法不仅可以用于制备 β-$Ga_2O_3$ 薄膜，还可以用于制备 α-Ga_2O_3 薄膜[68,69]。

4. 喷雾化学气相沉积(mist-CVD)

mist-CVD 技术也是一种价格低廉的薄膜制备工艺，用超声波使原料溶液雾化，然后通过传输气体将已雾化的原料传送到反应炉，并经过热分解、氧化、还原、置换等一系列反应后在衬底上成膜。整个生长过程可以在空气环境下进行，无需抽真空操作，也不需要特殊、精密的部件，毒性和危险性很低，常用于制备不同晶相的 Ga_2O_3 薄膜，如 α-Ga_2O_3 薄膜[70-72]。由于 α-Ga_2O_3 和蓝宝石具有相同的结构，因此在沉积时通常选择 *c* 面蓝宝石作为衬底，减小薄膜和衬底之间的应力，有利于生长出质量较高的薄膜。

5. 脉冲激光沉积(PLD)

PLD 技术采用脉冲激光来产生高能粒子，可以显著提高粒子在薄膜表面的迁移率，也有利于生长复杂氧化物薄膜、制备异质结。同时，由于等离子体的能量很高，也容易在薄膜中形成点缺陷，导致电学性能下降。Zhang 等[73]用 PLD 技术在 *c* 面蓝宝石上制备出高(－201)取向的 Ga_2O_3 薄膜，发现衬底温度在 500 ℃时，就能得到 β-Ga_2O_3，并且在 500 ℃时，其粗糙度最大，晶粒尺寸也最大。后来他们又使用 PLD 技术生长 Si：Ga_2O_3 薄膜[74]，发现 Si 浓度为 1.1 at%时，Si：Ga_2O_3 薄膜具有最高的载流子浓度，达到 9.1×10^{19} cm^{-3}，电导率高至 2.0 $S\cdot cm^{-1}$。除此以外，他们还发现当 Si 原子浓度超过 4.1 at%时，对 Ga_2O_3 薄膜晶格影响较大，将会破坏其(－201)取向，形成无定形相。另外，生长气氛也会对 Ga_2O_3 薄膜晶体质量和电学性能产生影响[75]。实验表明，改变气压对薄膜晶体质量基本没有影响，所有样品均具有高(－201)取向，电学性能却出现明显的变化。当氧气偏压在 10^{-4}～10^{-1} Pa 范围内变化时，电阻率处于 10^2～10^3 $\Omega\cdot cm$ 之间，但是气氛改为氮气时，电阻率却高达 10^4～10^5 $\Omega\cdot cm$。Petitmangin 等[76]使用 PLD 技术在 *c* 面蓝宝石上制备 β-Ga_2O_3 薄膜，研究 Ga_2O_3 中氧缺陷问题，发现在亚化学计量比 $Ga_2O_{2.3}$中，存在 Ga^{3+}、Ga^{+}、Ga^{0} 三种镓状态，在 TEM 下能观察到椭圆形颗粒状物质，通过低温表征，椭圆形颗粒与镓的金属单斜相晶格一致。这说明在亚化学计量比 $Ga_2O_{2.3}$中，因为化学计量比的不稳定，发生相分离从而使 β-Ga_2O_3 薄膜中存在金属镓，因此可以预测在 Ga_2O_3 薄膜中因为局部非化学计量比会出现金属镓相。

综上所述，多种外延技术都被用来生长 β-Ga_2O_3 薄膜。生长杂质掺杂的 β-Ga_2O_3 薄膜时，选择 β-Ga_2O_3 单晶同质衬底比较容易实现载流子浓度的精确控制。目前实验室已经生长出 4 英寸 β-Ga_2O_3 体单晶，但晶体质量还不够好，制备工艺还无法达到大规模工业量产要求，且单晶衬底的价格也较为昂贵。除了同质衬底，Si、GaAs、石英玻璃、*c* 面蓝宝石、*r* 面蓝宝石等也可以作为生长 β-Ga_2O_3 薄膜的衬底，其中 *c* 面蓝宝石最为常见，得到的薄膜质量和光电性能较为优异。相比之下，蓝宝石衬底的价格远低于氧化镓单晶衬底，因此异质外延生长 β-Ga_2O_3 可以用低成本制备大面积器件。但是在蓝宝石衬底上异质生长的 β-Ga_2O_3 薄膜通常是多晶结构，缺陷浓度较高、电导率较低和迁移率较低。因此，需要对影响缺陷浓度、杂质浓度、迁移率的因素进行深入分析，优化生长工艺来获得晶体质量更高的薄膜。

10.4　Ga_2O_3 功率器件

由于 β-Ga_2O_3 禁带宽度大，击穿场强高，能承受较大电压，在功率器件领域有着广泛的应用前景。通常用 Baliga 优值(BFOM)来描述材料在功率器件领域的应用前景，Baliga 品质因数与击穿电场强度的 3 次方成正比、与迁移率的 1 次方成正比。β-Ga_2O_3 的 Baliga 品质因数是 3 214，远大于 GaN 和 4H-SiC。β-Ga_2O_3 的理论击穿场强可以达到 8 $MV \cdot cm^{-1}$，是 SiC 和 GaN 的 2 倍以上。β-Ga_2O_3 的导电损耗也比其他半导体材料低[77,78]。高击穿场强使 β-Ga_2O_3 可以在超过 100 V 的电压下工作。大禁带宽度使 β-Ga_2O_3 可以在超过 300 ℃的环境中工作而器件性能不会发生明显退化。因此，β-Ga_2O_3 是制备功率器件的优异材料。表 10.1 显示了 β-Ga_2O_3 和其他主流半导体的理论性能。

表 10.1　β-Ga_2O_3 与其他常用半导体材料的物理性质[3]

材　料	Si	GaAs	4H-SiC	GaN	金刚石	β-Ga_2O_3
带隙/eV	1.1	1.43	3.25	3.4	5.5	4.85
介电常数	11.8	12.9	9.7	9	5.5	10
击穿电场强度/($MV \cdot cm^{-1}$)	0.3	0.4	2.5	3.3	10	8
迁移率/($cm^2 \cdot V^{-1} \cdot s^{-1}$)	1480	8400	1000	1250	2000	300
热导率/($W \cdot cm^{-1} \cdot K^{-1}$)	1.5	0.5	4.9	2.3	20	0.1～0.3
Baliga 优值	1	14.7	317	846	24660	3214

β-Ga_2O_3 相对介电常数较大，可用于制备场效应晶体管。Higashiwaki 等[79]最先制备了基于 β-Ga_2O_3 单晶的金属-半导体场效应晶体管(MESFET)，器件结构如图 10.7(a)所示，他们采用 MBE 方法在 Mg 掺杂(010)β-Ga_2O_3 单晶衬底上制备了 n 型 β-Ga_2O_3 外延层，外延层中使用 Sn 作为掺杂剂，掺杂浓度为 7×10^{17} cm^{-3}。器件的输出电流受栅压明显调控，且表现出良好的夹断特性，如图 10.7(b)所示，击穿电压高达 250 V，开关比为 10^4。通过在栅极中加入一层 Al_2O_3 介质层抑制关态电流的大小，击穿电压可以进一步提高至 370 V，开关比达到 10^{10}[80]。Green 等[81]采用 MOCVD 方法在 Mg 掺杂 β-Ga_2O_3 晶体上制备了 Sn 掺杂(100)β-Ga_2O_3，并构建 β-Ga_2O_3 金属-氧化物-半导体场效应晶体管(MOSFET)，栅极到漏极电场强度能达到 3.8 $MV \cdot cm^{-1}$，高于 GaN 和 SiC 的理论击穿场强。

Hu 等[82]首次报道了垂直结构的 β-Ga_2O_3 增强型 MISFET，与传统的基于 pn 结的 MOSFET 不同，该器件中没有 p 型区。如图 10.7(c)所示，他们在 β-Ga_2O_3 衬底上通过卤化物气相外延生长低电荷浓度的 Ga_2O_3 层，外延层具有纳米棒结构，阈值电压为 1.2～2.2 V，开

关比为 10^8。除此之外，由于 β-Ga_2O_3 具有单斜结构，可以像二维材料一样通过机械方法得到 Ga_2O_3 薄膜，因此也出现了大量关于 β-Ga_2O_3 薄膜晶体管的报道[83−88]。Zhou 等[84]在 Si/SiO_2 上制备了 β-Ga_2O_3 的背栅晶体管，通过减小 β-Ga_2O_3 的厚度，可以实现器件从耗尽型到增强型的转变，漏极电流分别达到 600 $mA \cdot mm^{-1}$ 和 450 $mA \cdot mm^{-1}$，开关比为 10^{10}。在增强型器件中，击穿电压为 185 V，平均击穿场强达到 2 $MV \cdot cm^{-1}$。

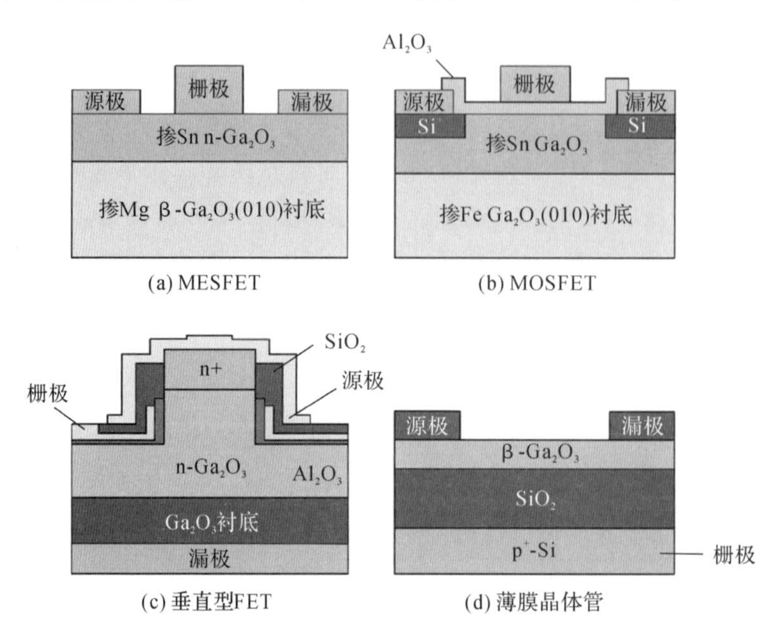

图 10.7　Ga_2O_3 基场效应晶体管结构

10.5　Ga_2O_3 光电器件

10.5.1　光电探测器

我们把 10～400 nm 波段的光归为紫外光，根据光谱所在区域，可划分为 UVA、UVB、UVC 和 VUV。当太阳发出天然的紫外光源辐射时，UVC 辐射会被大气中的双原子氧（100～200 nm）和臭氧（200～280 nm）吸收，VUV 辐射会被空气强烈吸收。我们把波长介于 200～280 nm 的紫外光称为日盲区域，在日盲区域工作的探测器不会受到太阳光背景的干扰，因此探测灵敏度和通信准确率极高，在军事和航空航天领域具有极大的应用前景。

制备日盲紫外探测器需要的核心材料为宽禁带半导体材料，它们通常具有较高的击穿场强，适用于高温和高功率环境。目前，$Al_xGa_{1-x}N$ 和 $Mg_xZn_{1-x}O$ 材料是最为常见的两种制备日盲紫外探测器的原材料，其器件表现出优异的光敏性和响应速度[89]。但是，$Al_xGa_{1-x}N$ 材料外延生长需要超过 1 350 ℃的高温，而 $Mg_xZn_{1-x}O$ 材料易发生相偏析，从而引入缺陷和位错，降低探测性能。此外，金刚石作为一种超宽带隙材料，是研发日盲紫外探测器的理想材料，但受限于带隙调节困难、光谱响应范围单一[90−92]。相比而言，β-Ga_2O_3 具有超宽带隙（4.9 eV），可生长大尺寸的 Ga_2O_3 单晶和高质量外延薄膜，并且可以通过掺杂等方式调控带隙，易于与其他材料形成连续固溶体从而覆盖日盲波段。关于 β-Ga_2O_3 用于日盲紫外探测器的研究工作取得了巨大的进展，各种结构的探测器相继出现。

1. 肖特基型

肖特基结构的光电探测器，主要基于金属和半导体材料在界面处的肖特基势垒，在黑暗环境下暗电流较低，而在光照下耗尽区会产生电子-空穴对，光电流增大，器件响应速度快。Oshima 等[93]首次制备了 β-Ga_2O_3 基垂直结构肖特基型日盲紫外探测器，采用的是热退火和真空蒸发技术，Ga_2O_3 衬底与 Au/Ni 形成了肖特基接触。器件在±3 V 偏压下的整流比为 10^6，在 200～260 nm 光照下的响应度为 2.6～8.7 A・W^{-1}。在界面处会发生载流子倍增效应，该区域受到约 1.0 MV・cm^{-1} 的高内部电场。Alema 等[94]采用 MOCVD 法制备 Pt/$n^-$$Ga_2O_3$/$n^+$$Ga_2O_3$ 肖特基型日盲紫外探测器。该器件对小于 260 nm 的紫外辐射有 90%的透过率，在±2 V 偏压下，整流比为 10^8。此外，肖特基结构也可用于制备自驱动特性器件。大连理工大学 Yang 等[95]通过真空热蒸发技术在 β-Ga_2O_3 两面分别蒸镀 Cu 和 Ti/Au 电极，构成 β-Ga_2O_3/Cu 肖特基型日盲紫外探测器。该器件在 0 V 偏压下具有明显的光响应，表现出自驱动特性。

2. 金属-半导体-金属结构(MSM 结构)

MSM 结构是基于肖特基结的一种简易结构，由金属和半导体接触形成的两个背靠背肖特基势垒构成。MSM 型探测器结构简单，易于集成且与晶体管工艺兼容，是最为常见的器件结构。Oshima 等[96]采用等离子体增强分子束外延(PMBE)技术在蓝宝石衬底上生长 β-Ga_2O_3 薄膜，虽然薄膜中含有 α-Ga_2O_3，但器件仍表现出良好的性能，在 10 V 偏压下暗电流仅为 1.2 nA。Weng 等[97]采用热氧化 GaN 的方法获得 β-Ga_2O_3 薄膜，沉积 Ti/Al/Ti/Au 电极后制成 MSM 器件。该器件的暗电流为 1.39×10^{-10} A，在 260 nm 光照下电流上升为 2.03×10^{-5} A。Jaiswal 等[98]通过在 GaN 衬底上原位生长 Ga_2O_3 薄膜制备 MSM 日盲紫外探测器。该器件对 230 nm 光照响应灵敏，在 22 V 光照下的响应度为 0.1 A・W^{-1}。Zhang 等[99]用 N_2O 代替 O_2，并利用 MOCVD 技术生长 β-Ga_2O_3 薄膜，器件的光电性能得到提升。在 10 V 偏压下，该器件的光响应度为 26.1 A・W^{-1}，光暗比为 10^4，响应时间为 0.48 s和 0.18 s。

在 Ga_2O_3 材料生长过程中，温度是至关重要的影响因素。为提升器件性能，可通过控制生长温度、退火温度等方式提高薄膜质量，退火温度一般以控制在 700～800 ℃为宜。退火温度对薄膜表面形貌有显著影响，随着退火温度升高，Si∶Ga_2O_3 薄膜表面粗糙度增加，同时退火处理可以有效降低薄膜中的氧空位，研究表明在氧气氛围中退火处理作用相对较好[100]。此外，对衬底进行前期退火处理也会影响薄膜的质量。

单晶薄膜制备的器件因内部缺陷少，因而器件性能较多晶薄膜更加优异。通过从块体 β-Ga_2O_3 单晶上机械剥离薄层的方法可以快速方便地获得层状材料。Oh 等[101,102]采用该方法结合 Ni/Au 电极制备 MSM 型日盲紫外探测器，器件的光暗比超过 10^3。通过将 Ni/Au 电极替换成石墨烯电极，可以进一步提升器件的光电性能，光暗比达到 10^4，响应度达到 29.8 A・W^{-1}，探测度约为 1×10^{12} cm・$Hz^{1/2}$・W^{-1}。基于纳米结构的 Ga_2O_3 器件通常表现出更加优异的性能，包括纳米线[103-105]、纳米片[106]、纳米带[107-109]等。Li 等[104]采用 CVD 方法制备 β-Ga_2O_3 纳米线，构成桥式结构日盲紫外探测器，该器件的光暗比达到 3×10^4，衰减时间小于 20 ms。Li 等[107]采用热蒸发的方法制备基于 Ga_2O_3 纳米带的 MSM 结构日盲紫外探测器，该器件对 250 nm 的光照响应度高，响应时间短，光暗比大于 10^4。Zou 等[109]以 GaN 为原材料制备 Ga_2O_3 纳米带用于 MSM 器件，该器件的暗电流极低，光响应度高，并且能够在 433 K 高温下稳定工作。

3. 异质结型

由于 β-Ga_2O_3 中氧空位的存在，非故意掺杂的 β-Ga_2O_3 呈现 n 型导电。而 p 型β-Ga_2O_3 的制备目前还存在一定困难，因此目前大多数研究围绕 MSM 型光电探测器展开。寻找其他 p 型半导体材料或带隙差异较大的材料与 β-Ga_2O_3 构成异质结是实现光伏探测器的另一种方法。近年来，已有研究对 β-Ga_2O_3 基异质结进行了探索，包括 GaN[110]、SiC[111]、ZnO[112]、Si[113]、石墨烯[114]、金刚石[115]、SnO_2[116] 等。两种不同材料的界面处因内建电场形成了耗尽区，这些基于异质结的光伏型光电探测器往往表现出自驱动特性。

Nakagomi 等[111]首次报道基于 β-Ga_2O_3 和 p 型(0001)6H-SiC 异质结的深紫外探测器。采用氧等离子体中镓蒸发法在 p 型 6H-SiC 衬底上生长 β-Ga_2O_3 薄膜，器件具有良好的整流特性，电流在反向偏压下随深紫外光强的增加而线性增加，且对波长在 260 nm 的紫外光响应最灵敏，响应时间达到毫秒量级。随后 Nakagomi 等又报道了基于 β-Ga_2O_3 和 GaN 异质结的深紫外探测器，β-Ga_2O_3 采用同样的方法制备[110]，相较于 β-Ga_2O_3/6H-SiC 异质结型紫外探测器，器件性能明显提升，因此构成异质结材料的选择对器件性能十分重要。Zhao 等[112]采用 CVD 方法一步制备 ZnO-Ga_2O_3 核壳结构纳米线光电探测器，如图 10.8(a)所示，ZnO 与 Ga_2O_3 均为单晶材料，且 Ga_2O_3 壳层仅为 6～8 个原子层。在 −6 V 电压下，器件的响应度高达 1.3×10^3 A・W^{-1}，响应时间为 20 μs 和 42 μs。Mahmoud 等[116]通过阳离子交换机制在 SnO_2 薄膜上生长 β-Ga_2O_3，如图 10.8(b)所示，成功制备性能优异的日盲紫外探测器。在雪崩倍增机制下，该器件在 254 nm 光照下表现出高性能。Kong 等[114]将多层石墨烯转移到 β-Ga_2O_3 衬底上构成异质结，制备日盲紫外探测器，器件在 254 nm 光照下灵敏度好，稳定性高，超越了部分基于单一 Ga_2O_3 纳米结构的紫外探测器。中科院苏州纳米所制备石墨烯/Ga_2O_3 纳米阵列垂直结构日盲紫外探测器[117]，器件对于 254 nm 光照的响应度在 −5 V 偏压下为 0.185 A・W^{-1}。

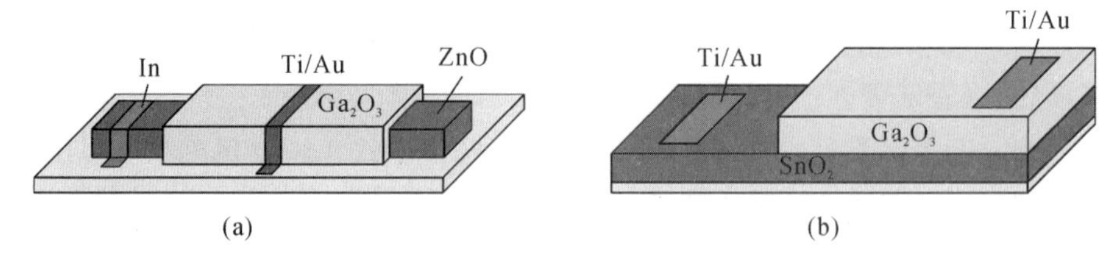

图 10.8 异质结构光电探测器

基于异质结的探测器可以显著提高响应速度，且借助内建电场可以在不加外部偏压的条件下实现载流子分离，达到自驱动的目的。Guo 等[118]在 Nb：$SrTiO_3$(NSTO)衬底上生长 β-Ga_2O_3 薄膜，制备异质结型日盲紫外探测器。在内建电场驱动下，β-Ga_2O_3 与 NSTO 界面处光生载流子分离，参与电流传输。郑州大学 Chen 等[115]采用化学气相沉积法制备了基于金刚石/β-Ga_2O_3 的自驱动日盲紫外探测器，器件在 0 V 下对 244 nm 光照的响应度为 0.2 mA・W^{-1}，紫外/可见响应度抑制比为 1.4×10^2。Zhuo 等[119]制备基于 MoS_2/β-Ga_2O_3 异质结自驱动紫外探测器，器件在 0 V 偏压下的响应度为 2.05 mA・W^{-1}，

最佳探测度为 1.21×10^{11} cm · $Hz^{1/2}$ · W^{-1}。

10.5.2 光电晶体管

薄膜晶体管(TFT)基于场效应原理,利用电场来控制导电沟道形状实现沟道的开闭状态,如今已被广泛应用在模拟电路和数字电路中,成为数字集成电路中的重要元器件。商业化的 TFT 主要包括氢化非晶硅(α-Si:H)TFT、低温多晶硅(LTPS)TFT 和金属氧化物 TFT。α-Si:H TFT 目前应用最为广泛,技术成熟、成品率高且成本最低,但迁移率不是很理想。近年来发展迅速的 LTPS TFT,虽迁移率高、稳定性好,但还存在制备工艺复杂、制备成本较高等问题。金属氧化物 TFT 作为新的发展方向,弥补了 α-Si:H TFT 和 LTPS TFT 的不足,具备高迁移率、高稳定性、低成本和制备方法简易等优点,成为 TFT 领域的研究热点,关于 Ga_2O_3 在 TFT 中的应用已在前文中论述。

TFT 也可以用作光电探测。相较于一般探测器结构,TFT 结构最显著的特点是在栅压控制下可以得到极低的暗电流,因此具有超高的光暗比。采用 Ga_2O_3 材料作为 TFT 的源材料可利用其结构优势实现深紫外波段的探测,从而获得更大的光增益,实现微弱信号的探测。Oh 等[120]将机械剥离的二维 β-Ga_2O_3 薄层平铺于 Si 衬底上,首次制备 Ga_2O_3 基背栅场效应晶体管型日盲紫外探测器。该日盲紫外探测器在 0 V 栅压下对 254 nm 光照有超高响应度。2018 年,山东大学 Liu 等[121]在块体单晶上剥离层状 Cr 掺杂 β-Ga_2O_3 薄层,以p 型 Si 作为衬底材料,制备场效应晶体管结构的光电探测器,在黑暗环境下,器件表现出良好的转移特性。当用 254 nm 的紫外光测试该探测器性能时,光暗电流比达到了 10^6,且暗电流可以控制在 5 pA,表现出优异的探测性能。Kim 等[122]将剥离的 β-Ga_2O_3 层状材料与石墨烯电极相结合制备光电晶体管,器件的光暗比在栅压控制下可达到 10^6。Qin 等[123]制备增强型 β-Ga_2O_3 金属-氧化物-半导体(MOS)场效应晶体管,如图 10.9 所示,将利用 MBE 技术外延生长的 Si 掺杂 Ga_2O_3 层作为沟道材料,器件的开启电压约为 7 V,暗电流可低至 0.7 pA,在254 nm光照下,光暗电流比达到 1.1×10^6,响应度高达 3×10^3 A · W^{-1}。

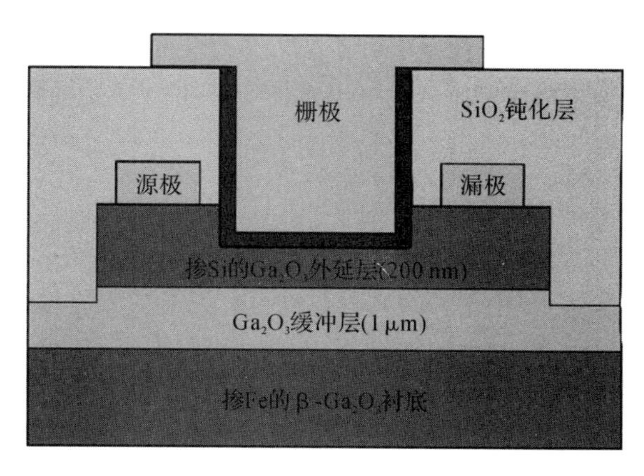

图 10.9 光电晶体管结构

此外,近年来还出现了基于非晶相 Ga_2O_3 TFT 型光电探测器的研究工作。Qin 等[124]采用磁控溅射法制备非晶 Ga_2O_3 基 TFT,器件对 254 nm 紫外光具有较高的响应,响应度为 4.1×10^3 A · W^{-1},量子效率为 2×10^6%。2020 年,Han 等[125]采用磁控溅射法在 Si 衬底上

生长非晶 Ga_2O_3 薄膜，制备薄膜晶体管结构紫外探测器，通过化学刻蚀的方法对有源层进行图案化，该方法有效抑制了常见的栅极漏电流现象。宁波材料所 Xiao 等[126]采用旋涂工艺制备非晶 Ga_2O_3 TFT 型紫外探测器，器件在 260 nm 光照下的响应度为 2.17 $A \cdot W^{-1}$，光暗比为 1.88×10^4。

10.6 Ga_2O_3 气敏传感器

β-Ga_2O_3 作为活性氧化物，对很多气体敏感，可以作为气敏传感器，在高温和恶劣环境下工作[127−133]。β-Ga_2O_3 中存在氧空位缺陷，当暴露在氧气或还原性气氛中时，气体分子和 β-Ga_2O_3 表面发生反应，导致 β-Ga_2O_3 的电导率将会发生改变，在气敏传感器领域具有广阔的前景[134,135]。β-Ga_2O_3 基气敏传感器在汽车尾气、有毒气体、爆炸性气体监控等领域都具有重要应用。

1992 年，Fleischer 等[136]使用陶瓷靶材溅射制备 Ga_2O_3 多晶薄膜，首次证实了 Ga_2O_3 可以作为高温气敏传感器。Ogita 等[137]使用溅射方法制备了具有叉指结构的多晶 Ga_2O_3 气敏传感器，在 1 800 ℃时仍显示出良好的灵敏性，响应时间为 14～27 s。当温度低于 700 ℃时，传感器可以对还原性气体进行有效检测；当温度高于 900 ℃时，由于高温产生氧空位，传感器可以对氧进行检测。Trinchi 等[138]用溶胶-凝胶法制备了氢气敏感型 β-Ga_2O_3 肖特基结，发现 H_2 浓度和肖特基势垒高度有着近似线性关系，在 500～700 ℃范围内具有快速的响应和衰减特性。Bartic 等[139]研究了 β-Ga_2O_3 单晶和多晶薄膜在高温下的氧敏感性，他们发现单晶和多晶材料的响应时间差异很小，单晶对氧气的响应时间为 10 s，而多晶薄膜的响应时间为 11 s。Almaev 等[140]使用 HVPE 法制备 ε-Ga_2O_3，发现把加热至 400～550 ℃的 ε-Ga_2O_3 暴露在 H_2、CO 等还原性气氛下，ε-Ga_2O_3 电导率上升，即通过 ε-Ga_2O_3 的电流增加，而暴露在 NO_2、O_2 等氧化性气氛中电流则会下降，且灵敏度均随着偏压的增大而增大。对不同气氛的不同响应特征与 ε-Ga_2O_3 的表面状态有关，O 原子化学吸附在ε-Ga_2O_3 表面，会捕获导带中的电子从而形成空间电荷区。还原性气体能够与吸附的 O 原子发生相互作用，释放电子；相反，氧化性气体会进一步捕获电子，扩大表面空间电荷区。

10.7 Ga_2O_3 其他器件应用

β-Ga_2O_3 在光催化、荧光粉和电致发光器件、肖特基结等领域都具有广泛的应用前景。

β-Ga_2O_3 能被用作多种化学反应的催化剂，包括催化燃烧、CO 氧化、污水处理等[141−145]。紫外线照射时，β-Ga_2O_3 中会存在光催化活性，产生电子-空穴对。空穴会与水分子反应形成氢氧根，电子则会产生超氧化物。和市面上常用的催化剂 TiO_2 相比，β-Ga_2O_3有更高的禁带宽度和氧化还原电位，β-Ga_2O_3 表面光生电子和空穴有更高的氧化还原能力。因此，β-Ga_2O_3 能有效降解吸附在催化剂表面的有机物，降解能力比 TiO_2 要强。

β-Ga_2O_3 作为一种新型多色荧光粉材料，能在显示领域如薄膜电致发光、场发射、等离子体显示面板、荧光灯等领域有重大应用[146−153]。传统硫化物基荧光粉化学性质不稳定，发光效率偏低，β-Ga_2O_3 则在物理和化学性能上十分稳定。β-Ga_2O_3 具有较高的介电强度，在

β-Ga_2O_3 基电致发光器件上可以外加更大的电场。β-Ga_2O_3 在不同本征空位浓度、不同稀土元素掺杂、不同杂质存在时，其发射峰波长可以有较大的变化。如图 10.10[154] 所示，大多数过渡元素掺杂 β-Ga_2O_3 荧光粉会产生较宽的发光峰。其中 β-Ga_2O_3 掺入 Mn 或 Tb 能产生绿色发光峰，掺入 Eu 会产生红色发光峰，掺入 Sn 或 Dy 会产生蓝色发光峰。

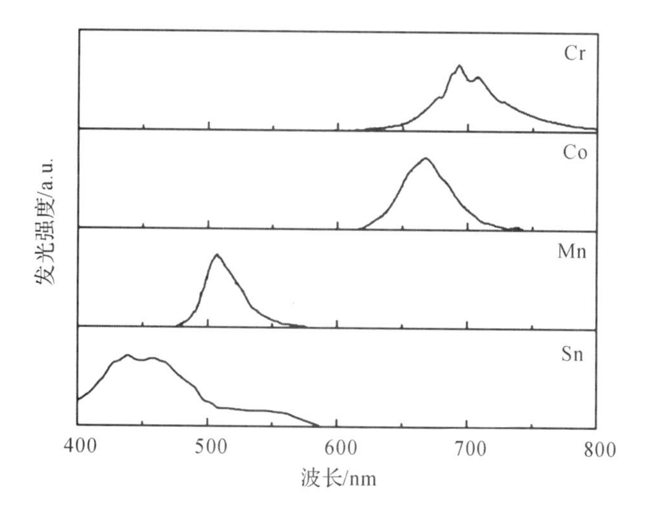

图 10.10　Mn、Cr、Co 或 Sn 掺杂 Ga_2O_3 荧光粉器件电致发光峰

β-Ga_2O_3 单晶也被用来制备高迁移率和高性能的肖特基势垒二极管(SBD)，如图 10.11 所示。理想的肖特基二极管应该具有低的开启电压、大的正向电流以及快的开关速度。通常来说，温度大于 200 K 时，电子迁移率主要受声子散射影响；温度小于 100 K 时，电子迁移率主要受杂质散射影响。Oishi 等[155]通过导模法生长了 β-Ga_2O_3 单晶，获得了目前报道最高的电子迁移率(886 $cm^2 \cdot V^{-1} \cdot s^{-1}$)，在正向电压 2 V 下电子浓度为 70.3 $A \cdot cm^{-2}$，理想因子为 1.01。通过区熔法生长的 β-Ga_2O_3 单晶肖特基势垒二极管也表现出较好的性能，反向击穿电压为 150 V，Pt/β-Ga_2O_3 界面势垒高度为 1.3～1.5 V[156]。西安电子科技大学 Hu 等[157]报道了基于 β-Ga_2O_3 的肖特基势垒二极管，他们将 β-Ga_2O_3 纳米膜转移到蓝宝石衬底上，其反向击穿电压超过 3 kV，比导通电阻($R_{sp,on}$)低至 24.3 $m\Omega \cdot cm^2$。

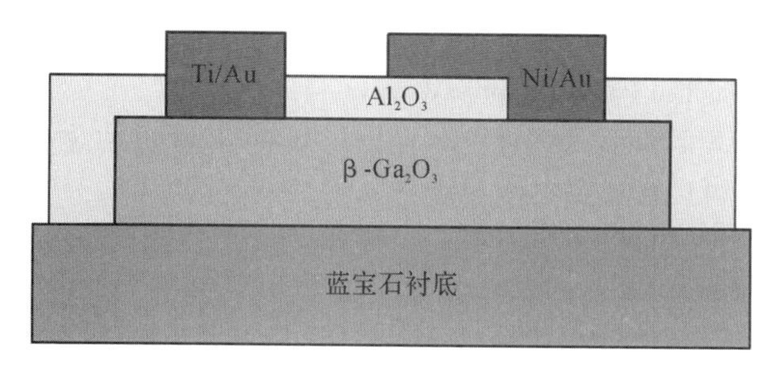

图 10.11　肖特基二极管结构

β-Ga_2O_3 薄膜在可见光区域及近紫外区域有较高的光学透过率(大于 80%)，通过掺杂 Sn 或 Si 等元素，可以提高电导率，能用于太阳能电池的透明导电涂层[158]或 GaN 基 LED 的透明导电衬底[159]。

思考题

1. 与前几章介绍的碳化硅、氮化镓相比，氧化镓在材料性质上具有哪些异同点？

2. 简要说明氧化镓材料的导电性与哪些因素有关。

3. 缺陷是影响材料性能的重要因素，制备氧化镓单晶材料时与控制缺陷有关的工艺有哪些？

4. 何谓“日盲探测”？计算氧化镓材料的理论光电响应截止波长，并根据能带结构图说明异质结型光电探测器的工作原理。

参考文献

[1] DE BOISBAUDRAN L. On the chemical and spectroscopic characters of a new metal (gallium)[J]. The London, Edinburgh, and Dublin Philosophical Magazine and Journal of Science, 2009, 50(332): 414 - 416.

[2] ROY R, HILL V G, OSBORN E F. Polymorphism of Ga_2O_3 and the system Ga_2O_3-H_2O[J]. Journal of the American Chemical Society, 1952, 74(3): 719 - 722.

[3] PEARTON S J, YANG J C, CARY P H, et al. A review of Ga_2O_3 materials, processing, and devices[J]. Applied Physics Reviews, 2018, 5(1): 56.

[4] TSUCHIYA T, YUSA H, TSUCHIYA J. Post-Rh_2O_3(II) transition and the high pressure-temperature phase diagram of gallia: A first-principles and X-ray diffraction study[J]. Physical Review B, 2007, 76(17): 6.

[5] REMEIKA J P, MAREZIO M. Growth of α-Ga_2O_3 single crystals at 44 kbars[J]. Applied Physics Letters, 1966, 8(4): 87 - 88.

[6] KOHN J A, KATZ G, BRODER J D. Characterization of β-Ga_2O_3 and its alumina isomorph, θ-Al_2O_3[J]. American Mineralogist, 1957, 42(5 - 6): 398 - 407.

[7] SHINOHARA D, FUJITA S. Heteroepitaxy of corundum-structured α-Ga_2O_3 thin films on α-Al_2O_3 substrates by ultrasonic mist chemical vapor deposition[J]. Japanese Journal of Applied Physics, 2008, 47(9): 7311 - 7313.

[8] SCHEWSKI R, WAGNER G, BALDINI M, et al. Epitaxial stabilization of pseudomorphic α-Ga_2O_3 on sapphire (0001)[J]. Applied Physics Express, 2015, 8(1): 4.

[9] FUJITA S, KANEKO K. Epitaxial growth of corundum-structured wide band gap III-oxide semiconductor thin films[J]. Journal of Crystal Growth, 2014, 401: 588 - 592.

[10] LEE S D, ITO Y, KANEKO K, et al. Enhanced thermal stability of α gallium oxide films supported by aluminum doping[J]. Japanese Journal of Applied Physics, 2015, 54(3): 4.

[11] AREAN C O, BELLAN A L, MENTRUIT M P, et al. Preparation and characterization of mesoporous γ-Ga_2O_3[J]. Microporous and Mesoporous Materials, 2000, 40(1 - 3): 35 - 42.

[12] PLAYFORD H Y, HANNON A C, BARNEY E R, et al. Structures of uncharacterised polymorphs of gallium oxide from total neutron diffraction[J]. Chemistry A: European Journal, 2013, 19(8): 2803 - 2813.

[13] TADJER M J, MASTRO M A, MAHADIK N A, et al. Structural, optical, and electrical characterization of monoclinic β-Ga_2O_3 grown by MOVPE on sapphire substrates[J]. Journal of Electronic Materials,

2016,45(4):2031 - 2037.

[14] UEDA O, IKENAGA N, KOSHI K, et al. Structural evaluation of defects in β-Ga_2O_3 single crystals grown by edge-defined film-fed growth process[J]. Japanese Journal of Applied Physics, 2016, 55(12):8.

[15] MEZZADRI F, CALESTANI G, BOSCHI F, et al. Crystal structure and ferroelectric properties of epsilon-Ga_2O_3 films grown on (0001)-sapphire[J]. Inorganic Chemistry, 2016, 55(22):12079 - 12084.

[16] VARLEY J B, WEBER J R, JANOTTI A, et al. Oxygen vacancies and donor impurities in β-Ga_2O_3[J]. Applied Physics Letters, 2010, 97(14):3.

[17] HO C H, TSENG C Y, TIEN L C. Thermoreflectance characterization of β-Ga_2O_3 thin-film nanostrips [J]. Optics Express, 2010, 18(16):16360 - 16369.

[18] SERYKH A I, AMIRIDIS M D. In-situ X-ray photoelectron spectroscopy study of supported gallium oxide[J]. Surface Science, 2010, 604(11 - 12):1002 - 1005.

[19] UEDA N, HOSONO H, WASEDA R, et al. Synthesis and control of conductivity of ultraviolet transmitting β-Ga_2O_3 single crystals[J]. Applied Physics Letters, 1997, 70(26):3561 - 3563.

[20] GALAZKA Z, IRMSCHER K, UECKER R, et al. On the bulk β-Ga_2O_3 single crystals grown by the Czochralski method[J]. Journal of Crystal Growth, 2014, 404:184 - 191.

[21] KRISHNAMOORTHY S, XIA Z B, BAJAJ S, et al. Delta-doped β-gallium oxide field-effect transistor [J]. Applied Physics Express, 2017, 10(5):4.

[22] SASAKI K, HIGASHIWAKI M, KURAMATA A, et al. Si-Ion implantation doping in β-Ga_2O_3 and its application to fabrication of low-resistance ohmic contacts[J]. Applied Physics Express, 2013, 6(8):4.

[23] SASAKI K, KURAMATA A, MASUI T, et al. Device-quality β-Ga_2O_3 epitaxial films fabricated by ozone molecular beam epitaxy[J]. Applied Physics Express, 2012, 5(3):3.

[24] BALDINI M, ALBRECHT M, FIEDLER A, et al. Si-and Sn-doped homoepitaxial β-Ga_2O_3 layers grown by MOVPE on (010)-oriented substrates [J]. Ecs Journal of Solid State Science and Technology, 2017, 6(2):Q3040 - Q3044.

[25] HE H Y, BLANCO M A, PANDEY R. Electronic and thermodynamic properties of β-Ga_2O_3 [J]. Applied Physics Letters, 2006, 88(26):3.

[26] SUZUKI N, OHIRA S, TANAKA M, et al. Fabrication and characterization of transparent conductive Sn-doped β-Ga_2O_3 single crystal[C]. International Workshop on Nitride Semiconductors 2006 (IWN 2006), 2006:2310 - 2313.

[27] VARLEY J B, JANOTTI A, FRANCHINI C, et al. Role of self-trapping in luminescence and p-type conductivity of wide-band-gap oxides[J]. Physical Review B, 2012, 85(8):4.

[28] CHANG P C, FAN Z Y, TSENG W Y, et al. β-Ga_2O_3 nanowires: synthesis, characterization, and p-channel field-effect transistor[J]. Applied Physics Letters, 2005, 87(22):3.

[29] CHIKOIDZE E, FELLOUS A, PEREZ-TOMAS A, et al. p-Type β-gallium oxide: A new perspective for power and optoelectronic devices[J]. Materials Today Physics, 2017, 3:118 - 126.

[30] BINET L, GOURIER D. Origin of the blue luminescence of β-Ga_2O_3 [J]. Journal of Physics and Chemistry of Solids, 1998, 59(8):1241—1249.

[31] VILLORA E G, YAMAGA M, INOUE T, et al. Optical spectroscopy study on β-Ga_2O_3[J]. Japanese Journal of Applied Physics Part 2-Letters & Express Letters, 2002, 41(6A):L622 - L625.

[32] ONUMA T, FUJIOKA S, YAMAGUCHI T, et al. Correlation between blue luminescence intensity and resistivity in β-Ga_2O_3 single crystals[J]. Applied Physics Letters, 2013, 103(4):3.

[33] JANGIR R, PORWAL S, TIWARI P, et al. Photoluminescence study of β-Ga_2O_3 nanostructures annealed in different environments[J]. Journal of Applied Physics, 2012, 112(3):6.

[34] VASANTHI V,KOTTAISAMY M,RAMAKRISHNAN V. Green light emitting Zn doped β-Ga_2O_3 nanophosphor[C]. 61st DAE-Solid State Physics Symposium,2016.

[35] LORENZ M R,WOODS J F,GAMBINO R J. Some electrical properties of the semiconductor β-Ga_2O_3 [J]. Journal of Physics and Chemistry of Solids,1967,28(3):403－404.

[36] CHASE A B. Growth of β-Ga_2O_3 by the verneuil technique[J]. Journal of the American Ceramic Society,1964,47(9):470－470.

[37] ZHANG J Y,SHI J L,QI D C,et al. Recent progress on the electronic structure,defect,and doping properties of Ga_2O_3[J]. Apl Materials,2020,8(2):35.

[38] KURAMATA A,KOSHI K,WATANABE S,et al. High-quality β-Ga_2O_3 single crystals grown by edge-defined film-fed growth[J]. Japanese Journal of Applied Physics,2016,55(12):6.

[39] AHMADI E,KOKSALDI O S,KAUN S W,et al. Ge doping of β-Ga_2O_3 films grown by plasma-assisted molecular beam epitaxy[J]. Applied Physics Express,2017,10(4):4.

[40] ZHANG Y W,NEAL A,XIA Z B,et al. Demonstration of high mobility and quantum transport in modulation-doped β-$(Al_xGa_{1-x})_2O_3/Ga_2O_3$ heterostructures[J]. Applied Physics Letters,2018,112(17):5.

[41] TAO X. Bulk gallium oxide single crystal growth[J]. Journal of Semiconductors,2019,40(1):010401.

[42] ZHANG J G,XIA C T,DENG Q,et al. Growth and characterization of new transparent conductive oxides single crystals β-Ga_2O_3 : Sn[J]. Journal of Physics and Chemistry of Solids,2006,67(8):1656－1659.

[43] MOHAMED M,IRMSCHER K,JANOWITZ C,et al. Schottky barrier height of Au on the transparent semiconducting oxide β-Ga_2O_3[J]. Applied Physics Letters,2012,101(13):5.

[44] HOSHIKAWA K,OHBA E,KOBAYASHI T,et al. Growth of β-Ga_2O_3 single crystals using vertical Bridgman method in ambient air[J]. Journal of Crystal Growth,2016,447:36－41.

[45] GALAZKA Z,UECKER R,KLIMM D,et al. Scaling-up of bulk β-Ga_2O_3 single crystals by the Czochralski method[J]. Ecs Journal of Solid State Science and Technology,2017,6(2):Q3007－Q3011.

[46] MOHAMED H F,XIA C T,SAI Q L,et al. Growth and fundamentals of bulk β-Ga_2O_3 single crystals [J]. Journal of Semiconductors,2019,40(1):9.

[47] TOMM Y,REICHE P,KLIMM D,et al. Czochralski grown Ga_2O_3 crystals[J]. Journal of Crystal Growth,2000,220(4):510－514.

[48] GALAZKA Z,UECKER R,IRMSCHER K,et al. Czochralski growth and characterization of β-Ga_2O_3 single crystals[J]. Crystal Research and Technology,2010,45(12):1229－1236.

[49] GALAZKA Z,GANSCHOW S,FIEDLER A,et al. Doping of Czochralski-grown bulk β-Ga_2O_3 single crystals with Cr,Ce and Al[J]. Journal of Crystal Growth,2018,486:82－90.

[50] LA BELLE H E,MLAVSKY A I. Growth of controlled profile crystals from the melt:Part I-Sapphire filaments[J]. Materials Research Bulletin,1971,6(7):571－580.

[51] LA BELLE H E. Growth of controlled profile crystals from the melt:Part II-Edge-defined,film-fed growth (EFG)[J]. Materials Research Bulletin,1971,6(7):581－590.

[52] CHALMERS B,LA BELLE H E,MLAVSKY A I. Growth of controlled profile crystals from the melt:Part III-Theory[J]. Materials Research Bulletin,1971,6(8):681－690.

[53] AIDA H,NISHIGUCHI K,TAKEDA H,et al. Growth of β-Ga_2O_3 single crystals by the edge-defined, film fed growth method[J]. Japanese Journal of Applied Physics,2008,47(11):8506—8509.

[54] MU W X,JIA Z T,YIN Y R,et al. High quality crystal growth and anisotropic physical characterization of β-

Ga_2O_3 single crystals grown by EFG method[J]. Journal of Alloys and Compounds, 2017, 714: 453 - 458.

[55] KURAMATA A, KOSHI K, WATANABE S, et al. Bulk crystal growth of Ga_2O_3[C]. Conference on Oxide-Based Materials and Devices IX, 2018.

[56] HARWIG T, WUBS G J, DIRKSEN G J. Electrical properties of β-Ga_2O_3 single crystals[J]. Solid State Communications, 1976, 18(9 - 10): 1223 - 1225.

[57] HARWIG T, SCHOONMAN J. Electrical properties of β-Ga_2O_3 single crystals. II[J]. Journal of Solid State Chemistry, 1978, 23(1 - 2): 205 - 211.

[58] THEUERER H C. Method of processing semiconductive materials: US 3060123[P]. Dec 17 1952.

[59] VILLORA E G, SHIMAMURA K, YOSHIKAWA Y, et al. Large-size β-Ga_2O_3 single crystals and wafers[J]. Journal of Crystal Growth, 2004, 270(3 - 4): 420 - 426.

[60] ZHANG J G, LI B, XIA C T, et al. Growth and spectral characterization of β-Ga_2O_3 single crystals[J]. Journal of Physics and Chemistry of Solids, 2006, 67(12): 2448 - 2451.

[61] SASAKI K, HIGASHIWAKI M, KURAMATA A, et al. Growth temperature dependences of structural and electrical properties of Ga_2O_3 epitaxial films grown on β-Ga_2O_3 (010) substrates by molecular beam epitaxy[J]. Journal of Crystal Growth, 2014, 392: 30 - 33.

[62] OKUMURA H, KITA M, SASAKI K, et al. Systematic investigation of the growth rate of β-Ga_2O_3 (010) by plasma-assisted molecular beam epitaxy[J]. Applied Physics Express, 2014, 7(9): 4.

[63] OSHIMA T, ARAI N, SUZUKI N, et al. Surface morphology of homoepitaxial β-Ga_2O_3 thin films grown by molecular beam epitaxy[J]. Thin Solid Films, 2008, 516(17): 5768 - 5771.

[64] KIM H W, KIM N H. Growth of gallium oxide thin films on silicon by the metal organic chemical vapor deposition method[J]. Materials Science and Engineering B: Solid State Materials for Advanced Technology, 2004, 110(1): 34 - 37.

[65] DU X J, MI W, LUAN C N, et al. Characterization of homoepitaxial β-Ga_2O_3 films prepared by metal-organic chemical vapor deposition[J]. Journal of Crystal Growth, 2014, 404: 75 - 79.

[66] MURAKAMI H, NOMURA K, GOTO K, et al. Homoepitaxial growth of β-Ga_2O_3 layers by halide vapor phase epitaxy[J]. Applied Physics Express, 2015, 8(1): 4.

[67] GOTO K, KONISHI K, MURAKAMI H, et al. Halide vapor phase epitaxy of Si doped β-Ga_2O_3 and its electrical properties[J]. Thin Solid Films, 2018, 666: 182 - 184.

[68] NOMURA K, GOTO K, TOGASHI R, et al. Thermodynamic study of β-Ga_2O_3 growth by halide vapor phase epitaxy[J]. Journal of Crystal Growth, 2014, 405: 19 - 22.

[69] OSHIMA Y, VLLORA E G, SHIMAMURA K. Halide vapor phase epitaxy of twin-free α-Ga_2O_3 on sapphire (0001) substrates[J]. Applied Physics Express, 2015, 8(5): 4.

[70] AKAIWA K, FUJITA S. Electrical conductive corundum-structured α-Ga_2O_3 thin films on sapphire with tin-doping grown by spray-assisted mist chemical vapor deposition[J]. Japanese Journal of Applied Physics, 2012, 51(7): 3.

[71] UCHIDA T, JINNO R, TAKEMOTO S, et al. Evaluation of band alignment of α-Ga_2O_3/α-$(Al_xGa_{1-x})_2O_3$ heterostructures by X-ray photoelectron spectroscopy[J]. Japanese Journal of Applied Physics, 2018, 57(4): 3.

[72] KAWAHARAMURA T, DANG G T, FURUTA M. Successful growth of conductive highly crystalline Sn-doped α-Ga_2O_3 thin films by fine-channel mist chemical vapor deposition[J]. Japanese Journal of Applied Physics, 2012, 51(4): 3.

[73] ZHANG F B, SAITO K, TANAKA T, et al. Structural and optical properties of Ga_2O_3 films on sapphire substrates by pulsed laser deposition[J]. Journal of Crystal Growth, 2014, 387: 96 - 100.

[74] ZHANG F B, SAITO K, TANAKA T, et al. Electrical properties of Si doped Ga_2O_3 films grown by pulsed laser deposition[J]. Journal of Materials Science-Materials in Electronics, 2015, 26(12): 9624-9629.

[75] ZHANG F B, LI H O, GUO Q X. Structural and electrical properties of Ga_2O_3 films deposited under different atmospheres by pulsed laser deposition[J]. Journal of Electronic Materials, 2018, 47(11): 6635-6640.

[76] PETITMANGIN A, GALLAS B, HEBERT C, et al. Characterization of oxygen deficient gallium oxide films grown by PLD[J]. Applied Surface Science, 2013, 278: 153-157.

[77] HIGASHIWAKI M, SASAKI K, MURAKAMI H, et al. Recent progress in Ga_2O_3 power devices[J]. Semiconductor Science and Technology, 2016, 31(3): 11.

[78] HIGASHIWAKI M, SASAKI K, KURAMATA A, et al. Development of gallium oxide power devices [J]. Physica Status Solidi A: Applications and Materials Science, 2014, 211(1): 21-26.

[79] HIGASHIWAKI M, SASAKI K, KURAMATA A, et al. Gallium oxide (Ga_2O_3) metal-semiconductor field-effect transistors on single-crystal β-Ga_2O_3 (010) substrates[J]. Applied Physics Letters, 2012, 100(1): 3.

[80] HIGASHIWAKI M, SASAKI K, KAMIMURA T, et al. Depletion-mode Ga_2O_3 metal-oxide-semiconductor field-effect transistors on β-Ga_2O_3(010) substrates and temperature dependence of their device characteristics[J]. Applied Physics Letters, 2013, 103(12): 123511.

[81] GREEN A J, CHABAK K D, HELLER E R, et al. 3.8-MV/cm breakdown strength of MOVPE-grown Sn-doped β-Ga_2O_3 MOSFETs[J]. IEEE Electron Device Letters, 2016, 37(7): 902-905.

[82] HU Z Y, NOMOTO K, LI W S, et al. Enhancement-mode Ga_2O_3 vertical transistors with breakdown voltage > 1 kV[J]. IEEE Electron Device Letters, 2018, 39(6): 869-872.

[83] HWANG W S, VERMA A, PEELAERS H, et al. High-voltage field effect transistors with wide-bandgap β-Ga_2O_3 nanomembranes[J]. Applied Physics Letters, 2014, 104(20): 5.

[84] ZHOU H, SI M W, ALGHAMDI S, et al. High-performance depletion/enhancement-mode β-Ga_2O_3 on insulator (GOOI) field-effect transistors with record drain currents of 600/450 mA/mm[J]. IEEE Electron Device Letters, 2017, 38(1): 103-106.

[85] HWANG W S, VERMA A, PROTASENKO V, et al. Nanomembrane β-Ga_2O_3 high-voltage field effect transistors[C]. 71st Device Research Conference (DRC), 2013: 207.

[86] AHN S, REN F, KIM J, et al. Effect of front and back gates on β-Ga_2O_3 nano-belt field-effect transistors[J]. Applied Physics Letters, 2016, 109(6): 4.

[87] BAE J, KIM H W, KANG I H, et al. High breakdown voltage quasi-two-dimensional β-Ga_2O_3 field-effect transistors with a boron nitride field plate[J]. Applied Physics Letters, 2018, 112(12): 5.

[88] ZHOU H, MAIZE K, QIU G, et al. β-Ga_2O_3 on insulator field-effect transistors with drain currents exceeding 1.5 A/mm and their self-heating effect[J]. Applied Physics Letters, 2017, 111(9): 4.

[89] SHAO Z G, CHEN D J, LU H, et al. High-gain AlGaN solar-blind avalanche photodiodes[J]. IEEE Electron Device Letters, 2014, 35(3): 372-374.

[90] YANG W, HULLAVARAD S S, NAGARAJ B, et al. Compositionally-tuned epitaxial cubic $Mg_xZn_{1-x}O$ on Si(100) for deep ultraviolet photodetectors[J]. Applied Physics Letters, 2003, 82(20): 3424-3426.

[91] BALDUCCI A, MARINELLI M, MILANI E, et al. Extreme ultraviolet single-crystal diamond detectors by chemical vapor deposition[J]. Applied Physics Letters, 2005, 86(19): 3.

[92] BALAKRISHNAN K, BANDOH A, IWAYA M, et al. Influence of high temperature in the growth of low dislocation content AlN bridge layers on patterned 6H-SiC substrates by metalorganic vapor phase

epitaxy[J]. Japanese Journal of Applied Physics Part 2-Letters & Express Letters,2007,46(12-16): L307-L310.

[93] OSHIMA T,OKUNO T,ARAI N,et al. Vertical solar-blind deep-ultraviolet Schottky photodetectors based on β-Ga_2O_3 substrates[J]. Applied Physics Express,2008,1(1):3.

[94] ALEMA F,HERTOG B,MUKHOPADHYAY P,et al. Solar blind Schottky photodiode based on an MOCVD-grown homoepitaxial β-Ga_2O_3 thin film[J]. Apl Materials,2019,7(2):6.

[95] YANG C,LIANG H W,ZHANG Z Z,et al. Self-powered SBD solar-blind photodetector fabricated on the single crystal of β-Ga_2O_3[J]. RSC Advances,2018,8(12):6341-6345.

[96] OSHIMA T,OKUNO T,FUJITA S. Ga_2O_3 thin film growth on c-plane sapphire substrates by molecular beam epitaxy for deep-ultraviolet photodetectors[J]. Japanese Journal of Applied Physics Part 1-Regular Papers Brief Communications & Review Papers,2007,46(11):7217-7220.

[97] WENG W Y,HSUEH T J,CHANG S J,et al. A β-Ga_2O_3 solar-blind photodetector prepared by furnace oxidization of GaN thin film[J]. IEEE Sensors Journal,2011,11(4):999-1003.

[98] JAISWAL P,UL MUAZZAM U,PRATIYUSH A S,et al. Microwave irradiation-assisted deposition of Ga_2O_3 on III-nitrides for deep-UV opto-electronics[J]. Applied Physics Letters,2018,112(2):5.

[99] ZHANG D,ZHENG W,LIN R C,et al. High quality β-Ga_2O_3 film grown with N_2O for high sensitivity solar-blind-ultraviolet photodetector with fast response speed[J]. Journal of Alloys and Compounds, 2018,735:150-154.

[100] FENG Z Q,HUANG L,FENG Q,et al. Influence of annealing atmosphere on the performance of a β-Ga_2O_3 thin film and photodetector[J]. Optical Materials Express,2018,8(8):2229-2237.

[101] OH S,MASTRO M A,TADJER M J,et al. Solar-blind metal-semiconductor-metal photodetectors based on an exfoliated β-Ga_2O_3 micro-flake[J]. ECS Journal of Solid State Science and Technology, 2017,6(8):Q79-Q83.

[102] OH S,KIM C K,KIM J. High responsivity β-Ga_2O_3 metal-semiconductor-metal solar-blind photodetectors with ultraviolet transparent graphene electrodes[J]. ACS Photonics,2018,5(3):1123-1128.

[103] FENG P,ZHANG J Y,LI Q H,et al. Individual β-Ga_2O_3 nanowires as solar-blind photodetectors[J]. Applied Physics Letters,2006,88(15):3.

[104] LI Y B,TOKIZONO T,LIAO M Y,et al. Efficient assembly of bridged β-Ga_2O_3 nanowires for solar-blind photodetection[J]. Advanced Functional Materials,2010,20(22):3972-3978.

[105] DU J Y,XING J,GE C,et al. Highly sensitive and ultrafast deep UV photodetector based on a β-Ga_2O_3 nanowire network grown by CVD[J]. Journal of Physics D: Applied Physics, 2016, 49 (42):7.

[106] FENG W,WANG X N,ZHANG J,et al. Synthesis of two-dimensional β-Ga_2O_3 nanosheets for high-performance solar blind photodetectors[J]. Journal of Materials Chemistry C, 2014, 2(17): 3254-3259.

[107] LI L,AUER E,LIAO M Y,et al. Deep-ultraviolet solar-blind photoconductivity of individual gallium oxide nanobelts[J]. Nanoscale,2011,3(3):1120-1126.

[108] TIAN W,ZHI C Y,ZHAI T Y,et al. In-doped Ga_2O_3 nanobelt based photodetector with high sensitivity and wide-range photoresponse[J]. Journal of Materials Chemistry,2012,22(34):17984-17991.

[109] ZOU R J,ZHANG Z Y,LIU Q,et al. High detectivity solar-blind high-temperature deep-ultraviolet photodetector based on multi-layered (l00) facet-oriented β-Ga_2O_3 nanobelts[J]. Small,2014,10(9): 1848-1856.

[110] NAKAGOMI S, SATO T, TAKAHASHI Y, et al. Deep ultraviolet photodiodes based on the β-Ga_2O_3/GaN heterojunction[J]. Sensors and Actuators A: Physical, 2015, 232: 208 - 213.

[111] NAKAGOMI S, MOMO T, TAKAHASHI S, et al. Deep ultraviolet photodiodes based on β-Ga_2O_3/SiC heterojunction[J]. Applied Physics Letters, 2013, 103(7): 4.

[112] ZHAO B, WANG F, CHEN H Y, et al. Solar-blind avalanche photodetector based on single ZnO-Ga_2O_3 core-shell microwire[J]. Nano Letters, 2015, 15(6): 3988 - 3993.

[113] GUO X C, HAO N H, GUO D Y, et al. β-Ga_2O_3/p-Si heterojunction solar-blind ultraviolet photodetector with enhanced photoelectric responsivity[J]. Journal of Alloys and Compounds, 2016, 660: 136 - 140.

[114] KONG W Y, WU G A, WANG K Y, et al. Graphene-β-Ga_2O_3 heterojunction for highly sensitive deep UV photodetector application[J]. Advanced Materials, 2016, 28(48): 10725 - 10731.

[115] CHEN Y C, LU Y J, LIN C N, et al. Self-powered diamond/β-Ga_2O_3 photodetectors for solar-blind imaging[J]. Journal of Materials Chemistry C, 2018, 6(21): 5727 - 5732.

[116] MAHMOUD W E. Solar blind avalanche photodetector based on the cation exchange growth of β-Ga_2O_3/SnO_2 bilayer heterostructure thin film[J]. Solar Energy Materials and Solar Cells, 2016, 152: 65 - 72.

[117] HE T, ZHAO Y K, ZHANG X D, et al. Solar-blind ultraviolet photodetector based on graphene/vertical Ga_2O_3 nanowire array heterojunction[J]. Nanophotonics, 2018, 7(9): 1557 - 1562.

[118] GUO D Y, LIU H, LI P G, et al. Zero-power-consumption solar-blind photodetector based on β-Ga_2O_3/NSTO heterojunction[J]. ACS Applied Materials & Interfaces, 2017, 9(2): 1619 - 1628.

[119] ZHUO R R, WU D, WANG Y G, et al. A self-powered solar-blind photodetector based on a MoS_2/β-Ga_2O_3 heterojunction[J]. Journal of Materials Chemistry C, 2018, 6(41): 10982 - 10986.

[120] OH S, KIM J, REN F, et al. Quasi-two-dimensional β-gallium oxide solar-blind photodetectors with ultrahigh responsivity[J]. Journal of Materials Chemistry C, 2016, 4(39): 9245 - 9250.

[121] LIU Y X, DU L L, LIANG G D, et al. Ga_2O_3 field-effect-transistor-based solar-blind photodetector with fast response and high photo-to-dark current ratio[J]. IEEE Electron Device Letters, 2018, 39(11): 1696 - 1699.

[122] KIM S, OH S, KIM J. Ultrahigh deep-UV sensitivity in graphene-gated β-Ga_2O_3 phototransistors[J]. ACS Photonics, 2019, 6(4): 1026 - 1032.

[123] QIN Y, DONG H, LONG S B, et al. Enhancement-mode β-Ga_2O_3 metal-oxide-semiconductor field-effect solar-blind phototransistor with ultrahigh detectivity and photo-to-dark current ratio[J]. IEEE Electron Device Letters, 2019, 40(5): 742 - 745.

[124] QIN Y, LONG S B, HE Q M, et al. Amorphous gallium oxide-based gate-tunable high-performance thin film phototransistor for solar-blind imaging[J]. Advanced Electronic Materials, 2019, 5(7): 10.

[125] HAN Z Y, LIANG H L, HUO W X, et al. Boosted UV photodetection performance in chemically etched amorphous Ga_2O_3 thin-film transistors[J]. Advanced Optical Materials, 2020, 8(8): 8.

[126] XIAO X, LIANG L Y, PEI Y, et al. Solution-processed amorphous Ga_2O_3 : CdO TFT-type deep-UV photodetectors[J]. Applied Physics Letters, 2020, 116(19): 5.

[127] BARTIC M, BABAN C I, SUZUKI H, et al. Β-gallium oxide as oxygen gas sensors at a high temperature[J]. Journal of the American Ceramic Society, 2007, 90(9): 2879 - 2884.

[128] BABAN C, TOYODA Y, OGITA M. Oxygen sensing at high temperatures using Ga_2O_3 films[J]. Thin Solid Films, 2005, 484(1 - 2): 369 - 373.

[129] BARTIC M, OGITA M, ISAI M, et al. Oxygen sensing properties at high temperatures of β-Ga_2O_3

thin films deposited by the chemical solution deposition method[J]. Journal of Applied Physics,2007, 102(2):6.

[130] MAZEINA L, PERKINS F K, BERMUDEZ V M, et al. Functionalized Ga_2O_3 nanowires as active material in room temperature capacitance-based gas sensors[J]. Langmuir, 2010, 26(16): 13722 - 13726.

[131] MAZEINA L, BERMUDEZ V M, PERKINS F K, et al. Interaction of functionalized Ga_2O_3 NW-based room temperature gas sensors with different hydrocarbons[J]. Sensors and Actuators B: Chemical, 2010,151(1):114 - 120.

[132] FENG P, XUE X Y, LIU Y G, et al. Achieving fast oxygen response in individual β-Ga_2O_3 nanowires by ultraviolet illumination[J]. Applied Physics Letters,2006,89(11):3.

[133] TRINCHI A, KACIULIS S, PANDOLFI L, et al. Characterization of Ga_2O_3 based MRISiC hydrogen gas sensors[J]. Sensors and Actuators B:Chemical,2004,103(1 - 2):129 - 135.

[134] FLEISCHER M, GIBER J, MEIXNER H. H2-induced changes in electrical conductance of β-Ga_2O_3 thin-film systems[J]. Applied Physics A:Materials Science & Processing,1992,54(6):560 - 566.

[135] FLEISCHER M, MEIXNER H. Oxygen sensing with long-term stable Ga_2O_3 thin films[J]. Sensors and Actuators B:Chemical,1991,5(1 - 4):115 - 119.

[136] FLEISCHER M, MEIXNER H. Sensing reducing gases at high-temperatures using long-term stable Ga_2O_3 thin-films[J]. Sensors and Actuators B:Chemical,1992,6(1 - 3):257 - 261.

[137] OGITA M, HIGO K, NAKANISHI Y, et al. Ga_2O_3 thin film for oxygen sensor at high temperature [J]. Applied Surface Science,2001,175:721 - 725.

[138] TRINCHI A, WLODARSKI W, LI Y X. Hydrogen sensitive Ga_2O_3 Schottky diode sensor based on SiC[J]. Sensors and Actuators B:Chemical,2004,100(1 - 2):94 - 98.

[139] BARTIC M, TOYODA Y, BABAN C I, et al. Oxygen sensitivity in gallium oxide thin films and single crystals at high temperatures[J]. Japanese Journal of Applied Physics Part 1: Regular Papers Brief Communications & Review Papers,2006,45(6A):5186 - 5188.

[140] ALMAEV A, NIKOLAEV V, BUTENKO P, et al. Gas Sensors Based on Pseudohexagonal Phase of Gallium Oxide[J]. Physica Status Solidi B:Basic Solid State Physics:11.

[141] WANG X, XU Q, LI M R, et al. Photocatalytic overall water splitting promoted by an α-β phase junction on Ga_2O_3[J]. Angewandte Chemie-International Edition,2012,51(52):13089 - 13092.

[142] ZHAO B X, LV M, ZHOU L. Photocatalytic degradation of perfluorooctanoic acid with β-Ga_2O_3 in anoxic aqueous solution[J]. Journal of Environmental Sciences,2012,24(4):774 - 780.

[143] LI X F, ZHEN X Z, MENG S G, et al. Structuring β-Ga_2O_3 Photonic Crystal Photocatalyst for Efficient Degradation of Organic Pollutants[J]. Environmental Science & Technology,2013,47(17): 9911 - 9917.

[144] HOU Y D, WU L, WANG X C, et al. Photocatalytic performance of α-, β-, and γ-Ga_2O_3 for the destruction of volatile aromatic pollutants in air[J]. Journal of Catalysis,2007,250(1):12 - 18.

[145] HOU Y D, WANG X C, WU L, et al. Efficient decomposition of benzene over a β-Ga_2O_3 photocatalyst under ambient conditions[J]. Environmental Science & Technology,2006,40(18):5799 - 5803.

[146] WELLENIUS P, SURESH A, FOREMAN J V, et al. A visible transparent electroluminescent europium doped gallium oxide device[J]. Materials Science and Engineering B: Solid State Materials for Advanced Technology,2008,146(1 - 3):252 - 255.

[147] WELLENIUS P, SURESH A, MUTH J F. Bright, low voltage europium doped gallium oxide thin film electroluminescent devices[J]. Applied Physics Letters,2008,92(2):3.

[148] STANISH P C, RADOVANOVIC P V. Surface-enabled energy transfer in Ga_2O_3-CdSe/CdS nanocrystal composite films: Tunable all-inorganic rare earth element-free white-emitting phosphor [J]. The Journal of Physical Chemistry C, 2016, 120(35): 19566 - 19573.

[149] VANITHAKUMARI S C, NANDA K K. A one-step method for the growth of Ga_2O_3-nanorod-based white-light-emitting phosphors[J]. Advanced Materials, 2009, 21(35): 3581 - 3584.

[150] XIAO T, KITAI A H, LIU G, et al. Thin film electroluminescence in highly anisotropic oxide materials[J]. Applied Physics Letters, 1998, 72(25): 3356 - 3358.

[151] XIE H B, CHEN L M, LIU Y N, et al. Preparation and photoluminescence properties of Eu-doped α- and, β-Ga_2O_3 phosphors[J]. Solid State Communications, 2007, 141(1): 12 - 16.

[152] MINAMI T, SHIRAI T, NAKATANI T, et al. Electroluminescent devices with Ga_2O_3: Mn thin-film emitting layer prepared by sol-gel process[J]. Japanese Journal of Applied Physics Part 2: Letters, 2000, 39(6A): L524 - L526.

[153] TOKIDA Y, ADACHI S. Photoluminescence properties and energy-level analysis of Ga_2O_3: Tb^{3+} green phosphor prepared by metal organic deposition[J]. ECS Journal of Solid State Science and Technology, 2014, 3(6): R100 - R103.

[154] MIYATA T, NAKATANI T, MINAMI T. Gallium oxide as host material for multicolor emitting phosphors[J]. Journal of Luminescence, 2000, 87 - 89: 1183 - 1185.

[155] OISHI T, KOGA Y, HARADA K, et al. High-mobility β-Ga_2O_3($\bar{2}01$) single crystals grown by edge-defined film-fed growth method and their Schottky barrier diodes with Ni contact[J]. Applied Physics Express, 2015, 8(3): 3.

[156] SASAKI K, HIGASHIWAKI M, KURAMATA A, et al. Ga_2O_3 Schottky barrier diodes fabricated by using single-crystal β-Ga_2O_3 (010) substrates[J]. IEEE Electron Device Letters, 2013, 34(4): 493 - 495.

[157] HU Z Z, ZHOU H, FENG Q, et al. Field-plated lateral β-Ga_2O_3 Schottky barrie diode with high reverse blocking voltage of more than 3 kV and high DC power figure-of-merit of 500 MW/cm^2[J]. IEEE Electron Device Letters, 2018, 39(10): 1564 - 1567.

[158] TOMM Y, KO J M, YOSHIKAWA A, et al. Floating zone growth of β-Ga_2O_3: A new window material for optoelectronic device applications[J]. Solar Energy Materials and Solar Cells, 2001, 66(1 - 4): 369 - 374.

[159] SHIMAMURA K, VILLORA E G, AOKI K, et al. Growth and characterization of β-Ga_2O_3 single crystals as transparent conductive substrates for GaN[C]. Conference on Physics and Simulation of Optoelectronic Devices XIII, 2005: 380 - 391.

缩略词

2-DEG	2-dimensional electron gas	二维电子气
AAO	anodic aluminum oxide	阳极氧化铝
AFM	atom force microscopy	原子力显微
ALD	atomic layer deposition	原子层沉积
ALE	atomic layer epitaxy	原子层外延
APD	avalanche photo diode	雪崩
BJT	bipolar junction transistor	双极型晶体管
BMP	bound magnetic polaron	束缚磁极子模型
BX	bound exciton	束缚激子
CVD	chemical vapor deposition	化学气相沉积
CVT	chemical vapor transport	化学气相输运
DAP	donor-acceptor pair	施主-受主对
DBR	distribute bragg reflection	分布布拉格反射
DFB	distributed feedback	分布反馈
DMOS	double-diffused metal-oxide-semiconductor	双扩散金属氧化物半导体
DMS	diluted magnetic semiconductor	稀磁半导体
DPSSL	diode pump solid state laser	泵浦固体激光器
DSSC	dye-sensitized solar cell	染料敏化太阳能电池
EBV	electron beam evaporation	电子束蒸发
EDFA	erbium-doped fiber amplifier	掺铒光纤放大器
EL	eltroluminescence	电致发光
EPR	electron paramagnetic resonance	电子顺磁共振
FET	field effect transistor	场效应晶体管

FX	free exciton	自由激子
GB	green band	绿光
GRIN SCH	graded-index separate-confinement heterostructure	缓变折射率分限异质结构
HBT	heterojunction bipolar transistor	异质结双极晶体管
HEMT	high electron mobility transistor	电子迁移率晶体管
HFET	heterojunction field effect transistor	异质结场效应晶体管
HVPE	halide vapor phase epitaxy	卤化物气相外延
IGBT	insulated gate bipolar transistor	绝缘栅双极型晶体管
IGFET	insulated gate field effect transistor	绝缘栅场效应晶体管
ITO	indium tin oxide	氧化铟锡
JBS	junction barrier Schottky	结型肖特基势垒二极管
JFET	junction field effect transistor	结型场效应晶体管
LD	laser diode	激光二极管
LED	light emitting diode	发光二极管
LO	longitudinal optical	纵向光学声子
LPE	liquid phase epitaxy	液相外延
MBE	molecular beam epitaxy	分子束外延
MEE	migration enhanced epitaxy	迁移增强外延
MEH-CN-PPV	poly[2-methoxy-5-(2′-ethylhexyloxy)-1,4-(1-cyanovinylene-1,4-phenylene)]	聚[2-甲氧基-5-(2′-乙基己氧基)-1,4-苯撑乙烯撑]
MEMS	microelectromechanical system	微机电系统
MESFET	metal-semiconductor field effect transistor	金属-半导体场效应晶体管
MIS	metal-insulator-semiconductor	金属-绝缘体-半导体
MISFET	metal-insulator-semiconductor field effect transistor	金属-绝缘体-半导体场效应晶体管
MLE	molecular layer epitaxy	分子层外延
MOCVD	metal organic chemical vapor deposition	金属有机物化学气相沉积
MODFET	modulation doped field effect transistor	调制掺杂场效应晶体管
MOS	metal oxide semiconductor	金属氧化物半导体
MOSFET	metal-oxide-semiconductor field effect transistor	金属-氧化物-半导体场效应晶体管
MOVPE	metal organic vapor phase epitaxy	金属有机物气相外延
MPS	mixed PIN Schottky	混合 PIN/肖特基

MQW	multiple quantum well	多量子阱
MS	magnetron sputtering	磁控溅射
MSM	metal-semiconductor-metal	金属-半导体-金属
MSP	modified sublimation process	改进 Lely 法
NRs	nanorods	纳米棒
OB	orange band	橙光
OEIC	opto-electronic integrated circuit	光电子集成电路
P3HT	poly 3-hexyl thiophene	3-己基噻吩的聚合物
PC	photonic crystal	光子晶体
PCBM	[6,6]-phenyl-C61-butyric acid methylester	富勒烯衍生物
PD	photoelectric detector	光电探测器
PECVD	plasma enhanced chemical vapor deposition	等离子体增强化学气相沉积
PIC	photonic integrated circuit	光子集成电路
PIN(p-i-n)	p-type intrinsic n-type	p 型本征 n 型
PL	photoluminescence	光致发光
HRTEM	high resolution transmission electron microscopy	高分辨率透射电子显微镜
PLD	pulsed laser deposition	脉冲激光沉积
PLE	phase-locked epitaxy	锁相外延
PMMA	polymethyl methacrylate	聚甲基丙烯酸甲酯
PVT	physical vapor transport	物理气相输运法
QCSE	quantum-confined Stark effect	量子受限的斯塔克效应
QW	quantum well	量子阱
QWIP	quantum well infrared photodetector	量子阱红外探测器
QWIP FPA	quantum well infrared photodetector focal plane array	量子阱红外焦平面探测器
RB	red band	红光
RF	radio frequency	射频
RHEED	reflection high-energy electron diffraction	反射式高能电子衍射束
RHET	resonant-tunneling hot electron transistor	共振隧穿热电子晶体管
RTD	resonance tunneling diode	共振隧穿二极管
RTT	resonant tunneling transistor	共振隧穿三极管
SAW	surface acoustic wave	表面声波
SBD	Schottky barrier diode	肖特基势垒二极管
SBH	Schottky barrier height	肖特基势垒高度

SCH	separate confinement heterostructure	分别限制异质结
SCH-SQW	separate confinement heterostructure single quantum well	分别限制单量子阱
SCM	scanning capacitance microscopy	扫描电容
SCOI	silicon carbide on insulator	绝缘体上的 SiC
SEED	self-electrooptic-effect device	自电光效应器件
SLA	semiconductor amplifier	半导体放大器
SOG	spin on glass	旋涂玻璃
SSCVD	single source chemical vapor deposition	单源化学气相沉积
SSP	seeded-growth sublimation process	籽晶升华法
SSPM	scanning surface potential microscopy	扫描表面势
TCO	transparent conducting oxide	透明导电氧化物
TDTR	time domain thermoreflectance	时域热反射谱
TEM	transmission electron microscope	透射电子显微镜
TES	two electron satellite	双电子卫星峰
TFT	thin film transistor	薄膜晶体管
TTFT	transparent thin film transistor	透明导电 TFT
TV	television	电视
UMOS	U-shaped-groove metal-oxide-semiconductor	U 形槽金属氧化物半导体
VBM	valence band maximum	价带顶
VCSEL	vertical cavity surface emitting laser	垂直腔面发射激光器
VJFET	vertical junction field effect transistor	垂直的 JFET
VLS	vapor-liquid-solid	气液固
VPE	vapor phase epitaxy	气相外延
VS	vapor-solid	气固
VSS	vapor-solid-solid	气固固
XANES	X-ray absorption near edge structure	X 射线吸收近边结构
XPS	X-ray photoelectron spectroscopy	X 射线光电子能谱
YB	yellow band	黄光